国家科学技术学术著作出版基金资助出版

结合态亚铁与污染物反应原理及其应用

吴德礼　著

科学出版社

北京

内 容 简 介

本书从亚铁的结构特性及与多种污染物的反应性能出发，以各类型结合态亚铁的反应活性为主线，阐述了亚铁物种强大的还原性能、催化性能、混凝性能、络合性能等多面性，探究结合态亚铁独有的结构特征和反应机制。全书共分为 12 章，介绍了铁及其化合物的基本性质和反应原理，结合态亚铁的概念和特征，羟基亚铁还原处理有机物、重金属、类金属砷等污染物的可行性与技术理论，以及亚铁矿物催化氧化技术在处理各种新兴污染物方面的潜力，并重点介绍了结合态亚铁驱动的废水处理技术与工程应用。本书包括最新的研究成果、经典的反应理论、实验基础数据、实际工程案例。

本书可为从事环境污染治理研究的人员提供结合态亚铁新材料开发与应用方面的技术参考，也可作为科研人员、工程技术人员、工程管理人员的参考读物，及作为高等院校相关专业本科生、研究生的教学参考书。

图书在版编目（CIP）数据

结合态亚铁与污染物反应原理及其应用 / 吴德礼著. —北京：科学出版社，2022.3

ISBN 978-7-03-071738-2

Ⅰ. ①结… Ⅱ. ①吴… Ⅲ. ①亚铁化合物-氧化还原反应-应用-废水处理-研究 Ⅳ. ①X703

中国版本图书馆 CIP 数据核字（2022）第 035081 号

责任编辑：张 析 / 责任校对：杜子昂
责任印制：吴兆东 / 封面设计：东方人华

科 学 出 版 社 出版
北京东黄城根北街 16 号
邮政编码：100717
http://www.sciencep.com

北京中石油彩色印刷有限责任公司 印刷
科学出版社发行 各地新华书店经销
*

2022 年 3 月第 一 版 开本：720×1000 1/16
2022 年 3 月第一次印刷 印张：29 1/4
字数：584 000

定价：168.00 元

（如有印装质量问题，我社负责调换）

序

铁元素是地壳中含量第二位的金属元素，也是生命新陈代谢中的一个基本元素，在自然界氧化与还原过程中，进行着意义深远的地球化学循环。从化学反应的角度看，铁元素价态多变、容易得失电子，铁及其化合物具有很高的氧化还原活性，而且价廉易得、环境友好。因此，以铁基材料为核心的污染控制理论与技术是环境学科一个重要的研究方向，在环境化学、环境地学、环境工程领域都有着深入的研究和广泛的应用。实际需求推动技术不断演变和创新，国内外相关学者们都进行了积极的探索研究，围绕铁基材料的反应特性和污染治理技术开展了大量的科学研究与技术应用工作，已逐渐形成一个专门的研究方向。

同济大学环境科学与工程学院吴德礼教授课题组，二十年来一直致力于铁基材料在污染物处理中的基础理论和技术应用研究、含铁矿物在地质环境中的形态转化和环境效应研究。相继承担过 5 项国家自然科学基金、国家科技支撑计划以及国家重点研发计划项目（首席）等国家级科研项目，围绕亚铁物种与污染物的反应机理与应用研究取得了一系列创新成果，在 *Environmental Science & Technology*、*Water Research* 等环境领域有影响力期刊发表了上百篇研究论文。相关研究获得 20 多项授权发明专利，并在实际工程中得到应用，成果曾获上海市技术发明奖一等奖和福建省科技进步奖一等奖。所取得的大量科研成果凝练成《结合态亚铁与污染物反应原理及其应用》这部学术著作，经过专家评审，获得国家科学技术学术著作出版基金的资助。这本专著是吴德礼教授团队科研成果的总结，也是亚铁物种反应机理探索与创新实践的集成之作，我对本书的出版表示祝贺。

本书围绕结合态亚铁的性质、反应原理和应用技术展开探讨，全面系统地描述了结合态亚铁与典型有机污染物、重金属、砷，以及个人药物、抗生素等多种新污染物的反应原理、性能，以及由此发展的创新水处理技术。结合态亚铁具有可调的氧化还原活性，既可以还原转化有机污染物，又可以还原固定重金属类污染物；既可以活化过氧化氢形成类 Fenton 反应，又可以激活过硫酸盐、活化分子氧，形成新的高级氧化技术。总而言之，亚铁物种在多种应用场景都可以发挥重要作用。本书是一部应用科技类专著，不但有理论创新，也有技术应用，研究内容契合国家发展需求，面向国家污染防治主战场，具有重要的科学意义和实用价值。

据悉，这是第一本系统总结整理结合态亚铁反应性能及其在污染物处理应用

　　方面的专著。本书从亚铁反应特性的视角，阐述多种形态的亚铁与环境污染物的反应原理以及相关的技术应用，既有面向国际研究前沿的最新理论技术，也有面向国家经济主战场的实际应用，可以让读者更系统全面地了解亚铁物种在污染物处理中的作用原理和应用，充分反映了吴德礼教授潜心研究的实力和成果。本书立意新颖，逻辑清晰，内容系统，不仅提出了概念与理论，也探讨了技术发展方向，并展示了工程应用案例。书中许多高质量的研究成果，充分证明了结合态亚铁在污染治理中的应用潜力。

　　春种一粒粟，秋收万颗子。相信该书的出版一定能引起读者的共鸣，对于高等院校和科研院所的研究人员、学生，以及环境领域的工程技术人员和管理人员等都具有重要参考价值。期待着吴德礼教授团队进一步的深入研究，把基于结合态亚铁反应原理的新技术做大做强，逐渐推广应用。希望本书的出版能引起更多研究者的关注，围绕铁与污染物的反应原理和技术创新研究不断系统和深化，能涌现更多的研究成果和创新技术，助力我国打好污染防治攻坚战，服务我国人民群众健康安全和生态文明建设。

中国工程院院士　　吴川福

2022 年 3 月

前　言

　　铁及其化合物由于环境友好，价态多变，反应活性强，在环境污染治理过程中有着广泛的应用前景。铁的价态和形态决定了其化学反应特性，零价铁与二价铁的还原活性差异会导致不同的反应结果，比如使用零价铁还原硝酸盐和亚硝酸盐时，其还原产物主要为氨氮，但如果使用二价铁，其还原产物则为以氧化亚氮为主的气态产物。同样是二价铁，由于存在形态不同，其反应活性和反应机制也有很大不同，以某种结构形态或者结合态存在的亚铁相比游离态亚铁，具有更高的还原活性和可变的氧化还原电位，比如羟基亚铁、硫化亚铁、黄铁矿等。正是这些有意义的反应现象，以及在地球化学过程中与多种污染物的交互作用机制，推动着铁与污染物反应化学在环境治理中的应用不断创新和发展。

　　作者课题组一直致力于铁与污染物反应理论和技术应用研究。通过实验室基础研究和现场应用研究的不断探索和实践，特别是结合态亚铁与污染物的反应机制方面，针对不同类型污染物，提出了多种调控结合态亚铁反应活性的方法。在研究结合态亚铁还原转化偶氮染料时，发现多羟基亚铁还原转化偶氮键的能力很强，不但可以还原脱色，还能削减有机物的生物毒性，可大幅提高废水的可生物降解性，因此可以开发针对毒害性废水的还原脱毒新工艺。针对络合态重金属处理难题，提出结合态亚铁还原破络新思路；针对砷污染治理难题，开发了碳酸型结合态亚铁同步除砷和重金属的技术，反应速率快、固砷容量大，实际工程应用效果十分理想；还发现结合态亚铁可以与重金属组分原位形成能活化分子氧的催化剂，形成了有机物和重金属的高效同步转化新技术。在自然地球环境中，亚铁及其矿物驱动的污染物转化和环境修复机制更是非常有意义的探究课题。亚铁是非常神奇的铁基物种，多年来作者一直希望将亚铁的结构特性和反应性能单独进行梳理，抛砖引玉，以期能更深入地研究亚铁与多种污染物的反应原理，增加对亚铁物种的认识和理解，促进其在污染治理和环境修复中的应用。

　　在国家科学技术学术著作出版基金的支持下，上述想法终于成行。本书结合作者课题组的研究成果，基于结合态亚铁可调的氧化还原活性，以各类型结合态亚铁的反应活性为主线，概括了近几十年来国内外研究者对铁基材料的研究和认识过程，以及在解决各类环境问题过程中发展的新理论、新技术和新成果。结合在实际污染治理工程和废水处理应用中取得的经验，详细阐述了结合态亚铁的还原/氧化特性，与各类污染物的反应原理和技术应用。全书共分12章，分别是：铁及其化合物的性质与反应原理、结合态亚铁的制备与结构表征、多羟基亚铁还原转化有机污染物、多羟基亚铁还原去除亚硝酸盐、多羟基亚铁还原去除重金属类污染物、多羟基亚铁除砷性能与机制、黄铁矿活化 H_2O_2 降解有机污染物、黄铁矿活化 H_2O_2 的类 Fenton 反应机制、强化黄铁矿活化 H_2O_2 类 Fenton 反应活性的方法、硫化亚铁矿物活化 PDS 去除新兴污染物、Cu/Fe 双金属活化分子氧的绿色氧化技术、结合态亚铁驱动的废水处理技术与工程应用。全书介绍了铁及其化合物的基本性质和反应原理，结合态亚铁的概念和特征，羟基亚铁在还原处理有机物、重金属等污染物的可行性与技术理论，以及亚铁矿物催化氧化技术在处理各种新型污染物方面的潜力，并重点介绍了结合态亚铁驱动的废水处理技术与工程应用。可为从事废水治理研究工作的科技人员提供结合态亚铁材料开发与应用方面的技术参考。

本书内容主要来自作者课题组的研究工作，作者对十多年来以下各位研究生的创造性劳动表示由衷的感谢：段冬、冯勇、傅旻瑜、王权民、章智勇、陈英、陈雨凡、刘燕夏、邵彬彬、田泽源、顾霖、闫凯丽、赵凌晖、徐龙乾、赵振宇、宗扬、彭帅、张冰、余超、杨茜元、马灿明、黄涛、刘姗姗、林小庆、张家铭等，特别感谢徐龙乾博士协助完成全书的图文修订和文字编辑工作。

本书是作者自 2008 年开始承担国家自然科学基金项目以来，十几年研究工作的总结，研究工作相继得到了多项国家自然科学基金项目（50808136、41172210、41572211、21776223、52170091）的支持，还得到国家 863 计划、科技支撑计划、国家重点研发计划等项目以及绍兴水务集团、宝山钢铁股份有限公司等企业委托横向课题的资助和支持，在此表示感谢。

特别感谢吴明红院士为本书作序，感谢国家科学技术学术著作出版基金的资助，感谢科学出版社给予的大力支持。感谢本书中引用参考的有关书籍和文献资料的作者。在此也对所有支持单位和个人一并表示衷心的感谢。

由于作者学识和精力所限，书中肯定还存在不足和疏漏之处，恳请读者批评指正。

吴德礼

2022 年 2 月 8 日

目　　录

中英文缩写对照表

ACT (acetaminophen)　对乙酰氨基酚

ATP (adenosine triphosphate)　腺苷三磷酸

BA (benzoic acid)　苯甲酸

BOD (biochemical oxygen demand)　生化需氧量

BPA(bisphenol A)　双酚 A

CA (citric acid)　柠檬酸

CFZ (Cu/Fe-Zeolite)　Cu/Fe 沸石材料

CHES (cyclohexylamino ethanesulfonic)　环己氨基乙磺酸

COD (chemical oxygen demand)　化学需氧量

CSF [carbonate structural Fe (Ⅱ)]　碳酸型结合态亚铁

Cu-nZVI (Cu-nano zero valent iron)　nZVI 负载 Cu 双金属核壳结构

2,4-DCP (2,4-dichlorophen)　2,4-二氯酚

DMP(2, 9-dimethyl-1, 10-phenanthroline)　2,9-二甲基-1,10-菲咯啉

DMPO (5,5-dimethyl-1-pyrroline N-oxide)　5,5-二甲基-1-吡咯啉-N-氧化物

DMSO (methyl sulfoxide)　二甲基亚砜

EDDS (N,N'-ethylenediaminedisuccinic acid)　(1,2-乙烷二基) 双天冬氨酸

EDS (X-ray energy spectrum analysis)　X 射线能谱分析

EDTA (ethylene diamine tetraacetic acid)　乙二胺四乙酸

ESR/EPR (electron spin/paramagnetic resonance)　电子自旋共振技术

FHC (ferrous hydroxyl complex)　多羟基亚铁络合物

FTIR (Fourier transform infrared spectroscopy)　傅里叶红外变换光谱仪

GC-MS (gas chromatography-mass spectrometer)　气相色谱–质谱联用仪

GLDA [N,N-bis (carboxymethyl) glutamic acid]　谷氨酸二乙酸

GR (green rust)　绿锈

m-HBA (m-hydroxybenzoic acid)　间羟基苯甲酸

o-HBA (o-hydroxybenzoic acid)　邻羟基苯甲酸

p-HBA (p-hydroxybenzoic acid)　对羟基苯甲酸

ICP (inductively coupled plasma)　电感耦合等离子体

LDH (layered double hydroxide)　层状双金属氢氧化物

MLSS (mixed liquor suspended solids)　混合液悬浮固体浓度

MOPS (morpholine propanesulfonic acid)　吗啉丙磺酸

NBT (nitro - tetrazonium chloride blue)　氯化硝基四氮性蓝

NOM (natural organic matter)　天然有机物

NTA (nitrilotriacetic acid)　氨三乙酸；次氮基三乙酸

nZVI (nano zero valent iron)　纳米零价铁

ORP (oxidation reduction potential)　氧化还原电位

PAC (poly aluminum chloride)　聚合氯化铝

PAM (polyacrylamide)　聚丙烯酰胺

PCA (*p*-chloroaniline)　对氯苯胺

PCP (chlorophenasic acid)　五氯苯酚

PDS (peroxydisulfate)　过二硫酸盐

POD (peroxidase)　过氧化物酶

PPCPs (pharmaceutical and personal care products)　药物及个人护理品

PS (persulfate)　过硫酸盐

PSF [phosphoric structural Fe(Ⅱ)]　磷酸型结合态亚铁

Pyc (pyrite cinders)　黄铁矿烧渣

ROS (reactive oxygen species)　活性氧物种

SEM (scanning electron microscope)　扫描电子显微镜

SHE (standard hydrogen electrode)　标准氢电极

S-nZVI (sulfide nano zero valent iron)　硫化纳米铁

SOD (superoxide dismutase)　超氧化物歧化酶

SS (suspended solids)　悬浮物

TA (tartaric acid)　酒石酸

TBA (*tert*-butanol)　叔丁醇

TCE (trichloroethylene)　三氯乙烯

TCS (triclosan)　三氯生

TOC (total organic carbon)　总有机碳

TTC (tetracycline)　四环素

XPS (X-ray electron spectroscopy)　X 射线电子能谱

XRD (X-ray diffraction)　X 射线衍射

ZVI (zero-valent iron)　零价铁

第1章 铁及其化合物的性质与反应原理

1.1 铁的价态及性质

铁元素化学符号为 Fe，位于元素周期表的第四周期第八族，是地壳中含量第四丰富的元素，几乎存在于所有水生环境中。沉积岩中铁的平均含量约为 5%～6%(质量分数)，每年约 3.5×10^{12} mol 的铁参与环境中的氧化还原反应[1]。铁在许多其他主要和次要元素(如 C、O、N 和 S)的全球生物地球化学循环中起着重要作用，并对除微生物活动以外的腐蚀、有机和无机化合物的降解、金属的流动性，天然有机物的演化与封存、矿物质溶解、养分有效性和岩石风化和成岩作用起着直接和间接的影响。铁也是建筑或人类影响环境的许多化学方面的核心，包括催化、腐蚀、环境修复、医学诊断和治疗、颜料制造、传感器、太阳能电池操作、水处理以及开发具有成本效益的铁基环境和能源应用的材料。上述所有过程都涉及铁氧化还原化学。

铁是一种变价金属元素，迄今为止已发现它的化合价可为-Ⅱ、-Ⅰ、0、+Ⅰ、+Ⅱ、+Ⅲ、+Ⅳ、+Ⅴ、+Ⅵ、+Ⅷ价，其中最常见的为+Ⅱ和+Ⅲ价。当铁与 π-酸配体，即不仅有可以向金属原子配位的孤电子对，又有空的轨道，与可从金属原子接受反馈电子而生成 π 键的一些配体(如 CO、NO、2,2-联吡啶、1,10-二氮杂菲等)相结合时，铁原子可以表现为 0，-Ⅱ 或甚至-Ⅱ氧化态，这类化合物统称为 π-酸配体络合物。在正氧化态方面，铁作为过渡 d 电子-充填元素，有可变的正氧化态+Ⅳ、+Ⅴ 和+Ⅵ甚至+Ⅶ价，但均属不稳定的高氧化态而表现为氧化剂。

本节简要介绍化合价为 0、+Ⅱ、+Ⅲ、+Ⅳ、+Ⅴ、+Ⅵ的铁化合物(或单质)的主要性质。

1.1.1 单质铁

单质铁即零价铁(zero-valent iron，ZVI)，是一种银白色、具有良好延展性的金属，其性质会因其他痕量元素的掺杂而发生较大的变化。纯度高于 99.9%的纯铁具有如下性质(表 1.1)。

表 1.1 单质铁的典型物理化学性质[2]

原子序数	26
原子量	55.85
电子层结构	$Ar, 3d^6 4s^2$

续表

熔点(℃)	1539
密度(g/mL)	热轧,7.87
熔化热(kJ/mol)	272
沸点(℃)	3000
气化热(kJ/mol)(1600℃)	7734.7
电离能(eV)第一	7.896
第二	16.18
第三	30.64
热导率[J/(cm·s·K)](0℃)	0.837
电导率(mS/cm)(20~25℃)	$1×10^5$
热膨胀系数(K^{-1})(100℃)	$1.26×10^{-5}$
比热(J/g)(100℃)	0.502
电阻率(mΩ/cm)	9.8
最高磁导率	280000

单质铁容易和大多数非金属在适当高温下反应生成二元化合物。铁与氧的反应决定于反应条件。新还原出来的微细铁粉在空气中室温下可能自燃,块状铁在温度超过150℃时的干燥空气中便开始氧化,在过量氧气中生成的主要产物是Fe_2O_3和Fe_3O_4,高于575℃和低氧空气中的主要氧化产物为FeO。铁与硫或磷反应时放出大量热,分别生成FeS和Fe_3P。卤素则可在较低温度(~200℃)与铁反应,氟、氯和溴与铁反应生成Fe(Ⅲ)化合物FeX_3,而碘则只生成Fe(Ⅱ)化合物FeI_2。

铁在水溶液系统中的标准电极电势如下:

酸性介质　　$Fe^{2+}+2e^-\!\!=\!\!Fe$　　　　　　　　　$E_0=-0.440\ V$　　　　(1.1)

$\qquad\qquad Fe^{3+}+e^-\!\!=\!\!Fe^{2+}$　　　　　　　　　$E_0=0.771\ V$　　　　(1.2)

碱性介质　　$Fe(OH)_3+e^-\!\!=\!\!Fe(OH)_2+OH^-$　　$E_0=-0.56\ V$　　　　(1.3)

$\qquad\qquad Fe(OH)_2+2e^-\!\!=\!\!Fe+2OH^-$　　　　$E_0=-0.877\ V$　　　(1.4)

以上电势表明,单质铁在酸性溶液中是一种还原剂,而在碱性溶液中则是一种更强的还原剂。依照铁的电势在电位序中的位置,它可以从稀酸水溶液中置换出氢气,能从二价铜(Cu(Ⅱ))盐溶液中置换铜,本身则转化成二价铁[Fe(Ⅱ)]盐。当用普通铁与稀硫酸或盐酸反应时,放出的氢气有一种极特别的气味,这是由于氢气中夹杂了铁中杂质元素(如碳、硫、磷、砷等)的氢化物所致。氧化性酸,如硝酸、冷稀酸仍可与铁生成Fe(Ⅱ)盐,但热浓酸只能生成三价铁(Fe(Ⅲ))盐。当铁与浓硝酸短时间接触后,便表现抗御与硝酸进一步反应的作用,称为表面钝化,它不再能溶于稀硝酸,也不再能从Cu(Ⅱ)盐溶液中置换铜,但它能溶于还原性酸,如稀盐酸中。这种钝化作用是由于在铁表面上生成了一层致密的氧化物保护膜。

用其他氧化剂, 如铬(VI)酸也可以使铁表面钝化。

单质铁置于潮湿的空气往往难以长期稳定存在而发生腐蚀。铁的锈蚀是铁与空气和水发生作用生成水合氧化物的过程, 其本质是一种电化学过程, 腐蚀速度主要决定于铁-水交界面发生的过程, 该过程可以归纳为如下反应:

$$阴极: O_2+2H_2O+4e^- \longrightarrow 4OH^- \tag{1.5}$$

$$阳极: 2Fe \longrightarrow 2Fe^{2+}+4e^- \tag{1.6}$$

此时溶液中的 Fe^{2+} 和 OH^- 在氧气的作用下便生成了红棕色的三氧化二铁 (Fe_2O_3) 即铁锈, 此外, 空气中尘埃粒子和二氧化硫的存在可极大地加速铁的腐蚀速率。

单质铁在生活中常见形式如铁粉、铁屑、铁刨花、纳米零价铁、微米铁粉等。由于具有较低的电极电位$[E_0(Fe^{2+}/Fe)=-0.440\text{ V}]$, 使得零价铁具有较强的还原能力, 可将在金属活动顺序表中排于其后的金属置换出来而沉积在铁的表面, 还可还原众多氧化性较强的离子或化合物及有机物。

当把含有杂质的铸铁或纯铁和炭的混合颗粒浸没在水溶液中时, 铁与炭或其他元素之间形成无数个微小的原电池, 该过程本质上是一个电化学反应, 包括析氢腐蚀和吸氧腐蚀, 其中, 析氢腐蚀主要发生在厌氧条件下, 而在有氧条件下则同时存在两种腐蚀过程。主要反应过程如下:

析氢腐蚀:

$$Fe \longrightarrow Fe^{2+}+2e^-(阳极) \qquad E_0=-0.44\text{ V} \tag{1.7}$$

$$2H_2O+2e^- \longrightarrow H_{2(g)}+2OH^-(阴极) \qquad E_0=0\text{ V} \tag{1.8}$$

$$Fe+2H_2O \longrightarrow Fe(OH)_{2(s)}+H_{2(g)}$$

吸氧腐蚀:

$$Fe \longrightarrow Fe^{2+}+2e^-(阳极) \qquad E_0=-0.44\text{ V} \tag{1.9}$$

$$O_2+2H_2O+4e^- \longrightarrow 4OH^-(阴极) \qquad E_0=0.40\text{ V} \tag{1.10}$$

$$2Fe+O_2+2H_2O \longrightarrow 2Fe(OH)_{2(s)} \tag{1.11}$$

$$4Fe(OH)_2+O_2+2H_2O \longrightarrow 4Fe(OH)_{3(s)} \tag{1.12}$$

如今单质铁(以下称为 ZVI)还原转化降解有机物已作为一种简单、有效、廉价的处理方法应用于多个方面, 包括含氯有机物、硝基芳烃、硝酸盐、重金属等污染物质。

ZVI 在腐蚀演化过程中会有大量铁基腐蚀产物及其他副产物形成。根据这些产物的物理化学性质不同可以分为三类:①还原性腐蚀产物, 如 Fe^{2+}、$[H]/[H_2]$、结合态亚铁$[Fe^{II}(s)]$、亚铁类(氢)氧化物、Fe_3O_4 等;②吸附性腐蚀产物, 主要包括各种铁(氢)氧化物、(羟基)氧化铁等;③氧化性产物, 如 Fe^{3+}、H_2O_2、羟自由基($\cdot OH$)等。

由于 ZVI 在水中的腐蚀演化可形成多种不同理化性质的腐蚀产物, 这一特点赋予了 ZVI/H$_2$O 体系去除水中各类不同污染物的能力。在 ZVI/H$_2$O 体系中，常见的污染物(如重金属、有机污染物、砷、硒、硝酸盐等)可以通过吸附、氧化、还原、共沉淀等机制被去除或转化为更易降解的形态。此外，零价铁还可与过氧化氢/过硫酸盐等结合构成高级氧化体系氧化去除水中的有机污染物，极大地推动了ZVI 在环境污染治理方面的应用。

1.1.2 二价铁和三价铁

铁在水溶液中出现的常见氧化态是+Ⅱ和+Ⅲ。在没有其他络合剂存在的情况下，Fe(Ⅱ)化合物溶液含有淡绿色的六水合离子[Fe(H$_2$O)$_6$]$^{2+}$。Fe(Ⅱ)的水合盐也是淡绿色的，它们往往与其他过渡金属的+2 氧化态同类盐是异质同晶的，Fe(Ⅱ)盐如卤化物、硝酸盐和硫酸盐的溶解度也与第四周期过渡元素 2 价离子的相应盐溶解度相类似，它们的氢氧化物、硫化物、磷酸盐和草酸盐也都相对地难溶。大多数 Fe(Ⅱ)盐在空气中都不稳定而易被氧化，但它们与碱金属盐和铵盐所生成的复盐却大多数是稳定的。铁的标准电极电势如下式所示：

酸性溶液

$$\text{Fe} \xrightarrow{-0.44\text{ V}} \text{Fe}^{2+} \xrightarrow{+0.77\text{ V}} \text{Fe}^{3+} \xrightarrow{<+1.90\text{ V}} \text{FeO}_4^{2-} \tag{1.13}$$

碱性溶液

$$\text{Fe} \xrightarrow{-0.89\text{ V}} \text{Fe(OH)}_2 \xrightarrow{-0.56\text{ V}} \text{Fe(OH)}_3 \xrightarrow{<+0.90\text{ V}} \text{FeO}_4^{2-} \tag{1.14}$$

铁化合物在水溶液中的标准电势很受络合剂的影响，配体存在下各铁电对的标准电极电势如表 1.2 所示。

表 1.2 典型 Fe(Ⅱ)/Fe(Ⅲ)电对的标准电极电势[2]

电对	电势 (V)
酸性溶液	
Fe^{2+}/Fe	−0.44
Fe(C$_2$O$_4$)$_3^{3-}$/Fe(C$_2$O$_4$)$_3^{4-}$,C$_2$O$_4^{2-}$	+0.02
Fe^{3+}/Fe^{2+}	+0.77
Fe(联吡啶)$^{3+}$/Fe(联吡啶)$^{2+}$	+0.96
Fe(二氮菲)$^{3+}$/Fe(二氮菲)$^{2+}$	+1.1
FeO$_4^{2-}$,8H$^+$/Fe^{3+},4H$_2$O	+1.9
碱性溶液	
FeS(α)/Fe,S^{2-}	−0.95
Fe(OH)$_2$/Fe,2OH$^-$	−0.88
Fe$_2$S$_3$/2FeS(α),S^{2-}	−0.72

续表

电对	电势(V)
$Fe(OH)_3/Fe(OH)_2, OH^-$	−0.56
$FeO_4^{2-}, 4H_2O/Fe(OH)_3, 5OH^-$	+0.72

铁溶解在非氧化性酸(包括冷和稀的氧化性酸如硝酸和高氯酸)中即生成水合的 Fe^{2+} 离子。在酸性溶液中这个水合 Fe(Ⅱ) 阳离子是热力学不稳定的,倾向于被大气氧化,因为 O_2,$4H^+/2H_2O$ 电对的电势为 +1.229 V,但在动力学上氧化反应是缓慢的。Fe(Ⅱ) 溶液很容易被强氧化剂如酸性高锰酸钾、重铬酸钾,过氧二硫酸钾、过氧化氢和硫酸铈(Ⅳ)所氧化。Fe^{3+}/Fe^{2+} 电对标准电势可在不发生水合氧化物沉淀的一定 pH 范围内保持恒定。但当达到了发生水合氧化物沉淀的 pH 时,电对的半反应变为:

$$Fe(OH)_3 + e^- \rightleftharpoons Fe(OH)_2 + OH^- \tag{1.15}$$

此时电势便发生明显的突跃变化。在碱性溶液中,Fe(Ⅱ) 的还原性突然增大,这主要是由于 $Fe(OH)_2$ 的溶解度比 $Fe(OH)_3$ 大。因而在碱性溶液中 Fe(Ⅱ) 很容易被大气氧所氧化,白色的 $Fe(OH)_2$ 沉淀很快颜色变深而转化为 Fe(Ⅲ) 水合氧化物沉淀,在碱性溶液中 Fe(Ⅱ) 还能够把硝酸盐和亚硝酸盐还原成氨,把铜(Ⅱ)盐还原成金属铜等。

1.1.3 高价态铁

1. Fe(Ⅳ) 和 Fe(Ⅴ)

Fe(Ⅳ):目前,关于中间价态铁的研究还十分有限,但已有文献报道了多种 Fe(Ⅳ) 含氧酸盐,包括 $[FeO_3]^{2-}$、$[FeO_4]^{4-}$ 和 $[FeO_5]^{6-}$ 阴离子[2]。如用氧在 700~800 ℃ 氧化水合氧化铁和碱土金属氧化物或氢氧化物的混合物可以制得锶盐 Sr_2FeO_4 或钡盐 Ba_2FeO_4,如下式:

$$2Sr_3[Fe(OH)_6]_2 + 2Sr(OH)_2 + O_2 = 4Sr_2FeO_4 + 14H_2O \tag{1.16}$$

用甲醇萃取过量的氧化锶和氧化钡后,可从反应混合物中将 Fe(Ⅳ) 含氧酸盐分离为精细的黑色晶体。将摩尔比 4:1 的氧化钠和氧化铁(Ⅲ)混合物放在氧气流中加热至 450 ℃ 可以同样地制得钠盐 Na_4FeO_4。它在稀碱溶液中易发生歧化:

$$3Na_4FeO_4 + 8H_2O = Na_2FeO_4 + 2Fe(OH)_3 + 10NaOH \tag{1.17}$$

Fe(Ⅴ):钾盐 K_3FeO_4 可以通过高铁酸钾 K_2FeO_4 在 700 ℃ 时热分解或 K_2FeO_4 与 KOH 在 600~700 ℃ 的反应来制备。超过 700 ℃ 时它分解为 $KFeO_2$、氧化钾和氧。氧化铁与氢氧化铷在氧气流中以 600 ℃ 反应所得产物约含 90% 的 Rb_3FeO_4;当将此产物放在氮气流中加热至 350 ℃ 则得到纯净的 Rb_3FeO_4,当将 Na_3FeO_3 在高压(120 atm)氧气中加热可以得到不纯的铁酸钠 Na_3FeO_4。

2. Fe(VI)

高铁酸盐是最高价态(+6 价)铁的含氧酸盐,是一类优异的强氧化剂,常用的高铁酸盐主要是高铁酸钾(K_2FeO_4)。纯度较高的 K_2FeO_4 是一种紫黑色晶体,略带金属光泽,固态高铁酸盐可以在干燥环境下长期稳定存在。K_2FeO_4 极易溶于水,其水溶液呈紫红色,浓度高时偏向紫黑色。K_2FeO_4 在水中以 $H_3FeO_4^+$、H_2FeO_4、$HFeO_4^-$、FeO_4^{2-} 四种不同质子化形态存在,不同形态 Fe(VI)的化学性质不同。四种高铁酸盐形态之间在水中发生以下酸碱平衡:

$$H_3FeO_4^+ \rightleftharpoons H^+ + H_2FeO_4 \qquad pK_{a_1} = 1.6 \qquad (1.18)$$

$$H_2FeO_4 \rightleftharpoons H^+ + H_2FeO_4^- \qquad pK_{a_2} = 3.5 \qquad (1.19)$$

$$HFeO_4^- \rightleftharpoons H^+ + FeO_4^{2-} \qquad pK_{a_3} = 7.3 \qquad (1.20)$$

K_2FeO_4 的水溶液在 510 nm 处有吸收峰,但不同 pH 下其摩尔吸光系数不同。本质上是因为 $H_3FeO_4^+$、H_2FeO_4、$HFeO_4^-$、FeO_4^{2-} 四种形态的摩尔吸光系数不同,四种形态的摩尔吸光系数分别为 $\varepsilon(H_3FeO_4^+)=244$ L/(mol·cm),$\varepsilon(H_2FeO_4)=464$ L/(mol·cm),$\varepsilon(HFeO_4^-)=464$ L/(mol·cm),$\varepsilon(FeO_4^{2-})=1150$ L/(mol·cm),而这四种形态分布情况与溶液 pH 有关(图 1.1)。

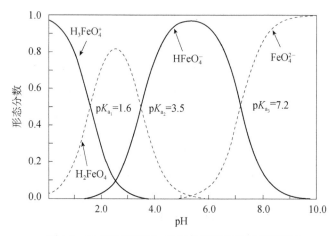

图 1.1　Fe(VI)在不同 pH 条件下的形态分布图[3]

高铁酸盐在整个 pH 范围内具有强氧化性,碱性和酸性条件下氧化还原电位分别为 0.7 V 和 2.2 V(高于臭氧的 2.08 V),是目前用于水处理中氧化性最强的氧化剂和消毒剂(表 1.3)。高铁酸盐的氧化能力随 pH 升高逐渐减弱,主要是因为 FeO_4^{2-} 的共轭酸($HFeO_4^-$ 和 H_2FeO_4)的氧化能力更强。有研究表明相比于去质子化的

FeO_4^{2-}，质子化 $HFeO_4^-$ 的含氧配体(oxo-ligands)的自旋密度(spin density)更高，由此增加了 $HFeO_4^-$ 的氧化性[4]。

表 1.3　常见氧化剂的表征氧化还原电位[5]

氧化剂	半反应	标准氧化还原电位(V)
·OH	$·OH+H^++e^- \rightleftharpoons H_2O$	2.80
	$·OH+e^- \rightleftharpoons OH^-$	1.89
FeO_4^{2-}	$FeO_4^{2-}+8H^++3e^- \rightleftharpoons Fe^{3+}+4H_2O$	2.20
	$FeO_4^{2-}+4H_2O+3e^- \rightleftharpoons Fe(OH)_3+5OH^-$	0.70
O_3	$O_3+2H^++2e^- \rightleftharpoons O_2+H_2O$	2.08
	$O_3+H_2O+2e^- \rightleftharpoons O_2+2OH^-$	1.24
H_2O_2	$H_2O_2+2H^++2e^- \rightleftharpoons 2H_2O$	1.78
	$H_2O_2+2e^- \rightleftharpoons 2OH^-$	0.88
MnO_4^-	$MnO_4^-+4H^++3e^- \rightleftharpoons MnO_2+2H_2O$	1.68
	$MnO_4^-+8H^++5e^- \rightleftharpoons Mn^{2+}+4H_2O$	1.51
	$MnO_4^-+2H_2O+3e^- \rightleftharpoons MnO_2+4OH^-$	0.59
HClO	$HClO+H^++2e^- \rightleftharpoons Cl^-+H_2O$	1.48
	$ClO^-+H_2O+2e^- \rightleftharpoons Cl^-+2OH^-$	0.84
Cl_2	$Cl_2+2e^- \rightleftharpoons 2Cl^-$	1.36
ClO_2	$ClO_{2(aq)}+e^- \rightleftharpoons ClO_2^-$	0.95

高铁酸盐固体在干燥的室温条件下可以长期稳定存在，但遇水易分解。高铁酸盐水溶液的稳定性与 pH 密切相关，在 pH 为 9～10 时最稳定。

1.2　溶解态 Fe(Ⅱ)

1.2.1　环境中亚铁的存在形式

在自然环境中，Fe 存在两种主要的氧化还原状态：二价铁[Fe(Ⅱ)]和三价铁[Fe(Ⅲ)]。Fe(Ⅱ)比 Fe(Ⅲ)更容易溶解，从而导致其在生物可利用形式上具有更高的丰度。在环境中，Fe(Ⅱ)有许多来源，包括化学和物理风化，水铁矿、针铁矿、纤铁矿、赤铁矿和磁铁矿等含 Fe(Ⅲ)矿物的还原，以及不同的 Fe(Ⅲ)-配体配合物的光解，化学还原剂如硫化物和连二亚硫酸盐、异化铁(Ⅲ)还原菌和零价铁(ZVI)系统的氧化。

亚铁在环境中能以多种形态存在，在低 pH 条件下多以溶解态 Fe^{2+} 存在，高 pH

条件以 $Fe(OH)_2$ 等沉淀物形式存在，低氧碱性条件下还会形成结构复杂的亚铁化合物，比如绿锈（green rusts，GRs）（结构 $\left[Fe^{II}_{(6-x)}Fe^{III}_x(OH)_{12} \right]^{x+}\left[(A)_{x/n}\cdot yH_2O \right]^x$（$x=$ 0.9～4.2；A 为 n 价阴离子，例如：CO_3^{2-}、Cl^- 以及 SO_4^{2-}；y 表示隔层中 H_2O 的数量，通常为 2～4），低聚合羟基铁等。同时亚铁在自然环境中还通常以多种矿物形态存在，比如 FeS、黄铁矿（FeS_2）、磁铁矿（Fe_3O_4）、菱铁矿（$FeCO_3$）、针铁矿（α-FeOOH）、纤铁矿（γ-FeOOH）等。存在形态不同导致其物化性质不同，亚铁的存在形态对其反应性能产生了重要影响。

依据存在形式的不同可将 Fe 大致分为四类：游离态 $Fe(II)$、有机配体络合态 $Fe(II)$、结构态 $Fe(II)$ 和表面吸附态 $Fe(II)$。有机配体络合态 $Fe(II)$ 是指 $Fe(II)$ 阳离子与不同的典型有机配体络合，导致 $Fe(II)/Fe(III)$ 氧化还原电位降低，因此通常比未络合的 $Fe(II)_{aq}$ 有更高的还原反应活性。结构态 $Fe(II)$ 是指来源于含 $Fe(II)$ 的铁矿物，如磁铁矿、绿锈、FeS 和含铁黏土中的 $Fe(II)$。表面吸附态 $Fe(II)$ 包括在（羟基）氧化物矿物表面吸附的 $Fe(II)$ 和与矿物基质中金属离子进行电子交换的前体物质中的 $Fe(II)$。本节重点介绍游离态 $Fe(II)$ 和有机配体络合态 $Fe(II)$。

1.2.2　环境中游离态 Fe(II)的来源与反应活性

在自然条件下，游离 $Fe(II)$ 通常稳定存在于还原性环境中。当水环境与氧气交换程度加深时，$Fe(II)$ 会被氧化为 $Fe(III)$。依据反应过程是否有生物体参与，可将自然环境中游离 $Fe(II)$ 的产生过程分为非生物过程和生物过程。

1. 非生物过程

$Fe(II)$ 可以从不同的 $Fe(III)$（水合）氧化物被有机或无机化合物（如硫化物和酚类物质）还原的过程中生成。在 $Fe(III)$（水合）氧化物还原溶解过程中，由于还原后的 $Fe(II)$ 与邻近原子间的键能降低，铁的脱离在能量上变得更有利，因而生成的 $Fe(II)$ 很容易释放到溶液中。

此外，在配体还原对（如草酸和抗坏血酸）的存在下，非生物还原溶解的反应速率加快。这是因为所形成的配合物，例如 $Fe(II)$-草酸盐，比单独的 $Fe(II)$ 有更低的还原电势，这有利于 $Fe(II)$ 释放到水相。

2. 生物过程

已知异化 $Fe(III)$ 还原微生物（DIRB）可还原各种 $Fe(III)$（水合）氧化物，包括水铁矿、针铁矿、纤铁矿、赤铁矿和磁铁矿以及不同的 $Fe(III)$ 络合物。典型的异化铁还原微生物有希瓦氏菌属和地杆菌属。异化铁还原微生物将电子传递给难溶性

Fe(Ⅲ)矿物的途径主要有以下四种：①通过细胞膜内的氧化还原活性化合物与Fe(Ⅲ)矿物的直接接触。②通过蛋白质纳米线如菌毛和鞭毛在铁氧化物和细胞间传递。③通过螯合配体(铁载体如儿茶酚酸、次氮基三乙酸、乙二胺四乙酸、腐殖酸)可以与铁离子形成强配合物并促进其溶解[这使得电子可以更快地转移到可溶性Fe(Ⅲ)配合物，而不是不溶性的氧化物表面]。④通过电子穿梭体(如醌类、腐殖质、吩嗪类、黄素甚至是导电的纳米粒子)可以在细菌和氧化物之间传递电子。

　　由于存在形态受pH影响较大，游离态Fe(Ⅱ)的还原活性与pH高度相关：随着pH升高，Fe^{2+}逐渐演变为$Fe(OH)^+$和$Fe(OH)_2$，其被氧化的速率显著提升。然而，环中性条件下，Fe^{2+}为主要的二价铁物种，若没有配体或可接触的氧化物表面作用以改变其有效形态，尽管反应在热力学上是可行的，但实际Fe^{2+}被O_2氧化的速率极其缓慢。一旦引入部分无机配体如氟离子、碳酸盐、磷酸盐，可以使环中性条件下Fe^{2+}的还原性大大提升。

1.2.3　环境中有机配体络合态 Fe(Ⅱ) 的来源与反应活性

　　无论是天然水体还是污水处理过程中，溶解态Fe(Ⅱ)通常不可避免地与无机/有机配体共存于局部的还原环境中。与配体络合后Fe(Ⅱ)的氧化还原电位发生变化：尽管某些类型的无机配体(包括氟化物、碳酸盐和磷酸盐)与Fe(Ⅱ)络合后可使后者还原性提升，但大多数常见Fe(Ⅱ)-无机配体络合物(例如，$[Fe(NH_3)_6]^{2+}$、$FeCl_2$和$FeSO_4$)的还原性较Fe(Ⅱ)有机络合物低，这与络合后Fe(Ⅱ)的氧化还原电位改变以及配体对Fe(Ⅱ)施加的空间位阻效应有关。而溶解态Fe(Ⅱ)和有机配体作用所形成的Fe(Ⅱ)络合物在中性条件下通常更具反应性，因此对环境中污染物的归趋具有不可忽视的影响。除与常见小分子配体直接形成络合物外，Fe(Ⅱ)还能与土壤矿物表面或天然地表水/生活污水中上的大分子天然有机物(NOM)结合，形成针对土壤中污染物的有效还原剂。

　　在具有较强络合能力的有机配体存在的条件下，与Fe(Ⅱ)或Fe(Ⅲ)阳离子键合的水分子将被一个或多个水位的有机配体取代，导致Fe(Ⅱ)和Fe(Ⅲ)形态发生显著变化。由于Fe(Ⅱ)水解形态和羟基配体的质子化强烈依赖于水体pH条件，因此pH和配体浓度是影响Fe(Ⅱ)或Fe(Ⅲ)与有机配体形态形成的主要参数。例如，在含有Fe(Ⅱ)和钛铁试剂(4,5-二羟基-1,3-苯二磺酸)的溶液中，各Fe(Ⅱ)物种$[Fe(Ⅱ)]$、$FeOH^+$、$Fe(OH)_2^0$、$Fe(OH)_3^-$、$FeHL^-$、FeL^{2-}和FeL_2^{6-}(其中L^{4-}代表完全去质子化的钛铁)[6]如图1.2所示。

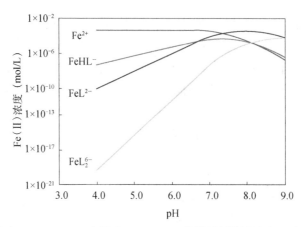

图 1.2　pH 对含有 0.5 mmol/L Fe(Ⅱ)和 10 mmol/L 钛铁试剂的溶液中 Fe(Ⅱ)形态的影响[6]

　　已有研究表明，在标准条件下，Fe(Ⅱ)有机配体配合物对可还原有机化合物的还原速率与相应 Fe(Ⅱ)/Fe(Ⅲ)氧化还原电对的单电子氧化还原电位 E_H^0 呈线性自由能关系[7]。每种特定的 Fe(Ⅱ)/Fe(Ⅲ)络合物氧化还原电对的标准氧化还原电位可用下式定义：

$$E_H^0 = 0.77 - \frac{RT}{F}\left(\frac{K_{Fe^{III}L}}{K_{Fe^{II}L}}\right) \tag{1.21}$$

式中，0.77(相对于普通氢电极，NHE)是在标准状态下 Fe(Ⅱ)/Fe(Ⅲ)半反应的 E_H^0 值；R 为摩尔气体常量；T 代表开尔文温度；F 代表法拉第常数；$K_{Fe^{II}L}$ 和 $K_{Fe^{III}L}$ 分别是 Fe(Ⅱ)和 Fe(Ⅲ)与配体 L 的络合平衡常数。由式(1.21)可以看出，与 Fe(Ⅲ)结合越稳定或与 Fe(Ⅱ)结合越不稳定，则氧化还原电位越高，则其 Fe(Ⅲ)络合物氧化性越强，Fe(Ⅱ)络合物还原性越弱。因此，具有邻苯二酚、羟肟酸和硫醇官能团的 Fe(Ⅱ)配合物配体比其他有机配体如羧酸盐具有更高的氧化还原活性。图 1.3 给出了与常见 Fe(Ⅱ)络合物相关的氧化还原电对的 E_H^0 值。同时，由式(1.21)可知，包括配体官能团种类与数量、pH、Fe(Ⅱ)总浓度、目标化合物性质等任何可以改变 Fe(Ⅱ)和 Fe(Ⅲ)相对形态的因素，都可以改变体系 Fe(Ⅱ)/Fe(Ⅲ)氧化还原电位，从而影响 Fe(Ⅱ)配体配合物的还原活性。

　　Fe(Ⅱ)有 6 个内圈配位点，在 Fe(Ⅱ)上占据的位置较少，这使得 Fe(Ⅱ)可以有更多的位置可以与其他配体或化学探针配位。Fe(Ⅱ)的内圈配位位置能够与某些化学探针内的路易斯碱供体基团结合，已被证明可以提高某些污染物的还原率。污染物自身官能团与 Fe(Ⅱ)的络合也会增强/减弱 Fe(Ⅱ)对污染物的还原作用。其中一个例子是 Fe(Ⅱ)-钛铁试剂与卡巴多司(carbadox)形成的内球五元环配合物，可促进电子从 FeL_2^{6-} 转移到卡巴多司上，从而使反应速率加快 276 倍，但在 Fe(Ⅱ)与钛铁试剂的内球形络合被空间位阻抑制的情况下(如与磺胺甲噁唑作用时)，污

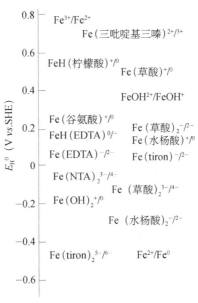

图 1.3　常见 Fe(Ⅱ)有机络合物对应 Fe(Ⅲ)/Fe(Ⅱ)氧化还原电对的
标准单电子氧化还原电位(E_H^0)[7]

染物还原速率与不添加任何 Fe 的情况几乎相等[8]。

　　Fe(Ⅱ)络合物与有机污染物作用时，有时还可作为电子传递介质。例如，Fe(Ⅱ)-卟啉络合物在室温下可以迅速地还原部分有机官能团如烯烃、乙炔、烷基卤化物、醌类以及硝基和亚硝基，同时，Fe(Ⅱ)-卟啉络合物还可作为电子转移介质，促进均相水溶液中半胱氨酸还原多卤代甲烷和乙烷[1]。

1.3　基于溶解态亚铁盐的水处理技术及原理

　　因具有较低的原料价格、高水溶性及环境友好性，硫酸亚铁、氯化亚铁、碳酸亚铁等溶解态亚铁盐已在污水处理领域得到了广泛的应用，最常见的是硫酸亚铁作为水处理药剂，用于废水混凝沉淀预处理。由于硫酸亚铁能够和磷酸盐生成沉淀物，因此亚铁还可作为城市和工业污水中的除磷剂，以防止水体的富营养化。此外，其他的应用还包括利用溶解态 Fe^{2+} 作为催化剂催化 H_2O_2 产生高反应活性的 ·OH 自由基而进行氧化反应的 Fenton 氧化技术、投加亚铁盐改善废水生物处理的生物铁法、印染废水脱色剂等。

1.3.1　亚铁还原去除污染物

　　Fe^{2+} 的标准电极电位 $E^{\ominus}(Fe^{3+}/Fe^{2+})=0.771\ V$，使得其具有一定的还原能力。已

有诸多文献报道 Fe^{2+} 离子能够还原 $Cr(VI)$、$Mn(IV)$、溴酸盐等污染物。尽管溶解态 Fe^{2+} 具有一定的还原能力，但是研究多集中在还原高价过渡金属，说明溶解态 Fe^{2+} 的还原能力较弱，其几乎不能还原硝基苯类物质和卤代有机物。

$Cr(VI)$ 的高毒性使得它一直是研究的热点，研究六价铬还原转化的方法众多，其中 $Fe(II)$ 是还原转化 $Cr(VI)$ 最常用的还原剂之一。目前关于亚铁还原 $Cr(VI)$ 的研究主要集中在还原的动力学和影响因素方面，影响因素主要包括：离子强度、溶液 pH、溶解氧、反应温度等。在中性偏酸性的条件下，$Fe(II)$ 能够快速还原 $Cr(VI)$ 并遵从一级反应；在 pH 为 1.5～4.5 时反应速率随 pH 增加而降低；pH 为 3.5～7.2 时，溶解氧几乎不影响 $Cr(VI)$ 与 $Fe(II)$ 的反应，两者的反应比例接近 1∶3。在中性偏碱性条件下，溶液 pH 越高反应速率越快，溶解氧影响很大，由于氧气的竞争使得反应不满足计量式。在中性偏碱性条件下，亚铁能够与氢氧根结合，其还原活性增强，极易被溶解氧氧化。

也有报道将硫酸亚铁用于废矿回收处理，沈庆峰等[9]研究发现硫酸亚铁能够还原浸出银锰共生矿中的锰，将 $Mn(IV)$ 还原为 $Mn(II)$，锰浸出率达 98%。溴酸盐在天然水体含量很低，是矿泉水经过 O_3 消毒处理后的副产物，由于溴酸盐在国际上被定为 2B 级的潜在致癌物，我国现行的《生活饮用水卫生标准》也规定溴酸盐限值为 0.01 mg/L。董文艺等[10]研究发现在原水溴酸盐浓度为 25 mg/L，初始 pH 为 7.2、DO 浓度为 2.3 mg/L、室温时，投加 20 mg/L 的硫酸亚铁可以在 40 min 内将溴酸盐的浓度降低到 8.6 μg/L，研究发现 DO 越小处理效果越好，pH 为 6.0～8.0 时 pH 越高处理效果越好。张晓敏[11]比较了硫酸亚铁、零价铁粉、Fe/C 微电解三种化学方法还原处理溴酸盐的效果，发现硫酸亚铁更具经济优势。

除此之外，向亚铁溶液中投加有机配体能够改变亚铁的还原活性。在自然环境中常含有丰富的亚铁和 NOM，有研究观察到在这种环境下还原污染物的速率快于单独含有亚铁的体系，研究证明 NOM 还原污染物的速率相对亚铁慢。尽管有机配体能够改变 $Fe(II)$ 的还原活性，但是有机配体从某个角度来说也是污染物。

1.3.2 硫酸亚铁用作水处理混凝剂

混凝作用是复杂的物理、化学过程。关于混凝机理，目前得到广泛认可的解释主要有压缩双电层机理、吸附架桥作用和卷扫网捕作用等，一般认为是凝聚和絮凝两个作用过程。凝聚(coagulation)是指胶体颗粒脱稳并形成细小凝聚体的过程；絮凝(flocculation)则指胶体脱稳后(或由于高分子物质的吸附架桥作用)聚结成大颗粒絮体的过程。凝聚是瞬时的，只需将化学药剂扩散到全部水中的时间即可；絮凝则与凝聚作用不同，它需要一定的时间去完成，但一般情况下两者很难区分，因此把能起凝聚和絮凝作用的药剂统称为混凝剂[12]。

铝盐是最传统、应用最广泛的混凝剂，简单的铝盐包括硫酸铝、氧化铝和明矾等。尽管铝盐被广泛使用,但铝是低毒物质,经各种渠道进入人体后,会在一些机体组织中蓄积,并参与许多生物化学反应,能将体内必需的营养元素和微量元素置换流失或沉积,从而破坏各部位的生理功能,导致人体出现诸如铝性脑病、铝性贫血等中毒病症。铁盐是铝盐的主要替代品,采用铁盐作为混凝剂,不仅安全无毒,避免二次污染,而且具有混凝能力强、矾花大、沉降快、水温和 pH 适用范围广、价格便宜等优点。尤其是在低温条件下,铁盐的混凝效果明显优于铝盐。简单的铁盐主要是氯化铁、硫酸亚铁等。

相较传统铝盐,硫酸亚铁适用的 pH 范围(4.0～11.0)较硫酸铝(5.5～6.5)的宽。硫酸亚铁用于原水、地下水和工业给水的净化处理,使用时需先将其调配成 5%～10%的溶液后计量投加,最佳混凝 pH 范围为 6.0～8.0;硫酸亚铁适用于碱度高、浊度高的废水处理,受水质影响,适宜 pH 为 8.1～9.6,最好与碱性药剂或有机高分子絮凝剂联合使用。由于 Fe^{2+} 会使处理后的水带色,特别是当 Fe^{2+} 与水中有色胶体作用后,将生成颜色更深的溶解物,故采用硫酸亚铁作絮凝剂时,需采用氯化、曝气等方法。目前有两种原水处理的情形可以使用 $FeSO_4$ 作混凝剂:一是加氯氧化,不仅可以提高通氯杀菌效率,而且可以在较宽的 pH 范围内氧化 Fe^{2+},使硫酸亚铁有效地对胶体颗粒起絮凝作用;二是石灰法软化原水并采用通氯杀菌的工艺时,投加 $FeSO_4$ 作絮凝剂效果明显改善。当 Fe^{2+} 氧化成 Fe^{3+} 后,其混凝作用机理也就与铝盐和氯化铁基本相同。

1.3.3　硫酸亚铁去除污水中的磷酸盐

铁盐因其价格便宜、除磷效果好而在污水处理行业中受到青睐。铁盐有两种形式:二价铁盐和三价铁盐,在工程中三价铁盐运用的更多一些,而二价铁因其价格更为便宜,其带来的效益也越来越受到关注。铁盐除磷的反应式如下所示:

$$Fe^{3+}+PO_4^{3-} \longrightarrow FePO_4 \tag{1.22}$$

$$3Fe^{2+}+2PO_4^{3-} \longrightarrow Fe_3(PO_4)_2 \tag{1.23}$$

众所周知,铁盐除磷不仅仅依靠化学沉淀,同时还伴随着铁盐水解产物对磷酸根的吸附。铁盐在与磷酸盐发生化学沉淀的同时,也会产生副反应,特别是三价铁离子,能在水中迅速水解,产生一系列复杂的羟基络合物,而且三价铁的水解程度随着碱度的升高而加快。三价铁在水中的水解反应式如下所示:

$$Fe^{3+}+3HCO_3^- \longrightarrow Fe(OH)_3+3CO_2 \tag{1.24}$$

$$Fe^{3+}+3OH^- \longrightarrow Fe(OH)_3 \tag{1.25}$$

亚铁盐作为一种除磷药剂,在水处理行业中越来越受到青睐,主要归因于硫酸亚铁和其他药剂(明矾、氯酸钠、氯化铁和硫酸铁)相比,硫酸亚铁的价格是最便宜的(如其价格仅为三价铁盐的十分之一)。

国内外已有许多用硫酸亚铁除磷的实际工程案例[13]。昆山港东污水处理厂采用硫酸亚铁除磷，硫酸亚铁投加在第一曝气机前侧，当硫酸亚铁的投加量（以铁磷摩尔比计）为 1.5∶1 左右时，即可达到良好的除磷效果，出水总磷含量小于 0.5 mg/L。汕头龙珠水质净化厂用工业硫酸亚铁除磷，在 A^2/O 氧化沟的好氧段投加硫酸亚铁，结果表明，氧化沟的除磷效果大幅度提高，出水总磷含量在 0.8 mg/L 左右。张志斌等[14]用实际污水模拟了厌氧好氧环境下不同药剂的化学同步除磷效果，结果表明，铁系的除磷效果好于铝系，其中硫酸亚铁的除磷效果最佳，当硫酸亚铁投加量为 1.2∶1（铁磷摩尔比）时，出水总磷含量小于 0.5 mg/L。刘召平等[15]用硫酸亚铁处理二沉池出水，结果表明，曝气条件下的除磷效果远远优于无曝气条件下的除磷效果。贾会艳等[16]的研究表明，将硫酸亚铁投加在曝气生物滤池出水中可以有效去除水中的磷，出水总磷均在 0.5 mg/L 以下。

亚铁盐和磷酸根结合后生成磷酸亚铁或磷酸铁沉淀，其中磷酸亚铁的沉淀平衡常数为 1×10^{-36}，磷酸铁的沉淀平衡常数为 1×10^{-22}。虽然在污水中磷酸根能以磷酸亚铁的形式沉析出来，且磷酸亚铁的沉淀平衡常数远小于磷酸铁的沉淀平衡常数，更容易产生沉淀，但是因为磷酸亚铁产生的沉淀絮体很小，与此同时亚铁的水解产物多是简单的络合物，絮凝效果不佳，从而导致除磷效果不佳。而三价铁一方面能直接与磷酸根结合生成磷酸铁沉淀，另一方面三价铁会水解成许多长链的多核羟基络合物，这些多核羟基络合物可以有效地吸附水中的磷，同时也可以有效地降低或消除胶体的 Zeta 电位，使胶体在吸附架桥、絮体卷扫以及电中和等作用下凝聚成大颗粒，起到很好的絮凝效果。

尽管单独采用亚铁进行除磷，效果不佳，但是亚铁具有巨大的价格优势，其带来的效益已越来越受到关注。关于用亚铁作为除磷药剂，已有大量的相关报道。Gloyna 等[17]通过投加亚铁至水溶液中除磷，结果发现亚铁现场被氧化成三价铁的除磷效果要比直接投加三价铁的除磷效果好。Li 等[18]用 Fe^{2+}/H_2O_2 和三价铁处理二沉池出水中的磷酸盐，结果表明，在亚铁和三价铁投加浓度均为 10 mg/L 的条件下，Fe^{2+}/H_2O_2 的除磷效果好于直接投加三价铁，三价铁对磷酸根的去除率为 76.5%，而对磷酸盐的去除率达到了 87.1%，这主要是因为新生态的三价铁更容易和磷酸盐结合。由此可知，同步氧化亚铁的除磷方法具有很好的应用前景。

1.3.4 亚铁催化 H_2O_2 氧化反应

1. Fenton 试剂

1894 年法国科学家 H.Fenton 在一项科学研究中发现，亚铁离子在与过氧化氢共存条件下的酸性水溶液中可以有效地将酒石酸（tartaric acid）氧化分解，即：

$$HOOCCHOHCHOHCOOH+Fe^{2+}+H_2O_2 \longrightarrow CO_2+H_2O+Fe^{3+} \qquad (1.26)$$

这项研究发现为人们选择性氧化有机物提供了一种新的方法。后人为纪念这位伟大的科学家，将这种反应试剂命名为 Fenton 试剂，使用这种试剂的反应称为 Fenton 反应。Fenton 试剂的早期研究主要是有机合成领域，直至 1964 年 H.R.Eisenhouser 首次使用 Fenton 试剂处理苯酚及烷基苯废水，并取得较理想的效果。这是 Fenton 试剂应用于工业废水处理领域的先例，从此 Fenton 试剂在工业废水处理中的应用研究受到国内外的普遍重视。

2. Fenton 反应机理

关于 Fenton 反应的机理研究，产生了两个主要理论：Walling 和 Clearly 提出的自由基理论及 Kremer 和 Stein 提出的络合理论[19]。

Walling 等认为 Fenton 氧化反应中自由基反应占主导地位。即反应体系中羟基自由基（·OH）实际上是氧化剂反应中间体，即：

$$Fe^{2+}+H_2O_2+H^+ \longrightarrow Fe^{3+}+H_2O+\cdot OH$$

而 Kremer 等认为，反应系统中存在高价铁与有机物复合的中间体，其在 Fenton 反应中起重要作用，即：

$$Fe^{2+}+H_2O_2+H^+ \longrightarrow Fe(Ⅳ、Ⅴ、Ⅵ) 或铁(过氧络合物)$$

一直以来，关于这两种机理的分析讨论很多，很多实验也证明各自都有合理之处。因此，二者相伴相存直到现在。但当前世界公认的反应机理是由 Haber 和 Weiss 提出的，即 Fenton 试剂通过催化分解产生羟基自由基（·OH）进攻有机物分子，并使其氧化为 CO_2、H_2O 等无机物质。有关羟基自由基·OH 的引发、消耗及反应链终止机理如下：

链的开始：

$$Fe^{2+}+H_2O_2+H^+ \longrightarrow Fe^{3+}+H_2O+\cdot OH \tag{1.27}$$

链的传递：

$$Fe^{2+}+\cdot OH \longrightarrow Fe^{3+}+OH^- \tag{1.28}$$

$$H_2O_2+\cdot OH \longrightarrow H_2O+\cdot O_2H \tag{1.29}$$

$$Fe^{3+}+H_2O_2 \longrightarrow Fe^{2+}+H^++\cdot O_2H \tag{1.30}$$

$$\cdot O_2H+Fe^{3+} \longrightarrow Fe^{2+}+\cdot O_2+H^+ \tag{1.31}$$

$$\cdot O_2H \longrightarrow \cdot H+\cdot O_2 \tag{1.32}$$

$$\cdot OH+R-H \longrightarrow \cdot R+H_2O \tag{1.33}$$

$$\cdot OH+R-H \longrightarrow \cdot[R-H]^++OH^- \tag{1.34}$$

链的终止：

$$\cdot OH+\cdot OH \longrightarrow H_2O_2 \tag{1.35}$$

$$\cdot O_2H+\cdot O_2H \longrightarrow H_2O_2+O_2 \tag{1.36}$$

$$Fe^{3+}+\cdot O_2^- \longrightarrow Fe^{2+}+O_2 \tag{1.37}$$

$$Fe^{3+}+\cdot O_2H \longrightarrow Fe^{2+}+O_2+H^+ \tag{1.38}$$

$$H^+ + \cdot O_2H + Fe^{2+} \longrightarrow Fe^{3+} + H_2O_2 \tag{1.39}$$

$$H^+ + \cdot O_2H + \cdot O_2^- \longrightarrow O_2 + H_2O_2 \tag{1.40}$$

$$2H^+ + \cdot O_2 + Fe^{2+} \longrightarrow Fe^{3+} + H_2O_2 \tag{1.41}$$

$$\cdot OH + R_1{-}CH{=}CH{-}R_2 \longrightarrow \cdot R_1 + HC(OH){=}CH{-}R_2 \tag{1.42}$$

$$\cdot OH + \cdot R \longrightarrow ROH \tag{1.43}$$

整个 Fenton 反应速率主要决定于式(1.30)；但当 H_2O_2/Fe^{2+} 比例提高后，反应中羟基自由基(·OH)被反应式(1.29)所竞争；当 Fe^2 浓度过高时，反应中羟基自由基(·OH)被反应式(1.28)所竞争，则同样会消耗羟基自由基(·OH)，使反应氧化效率降低。

此外，Fenton 试剂还具有一定的絮凝功能，Fenton 试剂的絮凝作用在废水处理中也是一个重要方面，尤其是对废水的 COD_{Cr} 去除非常有效。

3. Fenton 反应处理废水的反应特性

自从 Fenton 试剂被发现后，关于 Fenton 反应的应用研究便随之兴起。大量实验研究表明，Fenton 试剂能不同程度地氧化降解处理各种工业废水和去除水体中的有机污染物。如含酚废水、乳化废水、制药废水、食品废水、酸废水、离子交换树脂废水、油田聚合物废水、炸药废水、造纸废水、选矿废水、染料废水、垃圾渗滤液、生污泥等，以及水体中稠环芳烃、氯酚类、除草剂、甲基叔丁基醚、硝基苯等有机物。在这些废水处理实验研究中，高级氧化技术集中表现出以下特性。

(1)pH 对 Fenton 试剂反应的影响较大。一般认为，Fenton 试剂在初始 pH 为 3.0~5.0 时氧化催化效果最好，而这一条件与所处理的有机物种类无多大关系。反应系统初始 pH 过高，会抑制羟基自由基(·OH)的产生；初始 pH 过低，则会破坏 Fe^{2+} 与 Fe^{3+} 之间的转化平衡，影响催化反应的进行，从而降低 COD_{Cr} 的去除率，不利于氧化。但另一方面，通过调节终了 pH，可实现 Fe^{2+} 向 $Fe(OH)_3$ 的转化，利用 $Fe(OH)_3$ 的絮凝作用，既可解决 Fe^{3+} 带来的色度问题，又在一定程度上促进 Fenton 试剂的后处理效果，从而进一步提高 COD_{Cr} 的去除率。

(2)H_2O_2 投量和 Fe^{2+} 投量对羟基自由基(·OH)的产生具有重要的影响。当 H_2O_2 和 Fe^{2+} 投量较低时，羟基自由基(·OH)产生的数量相对较少，反应效率低。但同时 H_2O_2 又是羟基自由基·OH 的捕捉剂，H_2O_2 投量过高会使最初产生的·OH 淬灭。若 Fe^{2+} 投量过高，则在高催化剂浓度，反应开始时 H_2O_2 迅速地产生大量的活性羟基自由基(·OH)，而羟基自由基(·OH)与基质的反应相对较慢，使未消耗的游离·OH 积聚，并彼此相互反应生成水，致使一部分最初产生的羟基自由基(·OH)被消耗掉，降低羟基自由基(·OH)的利用率。且 Fe^{2+} 投量过高还会使水的色度增加。故在实际应用中需严格控制 Fe^{2+} 与 H_2O_2 的投加量与投加比例，或采用分批次投加 Fenton 试剂的方式，有利于提高染料废水氧化降解效率。

（3）部分废水中无机阴离子对 Fenton 反应具有屏蔽作用。由于废水中的有些阴离子易与 Fe^{2+} 结合形成络合物，使得 Fe^{2+} 失效，无法与 H_2O_2 反应，阻止羟基自由基（·OH）的产生，从而影响 Fenton 反应催化作用效果。

1.3.5　基于亚铁的生物铁法

生物铁法（bioferric process）就是向活性污泥系统中或进水中投加铁盐，以提高普通活性污泥法处理废水的效能，强化和扩大活性污泥法净化功能，提高生化处理效果的方法。在生物和铁离子的共同作用下，强化吸附、凝聚、生物降解及沉降的作用，同时达到改善出水水质的目的。

铁的二价态、三价态及含铁有机物之间的相互转化，与微生物的活动都是密切相关的，铁元素是细胞物质的重要组成元素之一，同时也可以参与微生物的能量代谢过程。在生物氧化中通过 $Fe \longrightarrow Fe^{2+} \longleftrightarrow Fe^{3+}$ 氧化还原反应，起着电子传递作用，生物法中的多数酶促反应只在某些物质存在时，酶的催化活性才能表现出来，称之为对酶的激活作用。引起激活作用的物质称为激活剂，而铁元素就是一种常见的无机阳离子激活剂。

20 世纪 80 年代，科学研究发现某些细菌能从铁的化学反应中获得养料，这些细菌能够在三价铁与二价铁转化过程中消耗微生物腐烂时产生的诸如乙酸和乳酸之类的化合物[20]。事实还证明这些细菌分解有机质的能力比产甲烷菌和硫酸盐还原菌都强得多，只要有铁存在，铁还原菌总是首先将正铁还原成亚铁，并带动其他细菌滋生繁衍。这些细菌会紧贴于铁的表面，以便于在不断流过的水中获取溶于水的铁源，于是便在铁的表面形成不断繁衍代谢的菌膜。

近年来的研究表明，Fe^{2+} 与微生物的混合体系会促进铁氧化菌的生成，例如氧化亚铁硫杆菌（*Thiobacillus ferrooxidans*）、纤发菌属（*Leptothrix*）、球衣菌属（*Sphaerotilus*）和锈铁嘉利翁氏菌（*Gallionella feruginea*）等。而铁氧化菌在氧化 $Fe(II)$ 的过程中可以自主地诱导胞外基质中活性氧物种（ROS）的产生[20]，诱发超氧化物、过氧化氢、羟基自由基的产生，发生类 Fenton 反应，从而大大提高生化反应对难降解有机物的处理效果。

1.4　结合态亚铁

1.4.1　结合态亚铁的定义及反应活性

1. 结合态亚铁的定义

本书中，结合态亚铁（structural ferrous iron）是指以某种结合方式存在的非溶解态亚铁物种,比如含铁矿物中的 Fe(II)[磁铁矿、绿锈、黄铁矿、黏土矿物中的 Fe(II)],沉淀、吸附在含铁矿物表面的伴生固相 Fe(II)[如 Fe(OH)$_2$]。从概念上包含了结构态 Fe(II) 和吸附态 Fe(II)。

2. 结合态亚铁的反应活性

铁氧化物表面结合态、配体络合态和结合态亚铁等活性亚铁组分往往具有更低的氧化还原电势,从而具有更强的还原能力,因此其还原能力及活化分子氧、过氧化氢等氧化剂的效果皆优于游离态亚铁。例如 Fe(II) 在针铁矿表面形成双配位基络合物时,氧化还原电势降低至 360 mV,硅酸盐中的结构态 Fe 的氧化还原电势为 0.33~0.52 V,磁铁矿和钛铁矿中的结构态 Fe 的氧化还原电势为 0.34~0.65 V。

其中,铁氧化物表面结合态 Fe(II) 具有更强的还原能力,原因是吸附态 Fe(II) 在铁氢氧化物表面彼此接近,增大了电子云密度,从而增强了 Fe/铁氧化物的还原能力。Gorski 等测定了 Fe^{2+}-针铁矿与 Fe^{2+}-赤铁矿氧化还原电对的标准氧化还原电势,推翻了氧化物相关 Fe^{2+} 的电势比溶液中 Fe^{2+} 电势低的推测,证实了较低的 Eh 是由于半反应式中 Fe^{3+} 的物相发生变化。铁氧化物结合态 Fe(II) 的产生过程如下所示:

$$\equiv Fe^{III}OH + Fe(II) + H_2O \longrightarrow \equiv Fe^{III}OFe^{II}OH + 2H^+ \qquad (1.44)$$

$$\equiv Fe^{III}OFe^{II}OH \longrightarrow \equiv Fe^{II}OFe^{III}OH \qquad (1.45)$$

$$\equiv Fe^{III}OFe^{II}OH/\equiv Fe^{II}OFe^{III}OH + O_2 \longrightarrow Fe(III) + \cdot O_2^- \qquad (1.46)$$

乙酸、草酸、柠檬酸、EDTA、富里酸等有机配体以及 OH$^-$、Cl$^-$、CO$_3^{2-}$、PO$_4^{3-}$ 等无机配体与 Fe(II) 生成络合物后能够提高 Fe(II) 的还原能力。这是因为配体可以通过配体交换与对铁氧化物的还原溶解作用产生固相络合态 Fe(II),也可以与溶解态 Fe(II) 络合生成游离络合态 Fe(II),固相与溶液中的络合态 Fe(II) 能够降低 Fe(III)/Fe(II) 的氧化还原电势,从而提高 Fe(II) 的活化分子氧的能力。

1.4.2 常见结合态亚铁

1. 绿锈

绿锈是近年来最新研究的一类含有 Fe(II) 和 Fe(III) 的不稳定化合物,因为蓝绿色而被称为绿锈。最早发现于铁、低碳钢和不锈钢的腐蚀产物中,接触空气或其他氧化剂时会立即氧化成磁铁矿、针铁矿、纤铁矿、铁绿锈或水铁矿。绿锈是层状双金属氢氧化物(LDH),晶体结构为带正电荷的氢氧化物层 [Fe$^{II}_{(1-x)}$Fe$^{III}_x$(OH)$_2$]$^{x+}$ 与带负电荷的阴离子 A^{n-} 及水分子相互交替,结构式为 [Fe$^{II}_{(1-x)}$Fe$^{III}_x$(OH)$_2$]$^{x+}$ · [(x/n)A^{n-} · (mx/n)H$_2$O]$^{x-}$,根据绿锈的结构类型(取决于

XRD 谱图)分为 I 型和 II 型,前者为菱形单元,含有平面阴离子如溴化物或氯离子,后者为六边形单元,含有四面体阴离子如硫酸根。不同组分条件下的绿锈形态分布图如图 1.4 所示。

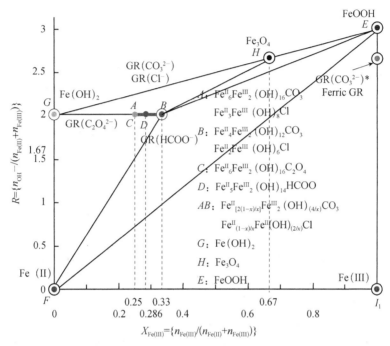

图 1.4　不同组分条件下的绿锈形态分布图[21]

绿锈的还原性受结构内 Fe(II)/Fe(III) 比值的影响,pH 提升,还原活性上升。此外,不同的层间阴离子能以不同的方式与不同的污染物复合,影响 Fe(II)物种的能量,从而影响 GRs 的反应活性。例如:Cl 型比 SO₄ 型还原硝酸根的能力更强,因为前者与硝酸根更易置换且 Cl 型 Fe(II)含量更高[22]。

2. 磁铁矿

磁铁矿(Fe₃O₄)是一种常见的混合价氧化铁矿物。磁铁矿可以通过异化铁(III)还原菌生物还原 Fe(III)(羟基)氧化物而形成,也可以通过 Fe(II)水溶液的非生物反应形成含有 Fe(III)的矿物,包括零价铁的腐蚀,以及来自天然或人为影响造成含铁矿物的氧化。磁铁矿也可以通过趋磁细菌在细胞内形成。

磁铁矿具有还原性,供电子能力主要来源固相磁铁矿中 Fe(II)向表面的扩散,其中,Fe(II)在晶体矩阵中的扩散为限速步骤。也有研究表明磁铁矿的还原性来源于液相 Fe(II)大量投加时生成的 Fe(OH)₂[23]。

磁铁矿的电导率和氧化还原电位都显著受 Fe(II)/Fe(III) 比值的影响,若

Fe(Ⅱ)/Fe(Ⅲ)比值在表面与体相间存在差异，则磁铁矿的表面氧化可阻碍其内部与外界氧化剂间的电子传递。磁铁矿反应活性受粒径影响较大，粒径降低，反应活性上升。随着粒径的下降，有效反应表面积提升，Fe(Ⅱ)更容易扩散到表面，氧化还原电位逐渐上升。

阳离子取代在磁铁矿中很常见。天然磁铁矿中常含有 Al、Mn、Ti 和 Zn，这些元素都会影响 R[即 Fe(Ⅱ)：Fe(Ⅲ)的比值]，从而改变磁铁矿的氧化还原电位以致影响磁铁矿的氧化还原活性。同时，有研究表明，磁铁矿会与游离态 Fe(Ⅱ)作用，后者会进入磁铁矿晶体中增加 R 值，而不是形成新的矿物相，直到符合化学计量比。因此，若水相中存在还原剂如 Fe(Ⅱ)，其对磁铁矿电子的补充作用及其诱导的污染物还原作用比磁铁矿本身还原污染物在环境过程中具有更重要的意义。

3. 黄铁矿

黄铁矿(pyrite，FeS_2)，是地壳中分布最广、含量最丰富的还原性含硫矿物。其禁带宽度约为 0.95 eV，是一种金属导体，具有离域的 Fe3d 电子，因此内部与表面可发生电子传递。其内部电子可与表面进行电子传递。与其他几种结合态亚铁矿物相同的是，黄铁矿的还原性与其暴露面、粒径、缺陷、结构掺杂和溶液 pH 等因素有关，部分因素将在本书后续章节中讨论。

黄铁矿通常稳定存在于地壳中的还原性环境，如还原的淡水和海洋系统、缺氧的黏土表面和富营养化的河口，都观察到黄铁矿的形成。在土地开发、矿石开采、地下水水位季节性变化等过程中，常使黄铁矿暴露于空气或其他氧化环境中而被氧化，并释放大量 H^+，可与高浓度的 Fe^{3+}、Fe^{2+} 及其他微量金属离子构成酸性矿山废水(acid mine drainage，AMD)，严重危害了矿山周围环境质量。

20 世纪 70 年代以来，众多地质、环境学家针对黄铁矿的氧化过程和机理展开了研究。2003 年，Rimstidt 等基于 Lowson 等人的研究结果，提出黄铁矿被 O_2 氧化的过程可视为电池反应，阳极(S^{-1} 的还原)和阴极(O_2 的氧化)分别独立进行，而 Fe^{2+}/Fe^{3+} 则充当了电子传递的桥梁[24]。1989 年来诸多研究发现黄铁矿被 O_2 氧化过程中伴随着羟基自由基(·OH)等活性物种的生成。2010 年，Schoonen 等从电子传递过程中反应中间体至多同时传递两个电子的角度出发，验证了黄铁矿被 O_2 氧化这一多电子转移过程，有 H_2O_2、·OH 等活性中间产物的产生，并系统地总结了整个过程中的反应机制，如图 1.5 所示[25]。2016 年，Zhang 等则对整个过程中 ·OH 的产生途径和转化去向进行了进一步的探究，研究表明，·OH 的产生主要来源于 O_2 的氧化，其中，溶液中游离的 Fe^{2+} 与反应过程中产生的 H_2O_2 构成的 Fenton 反应对 ·OH 产量有着极为重要的贡献[26]。此外，矿石表面的硫空位(sulfur-defects)和硫的反应中间产物(如 SO_3^{2-}、$S_2O_3^{2-}$)也能产生少量 ·OH。

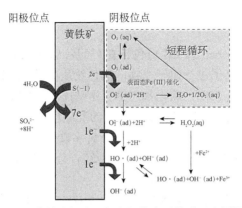

图 1.5　黄铁矿与分子氧之间的电子传递示意图[25]

4. 含铁黏土矿物

含铁黏土矿物普遍存在于环境中，可通过自然或合成过程形成。黏土矿物中的结合态 Fe(III)，特别是双八面体配位 Fe(III)，可被微生物、表面 Fe(II)或硫代硫酸盐等化学还原剂还原成结构态 Fe(II)。有几个因素可以影响黏土矿物中结合态 Fe 还原的速率和程度，包括微生物类型、黏土矿物类型、温度、溶液理化条件，诸如蒽醌 2,6-二磺酸等电子穿梭体的存在。

还原性黏土矿物中生成的各种 Fe(II)物种，包括结构态 Fe(II)、边缘络合态 Fe(II)和交换态 Fe(II)，影响了黏土矿物的反应性。与边缘络合态和交换态 Fe(II)相比，结构态 Fe(II)是黏土矿物的主要活性组分。对于结构态 Fe(II)，非生物还原的富铁黏土矿物包含两种不同的 Fe(II)位点[双八面体和三八面体 Fe(II)位点]，各有不同的反应活性，导致双相还原动力学(动力学呈现先快后慢的特性)，而非生物还原的贫铁黏土矿物只包含一个反应位点，呈现准一级反应动力学特征。

已知黏土矿物的总铁含量会影响电子转移途径。在总铁含量较低时，电子由表面向黏土矿物结构内部的电子传输渠道有限，且因部分电子传递位点被取代而导致黏土矿物的还原性降低。铁含量还会影响黏土片边缘暴露铁位点的可用性，以及通过与吸附的 Fe(II)相互作用可能发生的电子交换反应。贫铁和富铁黏土矿物的 Fe(II)/Fe 比值，与其他含结合态 Fe(II)矿物的情况类似，也会显著影响还原性。Fe(II)/Fe 值越高，矿物的标准氧化还原电位越低，因此还原活性越高。此外，因与污染物竞争吸附表面位点，配体(如柠檬酸)的存在也被证明可以抑制部分黏土矿物(如 NAu-2)中结合态 Fe(II)对污染物的还原。黏土矿物结构中的可交换阳离子(Na/K 等)同样影响黏土矿物的氧化还原活性，这种机制与可交换阳离子的水合半径有关，如导致黏土矿物夹层崩塌或脱水效应。

1.4.3　吸附态 Fe(Ⅱ)

吸附态 Fe(Ⅱ)[sorbed Fe(Ⅱ)]包括在(羟基)氧化物矿物表面吸附的 Fe(Ⅱ)和与矿物基质中金属离子进行电子交换的前体物质中的 Fe(Ⅱ)[1]。

近年来的诸多研究表明,将游离态 Fe(Ⅱ)与铁基固相相结合后,将产生比已知常见的铁矿物自身更强、规律更加不一致的反应性[1]。这一系列的研究改变了人们对铁在环境中反应性能传统范式的理解,许多新的(和旧的)研究都围绕着这样的观点,即 Fe(Ⅱ)与许多铁矿物(或配体)的结合会产生活化相,可作为生物地球化学和环境工程过程中的反应中间体。

环境中 Fe(Ⅱ)可吸附于包括 Fe(Ⅲ)-O(OH)[Fe(Ⅲ)的羟基氧化物如针铁矿(α-FeOOH)、磁铁矿(Fe_3O_4)、赤铁矿(α-Fe_2O_3)、纤铁矿(γ-FeOOH)、铁氧水(δ-FeOOH)和水铁矿($5Fe_2O_3 \cdot 9H_2O$)等]、非铁氧化物(氧化铝、二氧化钛、二氧化硅等)、含铁黏土矿物等。以 Fe(Ⅲ)-O(OH)为例,表面吸附态 Fe(Ⅱ)对 Fe(Ⅲ)-O(OH)最显著的影响是其通过催化作用将无定形 Fe(Ⅲ)-O(OH)转化为热力学更稳定,结晶度更高的 Fe(Ⅲ)-O(OH)的能力。上述过程的第一步也是最重要的一步是吸附态 Fe(Ⅱ)与 Fe(Ⅲ)之间的界面转移→这一界面转移步骤伴随着 Fe(Ⅱ)从结构其他部位的再溶出,进而使 Fe(Ⅱ)溶出的部分再结晶,上述观察最终形成了现在被普遍接受的 Fe(Ⅱ)/Fe(Ⅲ)-氧化物传导机制[27]:体相传导使原本的 Fe(Ⅲ)-O(OH)溶解,同时再结晶或形成新的相(图 1.6)。

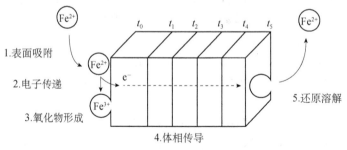

图 1.6　氧化还原电势差驱动的体相传导-重结晶机制[27]

此时,与单独的游离态 Fe(Ⅱ)相比,有铁氧化物存在时,Fe(Ⅱ)$_{ad}$ 的还原活性增强,且 Fe(Ⅱ)-Fe(Ⅲ)-O(OH)体系的还原活性与所吸附 Fe(Ⅱ)的量正相关。从分子轨道理论的观点看,当 Fe(Ⅱ)被吸附或绑定到配体上时,配体增加了 Fe(Ⅱ)的电子密度,从而使 Fe(Ⅱ)的 3d 轨道的给电子能力增强。即与更稳定的 Fe(Ⅲ)配体结合时,增加了电子传递[以及随后的 Fe(Ⅱ)氧化或污染物还原]的热力学驱动力。因此可以解释吸附在 Fe(Ⅲ)-O(OH)上的 Fe(Ⅱ)物种对污染物具有更强的反应活性。

1.5 基于结合态亚铁的水处理技术及原理

基于结合态亚铁的天然矿物及人工合成材料的种类繁多，多数价廉易得，且对环境友好无毒性。相比于三价铁而言，结合态亚铁在调节污染物迁移转化中表现出更高的反应活性，因此在环境科学领域受到了很高程度的关注。基于结合态亚铁体系还原或催化降解有机污染物或去除重金属，目前仍然是一个研究热点。

本节重点介绍基于亚铁羟基化合物和铁矿石(以黄铁矿为例)的污染控制技术原理及研究进展。

1.5.1 基于多羟基亚铁的废水处理技术

多羟基亚铁络合物(ferrous hydroxy complex，FHC)是以羟基亚铁为骨架堆积层叠而成的化合物，其晶体结构以结构态 Fe(II) 为主，结构主架随着 pH 的变化而变化，如 $FeOH^+$、$Fe(OH)_2$、$Fe(OH)_3^-$，未完全氧化的产物由带正电荷的氢氧化物层 $[Fe_{(y-x)}^{II}Fe_x^{III}(OH)_{2y}]^{x+}$ 与带负电荷的阴离子 A^{n-} 及水分子交替结合组成。与绿锈相比，其结构中铁元素均为亚铁，具有巨大的还原容量，而多层状结构使其具有良好的失电子特性和巨大的比表面积，不仅可以使大部分污染物还原而降低毒性，而且具有良好的吸附性能。

1. FHC 的吸附作用及转化

FHC 可以作为还原吸附剂去除多种有机污染物和重金属，效率极高。当处理含有污染物的体系氧化还原电位比较高时如含重金属(Cu^{2+}、Cr^{6+})、NO_2^-、NO_3^-等的废水或者污染物中有较强的吸电子基团如含有—X(卤代基)、—NO_2 等取代基的有机物废水时，FHC 通过吸附作用把污染物吸附到表面或其夹层中，然后通过还原作用将其还原，从而将污染物去除或降低其毒性，降低其对废水生物处理系统的毒害性。当处理氧化还原电位并不高的污染物如 Ni(II)、Zn(II)、Pb(II) 等废水时，由于其 ORP 较低，FHC 不能将其还原，只是通过吸附作用将污染物吸附到表面，然后通过混凝沉淀作用将其去除；或者通过阳离子替代作用，替代结构 Fe(II)/Fe(III)氢氧化物层中的 Fe(II) 或 Fe(III)，形成该种离子与铁的 LDH 结构，从而将其稳定化。

2. FHC 的还原作用及转化

相比于溶解态亚铁，FHC 具有很高的反应活性和显著的还原能力，主要机制是三种形态活性铁[$FeOH^+$、$Fe(OH)_2$、$Fe(OH)_3^-$]的交互作用，结合态亚铁作为有效的电子转移通道，有利于电子在固液界面的转移，并且为反应提供了大量的反应场所。FHC 可以高效地还原偶氮染料，废水的可生化性具有更大的提高，后续的生物处理能更有效地去除废水中的污染物[28]，而且 FHC 具有很大的 pH 适应范围，在 pH 为 4.0～10.0 的范围内都可有效地将染料去除，其去除效果比单纯用亚铁盐混凝效果更好，且 FHC 的还原能力比 GR 更强，其总铁利用率更高；在研究 FHC 处理硝基苯类废水时发现，FHC 可以有效地将硝基苯中的硝基还原为氨基，形成苯胺，有效地提高了废水的可生化性，而用 Fe^{2+} 则完全不能还原硝基苯，只有微量的混凝作用[29]；除了还原降解有机物，FHC 对硝酸盐、亚硝酸盐也有高效的还原脱氮作用，同时还可以通过控制 $[Fe(II)]/[OH^-]$、$[Fe(II)]/[TN]$、ORP 等条件调控产物，提高总氮去除率；此外，可以通过阴阳离子改性，大大提高 FHC 对难降解污染物的还原能力。研究发现，Cu^{2+}、Ag^+、Pd^{2+} 能够有效提高 FHC 还原 2,5-二溴苯胺的效率，重金属离子与 FHC 组成了原电池，促进了界面电子转移和 FHC 腐蚀，提高了还原降解能力[30]。FHC 氧化后的产物有针铁矿、磁铁矿、赤铁矿、磁赤铁矿等。

1.5.2　基于黄铁矿体系的废水处理技术

黄铁矿氧化过程中产生的 ·OH 的氧化还原电位极高，可降解绝大多数的有机污染物。近年来，黄铁矿这一天然矿石逐步被引入环境治理领域。然而，由于 O_2 与黄铁矿作用的速率较低，直接通过曝气氧化黄铁矿以应用于大规模污染治理，尤其是水处理领域难度较大，成本极高。因此，环境领域的学者多采用外加氧化剂促进黄铁矿氧化溶解，从而促进整个氧化体系的处理效率。

其中，外加 H_2O_2 的方式以其低成本、体系简单、不引入其他元素、较优异的处理效果受到了广泛的关注和研究。在外源投加 H_2O_2 的情况下，黄铁矿首先被 H_2O_2 氧化，溶出的 Fe^{3+} 同时被黄铁矿重新还原为 Fe^{2+}，后者与 H_2O_2 构成 Fenton 反应，产生大量的 ·OH[过程中的各反应方程见式(1.47)～式(1.49)]。同时，黄铁矿固相上的结构态 Fe(II) 同样可能与吸附在矿石表面的 H_2O_2 作用，构成非均相 Fenton 反应。由于 H_2O_2 氧化黄铁矿的速率常数较高，相较于黄铁矿-O_2 体系，反应的速控步骤由黄铁矿与 O_2 间的反应转变为黄铁矿与溶出的 Fe^{3+} 间的反应，而后者的反应速率常数较前者高 1～2 个数量级，大大提升了整个反应的效率。Zhang 等系统地研究了黄铁矿-H_2O_2 体系的反应路径和机理，结果显示黄铁矿表面的 Fe(II) 是 H_2O_2 与黄铁矿作用的主要位点，溶液中均相 Fenton 反应和固相上的非均相反应均对 ·OH 的产量产生重要贡献，二者的比例取决于溶液中黄铁矿表面积浓度与游离 Fe^{2+} 浓度的比值[31]。

$$FeS_2 + 15/2\ H_2O_2 \longrightarrow Fe^{3+} + 2SO_4^{2-} + H^+ + 7H_2O \tag{1.47}$$

$$FeS_2 + 14Fe^{3+} + 8H_2O \longrightarrow 15Fe^{2+} + 2SO_4^{2-} + 16\ H^+ \tag{1.48}$$

$$Fe^{2+} + H_2O_2 \longrightarrow Fe^{3+} + \cdot OH + OH^- \tag{1.49}$$

相较于传统 Fenton 法，黄铁矿氧化体系具有以下优势：黄铁矿在被 H_2O_2、PS 等氧化剂氧化的过程中，伴随大量 H^+ 的释放，从而拓宽了体系对进水 pH 的适应范围；黄铁矿可高效还原 Fe^{3+}，促进了氧化体系中 Fe^{2+}/Fe^{3+} 的内循环过程，提高了原料利用率，并大大减少了工艺末端 Fenton 铁泥的产量；在无氧化剂存在的条件下，黄铁矿在酸性条件下的溶解极弱，使得工艺表观上符合非均相反应的特征，简化了工艺过程，降低了管理成本和难度。目前，黄铁矿-氧化体系已被证实可高效降解、去除包括硝基苯、双氯芬酸、三氯乙烯、草不绿、重金属络合物等在内的多种较难去除的污染物。同时，围绕黄铁矿开展的工艺性研究也取得了一定的进展。

相比于 H_2O_2，过硫酸盐是一种新兴的替代性氧化剂，它的标准电极电势可达 2.01 V，高于过氧化氢（$E_0=1.76$ V）和高锰酸盐（$E_0=1.68$ V）的标准电极电势。相比上述氧化剂，过硫酸盐还具有溶解度高、在地下环境中停留时间长和污染物选择性广等优点。而由于黄铁矿具有亲硫特性、还原活性高、亚铁和硫离子都是供电子体，且在实验室易于合成，因此具有较好的活化过硫酸盐的潜力。刘燕夏等发现，通过对比实验发现，黄铁矿活化 $S_2O_8^{2-}$ 反应降解有机污染物，能够适应更宽广的 pH 范围，在 pH 为 3.0～9.0 的范围内，反应 360 min 能够完全降解水中的 2,4-二氯酚；pH 为 4.0～8.0 的范围内能够降解水中 90% 以上的对乙酰氨基酚。

1.5.3　绿锈的结构与反应机制

绿锈具有较高的化学反应活性，并且制备简单、成本低，在水环境修复以及污染物还原方面发挥了重要作用，备受国内外的关注，但在我国缺少相关的研究。本节从绿锈去除重金属的结构特征展开，重点阐述了绿锈的还原吸附性能及其机理。

1. 绿锈的吸附性能

尽管绿锈对污染物的转化去除主要是通过其还原活性实现的，但是，由于绿锈是固态物质，它与水体中污染物的反应一般是通过非均相在绿锈的表面发生的，污染物需要首先与绿锈表面相接触，这就使得吸附作用成为绿锈去除污染物的前提条件之一。绿锈的骨架是 Fe(Ⅱ)/Fe(Ⅲ) 的氢氧化物，本身具有一定的混凝吸附能力，同时绿锈又是 LDH 的一种，它具有 LDH 所有的特殊结构，其层间有巨大的空隙，不仅增大了比表面积，而且多层的存在也可以提供离子交换的位点，这使得绿锈的吸附机理有别于一般的铁氧化物和氢氧化物。

作为 Fe(Ⅱ)/Fe(Ⅲ) 的氢氧化物，绿锈可以提供巨大的比表面积，根据已有报道，GR（Cl^-、CO_3^{2-}、SO_4^{2-}）三种绿锈的多点 N_2-BET 比表面积分别可达 19.0 m^2/g、30.1 m^2/g 和 3.6 m^2/g[32]，如此巨大的比表面积使得绿锈成为一种良好的吸附剂。

绿锈对多种污染物都具有良好的吸附性,包括有机物如氯酚类、氯代烃类、农药吡虫啉、染料、硝基苯类等,以及无机阴离子如砷酸盐、硅酸盐、磷酸盐、溴酸盐、铬酸盐等。由于绿锈本身所具有的强还原性,其在吸附的过程中,一般同时伴随着对所吸附污染物的还原。因此,其对污染物的吸附计算起来较为复杂,只有对完全以吸附形式去除的污染物,才可以用经典吸附模型。与大多数铁氧化物的吸附机理一样,绿锈也具有形成表面杂合体的吸附机理。绿锈吸附的影响因素较多,如绿锈本身类型、体系 pH、污染物的类型、价态等。

此外,作为 LDH 的一种,绿锈又具有一般铁氧化物所不具有的一些吸附机理,即离子交换吸附。由于绿锈结构夹层中含有大量的阴离子,而且这些阴离子是不稳定的,因此当溶液中含有大量的其他阴离子时,绿锈结构中的阴离子则会慢慢被溶液中的阴离子所替代,从而降低水体中的该种阴离子,只有当阴离子可以插入到绿锈的夹层中时,该种机理才能存在,例如卤离子、无机酸根离子、直链有机酸根阴离子等。而有的阴离子被吸附进绿锈的夹层后,会与绿锈反应,生成其他产物,从而阻止其他离子的进入。

2. 绿锈的氧化还原活性

Fe(II)有得失电子的能力,所以含有 Fe(II)的物质具有较高的氧化还原活性,电子流动性是影响 Fe(II)反应性能的重要因素,Fenton 试剂主要是 H_2O_2 得到 Fe(II)释放的电子,从而产生 ·OH 自由基,类 Fenton 反应主要依靠固态铁氧化物催化 H_2O_2 反应,如 Fe_3O_4、$FeCO_3$、FeS_2 等。绿锈中 Fe(II)的含量较高,具有强大的供电子能力,所以绿锈对于去除环境污染物方面有很重要的潜在作用。有研究称结合态 Fe(II)如多羟基亚铁络合物(FHC)、绿锈(GR)等在处理印染类废水脱色的同时,还能提高废水的可生化性,为废水的处理提供了新技术。与其他形式的 Fe(II)相比,绿锈表面高速流动的电子使其中的 Fe(II)具有较低的还原电位,几乎可以接近零价铁的还原能力。因此,绿锈作为铁金属和污染物间的一个关键反应中间体在近年获得了人们的关注。如用绿锈将硝酸盐和亚硝酸盐还原为氨、将 Se(VI)还原为 Se(0)和 Se(II)、将 Cr(VI)还原为 Cr(III)、将 U(VI)还原为 U(IV),以及还原 Ag^+、Au^{3+}、Hg^{2+} 和 AsO_2^-。绿锈还能使一些卤代烃[包括四氯化碳、六氯乙烷和 1,2-二溴乙烷(EDB)]进行还原性脱卤化。

绿锈 $GR(CO_3^{2-})$ 在氧化过程中能够形成铁中间产物 exGRc-Fe(II)*[33],这种产物易被还原为 $GR(CO_3^{2-})$。研究表明 exGRc-Fe(II)*与 $GR(CO_3^{2-})$ 的结构很相似,exGRc-Fe(II)*在环境中不稳定,能逐渐转化成稳定的铁产物 exGRc-Fe(III),也能被还原成 $GR(CO_3^{2-})$。$GR(CO_3^{2-})$ 的固态氧化还原机制可以用图 1.7 来表示,图中描述了 $GR(CO_3^{2-})$、Fe 羟基氧化物、exGRc-Fe(II)*与 exGRc-Fe(III)之间通过氧化还原或沉淀溶解的作用而相互转化。

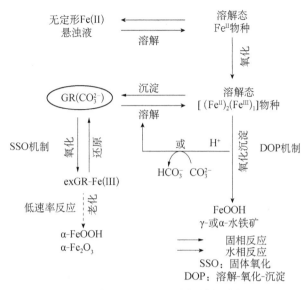

图 1.7　碳酸盐绿锈的形成与转化过程[33]

3. 绿锈与各类化合物的作用机制

环境中的金属化合物一般有多种价态，尤其是过渡金属(如 V、Cr、Mn、Fe、Co、Cu、Tc、Ag 和 Hg)。过渡金属的环境化学作用主要取决于它们存在的化学形态。GR 对水中的 Cr(Ⅵ)有重要的还原去除作用，能将 Cr(Ⅵ)快速还原为 Cr(Ⅲ)。在低 Cr(Ⅵ)浓度条件下，Cr(Ⅵ)的还原率与绿锈表面积成正比，但是在 Cr(Ⅵ)浓度较高的情况下，反应速率变得较为复杂。Fe(Ⅱ)在不同的氧化程度下会生成不同的产物，GR 从慢速到快速氧化可以生成以下终产物：磁铁矿、α-FeOOH、γ-FeOOH、δ-FeOOH 和水铁矿。

GR 与金属化合物的反应机制和产物等总结如表 1.4 所示。GR 能将放射性核素铀 U(Ⅵ)还原为相对难溶的 UO_2 粒子形式的 U(Ⅳ)，提高 U 在环境中的稳定性，GR 的存在对铀在环境中的流动性有显著的作用。对于 Sb(Ⅴ)与 GR 之间的反应，发现 GR 能将 Sb(Ⅴ)非生物还原为 Sb(Ⅲ)。由于 GR 对 Sb(Ⅴ)的亲和力大于 Sb(Ⅲ)，使得 GR 能将水溶液中的 Sb(Ⅴ)还原为 Sb(Ⅲ)，因此 GR 极大影响了 Sb 在低氧环境下的流动性。

表 1.4　绿锈与金属化合物的反应

金属化合物	反应机制	反应条件	最终产物
Cr(Ⅵ)	非生物还原	Fe(Ⅱ)/Cr(Ⅵ)≤3	Cr(Ⅲ)-水铁矿
		Fe(Ⅱ)/Cr(Ⅵ)>3	α-FeOOH、Cr(Ⅲ)-水铁矿
U(Ⅵ)	协同生物还原	缺氧	UO_2、磁铁矿、菱铁矿

续表

金属化合物	反应机制	反应条件	最终产物
Sb(V)	非生物还原	缺氧	Sb(III)、γ-FeOOH
Ag(I)			Ag^0、AgGR、磁铁矿
Au(III)	非生物还原	缺氧	Au^0、AuGR、磁铁矿
Cu(II)			Cu^0、CuGR、磁铁矿
Hg(II)			Hg^0、HgGR、磁铁矿

由于多价态元素的不同价态决定了它们在环境中的移动性和毒性,可以通过多价态元素与反应活性高的矿物质(如绿锈)相互作用来了解和控制它们的行为,从而达到去除污染物的目的。

GR 对非金属化合物的还原去除也有重要作用,例如,硒离子能轻易地被 Fe(II)-Fe(III)复合羟基盐所捕获,并有利于形成羟基硒,这是一种新的硒酸型绿锈(GR-SeO$_4$),它可以将六价硒还原为较为稳定的四价硒[34]。另外,GR 对 NO$_3^-$也有一定的还原作用。绿锈能促进 NH$_4^+$的形成,因此在缺氧等环境中用 GR 还原 NO$_3^-$是减少硝酸盐来保护氮气的重要途径。

GR 对有机化合物,如四氯化碳、烷烃、氯乙烷等同样具有较高的反应活性。若合成 GR 过程中加入过量的 Fe(II),能增强还原脱氯的反应活性。研究发现在室温、pH 为 8.0 的条件下,GR(SO$_4^{2-}$)还原 CCl$_4$脱氯的主要产物是 CHCl$_3$ 和 C$_2$Cl$_6$,说明在该反应体系中两个三氯甲基发生了偶合作用[35],其还原机理与零价铁的还原基本一致,GR 氧化产物是 Fe$_3$O$_4$。

通过 GR 对污染物的作用可以看出 GR 对于水处理和土壤或沉积物的修复有很重要的作用,它能降解大量的有毒有机或无机污染物。GR 反应活性强,过渡金属的添加能促进 GR 对氯代有机物的还原脱氯速率,能够取代零价铁作为还原剂来处理有机物。此外,虽然 GR 本身对污染物的去除主要是通过还原转化,不能实现有机物的完全矿化。但 GR 可以通过与氧化剂结合来实现对有机物的降解,比如在绿锈处理苯酚的研究中加入 H$_2$O$_2$ 后,能明显加速苯酚的去除和矿化率,提高了有机物的去除效率,GR 主要通过催化 H$_2$O$_2$ 产生自由基诱发类 Fenton 反应实现氧化降解污染物,GR 催化的类 Fenton 反应在中性条件下同样具有较好的效果,克服了传统 Fenton 反应需要在酸性条件下进行的缺点。

第 2 章　结合态亚铁的制备与结构表征

2.1　多羟基亚铁

2.1.1　多羟基亚铁概述

多羟基亚铁络合物(FHC)是一种典型的结合态亚铁，以多种形态存在，一般由带正电荷的氢氧化物层$[Fe^{II}_{(y-x)}Fe^{III}_x(OH)_{2y}]^{x+}$与带负电荷的阴离子$A^{n-}$及水分子结合组成，具有类似层状双金属氢氧化物(LDH)夹层结构，能高效吸附金属离子、有机阴离子以及无机离子而形成内层复合物，其关键活性组分主要是结构中的$Fe(II)$。FHC是一种具有优异的二维限域效应的层状双金属材料，氧化还原电位(ORP)具有可变性(ORP: $-0.34 \leqslant E^0(V) \leqslant -0.65$)。基于界面电子流动和配体效应，通过对亚铁物种的羟基化程度、阴离子插层、金属物种组成比例、配位环境等调控，可以调控FHC吸附和还原活性。

典型的FHC是通过将七水合硫酸亚铁溶解在去氧超纯水中，加入无氧氢氧化钠和调理剂缓慢老化制备。整个制备过程都在氮气保护下进行，排除溶解氧的影响，控制亚铁的氧化程度。制得的FHC悬浮液为略带墨绿色的白灰色胶体状物质，搅拌均匀后停止搅拌得到沉淀。通过计算溶解态亚铁含量、制备前后体系pH变化，可以计算出FHC(1∶1)的分子式。制备前后，因为中和Fe^{2+}水解所需的OH^-量约为$10^{-4.5}-10^{-7.7} \approx 10^{-4.5} = 3.16 \times 10^{-5} \approx 0$(NaOH浓度为0.1 mol/L)。悬浮液中，游离的Fe^{2+}(将悬浮液通过0.22μm膜过滤后，滤液用ICP测定)浓度约为0.003 mol/L。则FHC(1∶1)中$Fe(II)$的含量为0.007 mol，OH^-的含量为0.01 mol。则沉淀中$[Fe(II)]/[OH^-]=7/10$，从而亚铁氢氧化物层的分子式为$[Fe^{II}_7(OH)_{10}]^{4+}$，根据电荷平衡补充$SO_4^{2-}$后，其分子式为$[Fe^{II}_7(OH)_{10}]^{4+}[SO_4^{2-}]_2$，从而得到FHC(1∶1)的分子式如下：

$$[Fe^{II}_7(OH)_{10}]^{4+}[SO_4^{2-}]_2 \cdot nH_2O \tag{2.1}$$

式中，n为FHC(1∶1)所带结合水的数量。

2.1.2　FHC结构形貌调控

为了解FHC材料的相关形貌特征，通过SEM来观察分析不同铁羟基比制备的FHC[FHC(2∶1)、FHC(1∶1)、FHC(1∶2)、FHC(1∶3)、FHC(1∶4)]在冷冻干燥研磨处理后形貌。由图2.1可以发现，FHC(1∶1)固体的形状为无定形的片状，FHC(1∶3)则呈现出多孔无规则的小颗粒絮状体，而 FHC(1∶2)则能明显看出是无定形的片状与絮状体的结合，这种 FHC 特性，说明 FHC(1∶2)是一种多层状的结构体，与绿锈(GR)有相似的结构，多层状的结构不仅可以增加 FHC 的比表面积，也能增加层间容纳阴离子的能力，有利于形成 LDH 结构，更有效地去除重金属等污染物。而且从图中也可以看出，随着[Fe^{2+}]/[OH^-]比例的增加，颗粒变得越来越细，逐渐由层状向粒状转变，也说明了羟基对 FHC 结构形态的影响。

(a) FHC(1∶1) (20000×)　　　　　　(b) FHC(1∶2) (20000×)

(c) FHC(1∶3) (40000×)　　　　　　(d) FHC(1∶4) (20000×)

图 2.1　不同 FHC 样品的 SEM 图

2.1.3　FHC 与 GR 形貌比较

FHC 与绿锈(GR)都属于铁基层状双金属材料，从扫描电子显微镜(SEM)图观察冷冻干燥后材料表面形态(图 2.2)，可以看出 FHC 和 GR 的表面形态存在明显差异，FHC 多为片状，较为疏松，GR 的表面存在较细的颗粒。

2.1.4　FHC 冷冻干燥粉末的比表面积

通过多点 N_2-BET 吸附法测定 FHC(1∶1)、FHC(1∶2)的比表面积。FHC(1∶1)冷冻干燥粉末的 BET 比表面积为 55.9 m^2/g，FHC(1∶2)冷冻干燥粉末的比表面积为 88.64 m^2/g。FHC(1∶1)的比表面积大于 GR(Cl^-)(19.0 m^2/g)、GR(CO_3^{2-})(30.1 m^2/g)、GR(SO_4^{2-})(3.6 m^2/g)等材料。

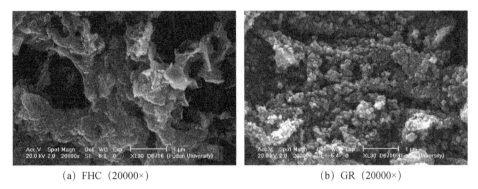

(a) FHC（20000×）　　　　　　　　（b) GR（20000×）

图 2.2　FHC 和 GR 的 SEM 图

2.1.5　FHC 冷冻干燥产物的 XRD 分析

不同形态的 FHC 在经过制备、离心水洗、真空冷冻干燥、研磨后均有一定程度的氧化，并且部分氧化后的产物较为相似，其中亚铁有可能以非晶态存在，其衍射峰没有显现出来。根据标准图谱，发现部分氧化后的主要产物为 FeOOH，含有少量的磁铁矿。相对其他形态的 FHC 而言，FHC（1∶2）具有较好的晶型，峰形比较光滑，结晶度较高（图 2.3）。

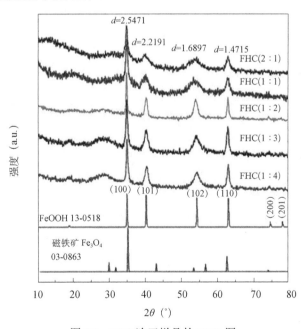

图 2.3　FHC 冻干样品的 XRD 图

再对 FHC（1∶2）的氧化产物进行表征分析，将 FHC（1∶2）在空气条件下搅拌反应 24 h 后离心水洗、冷冻干燥研磨后进行 XRD 表征分析，结果如图 2.4 所示，可以看出 FHC(1∶2)氧化后的固体产物峰形与磁铁矿的峰形一致，可以判断出 FHC(1∶2)氧化后形成了磁铁矿，而之前有研究称其他形态的 FHC 氧化后能形成针铁矿、铁红、纤铁矿、磁铁矿等铁氧化物混合物，因此不同 Fe/OH 摩尔比制备 FHC 的结构也有一定区别。FHC(1∶2)的晶型相对较好，能形成较为单一的氧化产物，对研究分析较为有利。

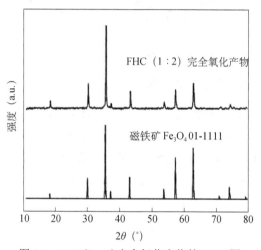

图 2.4　FHC(1∶2)完全氧化产物的 XRD 图

2.1.6　FHC 冷冻干燥产物的 XPS 分析

图 2.5 为冷冻干燥 FHC 样品的全谱以及 C1s。由于 FHC 的高反应活性，其在制备干燥过程以及测试过程中可能会出现一定程度的氧化。为了分析样品在经过真空冷冻干燥后铁元素价态的变化，对其他样品在干燥过程中的影响因素进行了解，对冻干的 FHC 粉末进行了能谱测试。通过 C1s 的结合能(284.6 eV)对测得的数据进行校正。

由图 2.6(a)可以看出，FHC 中 Fe 的 $2p_{1/2}$ 和 $2p_{3/2}$ 分别在 726 eV 和 713 eV 左右，表明冻干样品中的 Fe 均为 Fe(Ⅲ)，而且 718 eV 左右的卫星峰则明显为 Fe(Ⅲ)的卫星峰。由图 2.6(b)可以看出，冻干 FHC 粉末 Fe 的 $2p_{3/2}$ 与完全氧化的绿锈中 Fe 的 $2p_{3/2}$ 较为类似，因此也采用了 Gupta-Sen 四级多重峰的方式对其中的三价铁进行分峰。

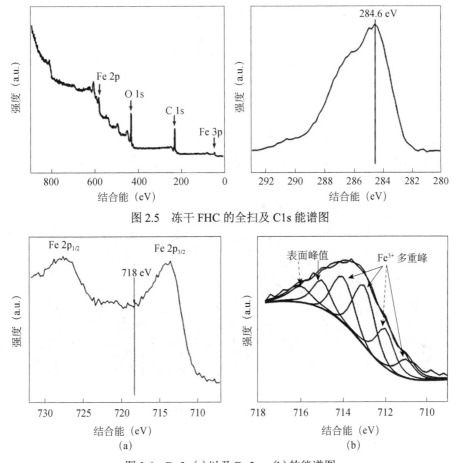

图 2.5　冻干 FHC 的全扫及 C1s 能谱图

图 2.6　Fe 2p(a) 以及 Fe 2p$_{3/2}$(b) 的能谱图

　　由于 FHC 具有非常高的活性，因此在 FHC 样品干燥、保存以及测定过程中，难免会发生 Fe(Ⅱ) 的氧化，而且，样品的活性越高，其氧化程度越深。另外，FHC 本身具有超微结构(纳米层状结构)，不仅提高了其中 Fe(Ⅱ) 的活性，而且使得 FHC 的氧化速度更快、更彻底。这就大大增加了对 FHC 原始特性表征的难度，使得 FHC 的表面特性更难确定。

2.2　碳酸型多羟基亚铁

2.2.1　碳酸型多羟基亚铁制备方法

　　碳酸型多羟基亚铁(CSF)悬浊液是指以 CO_3^{2-} 为阴离子插层的多羟基亚铁。制备方法为使用 $FeSO_4 \cdot 7H_2O$ 与 NH_4HCO_3 在常温条件下无氧水中合成。一般情况下[Fe(Ⅱ)]/[HCO$_3^-$]摩尔比为 1：2，将 NH$_4$HCO$_3$ 溶液缓慢滴加入 FeSO$_4$ 溶液中，搅拌均匀，老化形成 CSF 悬浊液。进一步将 CSF 悬浊液在离心机中以 3000 r/min 的转速离心 5 min，分离得到固体产物，使用真空冷冻干燥器进行干燥(冷冻 0.5 h，干燥 24 h)，得到 CSF 固体粉末。

2.2.2　CSF 形貌特征

合成的 CSF 采用扫描电子显微镜(SEM)进行分析，图 2.7 为 CSF 在不同放大倍数下的表面形貌图。发现 CSF 固体粉末主要由不规则的块状物质组成，尺寸在微米级别。

(a) 20000×　　　　　　　　　　　　　　(b) 40000×

图 2.7　CSF 的 SEM 表征图

2.2.3　CSF 结构特性

图 2.8 为加入不同量 CO$_3^{2-}$ 得到的样品与 FHC(1：1)的 XRD 对比图，三种物质 XRD 的强度均为 100～400。由图可以看出，样品加入碳酸根离子后，其峰型变得比 FHC(1：1)更差。而且当碳酸根离子加入量较少，即[FHC]/[CO$_3^{2-}$]=10/1 时，样品的峰型极差。尽管样品也有一个主强峰在 2θ=47.6°左右，但是这可能是样品在干燥过程中形成的磁铁矿的峰，而且其磁性也并不是很强。这表明，样品中的含铁物质可能以非晶状态存在，从而使得其 XRD 衍射峰较差。

2.2.4　CSF 的近红外分析

从图 2.9 可以看出，除了水的特征峰外，CSF(1：1)样品在 1390 cm^{-1}、1121 cm^{-1}、820 cm^{-1} 和 680 cm^{-1} 四处有吸收峰，对应的是 CO$_3^{2-}$ 的反对称伸缩振动、对称伸缩振动、面外弯曲振动和面内弯曲振动。由此可以看出，样品中的碳均以碳酸根的形式存在，样品经过充分水洗排除了碳酸钠残留的影响，因而 FHC(CO$_3^{2-}$)中的铁均以 Fe-CO$_3^{2-}$ 的形式存在。

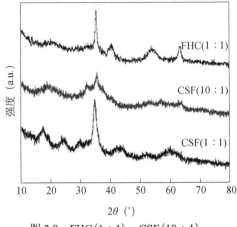

图 2.8　FHC(1∶1)、CSF(10∶1)、
CSF(1∶1)样品的 XRD 图

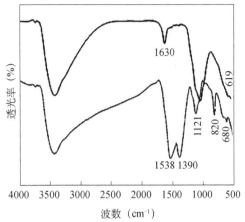

图 2.9　FHC(1∶1)与 CSF(1∶1)样品的
近红外图谱对比

2.2.5　CSF 的 Zeta 电位和 BET 分析

由图 2.10 可知，CSF 的等电点为 6.2，在中性附近。等电点对材料吸附性能的影响巨大，尤其当污染物带电荷时。实验结果意味着当溶液 pH 高于 6.2 时，CSF 表面带负电荷，而 pH 低于 6.2 时，CSF 表面主要带正电荷。

经过 BET 测定，发现 CSF 的比表面积为 19.06 m²/g。天然菱铁矿比表面积为 2.02 m²/g，天然菱铁矿粉末比表面积为 51.70 m²/g。说明 CSF 粉末比表面积大小适中，作为吸附剂具有较好的吸附效果。

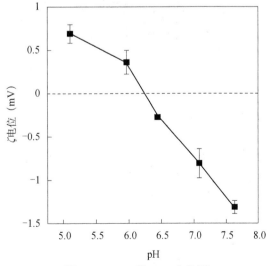

图 2.10　CSF 的 Zeta 电位图

2.3　磷酸型多羟基亚铁

2.3.1　磷酸型多羟基亚铁的制备

与 CSF 制备过程相似，磷酸型结合态亚铁(PSF)是以磷酸根作为插层的多羟基亚铁。通过向 FHC(1∶1)中加入了一定量的 PO_4^{3-}，使得[FHC]/[PO_4^{3-}]=10/1、1/1，然后将悬浮物离心，用无氧水洗涤 3 次，再经真空冷冻干燥得到。

2.3.2　PSF 的形貌特性

图 2.11 为 PSF(1∶1)，即[FHC]/[PO_4^{3-}]=1/1 样品冻干产物的 SEM 图。由图中可以看出，FHC 中加入等摩尔比 PO_4^{3-}后，其表面形貌呈现规则的方片状，其厚度约为 500 nm 左右，与 FHC 的形貌具有非常明显的差异。

图 2.11　PSF 的 SEM 图(10000×)

2.3.3　PSF 的结构组成

图 2.12 揭示了 FHC 中加入 PO_4^{3-}后其物相结构的变化。当 PO_4^{3-}加入量较少时 PSF(1∶1)，FHC 的结构没有发生质的变化，与 FHC 相比，其衍射峰变得更加宽一点，从而推测其微观应力较 FHC 更大一点，导致其晶格结构发生畸变的程度更大，从而使晶体变得更为疏松，这使得 FHC 中加入少量的 PO_4^{3-}后，具有比 FHC 高的反应活性。

继续提高 PO_4^{3-}含量，使得当 PSF(1∶1)时，由图 2.13 可以看出，FHC 的结构已经被完全破坏，FHC 中亚铁与加入的 PO_4^{3-}结合形成了蓝铁矿(JCPDS 83-2453)。重新形成的蓝铁矿具有极好的衍射峰，表明该矿物具有非常好的晶格结构。排列

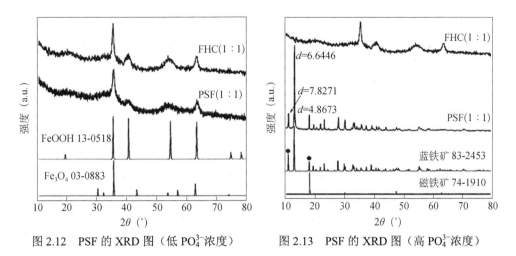

图 2.12　PSF 的 XRD 图（低 PO_4^{3-} 浓度）　　　图 2.13　PSF 的 XRD 图（高 PO_4^{3-} 浓度）

紧密有序的结构不仅大大降低了矿物的比表面积，而且也使得其中亚铁变得异常稳定，不利于其还原性能的发挥。由于 $d=7.8271$ 与 $d=4.8673$ 两处衍射峰的强度与标准卡片蓝铁矿（JCPDS 83-2453）有较大差别，且干燥样品有微弱的磁性，因此推测其含有一定量的磁铁矿（JCPDS 74-1910）。

2.3.4　PSF 表面元素的价态分析

图 2.14 为 PSF(1∶1)样品的 O1s 图。O1s 的主要结合能位置在 531.5 eV，对应于蓝铁矿中 P—O 键的结合能，而其表面结合水的结合能位于 532.6 eV 左右，部分氧化的 Fe(II)与 O 形成的 Fe(III)—O 键的结合能位于 529.5 eV 左右。由图 2.14 可以看出，P 的 $2p_{3/2}$ 几乎全部位于 133.4 eV 左右，该结合能位置即为蓝铁矿中含有的磷的结合能。

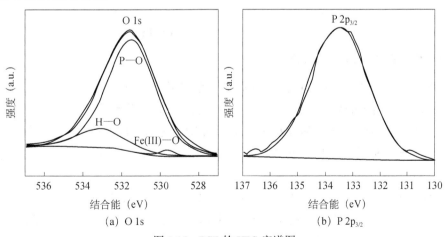

(a) O 1s　　　　　　　　　　　(b) P $2p_{3/2}$

图 2.14　PSF 的 XPS 窄谱图

由于蓝铁矿中的 Fe(Ⅱ)在空气中容易被氧化，因此其结合能变得较为复杂。图 2.15(a) 为蓝铁矿中 Fe 的 2p 图，其 $2p_{3/2}$ 位于 711.5 eV 左右，而其 $2p_{1/2}$ 则位于 726 eV 左右，为明显的 Fe(Ⅲ)，而 725 eV 左右的 $2p_{1/2}$ 则为 Fe(Ⅱ)。对 Fe $2p_{3/2}$ 进行分峰的结果如图 2.15(b)，图中两个较为高的峰 711.5 eV 和 710.0 eV 分别对应于 Fe(Ⅲ)和 Fe(Ⅱ)。

由于蓝铁矿中的亚铁在样品保存及测定的过程中发生了部分氧化，使得其结合能偏离了原来的位置(710.2 eV)，其主峰约在 711.5 eV 左右，由于能级分裂的原因，其 $2p_{3/2}$ 峰具有较大的宽度。根据 Gupta-Sen 多重分裂模型，确定了样品中二价铁的三个峰和三价铁的四个峰。由于测定过程的不同，其峰位置有所偏差，二价铁的三个峰分别位于 710.0 eV、711.0 eV 和 709.1 eV，在高于主峰 5.9 eV 的位置即 715.9 eV 为二价铁的卫星峰。三价铁的主峰位于 711.5 eV，其余三个峰分别位于 712.8 eV、713.9 eV 和 715.2 eV。

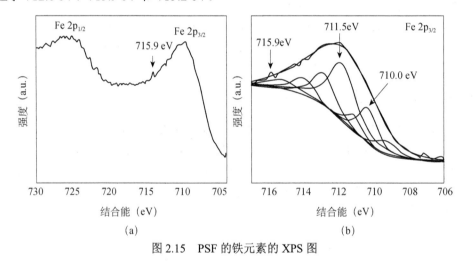

图 2.15　PSF 的铁元素的 XPS 图

2.3.5　PSF 样品的近红外分析

图 2.16 为 PSF 反应前后的近红外图谱的变化。两个样品中在 3500 cm^{-1} 和 1600 cm^{-1} 左右的吸收峰分别是水的—OH 伸缩振动吸收峰和 H—O—H 弯曲振动吸收峰。在 1047 cm^{-1} 和 620 cm^{-1} 附近分别为 SO_4^{2-} 的反对称伸缩振动吸收峰和不对称变角振动吸收峰，在 450 cm^{-1} 左右的吸收峰为 Fe(Ⅲ)—O 键的振动吸收峰。

加入 PO_4^{3-} 后，样品除了上述几个吸收峰外，在 974 cm^{-1}、813 cm^{-1}、544 cm^{-1} 附近又出现了三个较为明显的吸收峰，因此，从红外光谱也可以确定样品中的磷以及铁均以磷铁矿的形态存在。

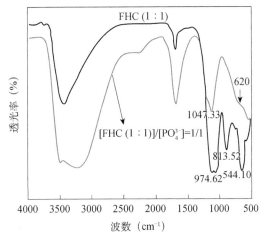

图 2.16　FHC(1∶1)与[FHC(1∶1)]/[PO$_4^{3-}$]=1/1 样品的近红外图谱对比

2.4　绿　　锈

绿锈(green rust)是 Fe(Ⅱ)和 Fe(Ⅲ)的氢氧化物，Fe(Ⅱ)和 Fe(Ⅲ)的含量以及阴离子插层对绿锈性质有很大的影响。所以需首先分析实验室合成的 GR$_{SO_4}$ 和 GR$_{CO_3}$ 中亚铁和三价铁的含量以及其组成结构。

2.4.1　绿锈的制备与元素组成分析

硫酸型绿锈合成方法为称取 2.17 g FeSO$_4$·7H$_2$O 和 0.52 g Fe$_2$(SO$_4$)$_3$ 合成 GR$_{SO_4}$，元素组成分析结果如表 2.1。

表 2.1　合成 GR$_{SO_4}$ 的组成分析

	Ⅰ组	Ⅱ组	平均
亚铁(mg)	390.10	352.82	371.5
三价铁(mg)	121.94	139.73	130.8
R(亚铁/三价铁)	3.2	2.5	2.9
全铁物料平衡(%)	87.9	84.6	86.2

碳酸型绿锈合成方法为称取 3.00 g FeSO$_4$·7H$_2$O 合成 GR$_{CO_3}$，元素组成分析结果如表 2.2。

表 2.2　合成 GR$_{CO_3}$ 的组成分析

	Ⅰ组	Ⅱ组	平均
亚铁(mg)	394.93	420.45	407.7
三价铁(mg)	199.55	188.42	194.0

	I组	II组	平均
R(亚铁/三价铁)	2	2.2	2.1
全铁物料平衡(%)	98.3	100.7	99.5

绿锈的比表面积，层间构型，层间电荷量和 Fe(II)/Fe(III) 都会影响绿锈的还原能力。由表 2.1 和 2.2 可知，制备的两种绿锈 GR_{SO_4} 和 GR_{CO_3} 的结构不同，Fe(II)/Fe(III) 分别为 2.9 和 2.1，但还原反应的电子供体亚铁的含量基本相同。

2.4.2　XRD 分析

用 XRD 分析合成绿锈的物质组成，分析条件是 Cu(40V，100 mA)光源，扫描范围 5°～80°，步长 0.02°/s。GR_{CO_3} 和 GR_{SO_4} 的 XRD 分析结果如图 2.17 和图 2.18 所示。

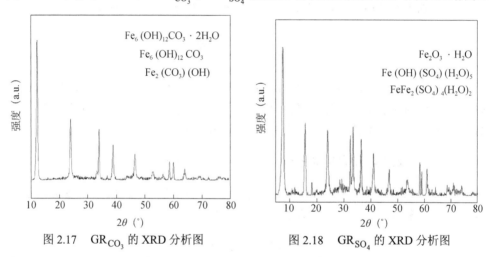

图 2.17　GR_{CO_3} 的 XRD 分析图　　　　图 2.18　GR_{SO_4} 的 XRD 分析图

从 XRD 分析图可知，GR_{CO_3} 和 GR_{SO_4} 都具有明显的层间结构，即在 $2\theta=10°$ 左右有明显的峰，表明 GR_{SO_4} 相比 GR_{CO_3} 具有更宽的层间距。且制备的 GR_{CO_3} 样品中可能含有 $Fe_6(OH)_{12}CO_3$、$Fe_6(OH)_{12}CO_3 \cdot 2H_2O$ 和 $Fe_2(CO_3)(OH)$ 等物质；而制备的 GR_{SO_4} 样品中可能含有 $FeFe_2(SO_4)_4(H_2O)_2$、$Fe_2O_3 \cdot H_2O$、$Fe(OH)(SO_4)(H_2O)_5$ 和 FeOOH 等物质。

2.5　黄　铁　矿

2.5.1　黄铁矿的基本性质

黄铁矿化学成分是 FeS_2，其中 Fe 为+2 价态，纯黄铁矿中含有 46.67%的铁和

53.33%的硫，含铁量较高。因其浅黄铜的颜色和明亮的金属光泽，常被误认为是黄金，故又称为"愚人金"。黄铁矿分布广泛，其可经由岩浆分结作用、热水溶液或升华作用中生成，也可于火成岩、沉积岩中生成，存在于很多矿石和岩石（包括煤）中。黄铁矿风化后会变成褐铁矿或黄钾铁矾。

黄铁矿成分中通常含有 Co、Ni 和 Se 等其他过渡金属元素，其中 Co、Ni 代替 Fe，会形成 FeS_2-CoS_2 和 FeS_2-NiS_2 系列。此外，常含 Sb、Cu、Au、Ag 等的细分散混入物，也可有微量 Ge、In 等元素。Au 常以显微金、超显微金赋存于黄铁矿的解理面或晶格中。

黄铁矿具有完好的 NaCl 型晶体结构，其常呈立方体、八面体、五角十二面体及其聚形。立方体晶面上有与晶棱平行的条纹，各晶面上的条纹相互垂直，集合体呈致密块状、粒状或结核状。黄铁矿还是一种半导体矿物。由于不等价杂质组分代替，如 Co^{3+}、Ni^{3+} 代替 Fe^{2+} 或 $[As]^{3-}$、$[AsS]^{3-}$ 代替 $[S_2]^{2-}$ 时，产生电子心（n 型）或空穴心（p 型）而具导电性。在热的作用下，所捕获的电子易于流动，并有方向性，形成电子流，产生热电动势而具热电性。

黄铁矿作为黄铁矿烧渣的原料，具有更好的晶体结构，且其 Fe 基本以结构态的 Fe(II) 存在，在理论上对于 H_2O_2 具有很好的催化活性，能够形成高效的非均相类 Fenton 催化氧化反应，利用其作为非均相类 Fenton 催化剂降解毒害性难降解有机污染物或许具有更加理想的效果。

黄铁矿-水异质微界面具有异常的反应活性。在与水和氧气作用过程中，黄铁矿表面能够形成具有强氧化性的羟自由基类物质。在有氧气存在的黄铁矿悬浮液中，溶解态与黄铁矿表面的亚铁与氧分子作用产生过氧自由基（$\cdot O_2^-$）[反应式(2.2)、式(2.3)]，$\cdot O_2^-$ 与亚铁反应生成 H_2O_2 [式(2.4)、式(2.5)]，最后 H_2O_2 在亚铁作用下以 Haber-Weiss 机理产生 $\cdot OH$。

$$Fe^{II}(aq)+O_2 \longrightarrow Fe^{III}(aq)+\cdot O_2^- \tag{2.2}$$

$$Fe^{II}(黄铁矿)+O_2 \longrightarrow Fe^{III}(黄铁矿)+\cdot O_2^- \tag{2.3}$$

$$Fe^{II}(aq)+\cdot O_2^-+2H^+ \longrightarrow Fe^{III}(aq)+H_2O_2 \tag{2.4}$$

$$Fe^{II}(黄铁矿)+\cdot O_2^-+2H^+ \longrightarrow Fe^{III}(黄铁矿)+H_2O_2 \tag{2.5}$$

在无溶解氧存在的情况下，羟自由基的产生是由黄铁矿表面硫缺陷位点上非化学计量比的 Fe(III) 与吸附态的 H_2O 分子作用而引起，体系中 H_2O_2 的存在是两分子羟自由基自身作用的结果。

2.5.2 比表面积

N_2 吸附法测得天然黄铁矿及 FeS_2（制备方法见 2.6 节）的比表面积分别为

2 m²/g 和 0.36 m²/g。显然，预处理后的黄铁矿比表面积大大下降，主要是微细颗粒清洗后得以去除，同时黄铁矿表面的无定形物质都被清洗去除。测得 FeS_2(J&K) 比表面积为 0.07 m²/g，该样品的颗粒粒径明显比所使用的天然黄铁矿大，所以比表面积相对较小。

2.5.3　XRD 分析

天然黄铁矿样品的 XRD 图谱分析结果如图 2.19 所示。可以看出，天然黄铁矿中除了 FeS_2 外，还有 SiO_2 和 $FeSO_4(H_2O)$ 的存在。在与 O_2 和 H_2O 的作用下，自然环境中的黄铁矿表面常为铁的硫酸盐和无定形态氢氧化物所覆盖，而这种硫酸盐往往为 $FeSO_4(H_2O)_7$。因此，$FeSO_4(H_2O)$ 的存在有可能是 $FeSO_4(H_2O)_7$ 在实验室的干燥环境下自然失水的结果。

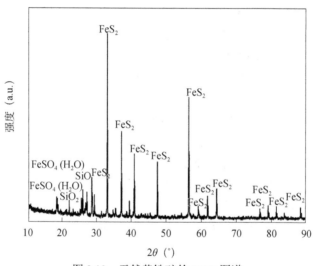

图 2.19　天然黄铁矿的 XRD 图谱

2.5.4　化学元素分析

预处理前后样品的元素含量情况如表 2.3 所示。黄铁矿是一种天然半导体材料，有 p 型和 n 型之分。p 型最为常见，且表面往往有较高的 As 含量。由表 2.3 可见，清洗前 As 含量达 0.17%，而清洗后样品中 As 的含量下降至 0.01%，可见 As 主要存在于样品的表面。由此推断，该天然黄铁矿应该属于 p 型。另外，预处理前后样品中 Fe 和 S 的含量有很大的变化。清洗前，Fe、S 含量为 39.1% 和 44.6%，而清洗后二者含量分别上升至 45.3% 和 51.8%，表明处理过后样品的纯度有大幅提高。

表 2.3　天然黄铁矿清洗前后中的化学元素含量

样品	元素含量(质量分数，%)											
	As	Zn	Pb	Fe	Mn	Mg	Ca	Cu	Al	Na	K	S[a]
清洗前	0.17	0.01	0.01	39.1	0.03	0.08	0.04	0.01	0.23	0.02	0.08	44.6
清洗后	0.01	0.05	0.01	45.3	0.01	0.03	0.09	0.03	0.05	0.02	0.01	51.8

a.S 元素采用 Vario EI Ⅲ元素分析仪进行分析。

2.5.5　材料表面的分析与表征

不同放大倍数的天然黄铁矿的 SEM 图像见图 2.20。黄铁矿物由不规则块状物质组成，块状尺寸为 5～10 μm，块状物质上面及块状物质之间填充着小颗粒状物质。黄铁矿的微观结构较为复杂，有块状、柱状及板块状形态共同存在。其中，在柱状构型上，还可明显观察到有许多孔隙结构。另外，从图 2.20（d）中还可发现许多絮状物质黏附在矿物表面。

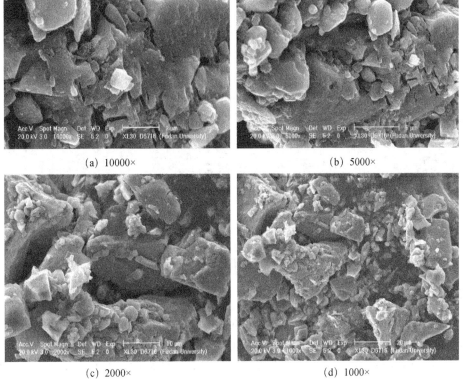

(a) 10000×　　　　　　　　　　　　(b) 5000×

(c) 2000×　　　　　　　　　　　　(d) 1000×

图 2.20　天然黄铁矿的 SEM 图像

2.5.6　不同氧化程度黄铁矿的表面形貌

以 pyrite1、pyrite2、pyrite3 和 pyrite4 分别指代 4 种不同氧化状态的 FeS_2。其中，pyrite1 为未经处理过的天然黄铁矿；pyrite2 为处理过后的 FeS_2；pyrite3 和 pyrite4 则分别指在潮湿空气中放置 30 天和 60 天后的 pyrite2。以上 4 种 FeS_2 的 SEM 图像如图 2.21 所示。由图中可看出，pyrite1 表面黏附的絮状物质最多，预处理过后的 pyrite2 表面则最为干净。将 pyrite2 置于潮湿的空气中，其表面会发生酸性氧化，且氧化程度与暴露于潮湿空气中的时间有关。这一结论可从 pyrite3 和 pyrite4 的表面形态看出。对于在空气中放置 60 天后的 pyrite4 而言，其表面絮状物质明显多于放置 30 天的 pyrite3。

图 2.21　四种不同表面氧化程度的 FeS_2 的 SEM 图像

2.5.7　XPS 分析

图 2.22 显示了天然黄铁矿与 FeS_2 的全元素 XPS 图谱。由图可见，预处理过后的矿物其表面 O 及 C 元素含量明显降低，且 Fe 和 S 的吸收峰明显增强。

XPS 分析结果见图 2.23。图中(a)显示，天然黄铁矿表面有大量的 S(Ⅵ)存在，S(−Ⅰ)的峰强相对较弱。经酸浸泡和去离子水多次清洗后，S(Ⅵ)基本消失，而 S(-Ⅰ)的强度则相对大大增加。由于黄铁矿在环境中极不稳定,放置一段时间后其表面又会有氧化态硫的产生,因此在图中(b)上还是能看出样品中有少量的 S(-Ⅰ)。

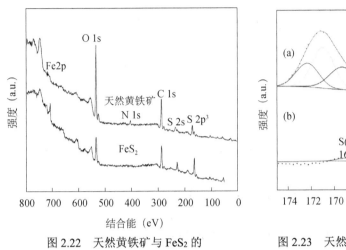

图 2.22　天然黄铁矿与 FeS₂ 的
全元素 XPS 图谱

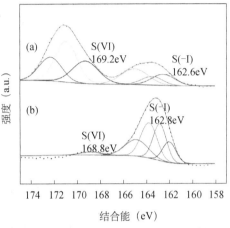

图 2.23　天然黄铁矿(a)和 FeS₂(b)的
XPS(S 2p)图谱

2.5.8　电化学表征

电化学测量法由于其快速、简单、信息丰富及原位测量的特点,被广泛地应用于硫化物矿物的氧机理研究中。为比较黄铁矿自身氧化性能和经过水洗干燥预处理后的氧化还原性能,实验采用电化学测量法进行表征。在室温条件下,用一个双壁玻璃反应器作为电化学反应测试的电解池,电解池容量为 200 mL,电化学测量采用三电极体系。以 Ag/AgCl 为参比电极,对电极采用面积为 1 cm² 的铂电极,将天然黄铁矿或者经过预处理的黄铁矿负载在泡沫镍上作为工作电极。电解液为 0.5 mol/L H₂SO₄ 溶液,循环伏安曲线(CV 曲线)从开路电位开始扫描,扫描速率为 100 mV/s,扫描范围选择-0.6～+0.8 V。如图 2.24 所示,天然黄铁矿电极的 CV 曲线中,当电位扫描到 0.1 V 时出现了一个还原峰,而在 0.7 V 附近出现氧化峰,经过预处理后的黄铁矿电极测得的 CV 曲线比较平滑,在电位为-0.5～+0.8 V 的范围内都不见任何的氧化或还原峰的出现,说明在此范围内,电极表面并不发生氧化还原反应。由 CV 特性曲线可知,天然黄铁矿具有较好的氧化还原性能,表面活性较高,而经过预处理后,黄铁矿氧化还原活性明显降低。

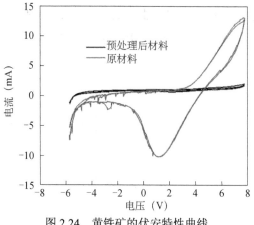

图 2.24　黄铁矿的伏安特性曲线

2.6　FeS_2 的合成

FeS_2 的合成方法：配制一定浓度的 $FeCl_3$ 溶液和 NaHS 溶液，将 NaHS 溶液缓缓倒入 $FeCl_3$ 溶液中，并用磁力搅拌器均匀搅拌，混合过程中溶液迅速变黑。由于反应过程中产生 H^+，pH 会下降，滴加少量 NaOH 保持 pH 恒定为 4.5。反应后悬浮液老化 7 天，即得到 FeS_2。

2.6.1　XRD 分析

FeS_2 和 FeS_2（J&K）样品的 XRD 图谱分析结果分别如图 2.25 和图 2.26 所示。

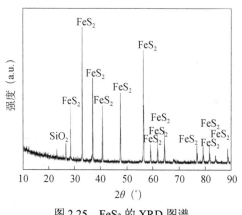

图 2.25　FeS_2 的 XRD 图谱

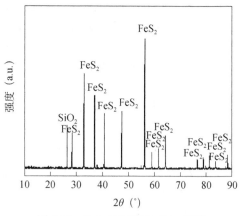

图 2.26　FeS_2（J&K）的 XRD 图谱

2.6.2　不同老化程度 FeS_2 的 XRD 分析

用简单的溶液混合法在常温常压下合成 FeS_2，将 Fe^{3+} 与 HS^- 按照 1∶3 的浓度比例混合反应并静置 7 天后生成 FeS_2。合成的 FeS_2 分散在水溶液中，外观为黑色悬浊液状。为探讨溶液中 FeS_2 颗粒晶型是否稳定，将部分合成的 FeS_2 一直放在溶液中。对放置不同时间的 FeS_2 进行 XRD 表征，表征前分别用超纯水和乙醇将合成的 FeS_2 清洗三次，冷冻干燥并进行研磨。XRD 表征的结果如图 2.27 所示，静置老化 7 天后生成的主要物相为 FeS_2，固体中还有部分单质 S。从图中可见，静置 7 天、15 天、50 天，三条 XRD 曲线峰强度无很大差别，说明 FeS_2 的晶型没有很大改变，FeS_2 老化达到 7 天后，晶型基本稳定。

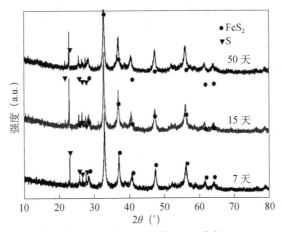

图 2.27 合成 FeS_2 的 XRD 表征

2.6.3 材料形貌结构分析

图 2.28 显示了 FeS_2 的 SEM 图。矿物经多次洗涤后，表面较处理前要光滑很多，原黏附于表面的絮状物质也已消失。在 10000 倍的放大倍数下，可明显观察到 FeS_2 表面有大量缺损存在。

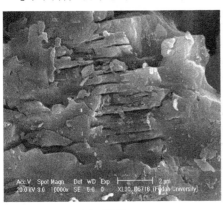 

(a) 10000×   (b) 500×

图 2.28 FeS_2 的 SEM 图像

2.6.4　TEM 分析

图 2.29 显示了 FeS_2 在不同放大倍数下的 TEM 图像。由此图可看出，FeS_2 结构中无显著的微孔存在。这一现象与其较低的比表面积是一致的。

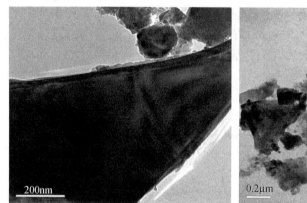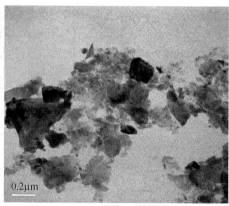

图 2.29　不同放大倍数下 FeS_2 的 TEM 图像

2.6.5　Zeta 电位分析

实验测定了在常见 pH 4.0～8.0 范围内 $mFeS_2$ 的 Zeta 电位(图 2.30)，结果表明，$mFeS_2$ 在 pH 为 4.5～8.0 时均带负电荷。两者的零电荷点都是酸性条件。因此 $mFeS_2$ 在常见的弱酸性、中性和弱碱性环境中都会带负电荷。

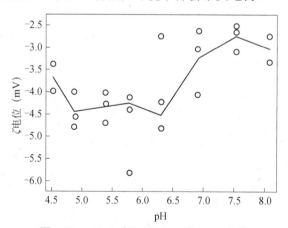

图 2.30　$mFeS_2$ 在不同 pH 下的 Zeta 电位

第3章 多羟基亚铁还原转化有机污染物

难降解有机物一般含有吸电子基团，生物毒性大，难以生物氧化。但研究表明，通过还原转化其吸电子基团，可以大幅削减其生物毒性，提升可生物降解性能，比如偶氮染料的偶氮键、硝基苯类化合物的硝基、卤代有机物的卤素取代基等。染料广泛应用于纺织、塑料、染整、造纸、印刷、制药和化妆品制造等行业中，随着染料工业和印染加工技术的发展，染料的结构稳定性大大提高，废水脱色处理难度增加，印染废水脱色已经成为国内外废水处理的一大难题。

印染废水具有有机物含量高、成分复杂、色度大等特点。偶氮染料是目前市场上品种和数量最多的一类染料，由于染料分子含有偶氮键（—N=N—）而得名，偶氮键的裂解成为限制染料整个脱色过程的重要步骤。目前印染废水脱色主要包括混凝脱色、氧化还原脱色、生物法脱色、吸附脱色等方法。其中，由于混凝脱色技术成熟、成本较低，因而广泛运用于印染废水脱色。有研究表明亚铁盐作为混凝剂，具有更好的脱色效果。此外，还原法也能够实现亲水性偶氮染料的脱色。马鲁铭等[36]证明催化铁内电解法处理水溶性偶氮染料活性艳红 X-3B，能够使偶氮键断裂，实现废水脱色、提升废水可生物降解性。硝基苯类物质也是印染废水中常见的污染物，此类化合物一直是环境领域的研究热点。由于硝基苯类物质具有生物毒性和难生物降解的特点，而其还原产物相对易生物降解，因此出现大量还原技术研究应用硝基还原。亚铁盐作为混凝剂用于处理有机污染物具有广泛的应用，但是目前关于亚铁对污染物的还原作用，特别是还原机理以及亚铁结构形态对还原的影响等方面的研究较少。

本章基于亚铁氧化还原活性可调控的特性，通过改变亚铁的结构形态，制备高还原活性的结合态亚铁，即一种含亚铁的多羟基亚铁络合物（ferrous hydroxy complex，FHC），充分强化并发挥结合态亚铁的还原性能。拟通过 FHC 还原处理有机污染物来揭示其还原能力、还原规律和影响还原速率的因素。此外，还探究了废水中常见阴离子对 FHC 还原性能的影响，并提出了强化 FHC 还原性能的方法。系统考察了 FHC 预处理还原转化有机污染物的效果和机理，以揭示亚铁还原有机污染物的反应过程和作用机制，亚铁结构形态对其反应性能的影响规律，设计和优化亚铁还原用于废水处理技术，推动废水处理新技术的发展和应用。相关研究对于丰富和发展难降解有机物废水处理理论与技术提供了重要研究基础，对于印染、化工等有机废水的处理以及多种工业废水处理新技术的发展和应用具有重要推动作用。

3.1　FHC 还原偶氮染料脱色

亚铁还原偶氮染料脱色受多种因素的影响，比如亚铁结构形态、FHC 的投加量、溶液的初始 pH、溶解氧(DO)、染料类型、亚铁与羟基物质的量比等。

3.1.1　研究方法

使用去溶解氧(通入高纯氩气 60 min 以去除溶液里的溶解氧)的去离子水配制初始浓度为 100 mg/L 的染料储备液。每次实验时取 250 mL 加入到 500 mL 的烧杯里，调节染料溶液的初始 pH 到一定值，加入一定体积的 FHC 混合液，慢速搅拌减少空气中氧气进入溶液，定时用 20 mL 注射器取样 10 mL，取样后立即用 0.45 μm 滤膜过滤。FHC 制备中[Fe(II)]∶[OH⁻]=0.583。

取 250 mL 含有目标污染物的废水加入 250 mL 锥形瓶中，调节废水初始 pH 到一定值，加入一定量的 FHC 或者绿锈(GR)，置于六联磁力搅拌器进行搅拌反应，按照不同的时间间隔取样分析污染物浓度以及 pH 等。实验所用的水样，采用通入高纯氮气 60 min 或者加热煮沸去除部分溶解氧。

亚铁投加使用两种方式，投加方式一：在废水中直接加入一定浓度的硫酸亚铁，然后调节废水 pH，使其达到在废水中原位生成 FHC 的条件；投加方式二：在预先调节 pH 的废水溶液中投加制备好的 FHC。

3.1.2　亚铁结构形态对其还原性能的影响

亚铁的结构形态对其还原性能产生重要的影响。溶解态 Fe^{2+} 还原性能很弱，通过调节 pH 形成结合态亚铁络合物后，能明显增强其还原性能。结合态亚铁物种是指通过调控反应条件使亚铁形成如聚合羟基铁、绿锈([$Fe^{II}_{(6-x)}Fe^{III}_x(OH)_{12}$]$^{X+}$ [$A_{x/n} \cdot yH_2O$]$^{X-}$)、≡FeOFeOH⁰、FeOH⁺等亚铁配位化合物。

通过实验研究溶解态亚铁、GR、FHC 等多种形态亚铁的还原脱色性能，并同时比较了三价铁盐对混凝脱色的去除效果。图 3.1 中 (a) 和 (b) 是多种结合形态的亚铁分别处理活性艳红 X-3B 和中性枣红 GRL 的实验结果。FHC 是实验室自行制备的多羟基亚铁络合物，GR 是按照文献方法制备的结合态 Fe(II) 和 Fe(III) 化合物——绿锈，GR1 是其中含 Fe 总量与 FHC 中含铁总量相同，GR2 是其中含 Fe(II) 总量与 FHC 中含 Fe(II) 总量相同。Fe^{2+}(溶解态亚铁)是指投加 $FeSO_4 \cdot 7H_2O$，体系初始 pH 为 2.0，目的是使投加的亚铁为溶解态 Fe^{2+}，其他体系的初始 pH 为 9.0，保证结合态亚铁的存在。染料初始浓度为 100 mg/L，活性艳红 X-3B 溶液中铁的投加量为 67.2 mg/L，中性枣红 GRL 溶液中铁的投加量为

224 mg/L。

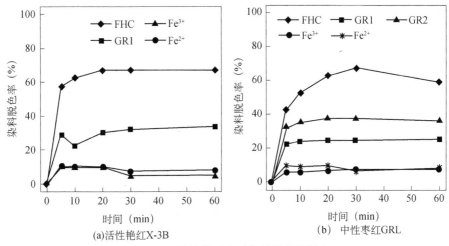

(a)活性艳红X-3B　　　　　　(b) 中性枣红GRL

图 3.1　亚铁结构形态对染料脱色的影响

　　从图 3.1 可以看出，溶解态 Fe^{2+} 的还原能力很弱，对染料的脱色率小于 10%；亚铁转变为结合态，形成多羟基亚铁络合物后，其还原能力大为增强，结合态亚铁 FHC 和 GR 对染料都有较好的还原脱色率，且 FHC 的脱色效果明显高于 GR1 和 GR2。FHC 的还原脱色效果优于 GR1，原因可能是 FHC 含有的结合态亚铁量多于 GR1，而含 Fe(Ⅱ)相同的 FHC 和 GR2 相比，FHC 仍然具有优势，说明 GR 中的三价铁和结构形态影响了其还原性能，FHC 由于具有多羟基结构的 Fe(Ⅱ)，表现出更强的还原能力。三价铁没有还原作用，对染料的脱色主要是靠混凝作用，脱色率非常小，混凝吸附对水溶性染料脱色效果不佳。说明亚铁结构形态和组成对其还原性能产生了重要影响，染料主要是通过还原反应发生脱色。

3.1.3　FHC 还原多种类型偶氮染料

　　染料自身的结构特性和物化性质也决定染料是否易于发生还原脱色，以不同类别的六种偶氮染料为例研究了 FHC 对不同结构类型染料的还原脱色性能。染料按其应用类型可以分为活性染料、酸性染料、阳离子染料、中性染料、直接染料等。活性染料也称为反应性染料，分子中含有化学性活泼的基团，能在水溶液中与棉、毛等纤维反应形成共价键的染料，具有较高的耐洗坚牢度；酸性染料是一类在酸性介质中进行染色的染料，大多数含有磺酸钠盐，能溶于水，色泽鲜艳、色谱齐全，酸性染料按其化学结构和染色条件的不同分为强酸性、弱酸性、酸性媒介、酸性络合染料(又称中性染料)等；阳离子染料的色素离子带正电荷，与 Cl^-、PO_4^{3-} 等阴离子生成盐，其阳离子部分质量很小，在水中以离子形式存在；中性染料是一种金属络合染料，染料配体与金属如铬、钴等络合形成；直接染料一般为双偶氮或三偶氮染料，分子量较大，分子中一般有多个—SO$_3$H 等亲水基团，水溶性好，直接染料分子结构一般呈直线展开，同时具有芳香环同平面的结构特征，由于这一结构特点，直接染料在水中具有较大的聚集倾向，易缔合成大分子基团。由于缔合作用，直接染料以较大颗粒分散在水中形成胶体，容易通过化学混凝去除。

图 3.2 说明了亚铁对不同类型染料的脱色性能，投加 89.6 mg/L 的 FHC，酸性大红 GR、活性艳红 X-3B 和活性黑 5 RB5 的脱色率都可以超过 90%，而且反应速率很大，10 min 后基本达到最大脱色率；而直接耐酸大红 4BS 的脱色率小于 80%并且波动幅度比较大；在阳离子红 X-GRL 溶液中加入 134.4 mg/L 的 FHC，30 min 内可以实现完全脱色，其脱色率明显小于其他五种染料，可能是因为阳离子红 X-GRL 比较难被还原。FHC 对中性枣红 GRL 的脱色效果明显低于其他五种染料，224 mg/L 的 FHC 能够去除接近 80%的中性枣红，其可能的原因在 FHC 还原中性枣红 GRL 中将做分析。整体上看，FHC 对多种结构类型的染料都具有较好的脱色效果。

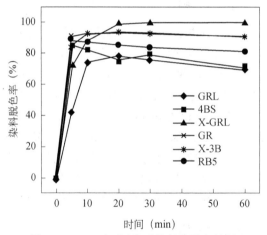

图 3.2　FHC 对不同类型染料的脱色效果

实验条件：染料初始浓度为 100 mg/L，染料溶液初始 pH 为 9.0，直接耐酸大红 4BS、
酸性大红 GR、活性艳红 X-3B 和活性黑 5 RB5 溶液投加 FHC 的量为 89.6 mg/L，
中性枣红 GRL 和阳离子红 X-GRL 溶液分别投加 224 mg/L 和 134.4 mg/L 的 FHC

1. FHC 投加量对染料脱色的影响

研究了 FHC 投加量对 RB5 等染料的脱色影响。表 3.1 的脱色率是反应 30 min 时的脱色率，初始条件为：染料初始 pH 为 9.0，染料浓度为 100 mg/L。反应基本在 5 min 内就完成脱色，由表 3.1 可知较低 FHC 投加量就可以达到较好的脱色率，当 FHC 投加量为 89.6 mg/L 时可以达到 90%以上的脱色率，继续增大 FHC 投加量可以使多种偶氮染料完全脱色。

表 3.1 FHC 投加量对染料脱色的影响

投加量(mg/L)	活性黑 5 脱色率(%)	活性艳红脱色率(%)	酸性大红脱色率(%)
22.4	31.2	6.5	16.8
44.8	57.2	43.6	52.2
67.2	71.1	78.7	77.8
89.6	85.3	95.4	93.3
134.4	84.3	99.6	99.3

2. FHC 还原阳离子红 X-GRL

研究了 FHC 投加量对阳离子红 X-GRL 还原脱色的影响，图 3.3 显示在 FHC 投加量为 134.4 mg/L 时，20 min 内阳离子红 X-GRL 可以完全脱色，当加入 179.2 mg/L 时完全脱色只需要 5～10 min。有文献研究[37]认为阳离子染料一般比较难还原脱色，零价铁还原染料脱色研究表明阳离子染料在直接染料、活性染料、酸性染料、中性染料、阳离子染料五类染料里脱色率最差，最难还原脱色，要达到 90%以上脱色率需要 2 h。本研究也表明阳离子红 X-GRL 还原脱色速率明显小于其他四种染料，说明 FHC 对阳离子红还原速率较小，但是还原能力比较强，能实现完全脱色，FHC 对染料的还原反应速率明显大于零价铁，主要因为 FHC 是新生态亚铁胶体悬浮物，反应活性很高，而且表面积大，很容易与溶液中染料接触，传质条件好。

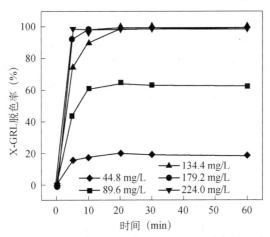

图 3.3 FHC 投加量对阳离子红 X-GRL 脱色的影响

3. FHC 还原中性枣红 GRL

研究了 FHC 投加量对中性枣红 GRL 还原脱色的影响，结果如图 3.4 所示。中性枣红 GRL 是染料与金属 Co 按配比 2∶1 络合形成，属于双偶氮染料。在初始 pH 为 9.0，中性枣红 GRL 初始浓度为 100 mg/L 的条件下分别加入不同量的 FHC，图 3.4 说明在 FHC 投加量为 134.4 mg/L 时，中性枣红 GRL 的脱色率仅为 40%左右，当投加量增加到 224.0 mg/L 时脱色率不到 80%，继续增加 FHC 可以实现完全脱色。FHC 对中性枣红 GRL 的脱色效果明显低于活性艳红 X-3B、酸性大红 GR 和阳离子红 X-GRL，可能的原因是中性枣红 GRL 较难还原，也有可能是染料分子里的金属 Co 阻碍染料的还原脱色或者是金属 Co 消耗 FHC 从而降低了 FHC 浓度。

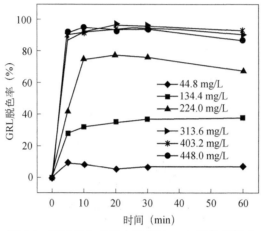

图 3.4　FHC 投加量对中性枣红 GRL 脱色的影响

4. FHC 还原直接耐酸大红 4BS

研究了 FHC 投加量对直接耐酸大红 4BS 还原脱色的影响，结果如图 3.5 所示。直接耐酸大红 4BS 为可溶性双偶氮染料，水溶液呈亮红色，较多用于印染黏胶织物。在初始 pH 为 9.0，直接耐酸大红 4BS 初始浓度为 100 mg/L 的条件下分别加入不同量的 FHC，图 3.5 说明当加入 89.6 mg/L 的 FHC 时，染料脱色率为 80% 左右，再增加 FHC 用量可以实现完全脱色，但是随着反应进行，脱色率出现明显不同于前面四种染料的波动。

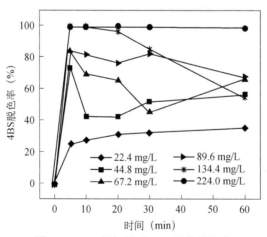

图 3.5　FHC 投加量对 4BS 脱色的影响

3.1.4　FHC 还原偶氮染料的影响因素

1. [Fe]/[OH⁻]摩尔比对 FHC 还原性能的影响

在亚铁结构形态对其还原性能的研究中表明，FHC 的还原能力明显优于绿锈，说明结合态亚铁化合物的组成结构对其还原性能产生了重要影响。FHC 是以羟基和亚铁结合的多羟基亚铁络合物，研究不同的羟基含量(即[Fe]/[OH⁻]摩尔比)对反应性能的影响，以进一步揭示 FHC 组成结构对反应性能的影响。从表 3.2 中可以看出，活性艳红 X-3B 和中性枣红 GRL 分别在[Fe]/[OH⁻]摩尔比为 0.54 和 0.57 时脱色率更高，更高或者更低的[Fe]/[OH⁻]摩尔比都会导致脱色率下降；直接耐酸大红 4BS 在较低或者较高的[Fe]/[OH⁻]摩尔比时脱色率较高；酸性大红 GR 和阳离子红 X-GRL 则随着[Fe]/[OH⁻]摩尔比的增加脱色率逐渐降低。

表 3.2　不同[Fe]/[OH⁻]摩尔比对染料脱色率的影响

[Fe]/[OH⁻]	脱色率(%)				
	X-3B	GRL	4BS	GR	X-GRL
0.50	68.8	45.1	43.3	97.9	99.9
0.52	78.6	40.7	37.3	97.5	89.0
0.54	80.6	62.7	16.4	96.1	87.1
0.57	75.5	68.3	13.4	93.4	54.3
0.60	69.6	58.6	59.4	84.8	43.8
0.62	61.5	57.0	85.0	70.6	10.5

2. pH 对 FHC 还原性能的影响

染料本身显色会受溶液 pH、金属离子等因素的影响，溶液 pH 同样也影响多羟基亚铁的形成及其还原作用。实际投加亚铁包括两种投加方式，本节研究了 pH 对两种投加方式的影响差异。首先研究溶液 pH 对染料色度的影响，100 mg/L 的五种染料在 pH 为 2.0～12.0 范围内的色度变化如图 3.6 所示，可以看出酸性大红 GR 和活性艳红 X-3B 在 pH 为 12.0 时色度为原始色度的 50%左右，其显色稳定的 pH 范围为 2.0～10.0；阳离子红 X-GRL 在碱性溶液里随着 pH 增大其色度大幅下降，在 pH 为 12.0 时色度仅为原始色度的 20%左右，在 pH 为 2.0～8.0 范围内，染料显色稳定。中性枣红 GRL 和直接耐酸大红 4BS 的色度受 pH 影响较小。

由于 FHC 具有较高的碱性，加入染料溶液后会形成 pH 缓冲体系，为了证实 pH 对亚铁还原性能适用的影响，研究了两种投加亚铁方式下 pH 对亚铁还原处理 RB5 的影响。投加方式一是向废水中先直接加入亚铁离子，再调节体系 pH，使亚

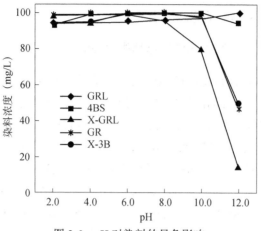

图 3.6　pH 对染料的显色影响

铁在废水中原位形成 FHC。加入 112 mg/L（以铁计，下同）的亚铁溶液，这个反应体系里溶液的 pH 相对更加稳定。图 3.7(a) 表明在 pH 为 7.0～10.0 范围都有较好的效果，而较低或者较高的 pH 对 RB5 的脱色效果都不佳。在较低的 pH（如 3.0、5.0）时，亚铁离子不能够形成 FHC，因此对 RB5 基本没有脱色，对于该投加方式，较高 pH 条件下脱色效果变差的原因还有待于进一步研究，可能是较高的 pH 不易形成结构稳定的亚铁络合物。投加方式二是向预先调节好 pH 的染料溶液中投加制备好的 FHC，投加 112 mg/L 的 FHC 于不同 pH 的染料溶液中。图 3.7(b) 和 (c) 说明投加方式二在 pH 为 3.0～13.0 范围内都有较好的脱色效果，比较适宜的 pH 范围为 4.0～10.0，最佳 pH 为 8.0～10.0。FHC 在 pH 为 2.0 时变为溶解态，其结构被破坏，也说明 Fe^{2+} 还原 RB5 脱色的作用很小。表 3.3 说明 FHC 处理 RB5 体系适宜的 pH 范围比较宽，原因是 FHC 悬浮液的 pH 约为 8.0，当加入到染料溶液中会形成 pH 缓冲体系。

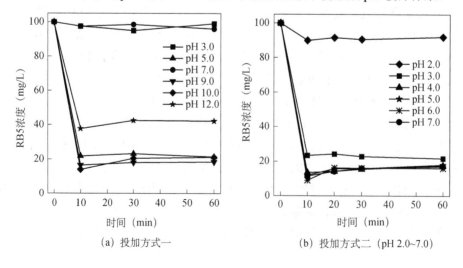

(a) 投加方式一　　　　　　　　　　(b) 投加方式二（pH 2.0~7.0）

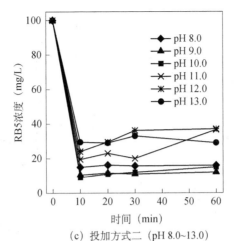

(c) 投加方式二 (pH 8.0~13.0)

图 3.7　RB5 在不同初始 pH 条件下的还原脱色效果

亚铁投加量为 112 mg/L，染料浓度为 100 mg/L

表 3.3　染料溶液中加入 FHC 后的 pH 变化

初始 pH	加入 FHC 后的 pH	1 h 后的 pH	初始 pH	加入 FHC 后的 pH	1 h 后的 pH
2.0	2.1	2.1	8.0	6.1	5.1
3.0	5.3	5.3	9.0	6.7	6.2
4.0	5.6	5.6	10.0	7.5	6.0
5.0	6.0	5.4	11.0	10.9	10.6
6.0	6.2	5.4	12.0	12.0	12.0
7.0	6.1	5.3	13.0	13.0	13.0

　　研究初始 pH 对 FHC 还原处理染料的影响。图 3.8 是反应 30 min 时的脱色率，在 pH 为 2.0 时五种染料的脱色率都很低(除直接耐酸大红 4BS 外，脱色率都在 10% 左右)，这是因为 pH 为 2.0 时，结合态亚铁化合物 FHC 发生溶解，溶解态亚铁还原能力很弱，因此染料还原脱色率很低；而直接耐酸大红 4BS 在 pH 为 2.0 时脱色率大于 20%，可能的原因是亚铁离子与染料分子发生络合降低其染料色度。除直接耐酸大红 4BS 外，其他染料在 pH 4.0~10.0 都有较好的脱色效果，这说明溶解态亚铁转化为结合态亚铁后其还原能力明显增强，这正是 FHC 的优势所在。由于结合态亚铁绿锈是一种具有多层结构的含有 Fe(II) 和 Fe(III) 的化合物，该化合物具有较强的还原作用，可以还原四氯化碳脱氯以及还原环三亚甲基三硝基胺脱硝[38]，而溶解态亚铁则不能。此外，活性艳红 X-3B、酸性大红 GR 和阳离子红 X-GRL 在 pH 为 12.0 时脱色率明显增加，部分原因是染料在该碱度下本身色度下降。

3. 溶解氧对 FHC 还原 RB5 脱色的影响

　　图 3.9 说明了溶解氧(DO)对 FHC 还原 RB5 脱色的影响。可以看出，当投加

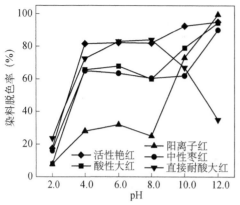

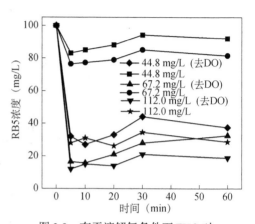

图 3.8　废水初始 pH 对染料脱色的影响

实验条件：染料初始浓度为 100 mg/L，在不同初始 pH 下活性艳红 X-3B、酸性大红 GR 和直接耐酸大红 4BS 染料溶液中 FHC 的投加量为 67.2 mg/L，阳离子红 X-GRL 和中性枣红 GRL 溶液 FHC 的投加量为 89.6 mg/L 和 224 mg/L

图 3.9　有无溶解氧条件下 FHC 对 RB5 的还原脱色

实验条件：染料溶液初始浓度为 100 mg/L，pH 为 9.0

量较小时，如 FHC 投加量为 44.8 mg/L、67.2 mg/L 时染料溶液通过氩气吹脱去除 DO 后 RB5 的脱色率为 60% 和 75%，但是染料溶液未去除 DO 时 RB5 的脱色率分别为 10%、20%，这是因为溶解氧的氧化能力大于染料的氧化性，所以 FHC 优先被溶解氧氧化，染料溶液的 DO 能快速消耗 FHC，影响其与染料 RB5 的氧化还原反应。当 FHC 的投加量增大到 112.0 mg/L 时，去除与未去除 DO 时染料脱色率分别为 85%、70%，因为 FHC 的投加量比较充足，DO 不足以快速完全氧化全部的 FHC，剩余的 FHC 量比较充足，继续与染料发生氧化还原反应。从溶解氧的影响结果，可以间接地说明加入亚铁盐去除色度主要是 FHC 的还原作用，而并非是亚铁的混凝沉淀作用。因为 DO 对亚铁混凝作用影响较小，而且一般会促进亚铁盐的混凝沉淀效果。在较小的亚铁投加量条件下，溶解氧的存在会极大地降低脱色效果，说明 DO 和污染物竞争与 FHC 的氧化还原反应。

目前关于硫酸亚铁的混凝主要有两种用途：一是强调亚铁的混凝作用，由于 Fe^{2+} 的水解能力小于 Fe^{3+}，因此 Fe^{2+} 的混凝效果一般差于 Fe^{3+}，通常需要采用氧化剂将其氧化成三价铁；二是硫酸亚铁用于混凝脱色，其脱色效果优于三价铁盐的混凝脱色，目前的解释有"络合-吸附架桥机理"。Fe^{2+} 是过渡元素的金属离子，能与亲水性染料中的某些含有孤对电子的基团(如—NH_2、—OH、—SH、—X、—SO_3^- 等)发生络合反应形成大分子络合物，再被吸附在 Fe(Ⅱ) 的水解产物上混凝去除。在 FHC 反应体系中，溶液的 pH 为 7.0 左右，Fe^{2+} 离子大部分已经沉淀，因此对于溶解态 Fe^{2+} 与染料分子形成络合物的量较小，其实亚铁脱色效果好的真正原因可能在于染料显色基团偶氮键发生还原断裂，从而实现脱色。

3.2 FHC 还原偶氮染料脱色的机制

亚铁盐是一种很好的混凝剂，它在印染废水脱色处理过程有一定的应用。而 FHC 还原体系中也可能存在 $Fe(OH)_2$ 和 $Fe(OH)_3$ 混凝脱色、FHC 的吸附脱色以及 FHC 还原脱色，也有可能是 FHC 氧化产物的吸附作用以及氧化作用。因此在高 pH 条件下，需要研究染料的脱色机制是混凝沉淀、吸附作用还是还原反应。由于购买的大部分染料是工业级染料，纯度较低，只有活性黑 5 纯度较高，因此机理研究以活性黑 5 为主要染料。设计相关实验来证明染料发生了还原反应脱色：①三价铁盐混凝去除 RB5 对照试验；②溶剂清洗滤渣吸附的染料；③酸溶反应后沉淀物实验；④染料还原过程的光谱扫描；⑤RB5 反应前后液相色谱分析比较；⑥RB5 还原产物检测和 TOC 的测定。

3.2.1 三价铁盐混凝去除 RB5 对照试验

将一定量的无水 $FeCl_3$ 加入染料溶液，并调节 pH 为 7.0。由表 3.4 可知，当加入 648.8 mg/L 无水 $FeCl_3$（其含铁量为 224.0 mg/L）时，RB5 的脱色率仅为 5%，当增加用量时脱色率提高很少，实验说明 $Fe(OH)_3$ 对 RB5 的混凝脱色效果很差。如果 112.0 mg/L 亚铁完全转化为三价铁，其混凝作用对脱色的贡献也很小。投加 FHC，良好的脱色效果可能主要是染料发生了还原转化，破坏了其显色官能团，而并非是亚铁盐的混凝沉淀作用。

表 3.4 三价铁的混凝试验

反应时间 (min)	脱色率 (%)	反应时间 (min)	脱色率 (%)
10	5.3	30	6.3
20	5.0	酸化	6.9

注：实验条件，溶液的初始 pH 为 9.0，加入 224.0 mg/L 的 Fe^{3+}，调节溶液的 pH 为 7.0。

3.2.2 溶剂清洗滤渣吸附的染料

为了研究亚铁沉淀物是否吸附了大量的染料，设计了使用水溶液和有机溶剂清洗滤渣的试验，将反应后溶液过滤得到的滤渣分别加入一定量的水或者乙醇浸泡，观察是否有染料溶出，放置一天后基本未观察到染料浸出，说明亚铁沉淀物几乎没有吸附染料。

3.2.3 酸溶反应后沉淀物实验

为了进一步研究铁盐的混凝沉淀吸附作用，释放吸附的染料，设计了酸溶沉淀物实验。反应结束后，加入 1 mL 浓硫酸于反应溶液里使其 pH<1.0，快速搅拌使溶液澄清透明，铁的氧化物沉淀物全部溶解，如果是混凝沉淀吸附作用，吸附

的染料会重新释放到溶液中。表 3.5 为酸化实验结果，酸化前是指反应 60 min 时的取样，可以看出酸溶沉淀物后，染料没有释放，说明反应 60 min 脱色的染料不是因为混凝沉淀吸附的作用。

表 3.5　酸溶沉淀物对溶液 RB5 浓度的影响

FHC 投加量 (mg/L)	脱色率(%)		FHC 投加量 (mg/L)	脱色率(%)	
	酸化前	酸化后		酸化前	酸化后
13.4	19.5	22.2	49.6	82.0	83.4
22.4	30.4	36.3	224.0	83.8	87.0
44.8	61.5	78.3			

3.2.4　染料还原过程的光谱扫描

染料溶液初始 pH 为 9.0，加入 120 mg/L 的 FHC，慢速搅拌，取不同反应时间的滤液进行 200～800 nm 的光谱扫描并记录最大吸收峰的吸光度。图 3.10 和表 3.6 揭示了随着反应时间推移滤液在 595 nm 的吸收峰逐渐消失，而在紫外区 264 nm 处出现一个新的吸收峰，其吸光度随时间逐渐增大。说明 RB5 的脱色主要是它与亚铁发生氧化还原反应，生成了新的产物，可能是偶氮双键发生断裂生成新的物质。而三价铁在同样条件下混凝处理滤液的紫外可见光扫描图显示，在 595 nm 的吸收峰比初始溶液有小幅下降，但是 264 nm 处没有出现新物质峰。

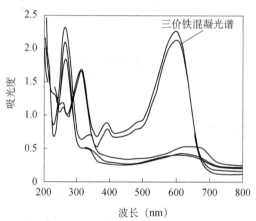

图 3.10　不同反应时间样品的光谱扫描

表 3.6　滤液在 264 nm 和 595 nm 处的吸光度

时间(min)	264 nm 处吸光度	595 nm 处吸光度
0	1.011	2.254
5	1.821	0.315
20	2.074	0.150
40	2.334	0.182

3.2.5　RB5 反应前后液相色谱分析比较

分析条件：Agilent HPLC-1260 液相色谱，Agilent-C18 色谱柱，流动相为 V(纯水)/V(甲醇)=60：40；流速为 0.6 mL/min；紫外(可见光)检测器，检测波长为 254 nm；柱温为 30 ℃；进样量为 50 μL；分析时间为 15 min。根据图 3.11(a)可知初始的活性黑 5 有两个保留时间分别为 2.127 min 和 2.326 min，其中保留时间为 2.127 min 的峰高和峰面积更大；对比图 3.11(b)和(c)可以较明显地发现在保留时间为 2.615 min 左右出现一个新峰，并且其峰面积随着反应时间增加逐渐增大，同时还有几个峰高较小的峰；而保留时间分别为 2.127 min 和 2.326 min 的两个峰消失(也可能是发生漂移，但是峰面积明显减小)，说明活性黑 5 已经转化脱色，产生了新的产物。

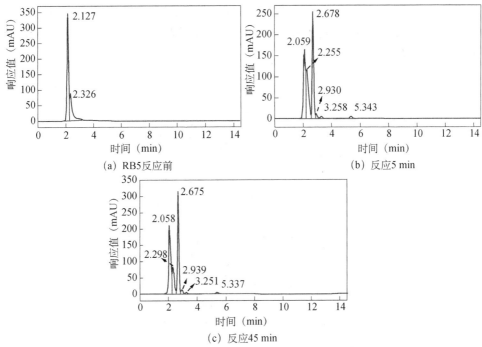

(a) RB5反应前　　　　　　　　(b) 反应5 min

(c) 反应45 min

图 3.11　100 mg/L 的 RB5 反应前后的液相色谱图
实验条件：FHC 投加量为 120 mg/L

3.2.6　RB5 还原产物检测和 TOC 的测定

为了更进一步验证染料是否发生还原转化，进行了染料还原转化产物的鉴定，以及溶液总有机碳(TOC)的测定。初始 pH 为 9.5，加入 120 mg/L 的 FHC 混合液，定时取样测定苯胺含量和 TOC。图 3.12 是 RB5 生成的当量苯胺。偶氮染料的—N＝N—键能够被还原剂还原，断裂形成两个氨基。如果 RB5 的—N＝N—

键全部发生还原，产生的理论苯胺当量为 18.8 mg/L，实际产生量为理论量的 67%。由于有 10%左右的染料残余；萘乙二胺偶氮光度法测定苯胺受显色温度、pH 调节不精确、多种干扰物质(重氮化合物、22-萘、212-磺酸对萘乙二胺偶、亚硝酸盐和色度)等因素干扰。因此检测到的苯胺当量小于理论量。图 3.12 揭示在 1 min 内就达到最大还原产物苯胺量的 83%，10 min 后基本达到最大值。说明 FHC 还原 RB5 速率极快。表 3.7 揭示在 RB5 被还原的过程中溶液的 TOC 变化情况，可以看出，在反应过程中，溶液的 TOC 基本稳定，只有小幅的下降，说明在 FHC 还原 RB5 过程中可能存在 FHC、沉淀物以及 FHC 氧化产物对染料或者其还原产物具有非常少量的吸附作用。TOC 的变化规律也从另一个角度说明，在 FHC 还原 RB5 过程中混凝沉淀的作用不是主要的，如果混凝作用是主要作用，大量的染料或者其还原产物会被混凝沉淀吸附去除，则上清液 TOC 会有大幅的下降。

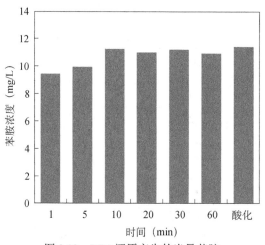

图 3.12　RB5 还原产生的当量苯胺

　　另外，在溶液初始 pH 为 9.5，铁加入量为 112.0 mg/L 的条件下，比较了两种投加方式的苯胺类物质的产生量和 RB5 的脱色效果(图 3.13)。由图可知两种投加方式的苯胺当量和 RB5 残余量基本相当，投加方式一的苯胺略高于投加方式二，同时刚开始投加方式二的 RB5 残余量略高于投加方式一，反应后期基本一样，可能的原因是投加方式一的溶液 pH 高于投加方式二(投加方式二加入 FHC 后 pH 为 7.2，小于投加方式一的 9.5)，FHC 加入染料溶液中会降低溶液的 pH。对于投加方式一，刚开始 RB5 有快速的脱色，但是随后其浓度有明显上升趋势，可能是反应一开始有快速的吸附，然后 RB5 随着亚铁被氧化逐渐释放到溶液中，而投加方式二这种趋势不是很明显，但两种方式的最终脱色率都能达到80%以上。投加方式一说明在传统的硫酸亚铁混凝脱色过程中，其实存在还原作用，并且所占的比例很大。由于两种方式的还原速率基本相当，且投加方式一的环境(碱性、缺氧)也利于 FHC 的形成。实际的污水处理过程中污水的溶解氧不高，采用硫酸亚铁混凝过程也可能存在 FHC 的还原作用，所以亚铁盐脱色效果好的真正原因可能是在混凝沉淀调节 pH 的过程中，形成了大量的 FHC，其具有更强的还原作用。

表 3.7　RB5 还原过程中 TOC 的变化

反应时间(min)	TOC 浓度(mg/L)	反应时间(min)	TOC 浓度(mg/L)
0	38.7	30	34.6
10	37.1	60	32.4

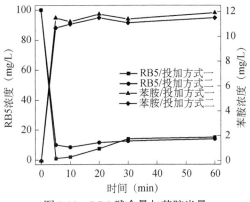

图 3.13　RB5 残余量与苯胺当量

3.2.7　脱色机理与反应途径分析

在 FHC 与偶氮染料的反应过程中，FHC 作为还原剂，发生氧化反应，氧化产物有 Fe_3O_4、$FeOOH$ 等，结合态羟基亚铁氧化生成 Fe_3O_4 反应式如下：

$$3Fe^{II}(OH)_2 \longrightarrow Fe_3O_4 + 2H_2O + 2H^+ + 2e^- \tag{3.1}$$

如果结合态羟基亚铁 $Fe^{II}(OH)_2$ 氧化生成 $FeOOH$，则：

$$Fe^{II}(OH)_2 \longrightarrow Fe^{II}OOH + H^+ + e^- \tag{3.2}$$

染料得到 FHC 释放的电子发生还原反应。

图 3.14 是六种染料反应前后的光谱图，直接耐酸大红的初始浓度为 40 mg/L，阳离子红的初始浓度为 50 mg/L，其他染料浓度都为 100 mg/L，染料溶液的 pH 为9.0，光谱扫描范围为 200～800 nm。酸性大红 GR 和活性黑 5 的还原光谱在可见光区的吸收峰消失，而在紫外区出现明显较强的新吸收峰，并且在紫外区吸收峰发生

了明显的偏移，酸性大红 GR 在紫外区出现更强的吸收峰，而且在紫外区吸附峰发生了明显的偏移，说明原物质消失，有新物质生成。这从另一个角度说明活性艳红 X-3B、中性枣红 GRL、酸性大红 GR 和阳离子红 X-GRL 的脱色是还原反应；直接耐酸大红 4BS 的初始溶液在 506 nm 和 308 nm 处都有较强的吸收峰，而反应后染料溶液在 200~800 nm 吸收明显减弱，但在 200~300 nm 的吸收峰也明显减弱，没有出现新的吸收峰。染料溶液紫外可见光谱扫描结果进一步说明，直接耐酸大红 4BS 脱色包括还原作用和混凝作用，可能以混凝沉淀为主，而其他染料都是还原脱色为主，染料官能团结构发生还原转化，偶氮键还原断裂，生成小分子无色物质。

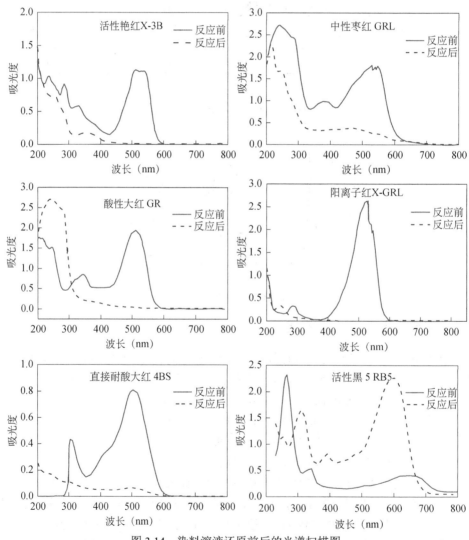

图 3.14　染料溶液还原前后的光谱扫描图

综合前面的分析及染料的分子结构，推测了染料可能发生的还原途径和产物，如表 3.8 所示。

表 3.8 染料还原的途径和产物

染料	还原途径和产物

活性黑 5

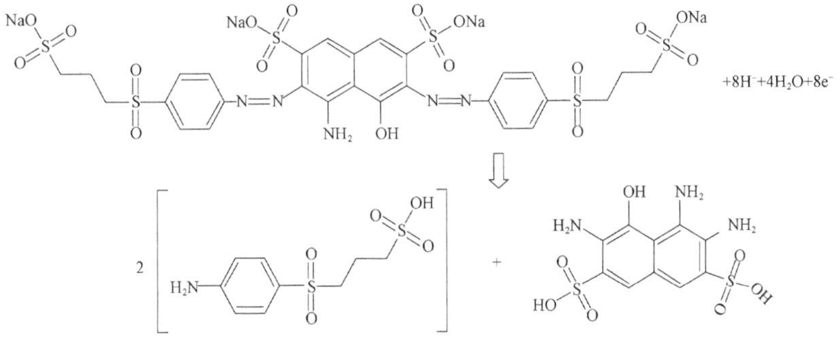

活性艳红 X-3B

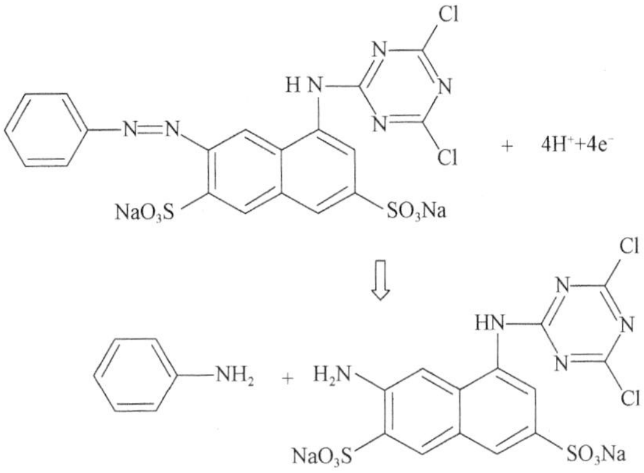

酸性大红 GR

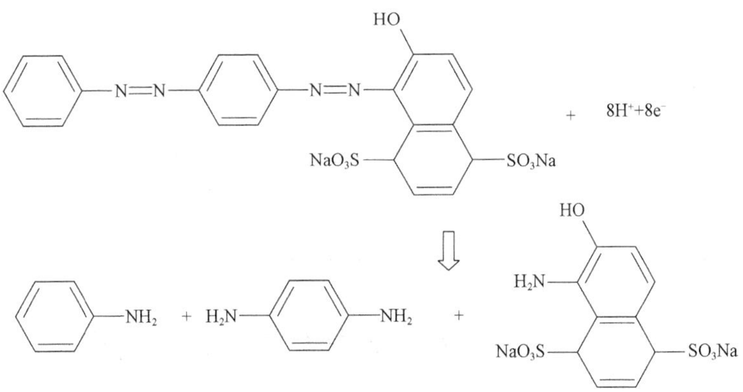

续表

染料	还原途径和产物

阳离子红
X-GRL

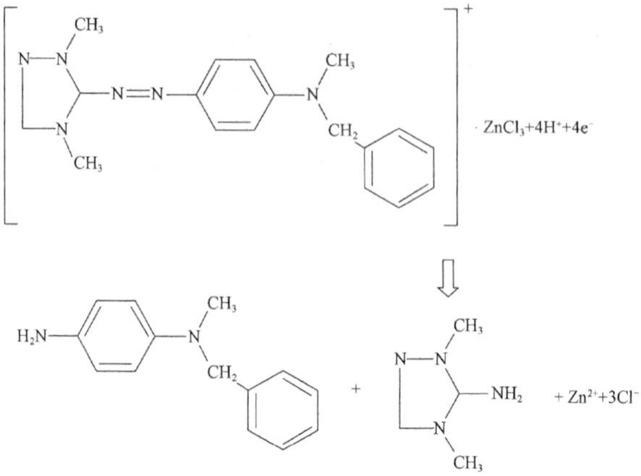

中性枣红
GRL

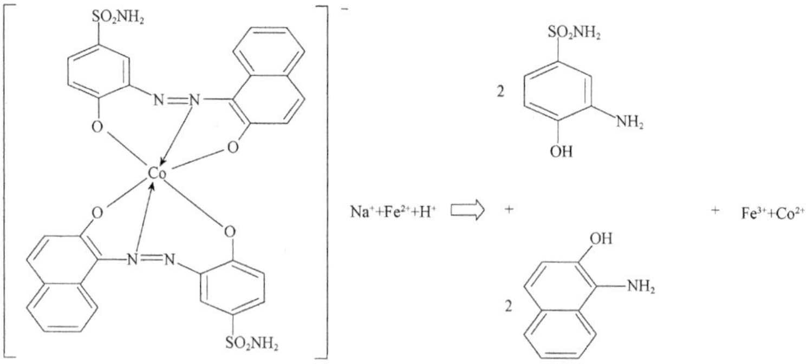

直接耐酸大
红 4BS

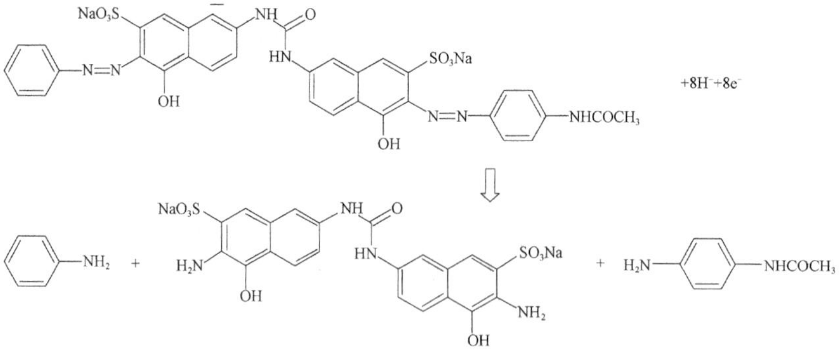

3.3　FHC 还原转化硝基苯类污染物

硝基苯类污染物的典型特征是，结构中的硝基是吸电子基团，生物毒性大，通过还原将硝基转化为氨基，可以大大降低其生物毒性，因此，通过还原脱毒机制可提高废水的可生物降解性能。硝基苯是制备苯胺和苯胺衍生物的重要原料，同时也被广泛用于橡胶、杀虫剂、染料以及药物的生产，在印染废水中也有一定残留。因此选择硝基苯为目标污染物，研究了 FHC 还原转化硝基苯类污染物的性能。并重点考察了废水中常见的阴离子对亚铁还原硝基苯的影响，因为废水中常存在种类繁多的阴离子，这些离子可能会对 FHC 还原性能产生不同的影响。研究了废水中常见阴离子(磷酸根、碳酸根、硅酸根、硝酸根、亚硝酸根、氯离子、硫离子等)对两种投加方式的亚铁还原性能的影响。阴离子对亚铁还原的影响主要包含：与 Fe^{2+} 结合形成难溶的沉淀(如硫离子、碳酸根等)；与亚铁形成络合物(如氯离子等)；可能进入 FHC 阴离子层或者与 FHC 发生氧化还原反应(如硝酸根、亚硝酸根等)；阳离子(如 Ca^{2+}、Mg^{2+}、NH_4^+等)能够与 Fe^{2+} 竞争氢氧根。试验采用去除溶解氧的水配制 60 mg/L 的硝基苯水溶液。

　　研究同样采用两种投加亚铁方式，投加方式一：向 60 mg/L 的硝基苯使用液中先加入一定浓度的硫酸亚铁和阴离子溶液，接着逐滴滴加 NaOH 溶液或者硫酸调节溶液的 pH 为 9.0，磁力搅拌；投加方式二：向 60 mg/L 的硝基苯使用液中投加制备好的一定量 FHC([Fe(Ⅱ)]：[OH⁻]=0.5)，然后加入各种阴离子，磁力搅拌反应。

3.3.1　亚铁形态对还原性能的影响

　　图 3.15 中结合态亚铁为实验室新制备的 FHC；溶解态亚铁是将硫酸亚铁投加到 pH 为 2.0 的 60 mg/L 硝基苯溶液中，调节溶液 pH 为 2 的目的是使所有亚铁以游离的 Fe^{2+} 离子存在，反应时间为 2 h。图 3.15 显示，游离的 Fe^{2+} 处理硝基苯 2 h 后基本无苯胺产生，说明溶解态亚铁还原硝基苯的能力很弱，表明溶解态 Fe^{2+} 还原硝基苯的贡献很小。结合态亚铁能够还原硝基苯产生大量苯胺，当 FHC 投加量为 240 mg/L 时，苯胺生成量为理论苯胺量的 92%，当 FHC 投加量为 300 mg/L 时，苯胺生成率为 95%；60 mg/L 的硝基苯完全还原理论需要消耗 164 mg/L 的 FHC，图 3.15 显示实际需要的 FHC 要大于 164 mg/L，主要是因为硝基苯溶液的 DO 没有完全去除，而且在制备 FHC 时也有部分亚铁被氧化为三价铁；苯胺产生量小于理论值还可能是因为微量的苯胺被 FHC 或者其氧化产物吸附。

3.3.2　阴离子对 FHC 还原转化硝基苯的影响

1. SiO_3^{2-}、CO_3^{2-} 等对亚铁还原硝基苯的影响

　　首先研究了 SiO_3^{2-}、$H_2PO_4^-$、CO_3^{2-}、S^{2-} 四种容易与 Fe^{2+} 生成沉淀物的阴离子对亚铁还原硝基苯的影响，选用四种物质为：硅酸钠、磷酸二氢钠(在弱碱性条件下，

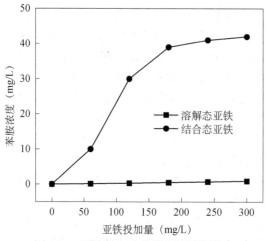

图 3.15 亚铁形态对硝基苯还原的影响

磷酸根主要以磷酸二氢根存在)、无水碳酸钠、硫化钠。实验投加的亚铁质量浓度为 240 mg/L，硝基苯溶液的质量浓度为 60 mg/L。

硅酸盐、磷酸盐、碳酸盐、硫化物都能与 Fe^{2+} 结合生成较为稳定的不溶物，其中 $pK_{sp}(FeS)=17.2$，$pK_{sp}[Fe_3(PO_4)_2]=33$，$pK_{sp}(FeCO_3)=10.5$。投加方式一中的 Fe^{2+} 先与溶液中的阴离子结合，更容易形成难溶性的沉淀物，因此在滴加 NaOH 调节 pH 时只有部分 Fe^{2+} 转化为 FHC，严重影响亚铁还原硝基苯的能力，如图 3.16～图 3.19 中(a)图所示。投加方式二是制备好 FHC 后再加入阴离子，此时存在阴离子与氢氧根竞争 Fe^{2+}，容度积越小的越有竞争优势，如图 3.16～图 3.19 中(b)所示，磷酸盐和硅酸盐对投加方式二的影响大于碳酸盐和硫化物。

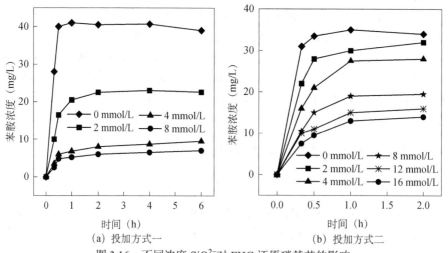

(a) 投加方式一   (b) 投加方式二

图 3.16 不同浓度 SiO_3^{2-} 对 FHC 还原硝基苯的影响

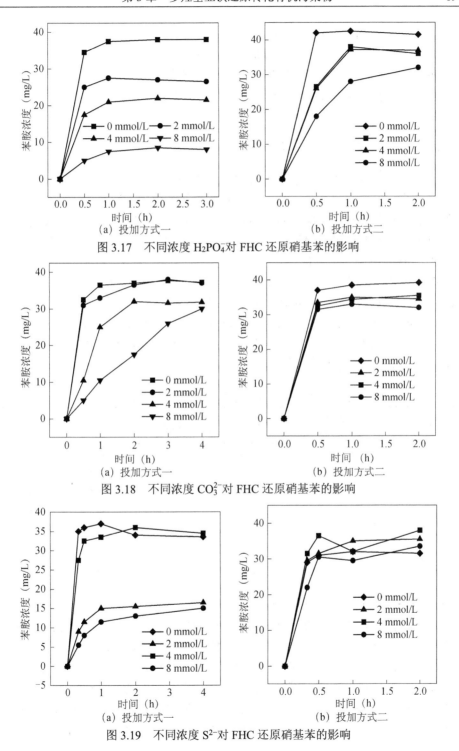

图 3.17　不同浓度 $H_2PO_4^-$ 对 FHC 还原硝基苯的影响

图 3.18　不同浓度 CO_3^{2-} 对 FHC 还原硝基苯的影响

图 3.19　不同浓度 S^{2-} 对 FHC 还原硝基苯的影响

对比图 3.16～图 3.19 中的 (a) 和 (b)，可以发现，投加方式一的亚铁还原性能受影响大于投加方式二，前面的分析也能解释这点。对比四种离子可以发现，硅酸盐和磷酸盐对亚铁的还原性能影响大于碳酸盐和硫化物，这是因为硅酸盐和磷酸盐与亚铁离子形成的沉淀物溶度积更小，沉淀物更稳定。图 3.18 (a) 显示碳酸盐对 FHC 还原硝基苯的影响主要是减缓反应速率。

2. NO_3^-、NO_2^- 对亚铁还原硝基苯的影响

研究发现绿锈 (GR) 能够按照化学计量还原硝酸盐产生铵，同时 GR 的氧化产物是磁铁矿，绿锈的 Fe(Ⅱ)：Fe(Ⅲ) 比例影响还原速率。向 GR 还原硝酸盐体系加入适量的铜离子能够加快硝酸盐还原产铵的速率。FHC 具有类似 GR 的还原性能，因此当体系中存在硝酸盐或者亚硝酸盐时，FHC 也可能与其发生还原反应而影响 FHC 还原硝基苯的性能。

实验选用的两种物质为硝酸钠和亚硝酸钠。实验投加的亚铁质量浓度为 240 mg/L，硝基苯溶液的质量浓度为 60 mg/L。

表 3.9 显示，在投加 240 mg/L 的亚铁于 60 mg/L 的硝基苯溶液体系中，4 mmol/L 的 NO_3^- 对硝基苯还原影响较小。可能的原因是结合态亚铁还原硝基苯的速率大于 NO_3^-，也可能因为反应时间较短。

表 3.9　不同浓度 NO_3^- 对 FHC 还原硝基苯产苯胺的影响 (苯胺浓度单位：mg/L)

投加方式	投加 NaNO₃(mmol/L)	0.25 h	0.5 h	1 h	2 h
方式一	0	35.4	39.8	39.8	39.9
	1	33.1	38.3	38.3	38.0
	2	34.4	38.1	37.1	38.9
	4	33.8	37.5	38.8	38.7
方式二	0	35.4	39.8	39.8	39.9
	1	33.1	38.3	38.3	38.0
	2	34.4	38.1	37.1	38.9
	4	33.8	37.5	38.8	38.7

图 3.20 显示，当加入 0～1.5 mmol/L 的 NO_3^- 时，硝酸盐对投加方式一的亚铁还原性能产生较大影响，而对投加方式二的亚铁还原硝基苯影响较小。其原因可能是溶解态的 Fe^{2+} 离子能够快速还原 NO_3^-，减少了体系中 Fe(Ⅱ) 的含量，并且影响了投加方式一中 FHC 的形成，从而影响了对硝基苯的还原。而投加方式二中加入的是 FHC，它能快速还原转化硝基苯，NO_3^- 的存在对 FHC 还原转化硝基苯的影响比较小。此种情况下，投加方式二更能保持 FHC 对难降解污染物的还原优势。

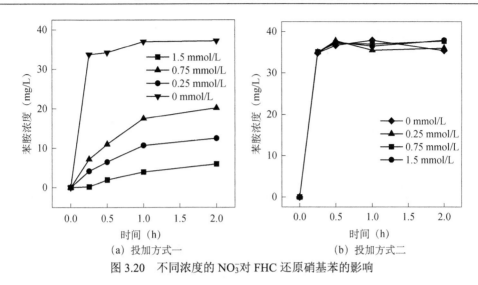

（a）投加方式一　　　　　　　　（b）投加方式二

图 3.20　不同浓度的 NO_3^- 对 FHC 还原硝基苯的影响

3. 氯离子对 FHC 还原硝基苯的影响

实验选用试剂：氯化钾和氯化铵。实验投加的 FHC 质量浓度为 240 mg/L，硝基苯溶液的质量浓度为 60 mg/L。

表 3.10　不同浓度 Cl^- 对 FHC 还原硝基苯产苯胺的影响（苯胺浓度单位：mg/L）

投加方式	投加 KCl 浓度（mmol/L）	0.25 h	0.5 h	1 h	2 h
方式一	0	32.7	35.2	37.0	38.3
	6	32.4	35.5	35.4	36.5
	12	32.3	36.0	38.4	36.3
	24	32.2	35.3	38.0	37.2
方式二	0	31.9	36.7	37.2	38.6
	12	33.6	37.1	38.8	39.3
	24	32.2	38.3	39.0	39.2
	36	32.1	35.2	37.5	37.6

表 3.10 显示 Cl^- 对两种投加方式的亚铁还原产生苯胺的量影响不明显；当 Cl^- 的浓度达到 36 mmol/L 时，其对 FHC 还原硝基苯的影响也较小。

如图 3.21（a）所示，随着 NH_4^+ 的浓度增加，苯胺量略微有所增加，这可能是因为 NH_4^+ 与 OH^- 结合形成氨，随着 NH_4^+ 浓度增加，调节溶液 pH 为 9.0 需要的碱量增加，同时 pH 变化表明，随着反应的进行溶液 pH 变化较小，而没有加入 NH_4^+ 的对照组 pH 变化较大，溶液最终 pH 约为 6.0 左右，NH_4^+ 起到缓冲体系 pH 的作用；溶液高 pH 有利于亚铁形成 FHC，还原硝基苯产生苯胺。图 3.21（b）显示反应前 1 小

时随着 NH_4^+ 的浓度增加，产生苯胺的速率变慢，可能是因为 NH_4^+ 加入到溶液中与亚铁竞争 OH^-，导致反应速率降低；但是随着反应时间增加，最后产生的苯胺量几乎相同，这个过程中氨释放 OH^-，缓冲体系 pH。

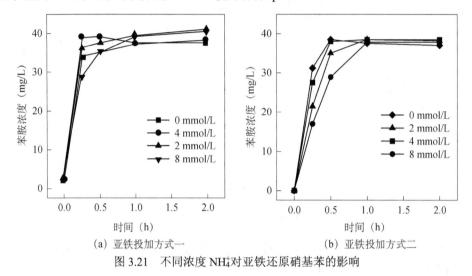

（a）亚铁投加方式一　　　　　　　（b）亚铁投加方式二

图 3.21　不同浓度 NH_4^+ 对亚铁还原硝基苯的影响

3.4　FHC 还原转化 2,5-二溴苯胺

很多有机和无机污染物的还原转化从化学热力学上讲是非常可行的，并且一般会形成毒性更低的反应产物，但是，这些反应往往会受反应动力学控制。因而选择与 FHC 还原反应速率较小的卤代有机物为目标污染物进行 FHC 还原性能的研究。废水中的阴阳离子会影响 FHC 的反应性能，如阳离子 Ca^{2+}、Mg^{2+} 会与 Fe^{2+} 竞争氢氧根可能导致 FHC 还原作用减弱。有些离子可能会增加 FHC 的还原能力，利用 Ag^I、Au^{III} 和 Cu^{II} 改善 GR 悬浊液还原 CT 脱氯效果的研究表明，加入 Ag^I、Au^{III} 和 Cu^{II} 能显著提高 CT 的还原脱氯速率。由于 FHC 具有类似于绿锈的性质，因此投加过渡金属离子预计也能够加速 FHC 还原污染物。本节选择 2,5-二溴苯胺（2,5-DBA）作为目标污染物，2,5-二溴苯胺常作为精细化工中间体，也用作阻燃剂。研究了 Cu^{2+}、Ag^+ 和 Pd^{2+} 等过渡金属离子对 FHC（FHC 的 $[Fe^{2+}]/[OH^-]=0.5$）还原脱溴的影响。实验使用 50 mg/L 的 2,5-二溴苯胺溶液。2,5-二溴苯胺的还原产物可以是 2-溴苯胺（2-BA）、3-溴苯胺（3-BA）、苯胺和 Br^-。

3.4.1　FHC 吸附 2,5-二溴苯胺的研究

FHC 本身是较好的混凝剂，具有很好的混凝吸附作用，对悬浮物、胶体、大分子有机物都有较好的去除率。因此，FHC 对 2,5-二溴苯胺及可能生成的还原产

物都可能存在一定的混凝吸附效果，在研究 FHC 还原去除 2,5-二溴苯胺前，需要考虑 FHC 的混凝吸附作用。

由图 3.22 可以看出，FHC 对 2,5-二溴苯胺、2-溴苯胺、3-溴苯胺、苯胺都有一定的混凝吸附作用，搅拌 5 min 后都呈现随着时间增加去除率逐渐降低的趋势，可能是因为随着反应进行，部分亚铁被氧化使得 FHC 吸附的有机物被释放。其中 FHC 对苯胺的吸附作用最小，苯胺去除率约为 5%；FHC 对 2-溴苯胺和 3-溴苯胺的去除率相当，因为 2-溴苯胺、3-溴苯胺是同分异构体，性质较为相近，其去除率不到 10%；FHC 对 2,5-二溴苯胺的去除率最高，约为 25%。

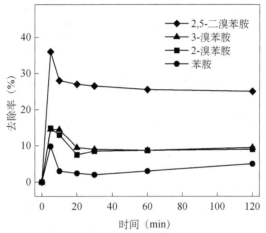

图 3.22　FHC 对 2,5-二溴苯胺及还原产物的吸附
FHC 投加量为 1.6g/L，2,5-二溴苯胺及还原产物浓度均为 50 mg/L

由于 FHC 比较容易氧化，同时还原 2,5-二溴苯胺的速率很小，因此增大了 FHC 的投加量，2,5-二溴苯胺的浓度仍为 50 mg/L。由于 2,5-二溴苯胺还原速率较小，还原产物浓度较低，因此表 3.11 产物浓度用液相峰面积表示，由表 3.11 可以看出，FHC 还原 2,5-二溴苯胺的速率很小，溶液中 2,5-二溴苯胺的减少主要是由 FHC 混凝吸附；在反应 21d 后没检测到苯胺和 Br⁻，且 3-溴苯胺的量也很小。

表 3.11　FHC 还原 2,5-二溴苯胺的产物浓度变化

时间(d)	2,5-二溴苯胺去除率 (%)	2-溴苯胺峰面积 (mAU)	3-溴苯胺峰面积 (mAU)	苯胺峰面积 (mAU)	溴离子浓度 (mg/L)
0	0	0	0	0	0
1	40.3	0	2.9	0	0
2	38.5	0	5.9	0	0
7	36.4	0	12.4	0	0
14	24.0	0	10.9	0	0
21	22.0	0	10.2	0	0

3.4.2　Cu²⁺对 FHC 还原 2,5-二溴苯胺的影响

图 3.23(a)显示随着体系中 Cu²⁺含量的增加，2,5-二溴苯胺去除率增加明显，当溶液中 Cu²⁺投加浓度为 4 mmol/L 时，FHC 还原 2,5-二溴苯胺速率明显提高；对比表 3.11 和图 3.23 可以看出，Cu/FHC 的还原脱溴速率相对 FHC 的还原速率有显著提高；但是 Cu/FHC 去除 2,5-二溴苯胺的速率仍然不高，反应 60 h 后 2,5-二溴苯胺去除率约为 70%。

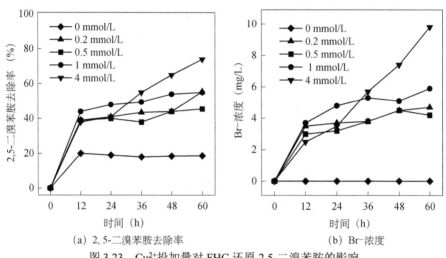

(a) 2,5-二溴苯胺去除率　　　　　　　　(b) Br⁻浓度

图 3.23　Cu²⁺投加量对 FHC 还原 2,5-二溴苯胺的影响

图 3.24 显示 Cu/FHC 还原 2,5-二溴苯胺过程中的产物浓度分布，可以看出总物料中约有 20%可能被 FHC 混凝吸附；2,5-二溴苯胺还原过程中只有微量(小于 0.5 mg/L)的苯胺产生，说明去除的 2,5-二溴苯胺大部分都只是脱掉一个溴离子，2,5-二溴苯胺若脱掉一个溴离子其产物可能是 2-溴苯胺或者 3-溴苯胺，根据图 3.24 中 3-溴苯胺浓度(反应 60 h 后其浓度为 15 mg/L 左右)明显大于 2-溴苯胺浓度(反应 60 h 后其浓度为 1 mg/L 左右)，可以推测 Cu/FHC 还原 2,5-二溴苯胺主要以脱除邻位的溴离子为主，还原产物以 3-溴苯胺为主。

3.4.3　Ag⁺对 FHC 还原 2,5-二溴苯胺的影响

如图 3.25 所示，当投加 0.2～0.4 mmol/L 的 Ag⁺时，2,5-二溴苯胺的去除率几乎相近，而溴离子产生速率随着 Ag⁺投加量增加而增大。图 3.25(a)显示当投加量达到 0.4 mmol/L 时，FHC 在不到 3 h 内可以实现 2,5-二溴苯胺完全去除，反应速率较 Cu/FHC 大幅提高。50 mg/L 的 2,5-二溴苯胺如果完全脱溴，理论上可以产生 33.5 mg/L 的溴离子，图 3.25(b)显示产生的溴离子大于 20 mg/L，增加反应时间溴离子浓度仍可以增大，说明 Ag/FHC 可以脱除 2,5-二溴苯胺分子上的两个溴。

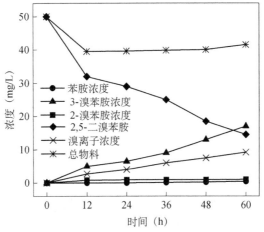

图 3.24　Cu^{2+} 存在条件下 2,5-二溴苯胺的还原脱溴

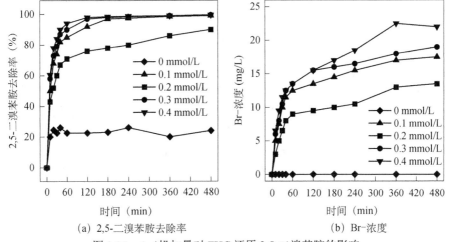

（a）2,5-二溴苯胺去除率　　　　　　　（b）Br⁻浓度

图 3.25　Ag^+ 投加量对 FHC 还原 2,5-二溴苯胺的影响

　　图 3.26 显示 Ag/FHC 还原 2,5-二溴苯胺过程中的产物浓度分布，可以看出总物料中约有 15%可能被 FHC 混凝吸附。2,5-二溴苯胺还原过程中有苯胺产生，反应 6 h 后产生 6.4 mg/L 的苯胺，说明 Ag^+ 存在条件下 FHC 能够实现 2,5-二溴苯胺脱掉两个溴离子。如图 3.26 所示，3-溴苯胺浓度在反应过程中出现大量积累，其含量明显高于 2-溴苯胺浓度，可以推测 Ag/FHC 还原 2,5-二溴苯胺主要以脱除邻位的溴离子为主，同时也存在间位溴离子脱除，随着反应进行，2-溴苯胺和 3-溴苯胺还可以进一步脱溴生成苯胺。计算 2,5-二溴苯胺浓度降低动力学常数，发现当投加 0.3 mmol/L 和 0.4 mmol/L 的 Ag^+ 后，2,5-二溴苯胺去除符合一级反应动力学方程，其反应速率常数分别为 0.022 min^{-1}、0.032 min^{-1}；而当 Ag^+ 投加量小于 0.3 mmol/L 时不符合一级反应动力学方程，可能是因为投加少量的 Ag^+ 时体系反应速率较小，而在反应初期由于存在 FHC 的吸附去除作用，导致反应不符合一级反应

动力学方程。

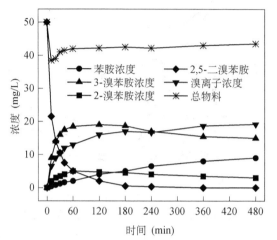

图 3.26　Ag⁺存在条件下 2,5-二溴苯胺的还原脱溴

3.4.4　Pd²⁺对 FHC 还原 2,5-二溴苯胺的影响

由图 3.27 可以看出，Pd²⁺的投加量对 2,5-二溴苯胺的还原脱溴速率产生重要的影响，当投加 0.06 mg/L 的 Pd²⁺时，反应 2 h 后 2,5-二溴苯胺去除率为 45% 左右，产生溴离子的质量浓度为 6.4 mg/L，产物分析检测到 3.9 mg/L 的苯胺，这说明 Pd/FHC 还原 2,5-二溴苯胺，能够脱除两个溴。当加入 0.30 mg/L 的 Pd²⁺时，2,5-二溴苯胺的去除率在 2 h 达到 100%，溴离子浓度在 2 h 达到理论最大值，而加入 0.45 mg/L 的 Pd²⁺时，2,5-二溴苯胺的去除率只需要 1 h 达到 100%。对比 Cu/FHC 和 Ag/FHC，可以发现 Pd/FHC 脱溴速率更快，在去除 2,5-二溴苯胺的同时几乎能够实现两个溴的完全脱除。

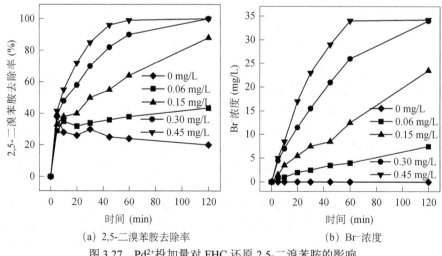

（a）2,5-二溴苯胺去除率　　　　　　　　（b）Br⁻浓度

图 3.27　Pd²⁺投加量对 FHC 还原 2,5-二溴苯胺的影响

图 3.28 显示当加入 0.30 mg/L 的 Pd^{2+} 时，Pd/FHC 还原 2,5-二溴苯胺过程中的产物浓度分布，可以看出总物料在反应前 60 min 只有小部分被 FHC 混凝吸附，随着反应进行溴离子和苯胺的积累，总物料变化不大，这是因为 FHC 对溴离子和苯胺的吸附作用较小。Pd/FHC 还原 2,5-二溴苯胺过程中出现过 2-溴苯胺和 3-溴苯胺，值得注意的是该过程中 2-溴苯胺的浓度大于 3-溴苯胺，这与 Cu/FHC 和 Ag/FHC 不同，可能是因为 Pd/FHC 可以同时脱除 2,5-二溴苯胺的邻位和间位溴，其中脱除间位的溴速率略微比邻位的快，导致反应过程中邻溴苯胺的浓度大于间溴苯胺；反应 2 h 后产物只有溴离子和苯胺，其溴离子量和苯胺量与理论最大产量相当，这说明 2,5-二溴苯胺脱溴完全。计算 2,5-二溴苯胺的降解动力学常数，发现其符合一级反应动力学方程，当投加 0.30 mg/L 和 0.45 mg/L 的 Pd^{2+} 时，一级反应速率常数分别为 0.037 min^{-1}（R^2=0.98）、0.068 min^{-1}（R^2=0.976），其他投加量不符合一级反应动力学方程；可以看出 Pd/FHC 去除 2,5-二溴苯胺的速率是 Ag/FHC 的 2 倍左右，但是 Pd/FHC 完全脱溴的速率比 Ag/FHC 至少快 10 倍。

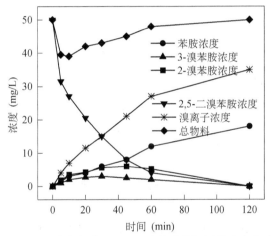

图 3.28　Pd^{2+} 存在条件下 2,5-二溴苯胺的还原脱溴产物分布

由表 3.12 可知，Cu/FHC 反应 60 h 后与 Ag/FHC 反应 30 min 后各组分含量较为相似，存在大量 3-溴苯胺积累。可以大概推测 Ag/FHC 体系还原去除 2,5-二溴苯胺的速率比 Cu/FHC 的速率快 100 倍以上，Ag 的加入加速了邻位溴的脱溴速率。图 3.25（b）也显示 Ag/FHC 在最初的 1 h 内 Br⁻浓度快速增加，而后 Br⁻浓度增加速率明显放缓。在 Pd/FHC 体系中：①2-溴苯胺浓度高于 3-溴苯胺，这与 Cu/FHC 体系和 Ag/FHC 相反，原因前面已做分析；②Ag/FHC 体系的 2,5-二溴苯胺的去除率略低于 Pd/FHC，但是溴离子和苯胺浓度明显低于 Pd/FHC，为此推测 Ag/FHC 体系中间位溴的脱除是制约 2,5-二溴苯胺完全脱溴的关键，而加入 Pd 加速了间位溴的脱溴速率，导致 Pd/FHC 体系反应能够快速完全脱溴。

表 3.12　不同体系里面各组分对比浓度 (mg/L)

反应体系	苯胺浓度	2-溴苯胺浓度	3-溴苯胺浓度	2,5-二溴苯胺	溴离子浓度
Cu/FHC	0.56	1.37	15.54	13.30	9.72
Ag/FHC	0.70	4.15	16.36	8.33	10.46
Pd/FHC	5.23	4.75	2.84	15.12	15.36

注：Cu/FHC 反应时间为 60 h，Ag/FHC 反应时间为 30 min，Pd/FHC 反应时间为 30 min。

3.4.5　还原脱溴途径分析

根据图 3.24、图 3.26、图 3.28 并结合前面的分析，可以推测 Cu/FHC 和 Ag/FHC 还原 2,5-二溴苯胺先以脱除邻位溴产生 3-溴苯胺为主，随着反应进行进一步脱除 3-溴苯胺上的溴；而 Pd/FHC 还原 2,5-二溴苯胺时可以同时脱除邻位溴和间位溴，其中脱除间位上的溴速率稍快于邻位上的溴，导致反应过程中 2-溴苯胺浓度略微大于 3-溴苯胺；2,5-二溴苯胺可能的还原途径如图 3.29 所示。

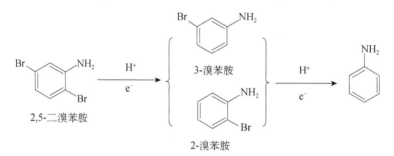

图 3.29　2,5-二溴苯胺可能的还原脱溴途径

3.5　本 章 小 结

本章分析总结了不同亚铁结构形态的还原活性及其影响因素，探究了亚铁结构形态的改变对其还原有机物的性能产生的显著影响。制备了多羟基亚铁络合物 (FHC)，并研究探讨了 FHC 还原有机污染物 (偶氮染料、硝基苯类、溴代苯胺) 的性能及其还原机制途径。

(1) FHC 制备方法简单，具有较高的还原活性，能还原转化多种污染物。亚铁结构形态对其还原性能产生了重要影响，溶解态亚铁基本不能够还原偶氮染料，结合态亚铁 FHC 能够迅速使多种偶氮染料脱色。通过讨论分析溶解氧影响、酸溶解沉淀物、UV-Vis 图谱、液相图谱、反应产物等，表明 FHC 的还原作用导致偶氮键被还原断裂，是染料脱色的主要机制。

(2) FHC 可以有效地快速还原硝基苯类污染物，将其转化为苯胺，从而降低其生物毒性。阴离子对 FHC 还原转化污染物产物具有重要影响，碳酸根、磷酸根、硅酸根、硫离子对亚铁还原硝基苯影响较大，其中硅酸根和磷酸根的影响大于碳酸根和硫离子，并且对投加方式一的影响大于投加方式二。硝酸根和氯离子对亚铁还原硝基苯影响较小；亚硝酸根对投加方式一的亚铁还原硝基苯产生较大影响，而对投加方式二影响较小。铵盐对投加方式一还原硝基苯有一定促进作用，而对投加方式二还原硝基苯的还原速率有减缓作用。

(3)过渡金属离子能够明显增强 FHC 还原活性，2,5-二溴苯胺还原脱溴速率满足以下顺序：FHC≪Cu/FHC≪Ag/FHC<Pd/FHC。Ag/FHC 体系对 2,5-二溴苯胺的去除率比 Cu/FHC 体系快两个数量级以上；Pd/FHC 体系去除 2,5-二溴苯胺的速率常数是 Ag/FHC 的 2 倍左右，但是完全脱溴的速率 Pd/FHC 体系要快 10 倍左右。Cu/FHC 和 Ag/FHC 还原 2,5-二溴苯胺先以脱除邻位溴产生 3-溴苯胺为主，随着反应进一步进行能够脱除 3-溴苯胺上的溴；Pd/FHC 还原 2,5-二溴苯胺时可以同时脱除邻位和间位上的溴，其中间位上溴的脱除速率稍快于邻位上的溴。

(4)阐述了水处理过程中结合态亚铁的还原作用机制，证明了结合态亚铁能明显提高 Fe(Ⅱ)的还原性能，为亚铁在水处理中的应用提供了重要启示。FHC 具有还原活性高，适用 pH 范围广，制备简单和投加方便等优点，在预处理印染废水时具有较好处理效果和还原效果，因此 FHC 可以发展成为预处理含难降解有机物废水的新技术，具有良好的工程应用潜力。

第4章 多羟基亚铁还原去除亚硝酸盐

硝酸盐和亚硝酸盐是水中常见污染物之一。随着工业的发展，钢铁生产、火药制造、肉类加工等工业排放废水中含有高浓度的硝酸盐和亚硝酸盐。例如，电铲锅炉钝化尾水中硝酸盐浓度可达数十甚至数百毫克/升。硝酸盐被人体摄入后可被还原为亚硝酸盐。亚硝酸盐能把血液中的低铁血红蛋白氧化成为高铁血红蛋白，使其失去携带氧的功能，还能在人胃内生成强致癌物质亚硝胺，危害人体健康。除危害人体健康之外，硝酸盐还会导致水体富营养化，因此去除水中的亚硝酸盐意义重大。

水体中硝酸盐氮的去除可以采用物理化学法、生物反硝化法和化学还原法，其中化学还原法在经济和去除效率方面有极大优势，一些活泼金属在一定条件下可以将硝酸盐还原为亚硝酸盐或氨氮，其中零价铁(ZVI)还原法在化学还原法中研究较多，早在 1964 年就有学者尝试用铁粉做还原剂去除饮用水中的硝酸盐，但反应过程中生成的副产物较多且硝酸盐大多转化为氨氮。在后续的研究中，各国学者通过合成各类新型零价铁催化剂大大提升了原始零价铁对亚硝酸盐的去除效率，但总氮去除率较低且还原产物以氨氮为主这一问题尚未得到解决，无法成为理想的还原剂。除零价铁外，在众多化学还原剂中，于环境中普遍存在的亚铁引起了人们的关注，由于其价态为+2 价，它既可以失去一个电子被氧化为+3 价的 Fe(III)，也可以得到两个电子被还原成单质铁。作为还原剂，亚铁可以还原溴酸盐、硒酸盐、硝酸盐以及一些卤代有机物和硝基苯类物质。良好的还原性能和广泛的适用性使得亚铁在污水处理、地下水修复以及土壤修复中都有较好的应用前景。结合态 Fe(II) 的还原能力明显要强于离子态的亚铁，根据 pH 的不同，Fe(II) 在水中的形态也会有所不同，在碱性条件下形成的结合态多羟基亚铁已被证明能够对多种污染物进行还原。此外，相比于零价铁这一经典还原剂，结合态亚铁具有独特的氧化还原电位使其反应产物与零价铁还原产物明显不同，主要以气态氮产物为主，例如其主要反应产物之一 N_2O 是一种宝贵的能源物质，在航空航天领域有着极其广泛的应用。因此，针对亚硝酸盐还原去除问题，结合态亚铁是一种理想的高效还原剂，在不追加二次污染的同时还可生成宝贵的能源物质，是十分有趣的研究内容，值得深入研究并和同行分享。

综上所述，结合态 Fe(II) 在还原去除水体中亚硝酸盐氮方面具有极大优势。本章介绍了多羟基亚铁络合物(FHC)的还原脱氮能力，探讨了亚铁对硝酸盐和亚硝酸盐氮的还原去除，分析了各种影响因素对去除率和还原产物的影响，尤其致力于探究多种金属离子促进羟基亚铁还原去除硝酸盐氮的作用以及对还原产物的调控，以期推动多羟基亚铁的应用。

4.1　FHC 对亚硝酸盐的还原能力

普遍认为，$Fe(II)$ 对 NO_2^- 去除主要是通过还原作用，$Fe(II)$ 在自身被氧化成 $Fe(III)$ 的同时能将 NO_2^--N 还原为更低价态的氮。根据不同的氧化及还原产物，主要的反应方程式可能有以下几种：

$$6Fe^{2+}+2NO_2^-+8H_2O\longrightarrow 6FeOOH+N_2+10H^+ \tag{4.1}$$

$$9Fe^{2+}+2NO_2^-+8H_2O\longrightarrow 3Fe_3O_4+N_2+16H^+ \tag{4.2}$$

$$4Fe^{2+}+2NO_2^-+5H_2O\longrightarrow 4FeOOH+N_2O+6H^+ \tag{4.3}$$

$$6Fe^{2+}+2NO_2^-+5H_2O\longrightarrow 2Fe_3O_4+N_2O+10H^+ \tag{4.4}$$

$$6Fe^{2+}+NO_2^-+10H_2O\longrightarrow 6FeOOH+NH_4^++10H^+ \tag{4.5}$$

$$9Fe^{2+}+NO_2^-+10H_2O\longrightarrow 3Fe_3O_4+NH_4^++16H^+ \tag{4.6}$$

$$Fe^{2+}+NO_2^-+H_2O\longrightarrow FeOOH+NO+H^+ \tag{4.7}$$

$$3Fe^{2+}+2NO_2^-+H_2O\longrightarrow Fe_3O_4+2NO+4H^+ \tag{4.8}$$

$Fe(II)$ 主要的氧化产物有 $FeOOH$ 和 Fe_3O_4，NO_2^--N 主要的还原产物有 N_2、N_2O 和 NH_4^+。从式(4.1)～式(4.8)中不难看出，要将 1 mol 的 NO_2^- 完全还原，需要 1～9 mol 的 $Fe(II)$。其中将 NO_2^- 还原为 NO 所需的 $Fe(II)$ 最少，NO 价态为+2 价，还原只需 1～3 mol 的 $Fe(II)$；而若还原产物为 NH_4^+，则需要较多的 $Fe(II)$，其价态为−3 价，需要 6～9 mol 的 $Fe(II)$。

4.1.1　FHC 对亚硝酸盐去除能力研究

从反应方程式(4.1)～式(4.8)可以看出，不同的反应产物需要不同的 $Fe(II)$ 与 NO_2^- 的摩尔比，当 $Fe(II)$ 投加量相对增大时，其还原能力也可能会有所增强，因此不同的摩尔比可能会对去除率以及反应产物造成影响。表 4.1 列出了本实验中各批次亚硝酸盐氮的初始浓度与铁的投加量。实验中制备多羟基亚铁时，$Fe(II)$：OH^- 摩尔比为 7：12，亚硝酸盐溶液初始 pH 为 7.0。

表 4.1　实验中各批次亚硝酸盐氮的初始浓度及其去除率

Fe/N 摩尔比	亚铁投加量(g/L，以铁计)	亚硝酸盐氮浓度(mg/L，以 N 计)	30 min 去除率(%)	60 min 去除率(%)
100：1	5.60	14	99.8	99.9
50：1	5.60	28	98.8	99.6
20：1	5.60	70	100	100
10：1	5.60	140	97.5	99.4

续表

Fe/N 摩尔比	亚铁投加量(g/L，以铁计)	亚硝酸盐氮浓度(mg/L，以 N 计)	30 min 去除率(%)	60 min 去除率(%)
8∶1	4.48	140	80.0	94.2
6∶1	3.36	140	80.7	97.8
4∶1	2.24	140	53.6	55.8
2∶1	1.12	140	47.8	48.9
1∶1	0.56	140	22.3	21.0

　　分时取样结果显示，较大的投加量会有较大的反应速率，如图 4.1 所示，反应速率基本是随着投加比的增大而增大，当投加比大于 10∶1 时，5 min 便可将亚硝酸盐完全去除，而当投加比大于 6∶1 时，亚铁可以在 1 h 内将亚硝酸盐完全还原。若不考虑吸附，这说明当亚铁与亚硝酸盐氮的摩尔比大于 6∶1 时，亚铁已足量。

　　当亚铁投加量较小时，1 h 并不能将亚硝酸盐氮完全去除，为研究 FHC[Fe(Ⅱ)∶OH$^-$为 7∶12]还原亚硝酸盐氮所需最小投加量，将反应时间延长至 5.5 h。结果如图 4.2 所示，而当 Fe/N 摩尔比为 2∶1 时，去除率自 1 h 后就一直维持在 48% 左右，可见在 Fe/N 摩尔比为 2∶1 时，FHC 在 1 h 已基本消耗完，48% 已是该比例下 FHC 对亚硝酸盐氮的最大去除率。而 Fe/N 摩尔比为 4∶1 时，去除率在 4.5 h 达到最高后保持不变，说明此时 FHC 已消耗完，达到了该比例下 NO$_2^-$的最大去除率，约为 93%。

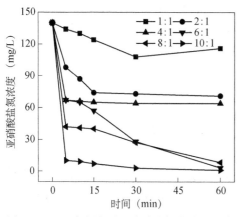

图 4.1　Fe/N 摩尔比对亚硝酸盐氮去除的影响

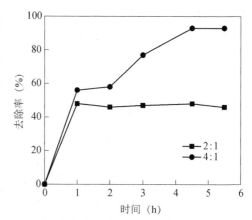

图 4.2　Fe/N 摩尔比为 2∶1 和 4∶1 时 NO$_2^-$去除率随时间的变化

　　由于 Fe/N 摩尔比为 2∶1 的去除能力正好约为 4∶1 时的一半，即 Fe(Ⅱ)投加量提升 1 倍后去除率也提升 1 倍，故可判断，Fe/N 摩尔比为 4∶1 时 NO$_2^-$仍处于过量状态。但由于其去除率高达 93%，因此可认为当 Fe/N 摩尔比为 4∶1 时，Fe(Ⅱ)接近足量。所以当 Fe/N 为 7∶12 时，还原 1 mol NO$_2^-$约需要 4 mol 的 Fe(Ⅱ)，即

1 g/L 的 FHC 能够去除 205 mg/L 的 NO_2^-。

4.1.2　FHC 投加量对还原产物的影响

　　从总氮去除来看，当 Fe/N 摩尔比在 1∶1 和 10∶1 之间时，图 4.3 表明多羟基亚铁对总氮也有较好的去除。总氮的去除规律与亚硝酸盐氮相似，当亚铁投加量越大时，总氮去除率越高。Fe/N 摩尔比为 10∶1 时 1 h 总氮去除率可达 86.2%。但当 Fe/N 摩尔比逐渐增大，还原产物会逐渐以氨氮为主，这导致当 Fe/N 摩尔比超过 10∶1 后，总氮去除率开始下降，如表 4.2 所示，Fe/N 为 100∶1 时，反应 1 h 总氮去除率仅为 21.0%。说明 Fe(Ⅱ) 的投加量能明显影响还原产物分布，从而影响了水中总氮的去除。

表 4.2　Fe/N 摩尔比对总氮去除率的影响

Fe/N 摩尔比	30 min 总氮去除率 (%)	60 min 总氮去除率 (%)	Fe/N 摩尔比	30 min 总氮去除率 (%)	60 min 总氮去除率 (%)	Fe/N 摩尔比	30 min 总氮去除率 (%)	60 min 总氮去除率 (%)
100∶1	15.0	21.0	10∶1	84.1	86.2	4∶1	45.4	46.0
50∶1	10.2	17.4	8∶1	62.8	70.4	2∶1	40.5	41.1
20∶1	71.8	83.1	6∶1	61.3	73.7	1∶1	18.4	19.7

　　图 4.4 表明氨氮的生成情况与亚硝酸盐氮的去除情况相似，主要的氨氮生成集中在反应的初始阶段，氨氮产量随着反应进行，增加幅度有限。如图 4.4 所示，当 Fe/N 在 10∶1～2∶1 时，Fe/N 摩尔比高的条件下，氨氮产量相对较高，但是不同的 Fe/N 摩尔比条件下氨氮产量之间的区别并不明显。从图 4.5 可以看出，当 Fe/N 在 20∶1 以下时，氨氮仅占产物的 10%～20%，而 Fe/N 达到 50∶1 时，产物中主要是氨氮，其比例可达 80%。这说明 Fe(Ⅱ) 的投加量不仅影响着亚硝酸盐氮的去除率，同时还影响着氨氮在产物中的比例。Fe/N 摩尔比越大，氨氮产量越高的原因是当 Fe/N 高时，造成体系的氧化还原电位 (ORP) 值较低，使产物向更有利于 NH_4^+ 的方向进行，此外可以提供更多的还原位点，供给反应的中间产物 (NO、N_2O、N_2) 还原，这也使得会有更多的中间产物被完全还原为 NH_4^+。

　　绿锈对硝酸盐/亚硝酸盐的去除过程可能为先吸附再还原[39]，即 NO_2^- 会首先占据还原位点而后再被还原，因此氨氮的释放会慢于亚硝酸盐氮的还原。为考察氨氮的释放是否有滞后，以及羟基亚铁是否对 NO_2^- 存在吸附作用，故将反应时间延长至 4.5 h，结果显示，并不存在氨氮的释放，如图 4.6 所示，氨氮的产量并不会随着时间的增长而不断增加。这说明 FHC 对 NO_2^- 的去除主要是靠还原作用，FHC 的结构并不像绿锈那样有夹层存在，因此其吸附能力应较弱。减少的总氮应该以气体形式 (NO、N_2O、N_2) 逸出。

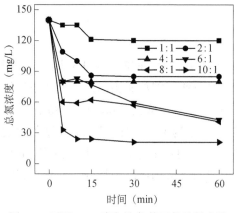

图 4.3　不同 Fe/N 摩尔比条件下的总氮去除

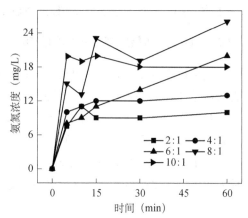

图 4.4　Fe/N 摩尔比对氨氮产量的影响

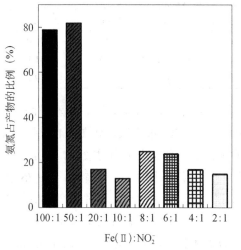

图 4.5　不同 Fe/N 摩尔比条件下产物中
氨氮比例(反应时间为 1 h)

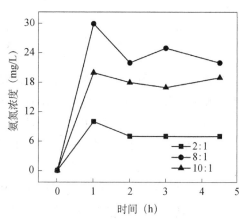

图 4.6　不同 Fe/N 摩尔比反应后氨氮的
释放情况

4.1.3　FHC 与零价铁去除亚硝酸盐能力的对比

　　零价铁还原是去除水体中硝酸盐氮的一种重要手段,在酸性条件下零价铁对硝酸盐和亚硝酸盐有良好的去除效果。下面将亚铁与零价铁在碱性条件下对亚硝酸盐氮的还原能力做了比较,实验中初始亚硝酸盐氮的浓度为 140 mg/L,初始 pH 为 8.0,还原铁粉(未经酸洗)和羟基亚铁的浓度均为 5 g/L(以 Fe 计),如图 4.7 所示,碱性条件下,还原铁粉还原亚硝酸盐氮的能力远远弱于羟基亚铁,其 2 h 去除率几乎为零,而相同量的羟基亚铁则能在 5 min 内将亚硝酸盐氮完全去除。尽管有研究表明，零价铁在酸性条件下(pH<5.0)对水体中的亚硝酸盐氮有一定的去除效果，但酸性条件下亚硝酸自分解生成的 NO_2 或 NO_3^- 仍会对环境造成严重影响。

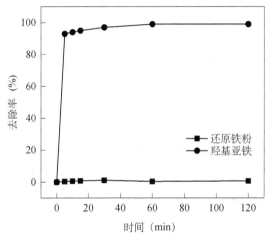

图 4.7 还原铁粉与羟基亚铁去除亚硝酸盐氮能力的对比

4.2 pH 对 FHC 去除亚硝酸盐的影响

一般认为，pH 对亚铁与亚硝酸盐的反应速率及其产物分配有着重要影响，由于 $Fe(II)$ 与 NO_2^- 的还原过程非常迅速，若两者混合后再调 pH，将难以反映 pH 的影响。因此，分别从初始亚硝酸钠溶液的 pH 和 FHC 中 $Fe(II)/OH^-$ 两个方向研究了 pH 对 FHC 还原亚硝酸盐的影响。

4.2.1 初始 pH 对亚硝酸盐去除的影响

将配制好的亚硝酸钠溶液的 pH 分别调至 1.0、3.0、5.0、7.0、9.0、10.0、11.0、12.0、13.0，随后与 FHC 相混合，混合后的体系中 FHC 的浓度为 5.6 g/L，亚硝酸盐浓度为 140 mg-N/L，体系中 Fe/N 的摩尔比为 10∶1，反应时间为 1 h。

如图 4.8 所示，初始亚硝酸盐溶液的 pH 对反应最终结果的影响不大，只有在 pH 达到 13.0 时去除率才有明显下降。这说明亚铁还原亚硝酸盐氮适宜的 pH 范围比较广，同时另外一个重要的原因是亚铁溶液具有较强的缓冲能力，能将 pH 维持在一个弱碱的范围。表 4.3 列出了不同 pH 的亚硝酸钠溶液与 FHC 混合后的 pH 变化，从表中可以看出亚硝酸钠溶液在与 FHC 混合后 pH 有不同程度的变化，尤其是初始 pH 为 5.0~11.0 时，混合 pH 基本都能维持在 7.0~8.0 左右。而反应过程中 pH 的下降是由于亚铁对亚硝酸盐氮的还原反应会不断有 H^+ 生成。从图 4.8 中也可以看出，当 pH 过高时，亚铁对亚硝酸盐氮的去除能力会急剧下降。在亚铁还原硝酸盐的实验中发现[40]，pH 大于 9.0 后，会发生亚硝酸盐的积累，这也正是由于高 pH 条件下亚铁还原亚硝酸盐的能力下降所致。本体系中，亚硝酸盐溶液的 pH 高于 13.0 后会使得亚硝酸盐的去除效果急剧变差。

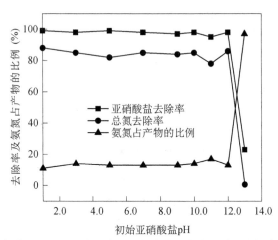

图 4.8　初始 pH 对 NO_2^- 去除率及氨氮产物比例的影响(反应时间为 1 h)

表 4.3　亚硝酸钠溶液与 FHC 混合后 pH 的变化

初始 pH	混合后 pH	1 h 后 pH	初始 pH	混合后 pH	1 h 后 pH
1.0	3.7	3.0	9.0	8.0	7.1
3.0	6.0	5.3	11.0	8.4	7.3
5.0	6.6	6.4	12.0	9.5	8.4
7.0	7.7	7.0	13.0	12.4	12.3

总氮去除方面，FHC 在各 pH 下均保持较高的总氮去除率，只有在 pH 达到 13.0 时，总氮几乎没有去除，原因有两方面，一方面是因为亚硝酸盐氮的去除率明显下降，另一方面是因为氨氮在产物中的比例急剧升高，仅有的一部分亚硝酸盐被还原后，其产物主要是氨氮，所以造成总氮几乎没有去除。

4.2.2　Fe(Ⅱ)/OH⁻摩尔比对反应的影响

Fe(Ⅱ)在酸性条件下主要以 Fe^{2+} 形态存在，而在碱性条件下，亚铁则会与羟基结合而形成一种多羟基亚铁络合物，在配制 FHC 时，OH⁻的投加量不仅会影响溶液混合后的 pH，还会影响 FHC 的组成结构。实验中亚铁的投加量为 3.36 g/L，亚硝酸盐氮初始浓度为 140 mg/L。

结果表明，Fe(Ⅱ)/OH⁻过高时，如图 4.9(a)所示，FHC 在 1 h 内对亚硝酸盐

氮的去除能力非常弱，Fe(II)：OH⁻为 1：2 时，1 h 内硝酸盐氮的去除率仅为
10%，并且随着 OH⁻比例的升高去除率进一步下降，这也进一步验证了如下结论：
过高的 pH 会降低亚铁对 NO_2^- 的去除能力。当 Fe(II)：OH⁻达到 1：2 时，Fe(II)
已被完全沉淀，可见单纯的 $Fe(OH)_2$ 还原亚硝酸盐氮的能力相当有限。而当 OH⁻
投加量继续减少，如图 4.9(b)所示，去除率则有明显的上升，投加比为 7：12 时，
1 h 的去除率已能达 98%，Fe(II)：OH⁻为 8：12 时去除率可达 76%，而在 1：1 与
1：2 之间的其他几个投加比均对亚硝酸盐有较高的去除率，另外注意到，在这个
区间内仅当 Fe(II)：OH⁻为 7：12 时，NO_2^- 浓度会保持下降趋势，其他比例在
5 min 后 NO_2^- 浓度变化不明显，此影响可能也是 pH 的不同所致。而随着 OH⁻的投
加量继续减少，Fe(II)：OH⁻达到 2：1 时，如图 4.9(c)所示，去除效果则又有所
下降，1 h 后去除率下降至 50%，可能的原因是因为 OH⁻的量不足，从而减少了羟
基亚铁络合物的生成量，减缓了反应的速率，所以对于 NO_2^- 的还原反应来说，
Fe(II)：OH⁻为 7：12 是一个最佳的反应条件，因为随着比例的进一步升高，结合
态亚铁的形态改变，还原性逐渐减弱。而在不投加 OH⁻的酸性条件下，亚硝酸盐
氮的去除反而也能得到较好的效果，主要是 NO_2^- 在酸性条件下非常不稳定，容易
发生自分解，如图 4.10 所示，分解的方程式如式(4.9)所示，另外，NO_2^- 酸性条件
下会与 H⁺结合形成 HNO_2，HNO_2 的氧化性要强于 NO_2^-；最后，部分 Fe^{2+} 被氧化
后形成 FeOOH，此时水中的 Fe^{2+} 可附着在 FeOOH 的表面，表面附着的 Fe^{2+} 也具
有较强的还原能力。

$$2HNO_2 \longrightarrow H_2O + NO\uparrow + NO_2\uparrow \tag{4.9}$$

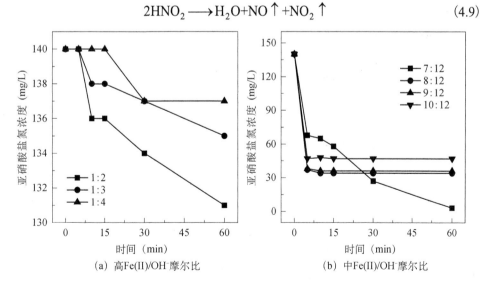

(a) 高Fe(II)/OH⁻摩尔比　　　　　(b) 中Fe(II)/OH⁻摩尔比

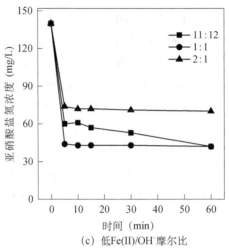

(c) 低Fe(II)/OH⁻摩尔比

图 4.9　Fe(Ⅱ)/OH⁻摩尔比对亚硝酸盐去除的影响

不投加 OH⁻时反应体系的 pH 变化如图 4.11 所示，可以发现反应全过程 pH 都低于 5.0，而亚硝酸盐在 pH 小于 5.0 时有着非常强烈的自分解作用。因此亚硝酸盐氮在酸性条件下的去除很大一部分来自于其自分解作用。亚硝酸的自分解会产生 NO_2（一种有毒气体），此外也有可能生成 NO_3^-，因此应避免在强酸性条件下进行反应。

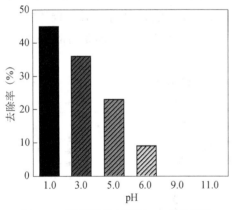

图 4.10　亚硝酸盐在不同 pH 条件下的
自分解率（反应时间为 1 h）

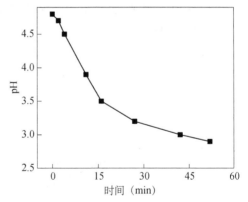

图 4.11　不投加 OH⁻条件下 Fe(Ⅱ)与 NO_2^-
反应时 pH 的变化

4.2.3　pH 对反应产物的影响

由图 4.8 可知，氨氮的产量及总氮的去除率受初始亚硝酸钠溶液 pH 的影响较小，总氮去除率都在 80%左右。值得注意的是，在初始亚硝酸氮溶液 pH 为 13.0 的情况下，混合后 pH 为 12.4，此时不仅亚硝酸盐氮去除率较低，而且其总氮去除率几乎为零，产物基本上都是氨氮。

同样，当 FHC 的 Fe(Ⅱ):OH⁻ 为 1:2 或更小时，产物基本为氨氮，如图 4.12 所示，导致水中总氮几乎没有去除。而随着 Fe(Ⅱ) 比例的增大，产物中氨氮的比例开始减小，尤其是当 Fe(Ⅱ):OH⁻ 为 8:12～1:1 时，氨氮在产物中的比例可以减小到 10% 以下。随着 Fe(Ⅱ) 比例的继续增加，达到 2:1 时，氨氮在产物中的比例又有所上升，因此总氮去除率略有下降。而不添加 OH⁻ 时，氨氮在产物中的比例约为 40%，但由于亚硝酸存在着自分解，其亚硝酸盐氮的去除率较高，这使得不添加 OH⁻ 时依然有着较高的总氮去除率。4.2.2 节中已经提到，Fe(Ⅱ):OH⁻ 为 7:12 时亚硝酸盐氮的去除效果最好，但由于其氨氮生成量也较多，在 1 h 总氮的去除率上仅略高于其他比例(8:12～1:1)，差别已不大。因此如果仅考虑亚硝酸盐氮的去除，Fe(Ⅱ):OH⁻ 应控制为 7:12，而若要同时考虑到亚硝酸盐氮的去除及反应产物的控制，可根据不同情况将 FHC 的 Fe(Ⅱ):OH⁻ 控制为 7:12～1:1。

根据结果可以推断，不论是改变初始亚硝酸盐溶液 pH 还是改变羟基亚铁中的 Fe(Ⅱ)/OH⁻，两者混合后，若 pH 大于 11.0，FHC 对亚硝酸盐氮的去除能力会大大下降，且产物基本全为氨氮。从表 4.4 也可以看出，由于还原反应十分微弱，Fe(Ⅱ):OH⁻ 为 1:3 和 1:4 时反应过程中 pH 变化非常小，这也从另一个角度说明了反应过程中会有 H^+ 放出。另外，不同的 Fe(Ⅱ)/OH⁻ 比例带来的影响可能不仅仅局限于 pH，也有可能对 FHC 的结构形态造成影响，从而影响其还原能力。

表 4.4　亚硝酸钠溶液与 FHC 混合后 pH 的变化

Fe(Ⅱ):OH⁻	混合后 pH	1 h 后 pH	Fe(Ⅱ):OH⁻	混合后 pH	1 h 后 pH
不加 OH⁻	4.9	2.9	7:12	7.7	7.0
10:12	7.0	6.1	1:2	11.3	10.7
9:12	7.2	6.4	1:3	12.7	12.8
8:12	7.5	6.6	1:4	13.0	13.1

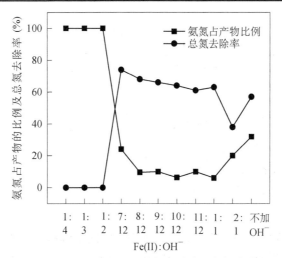

图 4.12　Fe(Ⅱ)/OH⁻ 摩尔比对总氮去除率及氨氮产率的影响
反应时间为 60 min，Fe(Ⅱ) 浓度为 3.36 g/L，NO₂⁻ 初始浓度为 140 mg/L

4.3 溶解氧对 FHC 还原亚硝酸盐的影响

溶解氧的存在对本实验可能有两方面的影响，首先 O_2 能将一部分的 Fe(II) 氧化成 Fe(III)，从而改变水中多羟基结合态亚铁的形态及其活性，不同比例的 Fe(II)/Fe(III) 在还原 NO_2^- 时会表现出不同的活性；其次 O_2 会与 NO_2^- 竞争水中的 Fe(II)，从而影响 NO_2^- 的还原速率。

4.3.1 FHC 制备过程溶解氧的影响

实验分为四组，前三组在制备 FHC 时，超纯水中不除氧，且三组 FHC 溶液反应前分别在空气中搅拌 1 min、5 min 和 12 min，反应过程中不隔绝空气。第四组作为对照，全程隔绝空气。实验中亚铁的投加量为 3.36 g/L，亚硝酸盐氮初始浓度为 140 mg/L。

从图 4.13 可以看出，在不隔绝氧气的条件下，去除效果与完全隔绝氧气的状况相差不大，在反应前期速率甚至略快，可能的原因是 FHC 在空气中搅拌会有一部分 Fe(II) 被氧化成 Fe(III)，使得羟基亚铁的结构发生改变，形成同时含有 Fe(II) 和 Fe(III) 的羟基络合物，此类化合物也有很高的反应活性。虽然部分的 Fe(II) 被氧化会在一定程度上提高反应速率，但同时也降低了羟基亚铁的最大去除能力，在空气中搅拌 12 min 的 FHC 3 h 的去除率与 1 h 相同，一直保持为 92%，而未被氧化的 FHC 在相同的 Fe(II)/NO_2^- 下 3 h 能将亚硝酸盐氮完全去除。

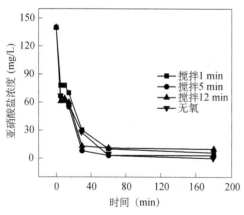

图 4.13 不同 FHC 制备方法及环境条件
对 NO_2^- 去除率的影响

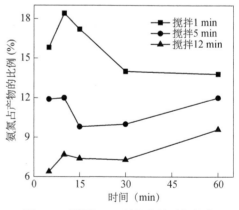

图 4.14 不同 FHC 制备方法对氨氮在
产物中比例的影响

尽管反应过程中不隔绝空气，反应全程水中的溶解氧均为 0 mg/L，如表 4.5 所示，可见空气中的溶解氧一旦进入水中便迅速被消耗，消耗速率大于溶入速率。溶液中能消耗溶解氧的可能是 Fe(II) 或 NO_2^-，但水中 NO_3^- 的变化如表 4.5 所示，

几乎不存在 NO_2^- 被氧化的情况发生。另外，反应 3 h 后溶解氧浓度明显上升，这说明此时水中的 Fe(Ⅱ) 已全部被氧化为 Fe(Ⅲ)，氧气在搅拌下开始溶入水中。因此可以做出判断，溶入水中的氧气会不断被 Fe(Ⅱ) 消耗，直至 Fe(Ⅱ) 被全部氧化为 Fe(Ⅲ)。当 Fe(Ⅱ) 被全部氧化为 Fe(Ⅲ) 后，FHC 便会失去其还原能力，因此 NO_2^- 浓度会在 1 h 后保持不变。

表 4.5　溶解氧和 NO_3^- 浓度随反应时间的变化（FHC 反应前搅拌时间为 12 min）

反应时间(min)	溶解氧浓度 (mg/L)	NO_3^-浓度 (mg/L)	反应时间(min)	溶解氧浓度 (mg/L)	NO_3^-浓度 (mg/L)
0	0	0.28	30	0	0.32
5	—	0.30	45	0	—
10	—	0.29	60	0	0.27
15	0	0.30	180	5.4	0.52

氨氮在产物中的比例如图 4.14 所示，可明显看出，FHC 制备时在空气中搅拌时间越长氨氮的生成比例越小，这说明当 FHC 中 Fe(Ⅱ) 的量足够时，制备时在空气中一定时间的搅拌可使反应向着有更少氨氮生成的方向进行。氨氮产率的减少很可能是一定时间的搅拌改变了 FHC 体系的 ORP 值和其结构形态所致。

4.3.2　溶解氧对去除率的影响

由于 FHC 的还原性能很强，只在空气中搅拌并不能提高反应体系中的溶解氧，故本实验反应过程中采用曝气的方法，以便让氧气的溶入速率大于其消耗速率，以考察溶解氧的存在是否会影响反应的进行。从溶解氧的变化情况可以看出（图 4.15），即使是在曝气状态下，反应初始的溶解氧含量依然非常低，因为反应主要集中在前几分钟，所以可以认为，主要的反应过程仍然是在低溶解氧的条件下进行，此时亚硝酸盐氮的去除率要高于完全隔绝氧气的情况。随着反应的进行，水中溶解氧的浓度开始提高，而此时反应依旧在继续进行，但由于部分可提供电子的 Fe(Ⅱ) 被氧气消耗，因此速率有所减缓。15 min 后水中溶解氧浓度已接近饱和，且亚硝酸盐氮仍有去除，这说明水中的 Fe(Ⅱ) 并未被完全消耗，而是氧气的溶入速率大于其被消耗速率。另外，水中的 NO_3^- 浓度一直保持为 0.5 mg/L 左右，说明曝气条件下仍不存在 NO_2^- 被氧化为 NO_3^- 的情况。实验结果表明，少量的溶解氧不仅不会减弱羟基亚铁的还原能力，还能在一定程度上提高反应速率。而随着溶解氧的增大，虽然反应速率有所减缓，但 FHC 仍具有还原 NO_2^- 的能力，因此对于此反应来说，溶解氧的存在对反应的限制不大。

溶解氧对反应的影响主要在以下几个方面：①溶解氧的存在会影响反应体系的氧化还原电位值(ORP)，这可能会对反应速率产生影响。②溶解氧的存在使得更多的亚铁被氧化为 FeOOH，作为一种促进剂，FeOOH 可促进亚铁与亚硝酸盐的反应。③由于部分 Fe(Ⅱ) 被 O_2 氧化，其本身可提供的电子减少，还原能力下降。因此，O_2 的存在既能带来正向的促进因素，又能带来反向的抑制因素，其去除效果应是各种因素共同作用的结果。

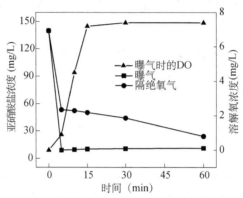

图 4.15　曝气与隔绝氧气条件下 NO_2^- 去除及曝气条件下水中溶解氧的变化

4.3.3　溶解氧对还原产物的影响

不同溶解氧条件下氨氮的生成情况如图 4.16 所示，氨氮在产物中的比例如图 4.17 所示，结果表明溶解氧的存在明显减少了氨氮的生成，有研究表明，绿锈还原硝酸盐氮的产物基本为氨氮[41]，而被氧化的羟基亚铁在成分上已类似于绿锈，故做出推断：结构态的羟基亚铁被氧化后虽然会有 Fe(Ⅲ)，但其结构与绿锈可能仍有一定区别；除还原剂的结构之外，反应体系的 ORP 可能会对产物的种类产生一定影响，当有少量溶解氧溶入时，会提高反应体系的 ORP 值，使得产物为一些价态更高的物质(NO、N_2O、N_2 等)。

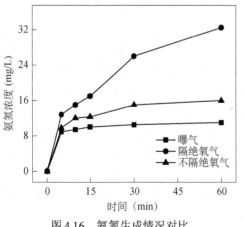

图 4.16　氨氮生成情况对比

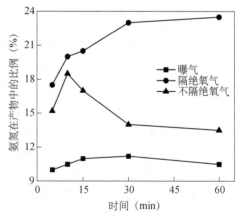

图 4.17　氨氮在产物中的比例变化

4.4　共存离子对 FHC 还原亚硝酸盐的影响

共存离子的加入会改变 FHC 的性能，引起反应条件的变化。有研究显示，Cu^{2+} 和 Ag^+ 等金属离子的加入会促进亚铁还原硝酸盐的过程，而对于金属离子对 $Fe(II)$ 还原亚硝酸盐的影响，相关的研究较少。本节将详细研究不同种类和不同投加量的共存阳离子对亚铁去除亚硝酸盐能力及其还原产物的影响。

4.4.1　Cu^{2+} 对 FHC 还原 NO_2 的影响

图 4.18 显示铜离子的存在会在一定程度上影响反应的进行，在 FHC 投加量为 3.36 g/L（60 mmol/L），NO_2^--N 投加量为 140 mg/L（10 mmol/L），$Fe(II)$: OH^- 为 7 : 12 时，1 mmol/L 和 0.5 mmol/L 的 Cu^{2+} 对反应有明显的促进作用。而当铜的投加量减少到 0.25 mmol/L 和 0.05 mmol/L 时，在反应初期表现出一定的促进作用，但在反应后期，NO_2^- 的去除速率开始减缓，60 min 时的去除效果不如未加铜离子的情况。而当 Cu^{2+} 的浓度升至 5 mmol/L 时，则对反应产生了一定的抑制作用。其他研究者在研究 Cu/GR 脱氯时也得出了相似的结果[42]，当 $Cu(II)$ 的浓度超过一定范围后，Cu/GR 的脱氯速率会发生下降，原因可能是过多 $Cu(II)$ 的加入减少了结合态亚铁的浓度，或者是改变了反应体系的 ORP 值和 pH。

关于 $Cu(II)$ 对反应的促进作用，可能是 $Fe(II)$ 将 $Cu(II)$ 还原形成 $Cu(I)$ 或金属铜后，会组成原电池，发生类似于电化学腐蚀的氧化还原反应，FHC 作为阳极，而 Cu 作为阴极，亚硝酸盐在阴极上发生还原反应。另外一种可能是吸附到 FHC 表面的 Cu 改变了 FHC 的表面结构，从而起到促进作用。

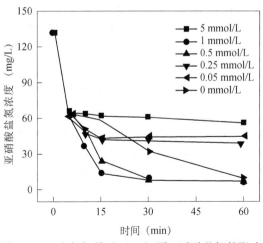

图 4.18　Cu^{2+} 投加量对 FHC 还原亚硝酸盐氮的影响

在氨氮的生成方面，如图 4.19 所示，Cu^{2+} 的加入显然减少了氨氮的产量及其在产物中的比例，产生差别的主要原因可能为：本实验中 Fe：N：Cu(Ⅱ) 为 6：1：0.005～6：1：0.5，而前人研究中 Fe：N：Cu(Ⅱ) 为 8：1：0.043，比例存在不同。另外，本实验过程中并未对 pH 进行控制，而前人实验中 pH 控制为 8.0，由 4.2 节可知，碱性条件下，pH 越小氨氮生成越少，而 Cu^{2+} 的加入显然会降低反应体系的 pH。实验结果表明，极其微量的铜便可对氨氮的产量产生影响。

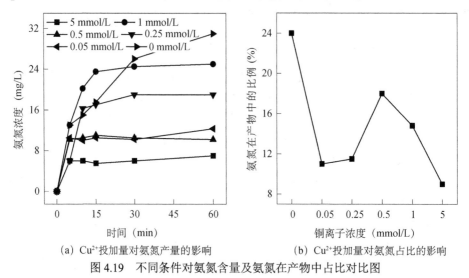

(a) Cu^{2+}投加量对氨氮产量的影响　　　　　(b) Cu^{2+}投加量对氨氮占比的影响

图 4.19　不同条件对氨氮含量及氨氮在产物中占比对比图

4.4.2　Ag^+对 FHC 还原 NO_2^- 的影响

在 FHC 的制备过程中加入 Ag_2SO_4，以研究 Ag^+ 对反应的影响。根据图 4.20，当 Ag^+ 投加量超过 5 mmol/L 时，与添加铜离子的情况相似，银离子的加入对反应造成了一定程度上的抑制。但情况稍有不同的是，加入银离子后的去除率几乎与银离子的投加量呈负相关，去除率会随着 Ag^+ 投加量的增加而下降。0.05 mmol/L Ag^+ 的加入在反应初期(前 30 min)对亚硝酸盐氮的去除有明显的促进作用，但与未投加 Ag^+ 的情况相比，其反应后期对亚硝酸盐氮的去除极为有限，在 60 min 时，未投加 Ag^+ 的去除效果反而更好，这可能与部分 Fe(Ⅱ) 被 Ag^+ 氧化，造成 Fe(Ⅱ) 减少有关。Ag^+ 的加入不仅会促进电子转移和影响 pH，可能还会引起 FHC 组成结构的改变，另外，Ag^+ 还可以与 NO_2^- 结合形成 $AgNO_2$ 沉淀。在多种因素的共同影响下，使得 FHC/Ag 在 30 min 后的反应速率小于未加 Ag^+ 的情况。

Ag_2SO_4 在 25 ℃的浓度积为 $1.2×10^5$，经计算可得，若投加 5 mmol/L 的 Ag_2SO_4，体系中 Ag^+ 的饱和浓度为 13 mmol/L，而 Ag^+ 的实际浓度为 10 mmol/L，已十分接近饱和。加之由于 Ag_2SO_4 的溶解速率较小，致使在反应过程中可能有未

溶解的 Ag_2SO_4 影响着反应的进行，导致其投加量与反应速率呈负相关。

若将 5 mmol/L 的 Ag_2SO_4 换成 10 mmol/L 的 $AgNO_3$，以减少部分硫酸根的影响，让 Ag^+ 能更顺利溶于水中，如图 4.21 所示，去除率又有明显提高。因此可推断，未溶解的 Ag_2SO_4 会对反应产生一定的抑制作用。

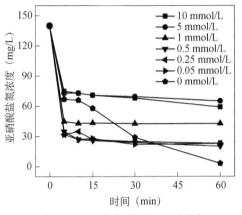

图 4.20　Ag^+ 投加量对 FHC 还原
亚硝酸盐氮的影响

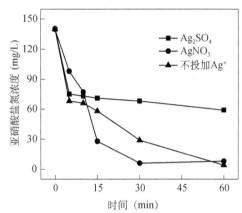

图 4.21　Ag_2SO_4 和 $AgNO_3$（Ag^+ 浓度均为
10 mmol/L）对 FHC 还原亚硝酸盐的影响

在氨氮的生成方面，由图 4.22 可发现，与 Cu^{2+} 相反，Ag^+ 的存在不会减少氨氮的生成，反而还在一定程度上增加氨氮的生成量。其中一个可能的原因是 Ag^+ 的价态为一价，其结合氢氧根的能力不如 Cu^{2+}，使得 pH 的下降不如加入其他离子明显。另外 Ag^+ 的加入引起的 FHC 结构变化、反应体系 ORP 的变化，可能都是其氨氮产量偏高的原因。

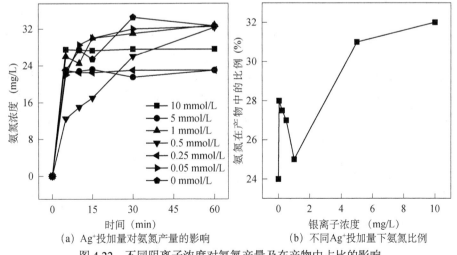

（a）Ag^+ 投加量对氨氮产量的影响　　　　（b）不同 Ag^+ 投加量下氨氮比例

图 4.22　不同阴离子浓度对氨氮产量及在产物中占比的影响

4.4.3　Zn²⁺对FHC还原NO₂的影响

在 FHC 投加量为 3.36 g/L(60 mmol/L)，NO₂-N 投加量为 140 mg/L (10 mmol/L)，Fe(Ⅱ)：OH⁻为 7：12 时，5 mmol/L 的锌离子会在开始阶段大大加快反应的进程(图 4.23)，亚硝酸盐氮 5 min 的去除率可高达 83%，其 5 min 去除率比添加其他任何金属离子都要高，然而 1 h 的去除率与 5 min 的去除率相差并不大，投加 2.5 mmol/L Zn²⁺与 5 mmol/L Zn²⁺的情况相似，主要的反应发生在开始阶段。随着 Zn²⁺投加量的减少，其反应进程则与未加锌的情况相似，且能较快将亚硝酸盐氮去除。可见当较多的 Zn²⁺被投加入体系后，体系的反应动力学会发生变化。

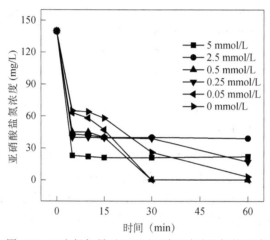

图 4.23　Zn²⁺投加量对 FHC 还原亚硝酸盐氮的影响

由于 Zn²⁺/Zn 的标准电极电势为-0.76 V，要小于 Fe(Ⅲ)/Fe(Ⅱ)的-0.56 V，因此可知 Fe(Ⅱ)无法将 Zn²⁺还原，所以 FHC/Zn 并不能像 FHC/Cu、FHC/Ag 那样形成双金属体系从而加快电子转移。因此 Zn²⁺的作用更多可能是改变了 FHC 的表面形态或内部结构，或是提高了 NO₂⁻的氧化性，从而对反应起到促进作用。而当 Zn²⁺浓度过高时，pH 会发生明显下降，根据 4.2 节中实验结果，当溶液呈碱性时，相对较低的 pH 下反应速率较小，尤其是在反应后期，因此浓度较高的 Zn²⁺加入后，pH 下降过多，导致反应后期去除速率明显变慢。

由图 4.24 可以看出，Zn²⁺的加入可以较好地控制氨氮的生成，氨氮的产量随着 Zn²⁺浓度的增加而减少，这与加入 Cu²⁺的情况类似。

如图 4.25 所示，空白实验表明当 pH 为 8.0，单独投加 5 mmol/L Zn²⁺在 1 h 内约能降解 5%的 NO₂⁻，同时在 60 min 约有 1 mg/L 的氨氮生成，由于 Zn²⁺不具备还原性，故推测 1 mg/L 的氨氮可能是药品中的杂质还原 NO₂⁻所生成。而对于 NO$_2^-$的去除，除了杂质的影响之外，推测 Zn(OH)$_2$ 可能对 NO$_2^-$存在部分吸附。

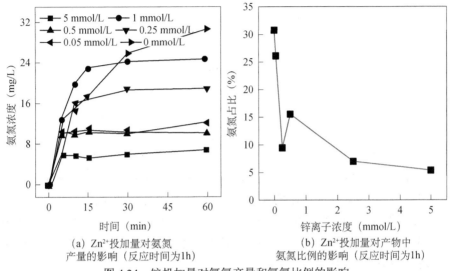

(a) Zn^{2+}投加量对氨氮
产量的影响（反应时间为1h）

(b) Zn^{2+}投加量对产物中
氨氮比例的影响（反应时间为1h）

图 4.24　锌投加量对氨氮产量和氨氮比例的影响

　若将 Fe(Ⅱ)∶OH$^-$从 7∶12 提高到 8∶12，Zn^{2+}的投加依然对反应有促进作用，如图 4.26 所示。若从氨氮的生成情况看(表 4.6)，Zn^{2+}的加入并没有像之前那样大大减少氨氮的产量，因此可以推断，影响氨氮生成量的因素很可能是 pH 的下降，而不是 Zn^{2+}本身带来的。

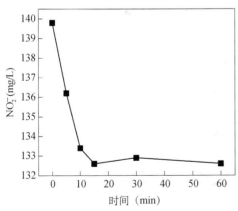

图 4.25　单独投加 Zn^{2+}后亚硝酸盐氮
浓度的变化情况

pH 为 8.0，Zn^{2+}浓度为 5 mmol/L

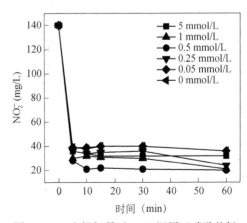

图 4.26　Zn^{2+}投加量对 FHC 还原亚硝酸盐氮
的影响[Fe(Ⅱ)∶OH$^-$=8∶12]

表 4.6   不同 Zn^{2+} 浓度下的氨氮产量 (mg/L) [Fe(II) : OH⁻=8 : 12]

Zn^{2+} 浓度 (mmol/L)	0 min	5 min	10 min	15 min	30 min	60 min
5	0	10.050	9.300	9.775	10.175	10.650
1	0	9.775	9.975	9.900	10.050	10.300
0.5	0	6.175	5.900	6.900	7.450	7.850
0.25	0	6.575	8.975	13.575	10.300	12.850
0.05	0	11.050	10.450	10.500	11.950	15.100
0	0	9.175	9.300	9.775	8.775	9.900

若将 Fe(II) : OH⁻ 降至 1 : 2，5 mmol/L 和 0.25 mmol/L 的 Zn^{2+} 都能在一定程度上促进 Fe(II) 对亚硝酸盐氮的还原 (图 4.27)，从产物的生成情况来看，氨氮依然是主要的产物，这也进一步说明了在相对较高的 pH 条件下，还原产物以氨氮为主。另外，因为 5 mmol/L Zn^{2+} 使 pH 下降更多，因此其产物中的氨氮比例较 0.25 mmol/L Zn^{2+} 的要少。

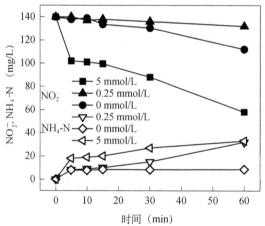

图 4.27 Zn^{2+} 投加量对 FHC 还原亚硝酸盐氮和氨氮产量的影响 [Fe(II) : OH⁻=1 : 2]

4.5   FHC 还原亚硝酸盐的反应动力学

根据铁与亚硝酸盐反应的方程式可知，反应过程中的速率方程可表示为：

$$v=k \cdot [Fe(II)]^{\alpha} \cdot [NO_2^-]^{\beta} \tag{4.10}$$

当亚铁的浓度绝对过量时，可认为亚铁的浓度值为常数，方程可变为：

$$v=k_{obs} \cdot [NO_2^-]^{\beta}，其中 k_{obs}=k \cdot [Fe(II)]^{\alpha} \tag{4.11}$$

若反应为一级反应，则 $\beta=1$，式可变为：

$$\frac{\mathrm{d}[NO_2^-]}{\mathrm{d}t} = k_{obs} \cdot [NO_2^-] \tag{4.12}$$

4.5.1　不同 Fe/N 摩尔比条件下的反应动力学

不同的 Fe(II) 投加量引起体系 Fe/N，从而影响反应的速率以及其所遵循的反应动力学模型。本节将对实验数据进行拟合，以探究其遵循的反应动力学模型。

当 Fe/N 为 10∶1 时，采用 Origin Pro 8.0 进行非线性拟合，图 4.28 为 Fe/N10∶1 条件下的准一级反应动力学非线性拟合情况，从 5 次重复实验的数据拟合结果可看出，Fe/N 为 10∶1 的情况下，亚硝酸盐的降解基本符合准一级反应动力学模型，五次实验的 R^2 值分别为：0.991、0.999、0.999、0.999 和 0.922，平均 k_{obs} 为 0.613 $\mathrm{min^{-1}}$。

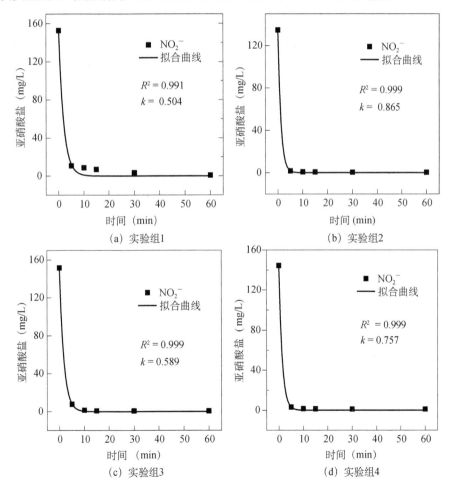

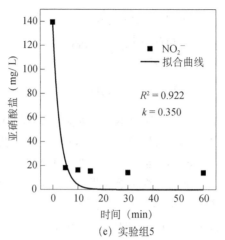

（e）实验组5

图 4.28　五组平行实验中 Fe/N 为 10∶1 时准一级反应动力学曲线拟合

若 Fe/N 减小至 8∶1 和 6∶1，可发现亚硝酸盐氮的减少趋势显然不符合一级反应动力学方程，在 15～30 min 可发现明显拐点，因此采用分段线性拟合。根据上述公式进行计算可知，若符合一级反应，则 $\ln(c/c_0)$ 和 t 应存在线性关系（c_0 为 NO_2^- 的初始浓度，c 为 NO_2^- 在 t 时刻的浓度），故将 $\ln(c/c_0)$ 对 t 作图，分别对两次重复实验数据进行拟合，Fe/N 为 8∶1（图 4.29），Fe/N 为 6∶1（图 4.30）。

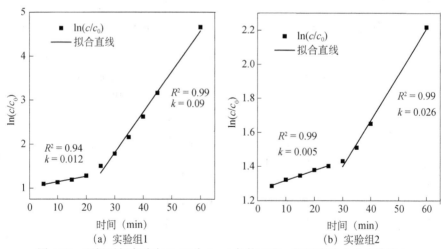

（a）实验组1　　　　　　　　　　（b）实验组2

图 4.29　两组平行实验中 Fe/N 为 8∶1 条件下准一级反应动力学线性拟合

从图 4.29 和图 4.30 中可以看出，反应明显分两段进行，不符合准一级反应动力学模型，第一段反应在 0～25 min 进行，且在 5 min NO_2^- 浓度的变化开始减小，而在大约 20～25 min 后，反应速率又会突然加快，直至 NO_2^- 被基本去除。反应会

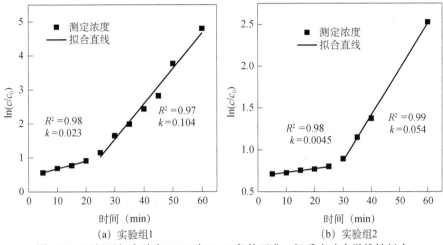

图 4.30　两组平行实验中 Fe/N 为 6∶1 条件下准一级反应动力学线性拟合

分两段进行，可能的原因是部分 Fe(Ⅱ)被氧化后形成 Fe(Ⅲ)，当 Fe(Ⅱ)/Fe(Ⅲ) 达到一定比例时，反应速率会加快。

4.5.2　Cu^{2+} 对 FHC 还原 NO_2^- 的反应动力学影响

当浓度为 0.5 mmol/L 和 1 mmol/L 的 Cu^{2+} 加入体系后，由于 FHC 还原能力的提升，Fe/N 为 6∶1 条件下，反应符合一级反应动力学(图 4.31)。这说明当 FHC 量足够多，还原能力足够强时，其他因素对反应的影响就会变小，反应符合准一级反应动力学方程。Cu^{2+} 浓度为 0.5 mmol/L 和 1 mmol/L 时反应速率常数 k 分别为 0.123 min^{-1} 和 0.162 min^{-1}。

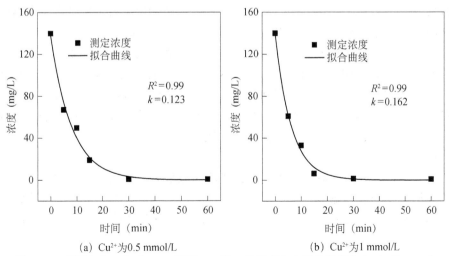

图 4.31　不同浓度 Cu^{2+} 对 FHC 还原 NO_2^- 准一级反应动力学曲线拟合(Fe/N 为 6∶1)

在其他情况下，不能用准一级反应动力学模型来拟合模拟 NO_2^- 浓度的变化，反应多分段进行。这说明 FHC 对 NO_2^- 的还原只有在 Fe(Ⅱ) 明显过量且体系还原能力足够强、反应速率足够大的情况下才符合准一级反应动力学模型。

4.6　本　章　小　结

本章主要研究了多羟基亚铁对亚硝酸盐的去除作用，重点探究各因素对去除率及氨氮生成的影响，并对反应机理和其反应动力学模型进行了一定程度的探讨，得出以下结论。

Fe(Ⅱ) 对 NO_2^- 有较强的去除作用，通过调节 Fe(Ⅱ) 与 NO_2^- 的比例，可影响 NO_2^- 的去除效果及反应产物；Fe(Ⅱ) 在酸性和碱性条件下都能较快地还原 NO_2^-，氨氮的生成受 pH 影响较大，在碱性偏中性条件下氨氮的生成量最小，Fe(Ⅱ)：OH^- 的比例也将影响亚硝酸盐去除的效果；反应中不隔绝氧气会略微加快反应速率，但会降低 Fe(Ⅱ) 的最大去除能力，少量氧气的进入会减少氨氮的生成；共存离子 Cu^{2+} 的加入对于 FHC 还原亚硝酸盐产生重要影响，具体表现为低 Cu^{2+} 浓度起促进作用，高 Cu^{2+} 浓度起抑制作用。不溶于水的 Ag_2SO_4 将减小反应速率，水溶性 $AgNO_3$ 则可提高反应速率，Zn^{2+} 对反应有较大促进作用，加入后带来的 pH 下降还会减少氨氮的生成；当 Fe(Ⅱ) 投加量较大，还原能力足够强时，NO_2^- 的去除符合准一级反应动力学模型，而当 Fe(Ⅱ) 还原能力相对不足时，反应会分两段进行，反应过程中会有一段速率较小的停滞期。

不同于传统还原剂零价铁还原亚硝酸盐产物为氨氮，结合态亚铁还原亚硝酸盐产物以气态氮产物为主。Fe(Ⅱ) 投加量对反应产物产生重要影响，当 Fe(Ⅱ)：NO_2^- 在 20:1 以下时还原产物以气体为主。将其产物调控为气态后可进一步调控产物中的有效成分 N_2O 含量，当 Fe(Ⅱ)：NO_2^- 为 10:1~2:1 范围时，Fe(Ⅱ) 的投加量对 N_2O 生成量的影响并不明显，气态 N_2O 约占产物的 30%~40%，而反应体系的 pH，即 FHC 中的 Fe(Ⅱ)/OH^-，对 N_2O 的生成有较大影响。在酸性条件下，气态 N_2O 的产量十分小，仅占产物的 10% 左右。气态 N_2O 的产量在碱性偏中性时达到最大，随着 pH 继续升高，N_2O 的产量又开始下降，当投加的 Fe(Ⅱ)：OH^- 达到 1:2 时，气态 N_2O 产量几乎为零。因此可通过 pH 和 Fe(Ⅱ)/NO_2^- 比调控气态产物成分。

综上所述，Fe(Ⅱ) 对 NO_2^- 表现出优良的还原效果。不同于传统的还原剂零价铁的还原产物一般为氨氮，Fe(Ⅱ) 的还原产物以气态氮产物为主，在不造成二次污染的同时还可生成宝贵的能源物质，对于脱氮新技术的开发具有重要意义。

第 5 章　多羟基亚铁还原去除重金属类污染物

重金属在水体、土壤中存在时间长，迁移转化能力强，易被生物体吸收，具有潜在的危害性，特别是 Hg、Cd、Cr、Pb、Ni 等金属元素具有显著的生物毒性，少量的重金属元素即可产生明显的毒害作用。而且重金属如 Cu、Hg、Pb 等容易在生物体内积累，通过食物链传递到人类的体内，对人体健康造成严重威胁。

重金属的污染控制方法一般有化学沉淀、蒸发浓缩、吸附、离子交换、化学还原、光催化、生物法等。Cr(VI)等重金属离子具有较高的氧化性，常用还原法将其转化为毒性和迁移转化能力相对较低的形态。Cu(II)、Ni(II)等重金属的络合常数大，常以其配合物的形式存在，环境中常见的有机络合剂或螯合剂包括乙二胺四乙酸(EDTA)、柠檬酸(CA)、氨三乙酸(NTA)、酒石酸(TA)等，这些络合剂的存在对 Cu(II)、Ni(II)等重金属的稳定具有巨大的提高作用，络合物结构稳定，不易破坏去除污染物，使得这些重金属离子变得更易迁移，从而大大提高了其危害范围和相对毒性。对络合态重金属来说，常规处理方法则显得较为乏力。因此，探索出既可以高效去除游离态重金属，又可以对络合态重金属破络去除的新型处理方法具有重大市场需求。

根据亚铁的结构特性和反应活性，提出结合态亚铁的概念并合成了含有 Fe(II)的高还原活性亚铁络合物，即多羟基亚铁络合物(FHC)，并将其用于多种重金属污染物的处理，发现 FHC 具有比普通亚铁和绿锈等复合亚铁化合物更强的还原性和更好的去除效果，而且用 FHC 处理污染物的费用也较低。本章主要介绍使用结合态亚铁还原处理多种重金属[Cr(VI)、Ni(II)等]的研究结果，揭示多羟基亚铁对不同重金属的去除机制，重点论述了重金属去除过程还原转化的关键作用，并考察了结合态亚铁对多种价态和形态重金属类污染物的处理性能和机制。除游离态重金属外，还研究了多羟基亚铁对多种络合态重金属(CA-Cu、TA-Cu、NTA-Cu、EDTA-Ni 等)的去除性能及转化机制，对指导实际工业废水中重金属处理以及水土环境中的重金属污染控制工程具有重要意义。

5.1　FHC 还原去除 Cr(VI)性能与机制

5.1.1　亚铁形态对去除 Cr(VI)性能的影响

亚铁形态如游离态(Fe^{2+})、结合态(FHC、GR)等会对其还原性能产生重要影

响。为了对结合态亚铁的还原作用有进一步的了解，对 Fe^{2+}、FHC(1∶1)、
$GR(SO_4^{2-})$ 三者去除 Cr(Ⅵ) 的效果进行了对比研究，Cr(Ⅵ) 初始浓度均为
9.68 mg/L，总铁投加量均为 33.6 mg/L，反应时间均为 180 min，结果如图 5.1 所
示。由图中可以发现，反应 3 h 后，游离态 Fe^{2+} 对 Cr(Ⅵ) 的去除量最小，$GR(SO_4^{2-})$
次之，FHC(1∶1) 最大。而且，FHC(1∶1) 的反应速率最大，在 5 min 基本达到了
平衡状态，$GR(SO_4^{2-})$ 则需要大约 20 min，游离态 Fe^{2+} 反应速率最小，大约需要
120 min。

从传质角度而言，Fe^{2+} 因为是溶解态，最容易与 Cr(Ⅵ) 接触，而 FHC 与 GR 均
为结合态亚铁，因此具有有限的比表面积。但是 Fe^{2+} 的反应速率却是最小的，一
方面由于 Fe^{2+} 与 Cr(Ⅵ) 反应的自由能较高，导致其与 Cr(Ⅵ) 反应的阻力加大；另
一方面，由于 Fe^{2+} 体系所具有的低 pH 限制了 Fe^{2+} 还原作用的发挥，而且，低 pH 会
使较多的 Cr(Ⅵ) 以 $HCrO_4^-$ 形式存在，不利于其与 Fe^{2+} 的反应。另外，低 pH 条件
不利于 $Cr(OH)_3$ 沉淀的生成，从而造成出水中 Cr 浓度较高。由于 FHC(1∶1) 的
比表面积比 $GR(SO_4^{2-})$ 更大，因此 FHC(1∶1) 的反应速率比 GR 的大。又因为
FHC(1∶1) 中 Fe(Ⅱ) 总量比 $GR(SO_4^{2-})$ 的高，因此其去除能力强于 $GR(SO_4^{2-})$，最
后出水中总 Cr 含量最低。

由图 5.2 可见，游离亚铁离子体系的 pH 降低最大，其出水 pH 在 3.5 左右
（CrO_4^{2-} 体系的初始 pH 为 7.3 左右），较低的 pH 不仅对亚铁的还原性能具有削弱作
用，而且会使 Cr(Ⅲ) 的沉淀更加困难。FHC(1∶1) 反应体系反应后的 pH 为 4.5 左
右，较为接近 Cr(Ⅲ) 以 $Cr(OH)_3$ 形式沉淀完全的 pH [0.2 mmol/L 的 Cr(Ⅲ) 沉淀完
全时 pH 约为 5.0]。

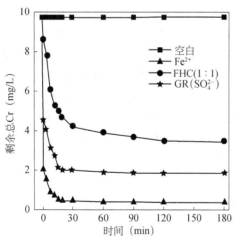

图 5.1　亚铁形态对 Cr(Ⅵ) 去除性能的影响

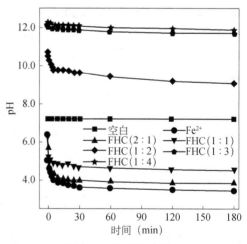

图 5.2　Fe(Ⅱ) 去除 Cr(Ⅵ) 过程中 pH 的变化

5.1.2　FHC 去除 Cr(Ⅵ)性能的优化

1. [Fe(Ⅱ)]/[OH⁻]摩尔比对 Cr(Ⅵ)去除的影响

FHC 中羟基的含量直接影响其结构形态,而结构形态又对其还原性能具有决定作用。为了确定亚铁与羟基比例对其去除性能影响的大小,实验分别以游离态亚铁盐及[Fe(Ⅱ)]/[OH⁻]摩尔比为 2∶1、1∶1、1∶2、1∶3、1∶4 的 FHC 处理 Cr(Ⅵ)。Cr(Ⅵ)初始浓度为 9.68 mg/L,亚铁投加量为 33.6 mg/L,反应时间为 180 min。由图 5.3 可见,[Fe(Ⅱ)]/[OH⁻]摩尔比为 1∶1 的 FHC 反应速率最大,游离态 Fe^{2+} 和[Fe(Ⅱ)]/[OH⁻]摩尔比为 1∶3、1∶4 的 FHC 反应速率较小。以亚铁质量计算,游离 Fe^{2+} 对 Cr(Ⅵ)的去除能力最差,其去除量约为 188 mg/g,FHC(1∶1)去除能力最高,约为 278 mg/g。以亚铁质量计算,去除效果从高到低依次为 FHC(1∶1)>FHC(2∶1)>FHC(1∶2)>FHC(1∶3)>FHC(1∶4)>游离 Fe^{2+}。此外,除了 FHC(1∶1)较为接近 Fe(Ⅱ)还原 Cr(Ⅵ)的化学计量比外,其他比例的 FHC 均与其化学计量比有较大偏差,Fe^{2+} 偏离最大。此外,可以发现在一定范围内,随着 FHC 中羟基数量的升高,Cr(Ⅵ)去除量逐渐增大,当 FHC 中羟基与亚铁比例达到 1∶1 时,Cr(Ⅵ)去除量随着羟基数量的升高而降低。由此可见,FHC 中 OH⁻的数量对于反应产生了非常重要的影响。Fe(Ⅱ)去除水体中 Cr(Ⅵ)的反应方程式如下:

$$3Fe^{2+}+CrO_4^{2-}+8H_2O \longrightarrow 3Fe(OH)_{3(s)}+Cr(OH)_{3(s)}+4H^+ \tag{5.1}$$

由式(5.1)可以看出,Fe(Ⅱ)在还原 Cr(Ⅵ)的过程中会产生 H^+,从而导致体系 pH 降低。由图 5.3 可以看出,FHC 结构中 OH⁻含量越少,体系的 pH 降低幅度越大,这是因为 FHC 结构中的 OH⁻不仅参与了 FHC 结构骨架的构造,而且对体系 pH 具有重要的缓冲作用。

反应后出水中总铁浓度如图 5.4 所示,初始总铁投加量均为 33.6 mg/L,由图 5.4 可以看出,FHC 体系中 OH⁻含量越少,OH⁻对体系 pH 的缓冲作用越小,出水总铁越高。Fe^{2+} 由于不含有 OH⁻,由式(5.1)可以看出,其反应产物沉淀所需要的 OH⁻均由 H_2O 提供,从而导致体系 pH 最低,反应体系的出水总铁最高,导致产物最难以沉淀。随着 FHC 中 OH⁻含量逐渐升高,其出水总铁逐渐降低,当[Fe(Ⅱ)]/[OH⁻]超过 1∶2 时,出水溶解态铁含量皆低于检测限。

由于亚铁在碱性条件下会形成多羟基亚铁络合物(FHC),Fe(Ⅱ)和 OH⁻会形成一定厚度的氢氧化物层,当外层亚铁全部消耗完后,内层的 Fe(Ⅱ)发生氧化还原反应时,需要将电子通过 Fe(Ⅱ)/Fe(Ⅲ)的氢氧化物层传递给 Cr(Ⅵ)。但是当 Cr(Ⅵ)被还原后,会形成其羟基氧化物沉淀,覆于 FHC 的表面。虽然 Fe(Ⅱ)/Fe(Ⅲ)的氢氧化物层具有良好的电子传递特性,但 Cr(Ⅲ)羟基氧化物层的

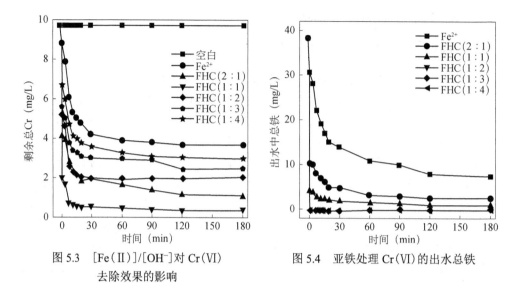

图 5.3　[Fe(Ⅱ)]/[OH⁻]对 Cr(Ⅵ)　　　　图 5.4　亚铁处理 Cr(Ⅵ)的出水总铁
　　　　去除效果的影响

电子传递能力却远弱于 Fe(Ⅱ)/Fe(Ⅲ)的氢氧化物层。因此，随着 FHC 表面 Cr(Ⅲ)
羟基氧化物层的逐渐累积，外层亚铁的反应位点越来越少，而内层亚铁的电子由
于阻力增大而越来越难以传递到外层，从而导致反应速率逐渐变小，使 Fe(Ⅱ)还
原 Cr(Ⅵ)的反应无法按照其化学计量学规律进行。

　　FHC(2∶1)和 FHC(1∶1)可能具有较为疏松的结构，结构层更薄，即其表面
反应位点可能会更多，使 FHC(2∶1)和 FHC(1∶1)还原 Cr(Ⅵ)的速率大大提升。
由于 FHC(1∶1)的 pH 比 FHC(2∶1)高一些，因此其还原能力较 FHC(2∶1)稍强。
当体系为碱性时，OH⁻含量更有助于 Cr(Ⅲ)产物层的沉积覆盖，而 Cr(Ⅲ)的氢氧
化物均为难溶沉淀，以 Cr(OH)₃ 为例，25 ℃ 下其溶度积常数 K_{sp} 为 $6.3×10^{-31}$，因
此，体系 pH 越高越有利于 Cr(Ⅲ)产物层的覆盖。

2. FHC 投加量对 Cr(Ⅵ)去除的影响

（1）FHC(1∶1)投加量的影响

　　由于 Cr(Ⅵ)的去除主要是由 Fe(Ⅱ)还原来实现的，因此，体系中 Fe(Ⅱ)的含
量对 Cr(Ⅵ)的去除产生重要的影响。图 5.5 为不同投加量的 FHC(1∶1)对 Cr(Ⅵ)
去除量的影响，Cr(Ⅵ)初始浓度为 9.68 mg/L，FHC 投加量分别为 16.8 mg/L、
33.6 mg/L，38.9 mg/L 和 44.5 mg/L。当 FHC 投加量为 16.8 mg/L 时，出水总铬浓
度为 3.6 mg/L，单位去除量为 361 mg/g，远超过 FHC 投加量为 33.6 mg/L 的单位
去除量(278 mg/g)，而且也超过按其化学计量比去除时的单位去除量(309.5 mg/g)。
这主要是由于 Cr(Ⅵ)是过量的，产物对 Cr(Ⅵ)具有吸附作用。

由于钝化作用和部分氧化的原因，投加 33.6 mg/L 的 Fe(Ⅱ)并不能将 Cr(Ⅵ)完全去除。若要将 Cr(Ⅵ)完全去除，大约需要 38.9 mg/L 的 Fe(Ⅱ)，此时 Fe(Ⅱ)的单位去除量约为 249 mg/g。考虑到不同投加量(16.8 mg/L、33.6 mg/L、38.9 mg/L)下，体系 Cr(Ⅵ)浓度皆经过约 5 min 才能达到平衡，因此可以推断，在 FHC 投量范围为 16.8~38.9 mg/L 时，FHC 对 Cr(Ⅵ)的去除皆受 FHC 表面钝化作用的影响。当 FHC 投加量(44.5 mg/L)远远过量时，溶液中 Cr(Ⅵ)在极短时间内就已经完全去除。此条件下溶液中的 Fe(Ⅱ)远远过量，表面浓度很大，因此钝化作用的影响不显著。

(2)FHC(1∶2)投加量的影响

图 5.6 为 FHC(1∶2)不同投加量条件下的去除效果。当 9.68 mg/L 的 Cr(Ⅵ)完全去除时，FHC(1∶2)所需要的投加量大约为 48.85 mg/L，比 FHC(1∶1)几乎高出了 10 mg/L，此时其单位去除量约为 198 mg/g。而且，当 FHC 投加量不足时(16.8 mg/L)，其平衡去除量也低于 FHC(1∶1)相同投加量的去除水平。

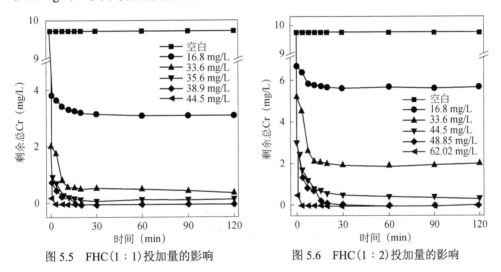

图 5.5　FHC(1∶1)投加量的影响　　　　　图 5.6　FHC(1∶2)投加量的影响

造成这一现象的主要原因可能有以下两点：①FHC(1∶2)本身所具有的 OH⁻ 导致体系 pH 升高较为严重，当 FHC 投加量为 33.6 mg/L 时 pH 可升到 9.5 左右，此时水体中的 Cr(Ⅵ)主要以 CrO_4^{2-} 形态存在，其氧化性相对较低。而且，由于 OH⁻ 浓度相对较高，使得 FHC 羟基氧化物层带有负电，不利于 FHC 与 CrO_4^{2-} 的接触。②由图 5.7 可以看出，FHC(1∶2)的晶型比 FHC(1∶1)好很多，表明其结构有序化程度比 FHC(1∶1)更高，晶型更为紧密，使得 FHC(1∶2)表面的反应位点数量大大减少。而且，较高的 pH 使生成的 Cr(Ⅲ)产物更容易沉积在 FHC(1∶2)的表面和结构层中，对反应位点的覆盖更为细密，这可能是即使投加 16.8 mg/L 的

FHC（1：2），其去除效果仍比 FHC（1：1）差很多的主要原因。

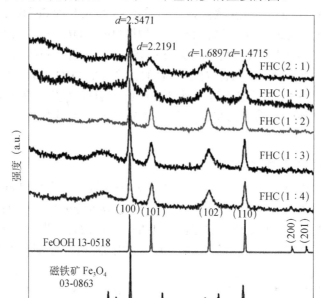

图 5.7　FHC 样品的 XRD 图

3. 初始 pH 对 Cr(Ⅵ) 去除的影响

图 5.8 研究初始 pH 对 FHC 去除 Cr(Ⅵ) 的影响。Cr(Ⅵ) 初始浓度为 9.68 mg/L，FHC（1：1）投加量为 33.6 mg/L，将溶液初始 pH 调至 3.0、4.0、5.0、6.0、7.0、8.0、9.0、10.0、11.0，加入 FHC（1：1）后反应 1 h，取样测定溶液中的总铬。结果显示当初始 pH 在 5～9 范围时，溶液中的总铬仍然较低，约为 0.3～0.5 mg/L。pH≤4.0 或 pH≥10.0 时，溶液中的总铬上升比较明显，此时 FHC（1：1）的结构可能遭到了一定程度的破坏或改变，影响了反应效果。

4. 溶解氧对 Cr(Ⅵ) 去除的影响

由于 FHC（1：1）具有很强的还原性，溶液中的氧化性物质都可能会对 FHC（1：1）还原处理 Cr(Ⅵ) 造成一定的影响，例如 DO 等。为了研究溶液中 DO 对 FHC（1：1）处理效果的影响，将初始 Cr(Ⅵ) 溶液吹脱不同的时间，使得其中的 DO 含量不同。分别吹脱 0 min、10 min、15 min、20 min、30 min、90 min，其对应的 DO 浓度分别为 9.81 mg/L、7.57 mg/L、4.55 mg/L、2.21 mg/L、0.23 mg/L 和 0 mg/L。FHC 投加量分别为 33.6 mg/L、38.9 mg/L、45 mg/L，反应时间均为 1 h，结果如图 5.9 所示。溶液中的 DO 会对 FHC（1：1）去除 Cr(Ⅵ) 产生明显的影响，在完全吹脱氧的条件下，彻底去除 9.68 mg/L 的 Cr(Ⅵ) 需要大约 38.9 mg/L 的 FHC(1∶1)，而此时在投加 38.9 mg/L 的 FHC(1∶1) 时，出水中有 0.6 mg/L 左右的 Cr(Ⅵ)，而投加量为 33.6 mg/L 时，其出水中 Cr(Ⅵ) 为 1.8 mg/L。

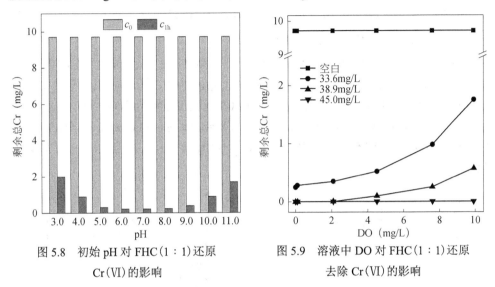

图 5.8　初始 pH 对 FHC(1∶1) 还原　　　　图 5.9　溶液中 DO 对 FHC(1∶1) 还原
　　　　　Cr(Ⅵ) 的影响　　　　　　　　　　　　　去除 Cr(Ⅵ) 的影响

尽管 DO 对 FHC 的还原性能产生了一定影响，但是处理结果表明，在溶液中，Cr(Ⅵ) 与 DO 存在明显的竞争作用。理论上，如果 9.81 mg/L 的 DO 完全竞争得到 FHC(1∶1) 中 Fe(Ⅱ) 的电子，仅仅 DO 就可以消耗 68 mg/L 的 FHC(1∶1)，在这种情况下，如果要把溶液中的 Cr(Ⅵ) 完全去除，大约需要 106.9 mg/L 的 FHC(1∶1)。而实验结果表明，仅仅投加 45 mg/L 的 FHC(1∶1) 就可以在不吹脱氧气的条件下，把 Cr(Ⅵ) 完全去除。这说明，在与 DO 竞争 FHC(1∶1) 的过程中，Cr(Ⅵ) 完全占据了优势，即 FHC(1∶1) 会优先和 Cr(Ⅵ) 反应。

Cr(Ⅵ) 转化为 Cr(Ⅲ) 的标准氧化还原电位为 +1.33 V，而 O_2 得电子转化为 OH^- 的标准氧化还原电位为 +0.40 V。通过标准 ORP 也可以看出，Cr(Ⅵ) 具有比 DO 更强的氧化性，因而其得电子的趋势更大。此外，FHC(1∶1) 的分子式为

$$[Fe_7^{II}(OH)_{10}]^{4+}[SO_4^{2-}]_2 \cdot nH_2O \tag{5.2}$$

式中，n 为 FHC(1∶1) 所带结合水的数量。其结构层带正电荷，因此更容易吸附带负电荷的 Cr(Ⅵ) 并将其还原。

5. 阴离子对 Cr(Ⅵ) 去除的影响

结合态亚铁一般都具有特定的结构，例如绿锈、FHC 等，具有多层状结构，层间充满了阴离子。而废水中存在多种阴离子时，这些阴离子可能会进入结合态

亚铁的层间结构,影响结合态亚铁对污染物的吸附或还原作用[43]。因此研究了 Cl^-、CO_3^{2-}、HPO_4^{2-}、NO_3^- 四种无机阴离子以及 CH_3COO^-、$C_2O_4^{2-}$ 两种有机阴离子对 FHC(1:1)和 Fe^{2+} 的影响。阴离子含量按其与 Fe(Ⅱ)浓度比设定,分别为 0、1:100、1:10 和 1:1,Cr(Ⅵ)初始浓度为 10.63 mg/L,Fe(Ⅱ)投加量为 33.6 mg/L(以铁计)。

(1)CO_3^{2-} 对 FHC 还原性能的影响

图 5.10 研究了溶液中的 CO_3^{2-} 对 FHC(1:1)和 Fe^{2+} 去除六价铬的影响。溶液中 CO_3^{2-} 的存在均可以促进 Fe(Ⅱ)对 Cr(Ⅵ)的去除。当[CO_3^{2-}]/[Fe(Ⅱ)]较小时,对 Fe^{2+} 去除量提高不明显,但是当[CO_3^{2-}]/[Fe(Ⅱ)]比例逐渐提高时,其对 Fe(Ⅱ)去除作用的提高作用越明显,当[CO_3^{2-}]/[Fe(Ⅱ)]=1/10 时,33.6 mg/L 的 FHC(1:1)已经可以完全去除 10.63 mg/L 的 Cr(Ⅵ),当[CO_3^{2-}]/[Fe(Ⅱ)]=1/1 时,Fe^{2+} 可以完全去除 Cr(Ⅵ)。

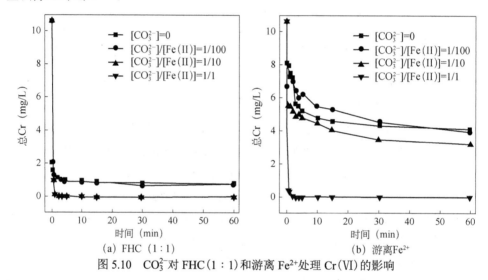

图 5.10　CO_3^{2-} 对 FHC(1:1)和游离 Fe^{2+} 处理 Cr(Ⅵ)的影响

CO_3^{2-} 的加入会引起 pH 的变化,当将反应溶液调至相同的 pH(分别为 7.8、9.1 和 10.2 左右)再用 FHC(1:1)和 Fe^{2+} 处理时(未加 CO_3^{2-}),仅 Fe^{2+} 对 Cr(Ⅵ)的去除量有所提高,但是提高效果比加入 CO_3^{2-} 后 Fe^{2+} 去除量的提高效果小很多。然而,相同的情况应用于 FHC(1:1)却出现了降低。由此可以确定,pH 改变并不是 CO_3^{2-} 离子提高 FHC 去除效果的主要因素。过高的 pH 反而会抑制 FHC(1:1)的还原性能,从而造成去除效果的下降。此外,当加入低浓度 CO_3^{2-} 时,对 FHC(1:1)去除 Cr(Ⅵ)的影响不大,但是加入高浓度 CO_3^{2-} 时,可以明显地提高处理效果。当 CO_3^{2-} 存在时,CO_3^{2-} 可能会进入 FHC 的结构中,改变 FHC 的堆积形态,从而形成由 Fe(Ⅱ)构成的 FHC(CO_3^{2-}),促进 Cr(Ⅵ)的去除。

而且,加入 CO_3^{2-} 后,FHC 的结构发生了明显的变化,形成了碳酸盐型的

FHC，完全无层状结构，而是形成了粒径约为 20～50 nm 的颗粒物，而且这种细颗粒物的排列非常不规则，具有明显的孔状结构。尽管还不确定它是堆积孔还是结构孔，但是这一结构使 FHC 具有了更大的比表面积，考虑到比表面积对结合态亚铁的还原速率具有非常重要的影响，因此可以推测 CO_3^{2-} 的加入可有效改变 FHC 的结构，使其比表面积增大从而使其活性得到提升。而加入 CO_3^{2-} 的 FHC 物相结构更不规整，从而有可能出现更多的活性位点，不仅增加了 FHC 的比表面积，而且还使其活性位点浓度有所增高，从而有效地提高 FHC 的活性和其去除效果。

(2) PO_4^{3-} 对 FHC 还原性能的影响

为了研究 PO_4^{3-} 对 FHC(1∶1) 和游离 Fe^{2+} 去除 Cr(Ⅵ) 的影响，在 Fe(Ⅱ) 去除 Cr(Ⅵ) 的试验中，按照 $[PO_4^{3-}]/[Fe(Ⅱ)]$ 比例的变化，向初始反应溶液中加入 PO_4^{3-}，结果如图 5.11 所示。过高的 PO_4^{3-} 浓度（$[PO_4^{3-}]/[Fe(Ⅱ)]=1/1$）对 FHC(1∶1) 和 Fe^{2+} 的去除效果表现出抑制作用，且 PO_4^{3-} 浓度越大对 FHC(1∶1) 的抑制作用更大。而相对较低的 PO_4^{3-} 浓度（$[PO_4^{3-}]/[Fe(Ⅱ)]<1$）对游离 Fe^{2+} 影响不大。但是，对 FHC(1∶1) 来说，当 PO_4^{3-} 浓度过高或过低时，其对 FHC 去除 Cr(Ⅵ) 均起负面作用。而当 $[PO_4^{3-}]/[Fe(Ⅱ)]=1/10$ 时，可以起促进作用。

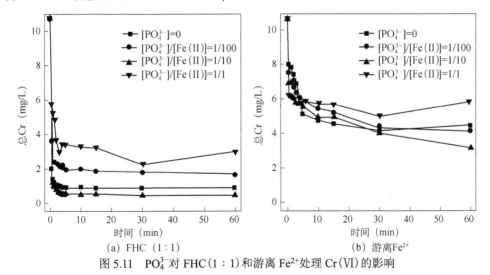

图 5.11　PO_4^{3-} 对 FHC(1∶1) 和游离 Fe^{2+} 处理 Cr(Ⅵ) 的影响

低浓度的 PO_4^{3-} 对体系初始 pH 影响不大，但当加入高浓度 PO_4^{3-} 后，溶液 pH 有所升高（对于 $[PO_4^{3-}]/[Fe(Ⅱ)]=1/1$ 来说，Cr(Ⅵ) 溶液初始 pH 从 7.4 升高到 8.7）。按照 pH 升高对 Fe(Ⅱ) 还原性能有提高作用，Cr(Ⅵ) 的去除量应该会提高，但是实际却出现了降低现象。因此，PO_4^{3-} 的加入对 Cr(Ⅵ) 去除量的影响有更复杂的原因。

PO_4^{3-} 离子的加入不仅可以影响与 FHC 结合的 OH^- 数量，而且还可影响 FHC

及其氧化产物的矿物相和粒径大小。过量的 PO_4^{3-} 减少了 FHC 中 OH^- 的数量，而且还会增大产物的粒径，甚至使粒径达到了 50 nm 左右。考虑到 Cr(Ⅵ) 与 FHC 的作用深度有限，当 FHC 粒径过大时，必然也会影响到其还原能力。另外，当加入较高含量的 PO_4^{3-} 时，FHC 的结构和性质可能会发生质的变化。当 $[PO_4^{3-}]/[Fe(Ⅱ)]$ 提高到 1/1 时，FHC 已经完全转化为了蓝铁矿，该矿物具有良好的晶体结构，亚铁在晶体结构中较为稳定，因而影响亚铁失电子的能力。另外，蓝铁矿并没有 FHC 所具有的层状结构，而是变成了结构致密的块状结构，不仅降低了晶格内部亚铁向外传递电子的能力，而且降低了矿物的比表面积，使得 Cr(Ⅲ) 产物的钝化作用显得更大，更不利于内部电子的外向传递。而且，良好的晶格结构反映出晶体内部的排布更为规则，微观应力变得更小，导致出现反应位点的可能性更加降低。

而当 $[PO_4^{3-}]/[Fe(Ⅱ)]=1/10$ 时，FHC 的若干 XRD 衍射峰变得更不明显，这可能是 PO_4^{3-} 的加入导致体系变得更为疏松，晶体颗粒变得更小的缘故。而这一变化提高了 FHC 的比表面积，使 FHC 的反应活性位点浓度和比表面积浓度更大，导致其内层结构电子的外向传递能力有所提高，因而有利于 FHC 的去除作用。

(3) Cl^- 和 SO_4^{2-} 对 FHC 还原性能的影响

Cl^- 和 SO_4^{2-} 对 FHC(1∶1) 和 Fe^{2+} 的影响结果如图 5.12 所示。其中 Cr(Ⅵ) 初始浓度为 10.77 mg/L，Fe(Ⅱ) 投加量为 33.6 mg/L，$[Cl^-]/[Fe(Ⅱ)]=1/1$，反应时间为 1 h。由图中可以看出，Fe^{2+} 的还原作用几乎完全没有受 Cl^- 和 SO_4^{2-} 的影响。这是因为 Fe^{2+} 还原 Cr(Ⅵ) 的反应是均相反应，Cl^- 和 SO_4^{2-} 并不能与 Fe^{2+} 形成具有活性结构的结合态亚铁，从而促进其层间的电子传递。

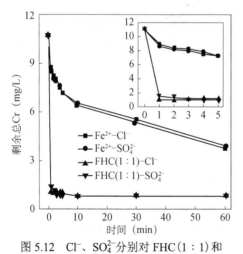

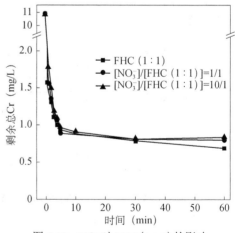

图 5.12　Cl^-、SO_4^{2-} 分别对 FHC(1∶1) 和 Fe^{2+} 的影响

插图为该反应在 5 min 内的进行情况

图 5.13　NO_3^- 对 FHC(1∶1) 的影响

(4)NO₃⁻对 FHC 还原性能的影响

水体中的 NO₃⁻具有一定的吸电子能力，因而可以氧化绿锈等结合态亚铁。而作为拥有比绿锈更高还原活性的 FHC，其在处理重金属污染物的过程中也可能受到 NO₃⁻的影响。为此，对比研究了高 NO₃⁻含量条件下，其 FHC(1∶1)对 Cr(Ⅵ)的还原去除效果，Cr(Ⅵ)初始投加量为 10.77 mg/L，FHC(1∶1)投加量为 33.6 mg/L，[NO₃⁻]/[FHC(1∶1)]=1/1、10/1，反应时间为 1 h，结果如图 5.13 所示。

不管[NO₃⁻]/[FHC(1∶1)]为 1/1 或者 10/1，其对 FHC 处理 Cr(Ⅵ)的影响均不明显。结果显示 FHC 并不能还原 NO₃⁻，注意到在该体系中含有大量的 Cr(Ⅵ)，其标准 ORP 为+1.33 V，比 NO₃⁻还原为 NO₂⁻的标准 ORP(+0.80 V)高 0.53 V，这使得 Cr(Ⅵ)即使在含有高浓度 NO₃⁻的体系中，仍可以轻易地被还原。

(5)C₂H₃O₂⁻对 FHC 还原性能的影响

废水中 C₂H₃O₂⁻具有较大的溶解度，因而可能会对亚铁的还原去除作用造成一定的影响。为了研究 C₂H₃O₂⁻对 FHC(1∶1)和 Fe²⁺的影响，按照[C₂H₃O₂⁻]/[Fe(Ⅱ)]为 0、1/100、1/10、1/1 的加入量，研究不同 C₂H₃O₂⁻加入量的影响。

由图 5.14 可以看出，三种浓度的 C₂H₃O₂⁻对 FHC(1∶1)的影响都很微弱，加入 C₂H₃O₂⁻后，去除量只有轻微的提高作用，但是高浓度 C₂H₃O₂⁻([C₂H₃O₂⁻]/[Fe(Ⅱ)]=1/1)却可以对 FHC 和 Fe²⁺的去除作用起到较明显的促进作用。

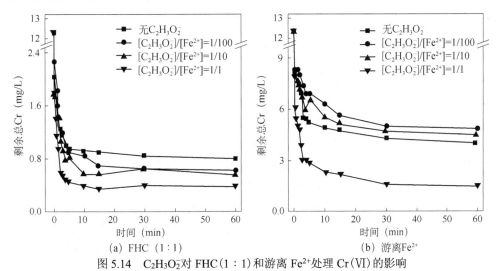

图 5.14　C₂H₃O₂⁻对 FHC(1∶1)和游离 Fe²⁺处理 Cr(Ⅵ)的影响

乙酸盐是一种常用缓冲剂，对体系 pH 的变化具有一定的缓冲作用。由于体系初始为中性，三种浓度的乙酸加入后，溶液体系初始 pH 变化范围很小(<0.2)，因此体系初始 pH 的变化对 FHC 和 Fe²⁺的影响很小。但是，随着反应的进行，体系 pH 不断降低，部分 H⁺与乙酸根结合形成乙酸，使得体系的最终 pH 有所上升。而且乙酸

根浓度越高，缓冲效果就越大，有利于反应生成的 Cr(Ⅲ)氢氧化物沉淀，这从出水总铁含量即可看出。因此，对 FHC 和 Fe^{2+} 对 Cr(Ⅵ)的去除具有一定的促进作用。

(6) $C_2O_4^{2-}$ 对 FHC 还原性能的影响

图 5.15 揭示了 $C_2O_4^{2-}$ 离子对 FHC(1∶1)和 Fe^{2+} 去除 Cr(Ⅵ)的影响效果。当 $C_2O_4^{2-}$ 离子浓度较低（$[C_2O_4^{2-}]/[Fe(Ⅱ)]<1/10$）时，$C_2O_4^{2-}$ 离子对 FHC(1∶1)和 Fe^{2+} 的影响不大，仅出现了轻微的抑制作用。但是当 $C_2O_4^{2-}$ 离子浓度继续升高（$[C_2O_4^{2-}]/[Fe(Ⅱ)]=1/1$）时，对 FHC 和 Fe^{2+} 去除 Cr(Ⅵ)的效果均出现了显著的抑制作用。当$[C_2O_4^{2-}]/[Fe(Ⅱ)]=1/1$ 时，FHC(1∶1)反应体系出水总铬含量增加了 4 mg/L 左右，远远高于未加 $C_2O_4^{2-}$ 时的出水总铬含量。高浓度的 $C_2O_4^{2-}$ 对 Fe^{2+} 的抑制作用最大，当$[C_2O_4^{2-}]/[Fe(Ⅱ)]=1/1$ 时，体系中总铬几乎完全未去除。

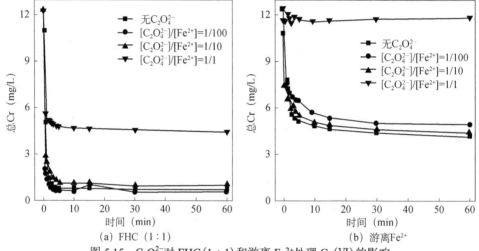

图 5.15　$C_2O_4^{2-}$ 对 FHC(1∶1)和游离 Fe^{2+} 处理 Cr(Ⅵ)的影响

草酸是一种常用的有机配体，常用来维持体系中金属离子的稳定性。草酸与 Cr(Ⅲ)的配位能力仅次于 OH^-，因此当 Cr(Ⅲ)与 $C_2O_4^{2-}$ 离子共存时，其去除的难度比较大。由图 5.16 可以看出，由于 FHC(1∶1)与 Fe^{2+} 将 Cr(Ⅵ)还原为三价时，溶液为酸性环境（pH<5.0），溶液中羟基比例非常少，因此 $C_2O_4^{2-}$ 离子与 OH^- 竞争时处于明显的优势地位。而且在一定范围内，溶液酸性越强，越有利于 $C_2O_4^{2-}$ 离子配位。对于 FHC(1∶1)来说，$C_2O_4^{2-}$ 还会参与 FHC 对 CrO_4^{2-} 吸附的竞争，从而使其去除率也受影响。

6. 阳离子对 Cr(Ⅵ)去除的影响

废水中常见的阳离子有的（如 Ca^{2+}、Mg^{2+} 等）可以形成溶解度较小的化合物，对 FHC 的表面可能会有影响，有的（如 Cu^{2+} 等）可以与 FHC 反应。本节对废水中常见的阳离子如 Ca^{2+}、Mg^{2+}、NH_4^+ 等进行了研究，并研究了过渡金属 Cu^{2+} 对 FHC 的影响。

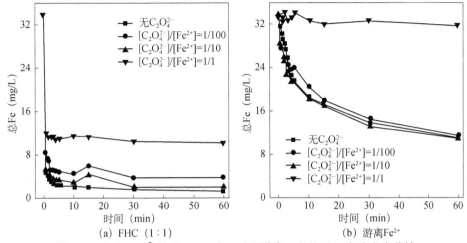

(a) FHC (1∶1)　　　　　(b) 游离Fe²⁺

图 5.16　加入 $C_2O_4^{2-}$ 前后，FHC(1∶1)和游离 Fe^{2+} 处理 $Cr(VI)$ 出水总铁

(1)钙镁离子的影响

在中性及酸性条件下，Ca^{2+} 和 Mg^{2+} 可以稳定的存在，并不会形成沉淀，因而对 FHC 的还原作用造成的影响较为有限。但是当体系 pH 较高时，由于 Ca^{2+} 和 Mg^{2+} 的氢氧化物 K_{sp} 分别为 $5.5×10^{-6}$ 和 $1.8×10^{-11}$，因此两者的氢氧化物均不易溶于水。所以在高 pH 条件下，这两种物质均以悬浮物的形式存在。将初始 pH 调至 9.0 并吹脱溶解氧后，分别加入 Ca^{2+} 和 Mg^{2+}，使得[Ca^{2+}]/[FHC(1∶1)]=1/1、[Mg^{2+}]/[FHC(1∶1)]=1/1，然后加入 FHC 反应 3 h。并对比研究了未加 Ca^{2+} 和 Mg^{2+} 时 FHC 在该 pH 条件下的去除效果。

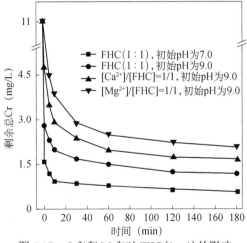

图 5.17　Ca^{2+} 和 Mg^{2+} 对 FHC(1∶1)的影响

由图 5.17 可以看出，FHC(1∶1)在 pH 为 9.0 时去除效果明显比初始 pH 为 7.0 时差，且其反应速率也有所下降。当体系加入 Ca^{2+} 和 Mg^{2+} 时，体系的反应速率和处理效果下降，其出水总铬从加入 Ca^{2+} 和 Mg^{2+} 前的 1.26 mg/L 分别升高到了 1.6 mg/L 和 2.0 mg/L。由于 Ca^{2+} 和 Mg^{2+} 的氢氧化物均不易溶于水，因此，在高 pH 条件下，Ca^{2+} 和 Mg^{2+} 会以其氢氧化物悬浮物的形式存在，消耗了体系中的 OH^-，从而降低体系 pH，影响 FHC 的结构和反应性。此外，当加入 FHC(1∶1)后，FHC(1∶1)因为搅拌而迅速在体系内均匀分布。而此时由于溶液中有大量的 $Ca(OH)_2$ 和 $Mg(OH)_2$，这两种氢氧化物可能会迅速被吸附在 FHC 的表面，因此可能覆盖了相当部分的活性位点，从而导致体系处理速率的降低。而且，随着 FHC 与 Cr(VI)反应，生成的 Cr(III)产物又沉积在 FHC 的表面上。即 FHC 表面上可能的物质层从内向外依次为：FHC —— $Ca(OH)_2$/$Mg(OH)_2$ —— Cr(III)产物。吸附的 $Ca(OH)_2$ 和 $Mg(OH)_2$ 进一步阻碍了电子的传递速度，使 FHC 的有效比表面积浓度和有效活性位点浓度均有所下降。因此当外面再包裹一层 Cr(III)产物时，FHC(1∶1)的内部电子向外传递的能力进一步得到削弱，未反应的亚铁比例进一步增加，从而使总铬去除量有所下降。

由于 $Ca(OH)_2$ 的溶度积常数比 $Mg(OH)_2$ 的溶度积常数小，因此，体系中 $Ca(OH)_2$ 悬浮物的浓度比 $Mg(OH)_2$ 低，从而使 FHC 表面上吸附的 $Ca(OH)_2$ 比 $Mg(OH)_2$ 少。即 FHC 表面的 $Mg(OH)_2$ 层比 $Ca(OH)_2$ 层更厚，导致加入 $Mg(OH)_2$ 的体系出水总铬更高，处理效果更差。

(2) 铵根离子的影响

铵盐是一种弱碱，在水体中会水解形成氨水，导致体系 pH 降低。有时，NH_4^+ 又会通过与体系反应前后的某种产物(例如 Cu 等)反应，例如形成络合物等来影响该污染物的去除。对 FHC 处理 Cr(VI)来说，由于 NH_4^+ 与 Cr(VI)和 Cr(III)均不发生反应，而且 FHC 还原 NO_3^- 的主要产物也是 NH_4^+，因此 NH_4^+ 对 FHC 的作用主要通过改变体系的 pH 来影响污染物的去除。

图 5.18 为加入 NH_4^+，未加 NH_4^+、[FHC(1∶1)]/[NH_4^+]=10/1 和 1/1 的处理效果图。加入 NH_4^+ 后，体系处理效果均有所下降。对比[FHC(1∶1)]/[NH_4^+]=10/1 和 1/1 可以发现，NH_4^+ 的加入量越大，其处理效果越差，这是因为加入的 NH_4^+ 浓度越大，其水解造成的 pH 下降也越大，从而对 FHC(1∶1)结构的破坏程度也越大，造成处理效果下降。

(3) 铜离子的影响

在重金属废水中，Cu^{2+} 也是一种常见的过渡金属阳离子。它可以与 FHC 等结合态亚铁反应，自身被还原为+1 价或 0 价，从而消耗一定量的亚铁。此外，加入的 Cu^{2+} 还可能被结合态亚铁还原为零价铜，从而形成原电池体系。因此，当水体中同时含有 Cr(VI)、Cu(II)时，Cu(II)的存在可能会对 FHC 的还原性能造成一定的影响。

由于 Cr(VI)的氧化还原电位比 Cu(II)高，当体系中同时含有 Cr(VI)、Cu(II)两种离子时，Cr(VI)的还原优先级更高，然而考虑到 Cu^{2+} 离子是二价阳离子，有

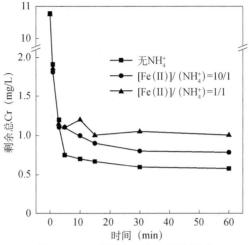

图 5.18　NH$_4^+$对 FHC(1∶1)的影响

可能进入 FHC 的晶格结构替代部分 Fe(Ⅱ)从而对 FHC 的还原效果产生影响，因此实验确定了铜和 FHC 的两种加入顺序：①先将 Cu^{2+}加入 Cr(Ⅵ)溶液中，然后加入 FHC(1∶1)反应；②先将 Cu^{2+}加入 FHC(1∶1)体系中混合 30 min，然后将该混合液加入 Cr(Ⅵ)体系中反应。Cu^{2+}的加入量按其与 FHC(1∶1)的比例计算，其比例分别为[FHC(1∶1)]/[Cu^{2+}]=1000/1、500/1、100/1，初始铬加入量为 10.77 mg/L，FHC(1∶1)投加量为 33.6 mg/L，反应时间为 60 min，结果如图 5.19 所示。

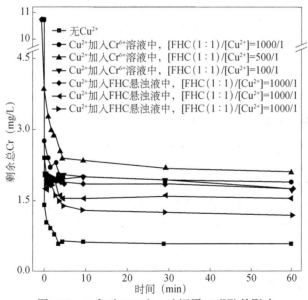

图 5.19　Cu^{2+}对 FHC(1∶1)还原 Cr(Ⅵ)的影响

从图中可以看出，加入铜后，其去除效果明显比未加铜的去除效果差，这是因为 Cu^{2+} 的加入消耗了一部分亚铁的缘故。且相比于将铜直接加入 Cr(Ⅵ) 体系中后再加入 FHC，将 Cu^{2+} 预引入 FHC(1:1) 中反应 30 min 后，再将混合液加入 Cr(Ⅵ) 体系中的去除效果更好。

将 Cu^{2+} 加入 FHC 后，Cu^{2+} 会被 FHC 还原成新生态的零价铜，新生态的零价铜由于具有极小的粒径，可能会被吸附在 FHC 的表面并与 FHC 形成原电池，而内层的电子通过原电池反应更有利于传递到外层，从而有利于 FHC 的反应。而直接将 Cu^{2+} 加入 Cr(Ⅵ) 体系中，则可能存在 Cu(Ⅱ) 与 Cr(Ⅵ) 竞争反应位点的现象，不利于 Cr(Ⅵ) 的还原。

5.2　FHC 还原去除 Ni(Ⅱ) 的性能与机制

5.2.1　亚铁形态对去除 Ni(Ⅱ) 性能的影响

本节通过对比游离态亚铁(Fe^{2+})与结合态亚铁[GR、FHC(1:2)]对游离镍的去除效果，重点研究 FHC(1:2) 除镍性能。Ni(Ⅱ) 初始浓度为 57 mg/L，总铁投加量为 110 mg/L，反应时间为 60 min，结果如图 5.20 所示。由图可以看出反应仅需 10 min，Ni(Ⅱ) 的去除效果均能达到最佳，反应基本达到平衡。反应过程中 FHC(1:2) 对 Ni(Ⅱ) 的去除效果较好，其去除量能达到约 450 mg Ni/gFe；而 GR 对 Ni(Ⅱ) 的去除率仅为 8.4%，对 Ni(Ⅱ) 的去除量仅为 43.6 mg Ni/gFe，Fe^{2+} 的去除效果最差，其去除量仅为 18.6 mg Ni/gFe。从反应速率上看，由于 FHC 与 GR 具有较为独特的层状结构，拥有较大的比表面积，较易还原吸附重金属，因此反应速率较大，而游离态 Fe(Ⅱ) 是均一溶液，易与溶液中的 Ni(Ⅱ) 接触反应，且反应过程中对 Ni 的去除效果不佳，因而反应所需的时间较少。

5.2.2　FHC 去除 Ni(Ⅱ) 性能的优化

1.[Fe(Ⅱ)]/[OH⁻] 摩尔比对 Ni(Ⅱ) 去除的影响

FHC 中羟基的含量直接影响其结构形态，FHC 又能分为 FHC(1:1)、FHC(1:2)、FHC(1:3) 等，而结构形态又直接影响其对污染物的去除性能。为了确定羟基的含量对 Ni(Ⅱ) 的去除影响，本节研究溶解态的 Fe^{2+}、[Fe(Ⅱ)]/[OH⁻] 为 2:1、1:1、1:2、1:3、1:4 的 FHC 与 Ni(Ⅱ) 反应。Ni 的初始浓度为 57 mg/L，亚铁的投加量均为 110 mg/L，反应时间为 60 min，结果如图 5.21 所示。由图中可以看出各反应的反应速率以及效果均为 FHC(1:4)>FHC(1:3)>FHC(1:2)>FHC(1:1)>FHC(2:1)>Fe^{2+}，其中 FHC(1:3) 与 FHC(1:4) 与 Ni(Ⅱ) 的反

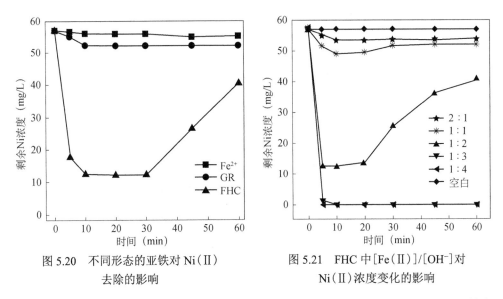

图 5.20　不同形态的亚铁对 Ni(II)　　　　　图 5.21　FHC 中[Fe(II)]/[OH⁻]对
去除的影响　　　　　　　　　　　　Ni(II)浓度变化的影响

应过程中初始 pH 较高，达到 10.5 以上，此时大部分 Ni(II)的去除可归因于其在
强碱性条件下的迅速沉淀。

若以亚铁质量计算，FHC(1 : 2)对 Ni(II)的去除效果最好，其去除量能达到
约 450 mg Ni/g Fe，反应过程中除了部分 Ni(II)被 FHC 中的羟基沉淀外，还有一
部分可能通过 FHC 的吸附还原去除。而 FHC(1 : 1)与 FHC(2 : 1)加入溶液中后初
始 pH 较低，且初始材料形成的层状结构没有 FHC(1 : 2)明显，难以吸附还原或
沉淀 Ni(II)，因而去除效果欠佳。其中 FHC(1 : 1)对 Ni(II)的去除量为 72.07 mg
Ni/g Fe，远低于 FHC(1 : 2)反应时的去除量。考虑到提升 FHC 的羟基含量会使运
行成本增加，不利于实际应用。因而本节后续的探讨皆采用[Fe(II)]/[OH⁻]为 1 :
2 的 FHC，即 FHC(1 : 2)。

2. 溶解氧对 Ni(II)去除的影响

用 N₂ 将初始 Ni(II)溶液吹脱不同的时间，使溶液中的 DO 含量不同，从而研
究 DO 对 FHC(1 : 2)处理效果的影响。吹脱时间分别为 0 min、30 min、90 min、
120 min，其对应的 DO 浓度分别为 9.78 mg/L、2.49 mg/L、0.64 mg/L 和 0 mg/L。
由于反应在无氧条件下的反应速率较小，因此我们设定反应时间为 6 h，Ni(II)的
初始浓度为 100 mg/L，Fe 的投加量为 110 mg/L 来分析 DO 对反应的影响。由
图 5.22 可以看出，溶液中的 DO 对 FHC(1 : 2)与 Ni(II)的去除效果有较明显的影
响，在溶液中无 DO 条件下，FHC(1 : 2)对 Ni(II)的去除效果最佳，反应 3 h 左
右，Ni(II)的去除量达到 700 mg Ni/g Fe，而 DO 的存在对反应去除效果产生不利
影响。无氧条件下 Ni(II)的去除效果高于之前的研究，但是该实验条件不适用于

工程实际应用，条件比较苛刻。因此一般实验研究采用吹脱溶液中溶解氧至 2.5 mg/L 左右，于锥形瓶中反应，其最大去除量也能达到 613 mg/g。

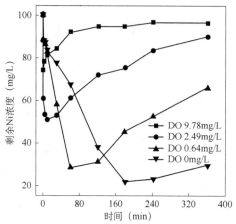

图 5.22　溶解氧对 FHC(1∶2)与 Ni(Ⅱ)反应的影响

3. Fe/Ni 比例对 Ni(Ⅱ)去除的影响

Fe(Ⅱ)的投加量对反应处理效果有很大的影响，如图 5.23 和表 5.1 所示，Fe(Ⅱ)投加量为 110 mg/L 时对 Ni(Ⅱ)的去除量最佳，说明在初始 Ni 浓度一定时通过改变 Fe 的投加量，发现 Fe∶Ni=2∶1 时反应能达到最佳去除效果，此时去除量达到 450 mg Ni/g Fe。相对而言加入的 Fe(Ⅱ)含量越大，单位去除量越小，导致 FHC 的过量投加问题。从工程应用的角度上来说，通过适当的调节反应过程的最佳比例能实现反应彻底以及节约成本等。Fe 过量投加会增加水处理的成本，造成不必要的浪费，Ni 过量会造成反应不彻底，出水不能达标排放等问题。

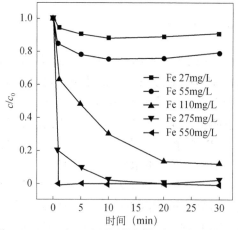

图 5.23　FHC(1∶2)不同投加量对 Ni 去除的影响

表 5.1　不同铁投加量对反应的影响

Fe(Ⅱ)投加量(mg/L)	Ni(Ⅱ)初始浓度(mg/L)	反应前 pH	Fe : Ni 比例	去除量(mg Ni/g Fe)
27	57	8.1	1 : 2	237
55	57	8.4	1 : 1	247
110	57	9.1	2 : 1	450
275	57	10.0	5 : 1	200
550	57	11.2	10 : 1	100

4. 初始 Ni(Ⅱ)浓度对 Ni(Ⅱ)去除的影响

由于 FHC(1 : 2)具有较大的比表面积和较强的吸附性,因此对 Ni 的去除机制可能也包括吸附作用,也可以通过调节不同初始 Ni(Ⅱ)浓度来研究 FHC 对 Ni 的吸附效果。为了确定结合态 Fe(Ⅱ)对 Ni(Ⅱ)的饱和去除量即吸附作用影响,配制 10 mg/L~450 mg/L 初始浓度的 Ni(Ⅱ)溶液,亚铁投加量为 110 mg/L。图 5.24 表示不同初始 Ni(Ⅱ)浓度条件下反应 30 min 后的结果。从图中可以看出,随着 Ni 的初始浓度升高,FHC 对其吸附容量先升高后下降,证明在 Ni 初始浓度为 100 mg/L 左右(即 Fe : Ni=1 左右)有一个最佳吸附容量。整个反应过程的最佳去除量能达 608 mg/g(Fe : Ni 比例为 1 : 1)。综合分析前面的研究,可以将 FHC 与 Ni 反应过程中的最佳 Fe : Ni 比设为 2 : 1~1 : 1。本节研究中当 Ni(Ⅱ)初始浓度为 50 mg/L 时,110 mg/L 的 FHC 投加量对 Ni(Ⅱ)的去除率能达到 100%,说明 Fe(Ⅱ)的投加量稍微过量。

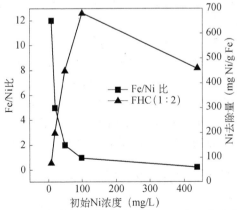

图 5.24　不同初始浓度的 Ni(Ⅱ)与 FHC(1 : 2)反应效果

5. 阴离子对 Ni(Ⅱ)去除影响

(1) CO_3^{2-} 的影响

图 5.25 表示 CO_3^{2-} 对 FHC(1 : 2)与 Ni(Ⅱ)反应的影响。其中 FHC(1 : 2)的投

加量为 200 mg/L（以亚铁计），CO_3^{2-} 的量是根据摩尔比$[CO_3^{2-}]/[Fe(II)]$=0、1/10、1/1 和 10/1 进行投加。由图 5.25 可以看出，当$[CO_3^{2-}]/[Fe(II)]$=1/10 时，能加快 Ni(II)的去除速率。当$[CO_3^{2-}]/[Fe(II)]≥1$ 时，200 mg/L 的 FHC(1∶2)能完全去除 100 mg/L 的 Ni(II)。实验虽然模拟了较高 CO_3^{2-} 浓度对 Ni(II)的去除，但考虑实际废水中的 CO_3^{2-} 水平，一般不会对 Ni(II)的去除造成很大影响。

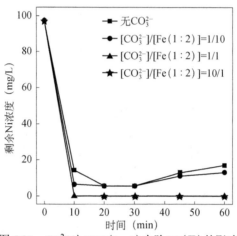

图 5.25　CO_3^{2-} 对 FHC(1∶2)去除 Ni(II)的影响

　　CO_3^{2-} 的加入会引起 pH 的变化，为了研究反应过程 pH 变化对 Ni(II)的去除效果以及释放是否有一定的关系，该实验研究过程中将反应溶液用 NaOH 调至与加入不同量 CO_3^{2-} 后相同的 pH（分别为 7.2、8.9 和 10.5），再加入等量的 FHC(1∶2)反应 60 min（未加 CO_3^{2-}），Ni(II)的最低剩余浓度分别为 9.72 mg/L、4.83 mg/L、0.68 mg/L，结果如表 5.2 所示。由于在一定的 pH 范围内 Ni 能沉淀，当初始 pH 为 10.5 时，溶液中的 OH⁻能沉淀大部分的 Ni(II)，因而 Ni(II)的去除效果较好，但相对于加入 CO_3^{2-} 后溶液中的 Ni(II)能去除到 0 mg/L 来说，其去除效果还是有一定的差异。在初始 pH 为 8.9 时，加入 CO_3^{2-} 后形成的结构具有更好的去除效果，FHC(1∶2)与 Ni(II)反应 60 min 后，Ni(II)的剩余浓度低于检测限（<0.01 mg/L），而加入 NaOH 调节 pH 后的剩余 Ni(II)浓度为 4.83 mg/L。

表 5.2　CO_3^{2-} 与 OH⁻对 FHC 与 Ni(II)反应影响的对比研究

$[CO_3^{2-}]/[FHC]$	初始 pH	终点 pH	CO_3^{2-}+FHC（mg/L）	NaOH+FHC（mg/L）
c_0	—	—	100	100
0	6.9	5.8	10.66	10.66
1/10	7.2	6.1	9.09	9.72
1/1	8.9	7.9	0	4.83
10/1	10.5	9.4	0	0.68

(2) NO_3^- 的影响

NO_3^- 离子对 FHC(1:2)与 Ni(II)的反应去除效果不是特别明显(图 5.26),降低 Ni(II)的去除率,整个反应过程的平衡得到破坏,没有稳定的过程。另外 NO_3^- 离子的加入对 Ni(II)从反应产物中的释放速率有很大程度的提高,并提高了 Ni(II)的释放量。因此,当废水中有高含量 NO_3^- 时,应注意反应时间,保证最大化 Ni(II)去除的能力。

(3) PO_4^{3-} 的影响

PO_4^{3-} 离子作为水体中的常见无机阴离子,在水体中污染物的去除反应以及降解中扮演着重要的角色。图 5.27 表示 PO_4^{3-} 对 FHC(1:2)与 Ni(II)反应的影响,其中 FHC 的投加量为 200 mg/L(以亚铁的质量计),PO_4^{3-} 离子的投加量是根据摩尔比 $[PO_4^{3-}]/[Fe(II)]=0$、1/10、1/1、10/1 进行投加。随着 PO_4^{3-} 加入量的逐渐增大,对 Ni(II)的去除起到先抑制后促进的作用。反应过程中 PO_4^{3-} 的加入会引起溶液 pH 的变化,加入 $[PO_4^{3-}]/[Fe(II)]=0$、1/10、1/1、10/1 时溶液的 pH 分别为 6.9、7.0、9.3、10.9,在初始 pH 为 9.3 或 10.9 时,溶液中的部分镍离子能通过沉淀去除,而 FHC 又具有一定的吸附还原能力,因此对 Ni(II)的去除有很大程度的促进作用。

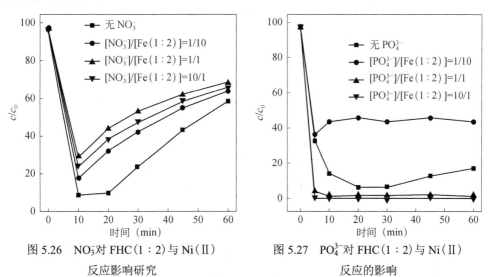

图 5.26　NO_3^- 对 FHC(1:2)与 Ni(II) 反应影响研究

图 5.27　PO_4^{3-} 对 FHC(1:2)与 Ni(II) 反应的影响

图 5.28 表示 PO_4^{3-} 加入 FHC(1:2)悬浮液中形成 FHC(PO_4^{3-})固体产物的 SEM 表征图,其中 $[PO_4^{3-}]/[Fe(II)]=1/1$。通过对比可以看出,PO_4^{3-} 的加入使 FHC 形成明显的层状结构,可以推断出 PO_4^{3-} 可以取代夹层中阴离子 SO_4^{2-},形成层状结构的同时也能吸附污染物,增加污染物的去除效果。

图 5.28　PO_4^{3-} 加入 FHC (1 : 2) 中形成产物 SEM 图 (20000×)

6. 阳离子对 Ni(Ⅱ) 去除的影响

在中性及酸性条件下，镁铝离子可以稳定地存在，并不会形成沉淀，因而可能不会对 FHC 的还原作用造成较明显的影响。但是在高 pH 条件下，该物质以悬浮物的形式存在。本节主要研究镁铝离子对溶液中 FHC (1 : 2) 与 Ni(Ⅱ) 反应的影响。将含 Ni(Ⅱ) 溶液吹脱 DO 后，分别加入不同量的镁铝离子，使溶液中 $[Mg^{2+}]$/$[FHC(1 : 2)]$ 分别为 1/10、1/1、10/1，$[Al^{3+}]$/$[FHC(1 : 2)]$ 分别为 1/10、1/1、10/1，反应时间为 1 h，研究对比阳离子对 FHC 与 Ni(Ⅱ) 反应的影响。

(1) 镁离子的影响

图 5.29 表示不同量的镁离子对反应的影响，随着镁离子投加量不断增大，溶液中 FHC (1 : 2) 对 Ni(Ⅱ) 的去除效果变差，说明镁离子对反应效果有一定的抑制作用，并且能促进 Ni(Ⅱ) 的释放速率以及释放量。对于 Ni(Ⅱ) 的去除，最佳的反应时间为 15 min 左右，Mg 和 Fe 的比值在 1/10～10/1 范围内都有很好的 Ni(Ⅱ) 去除效果。

(2) 铝离子的影响

图 5.30 表示不同量的铝离子对反应的影响，随着铝离子投加量的不断增大，FHC 对 Ni(Ⅱ) 的去除效果变差，当 $[Al^{3+}]$/$[FHC(1 : 2)]$=10/1 时，可以看出反应过程中 Ni(Ⅱ) 基本无去除效果，因此铝离子的加入能更大程度地抑制反应过程中 Ni(Ⅱ) 的去除。

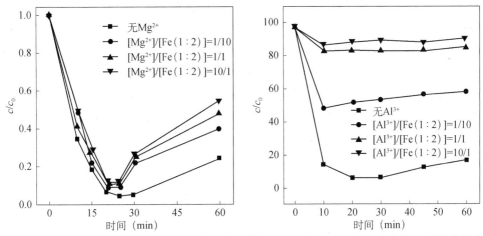

图 5.29　Mg^{2+}对 FHC(1∶2)去除 Ni(Ⅱ)的影响　　图 5.30　Al^{3+}对 FHC(1∶2)去除 Ni(Ⅱ)的影响

(3)两种阳离子的效果比较

从结构上来说，溶液中 FHC(1∶2)中的 Fe(Ⅱ)能被 Ni(Ⅱ)取代形成 LDH 结构类化合物，Mg^{2+}、Al^{3+}也能取代层状结构中的 Fe(Ⅱ)形成水镁石与碳酸镁铁矿，结构较为稳定，因此 FHC 中的 Fe(Ⅱ)与 Mg^{2+}、Al^{3+}能发生替代反应，减少 Ni(Ⅱ)被置换的可能性。过量的 Mg^{2+}、Al^{3+}也能吸附在 LDH 层状结构中，减少 FHC 与 Ni(Ⅱ)的接触面积，因而降低对 Ni(Ⅱ)的去除效果。从溶解常数来看，$pK_{sp}[Al(OH)_3]=32.34$、$pK_{sp}[Ni(OH)_2]=14.7$、$pK_{sp}[Fe(OH)_2]=15.1$、$pK_{sp}[Mg(OH)_2]=10.74$，pK_{sp} 越大越易沉淀，因而可以看出，Al^{3+} 在溶液中较易形成 $Al(OH)_3$，能够夺取 FHC 中的羟基，影响 FHC 的内部结构，并且优先于 Ni(Ⅱ)形成沉淀物，溶液中几乎没有检测到 Al^{3+} 的存在，沉淀完全，因此 Al^{3+} 的存在大大减少了 FHC 结构中的羟基数目，并且降低溶液的 pH，不利于 FHC 结构的稳定以及反应的进行。而 Mg^{2+} 的 pK_{sp} 相对较小，因此 Mg^{2+} 的存在对 FHC 与 Ni(Ⅱ)反应的影响弱于 Al^{3+}，其最佳去除率与未添加 Mg^{2+} 相差不大。另外，Ni(Ⅱ)的释放主要是由于溶液中 pH 的降低、FHC 结构的氧化以及破坏引起的，在实际运行中应尽量避免易沉淀以及易与 FHC 反应的阳离子存在。

5.2.3　FHC 去除 Ni(Ⅱ)容量及转化机制

1. Ni(Ⅱ)最大去除容量计算

采用 Langmuir 和 Freundlich 两种经典的吸附模型进行拟合，结果如图 5.31 所示。拟合结果显示这两个模型均不能较好地描述 FHC(1∶2)对 Ni(Ⅱ)的吸附去除规律，用 Langmuir 模型得到的结果相对较好，R^2 能达到 0.81，但仍有较大的误差，Langmuir 吸附等温线是建立在假设成立的条件下，假设包括表面均匀、每个位置只吸附一个分子、吸附至单层为止、吸附平衡是动态平衡等，这与反应过程中 Ni(Ⅱ) 的去除途径有很大的关系。而 Freundlich 模型则不适用于 FHC(1∶2) 对 Ni(Ⅱ) 的去除，R^2 只有 0.68。这是因为 FHC(1∶2) 对 Ni(Ⅱ) 的去除反应是还原、吸附、替代、沉淀作用的共同结果。尽管如此，我们仍可以借助 Langmuir 这一经典模型对 FHC(1∶2) 去除高浓度 Ni(Ⅱ) 的规律进行了解，通过模拟得出该条件下 Ni(Ⅱ) 的最大去除容量能够达到 613 mg/g。

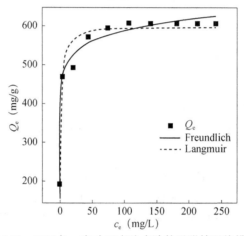

图 5.31　FHC(1∶2) 对 Ni(Ⅱ) 去除的吸附等温线模拟

2. Ni(Ⅱ) 的去除途径

在 FHC(1∶2) 去除 Ni(Ⅱ) 的过程中，反应 20 min 后溶液中的 Ni(Ⅱ) 会从固体产物中逐渐释放至溶液中，所以需要控制反应时间。这很可能与溶液中游离 Fe^{2+} 与 Ni(OH)$_2$ 沉淀发生置换作用有关。反应溶液中的铁离子含量变化如图 5.32 所示。反应前实验研究发现，FHC(1∶2) 悬浮液中几乎不含有游离态 Fe^{2+}，亚铁都是以结合态形态存在，但是在图 5.32 中可以看出，反应 5 min 后溶液中的结合态亚铁正在溶出，而 Ni(Ⅱ) 却在减少，说明 Ni(Ⅱ) 替代了 FHC(1∶2) 中部分的 Fe(Ⅱ) 而被去除，使 Fe(Ⅱ) 有一定的释放。当反应进行至 10 min 时，随着时间的延长，溶液中游离态 Fe^{2+} 逐渐减少，而 20 min 后溶液中的 Ni(Ⅱ) 会从固体产物中逐渐释放至溶液中，可能是由于 Fe(Ⅱ) 或 Fe(Ⅲ) 再次置换出 FHC 中的 Ni(Ⅱ)，形成另一种形态的产物。

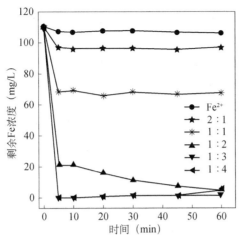

图 5.32　不同[Fe^{2+}]/[OH^-]的 FHC 与 Ni(Ⅱ)反应过程中 Fe 含量的变化

从氢氧化物的溶度积常数来看(K_{sp}[$Fe(OH)_3$]=$4×10^{-38}$，K_{sp}[$Ni(OH)_2$]=$2.0×10^{-15}$)，溶度积越小越易沉淀。因而 $Fe(OH)_3$ 能优先于 $Ni(OH)_2$ 生成，反应一段时间后，Fe^{2+} 氧化生成的 Fe^{3+} 能夺取 $Ni(OH)_2$ 中部分的 OH^- 形成 $Fe(OH)_3$，以及 FHC 的氧化生成磁铁矿，对 Ni 的吸附容量(0.1～0.2 mmolNi/g 纳米磁铁矿)下降，可能会造成镍离子的释放现象。

为了排除溶液中不同初始 pH 对 Ni 去除及释放研究的影响，实验中将 FHC(1∶2)加入溶液中的 pH 作为标准，FHC(1∶1)与 FHC(1∶3)加入后通过调节 pH 与 FHC(1∶2)加入后的 pH 一致，因此我们选择 pH 为 9.1 作为调节标准。图 5.33(a)表示加入含 Fe^{2+} 量为 110 mg/L 的 FHC(1∶2)、FHC(1∶1)和 FHC(1∶3)，再用 NaOH 将反应的初始 pH 调至 9.1 来研究 Ni(Ⅱ)的去除及释放现象。由图可以看出，FHC 对 Ni(Ⅱ)的最佳去除量相同，但是镍的释放速率以及程度有所差别。对比而言，FHC(1∶2)与 Ni 的反应较为稳定，反应 50 min 后才进行镍的释放。图 5.33(b)、(c)、(d)分别表示 FHC(1∶1)、FHC(1∶2)、FHC(1∶3)与 Ni 反应过程中 pH 的变化，由图中分析可知，FHC 对 Ni 的去除以及 pH 的变化主要分为三个阶段：Ni 离子浓度与 pH 的骤然降低；Ni 离子浓度的稳定与 pH 缓慢上升的过程；Ni 释放而 pH 下降的过程。

第一个阶段镍离子浓度的下降是因为 FHC 与 Ni(Ⅱ)可能发生吸附、离子交换、共沉淀与还原反应，而沉淀与吸附反应速率较大，因而去除效果较为显著。而加入 FHC 后溶液的 pH 能在 5 min 内下降到谷点，可能是由于 Ni(Ⅱ)与 FHC 中的 Fe(Ⅱ)反应形成 Ni,Fe-非晶相所致。这个反应机理与 GR 研究的较为相似，在悬浮溶液中能观察到反应速度极快。这个释放质子的反应可以写成如式(5.3)所示。

$$\frac{1}{4}Ni^{2+}+\frac{3}{4}Fe^{2+}+2H_2O\Longrightarrow Ni_{0.25}Fe_{0.75}(OH)_{2(am)}+2H^+ \tag{5.3}$$

$Ni_{0.25}Fe_{0.75}(OH)_{2(am)}$ 表示水溶液中 Fe 还原、置换 Ni 离子过程中所产生的 Ni,Fe-非晶相，但是确切的化合物组成还是未知的，因此表示为 $Ni_xFe_{1-x}(OH)_{2(am)}$。一旦反应过程中 Ni 达到最大去除效率时会有较短时间的稳定阶段，这段时间内 Ni 的浓度基本处于小范围波动状态，而 pH 则随着 FHC 内部结构中 Fe(Ⅱ)的氧化出现小范围的上升。Fe(Ⅲ)在水溶液中极易溶解，使溶液呈现一定程度的弱酸性，溶液中的 Ni(Ⅱ)得到一定程度的释放，并且 Fe(Ⅲ)能部分取代 Ni,Fe-非晶相结构中的 Ni(Ⅱ)形成 LDH 结构，也能导致 Ni^{2+} 的部分释放。这个时间段内的主要反应可以写成：

$$Fe^{3+}+3H_2O\Longrightarrow Fe(OH)_3+3H^+ \tag{5.4}$$

$$Ni(OH)_2+2H^+\Longrightarrow Ni^{2+}+2H_2O \tag{5.5}$$

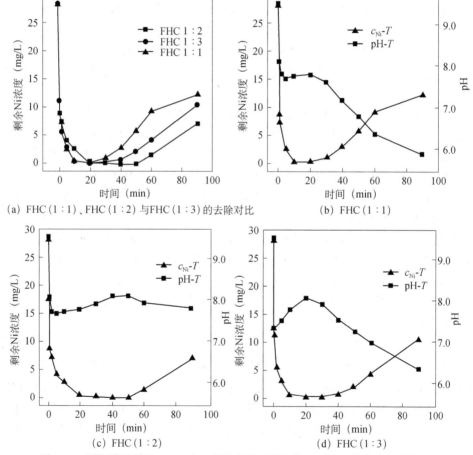

(a) FHC(1:1)、FHC(1:2)与FHC(1:3)的去除对比　　　　(b) FHC(1:1)

(c) FHC(1:2)　　　　　　　　　　(d) FHC(1:3)

图 5.33　不同铁羟基比 FHC 对 Ni(Ⅱ)去除过程中的 pH 与 Ni(Ⅱ)浓度的变化

从图 5.34 可以看出，pH 为 8.0 时溶液中的重金属基本都处于稳定最佳去除状态，并且研究镍的去除效果时，将反应溶液的 pH 稳定维持在 8.0 左右反应 1 h，发现溶液中没有镍的释放。由于该反应是一个持续加碱的过程，且 FHC 适合存在于碱性条件中，短时间内能较好地维持自身结构，因而没有镍的释放现象。若不持续添加碱液，反应溶液的 pH 持续下降会破坏 FHC 本身的结构而氧化成磁铁矿，吸附的镍离子得到一定程度的释放。由此我们认为镍的释放现象可以通过控制反应时间(如反应 30 min)和添加碱性缓冲液调节 pH 为 8.0 左右来进行抑制。

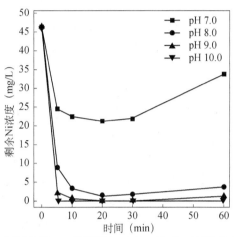

图 5.34　不同初始 pH 条件下 FHC(1∶2)对 Ni(Ⅱ)的去除效果

通过对比不同的 FHC 在相同 pH 条件下的去除效果以及 Ni 释放现象的研究可以得知，镍的释放现象是可以控制的。为了进一步研究 pH≥8.0 时镍的释放现象是否得到抑制，我们进行了相关研究。图 5.33(c)表示 FHC(1∶2)等量加入 Ni(Ⅱ)溶液中后不同 pH 条件下对 Ni 的去除效果以及释放研究分析。从图中可以看出，pH≥8.0 的条件下，FHC(1∶2)对 Ni(Ⅱ)的去除效果均达到 99% 以上，并且在 90 min 内镍也没有发生释放现象，说明反应过程中 pH 维持在 8.0 以上对反应去除效果以及控制镍释放都是有利的。相反，pH 为 7.0 的条件下，溶液中 Fe(Ⅱ)较易转化成为 Fe(Ⅲ)，对反应过程的吸附以及沉淀作用均产生不利影响，因此 Ni(Ⅱ)的去除效果不理想。

通过 pH 对反应过程的影响研究，可以确定 FHC(1∶2)与 Ni(Ⅱ)的反应效果较好，而且 Ni 的释放也能通过改变反应条件进行控制。溶液中 pH≥8.0 以及反应时间缩短至 20～30 min 均对去除效果有利，有效地抑制 Ni(Ⅱ)的释放。另外，环境中其他因素对反应的影响将继续进行相关研究，并进一步探讨镍的去除以及释放机理。

3. Ni(Ⅱ)的转化机制

FHC(1∶2)能通过多种途径去除溶液中的 Ni(Ⅱ)，如吸附作用、离子交换作用、沉淀作用等，多种反应的同时进行能提高反应的速率，增大 FHC(1∶2)的吸附量。但是随着反应时间的延长，溶液中部分 Ni(Ⅱ)会从固体产物中释放至溶液中，这与 Ni(Ⅱ)的去除途径以及 Fe(Ⅱ)生成的氧化产物有很大的关系。Mg(Ⅱ)、Al(Ⅲ)能替代 LDH 化合物夹层中的 Fe(Ⅱ)形成水镁石、碳酸镁铁矿等。由于 FHC 与 LDH 化合物的结构较为相似，水溶液中一部分 Ni(Ⅱ)能置换出 FHC 层状结构中的 Fe(Ⅱ)生成类水滑石，溶液中的一部分羟基与 Fe 结合形成氢氧化亚铁以及氢氧化铁(氢氧化亚铁氧化形成的)。图 5.35 表示 FHC(1∶2)与 Ni(Ⅱ)反应 30 min 后的产物 XRD 图，其中$[Fe^{2+}]/[Ni^{2+}]=1∶1$。从图中可以看出该产物有明显的特征峰，标记为(003)、(006)、(009)、(012)、(015)、(018)、(110)与(113)，这种峰形的产物为 Fe-Ni 双层金属化合物，即类水滑石化合物。图中产物位于 2θ 为 11.3° 和 22.9° 的特征峰与 LDH 的峰形(003)与(006)相呼应，产物晶型较好。这能证明溶液中的 Ni(Ⅱ)能够先吸附在 FHC(1∶2)的表面上，再进入内部结构替代部分 Fe(Ⅱ)形成 LDH 结构。另外，2θ 为 11.3° 与 22.9° 的特征峰能证明 $Ni(OH)_2 \cdot 0.75H_2O$ 的存在，说明 FHC 中的部分羟基确实与少部分 Ni(Ⅱ)结合生成部分沉淀，这与文献中 $Ni(OH)_2$ 的特征峰位置一致，但是由于峰形与 Fe-Ni 化合物的峰形重合，所以观察不明显。同时说明 FHC 去除 Ni(Ⅱ)的途径可能包括吸附与离子交换反应。

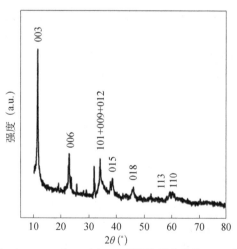

图 5.35　FHC(1∶2)与 Ni(Ⅱ)的反应产物 XRD 图

图 5.36 表示 FHC(1∶2)与 Ni(Ⅱ)反应过程中不同时段的 SEM 图。图 5.36(a)表示初始 FHC(1∶2)的固体样品，可以看到少量层状结构的薄片块状固体以及大

量的无定形絮状体，具有较大的孔隙，并有较高的反应活性。图 5.36(b) 表示
FHC(1：2) 与 Ni(Ⅱ) 反应 30 min 后的 SEM 图，经过实验研究发现反应 30 min 左
右 Ni(Ⅱ) 的去除效果达到最佳，其中 Fe/Ni=1：1。可以发现 FHC 与 Ni 结合后能
形成较明显的薄块型层状物，层状物表面吸附很多小颗粒物质，经 EDS 验证吸附
的表面小颗粒物主要成分是 Ni，说明 Ni(Ⅱ) 能替代 FHC 结构中的部分 Fe(Ⅱ) 形
成明显的 LDH 层状结构，并吸附溶液中的 Ni(Ⅱ)，提高 FHC 的反应活性。图
5.36(c) 表示反应 60 min 后的固体产物，发现固体表面的小颗粒物质明显变少，可
能是反应 60 min 后固体产物表面吸附的 Ni(Ⅱ) 由于溶液 pH 的变化以及 FHC 的
氧化而释放至溶液中，与前面实验研究中发现的结论相同，反应 60 min 后溶液中
的 Ni(Ⅱ) 浓度增加。图 5.36(d) 表示反应 120 min 后的固体产物，可以明显看出固
体产物的形貌变化，层状结构较为松散，固体颗粒表面光滑，可能是由于反应
120 min 后大部分的 Ni(Ⅱ) 释放至溶液中，使层状结构被破坏引起的。

(a) 0 min（20000×）　　　　　　　　　(b) 30 min（28100×）

(c) 60 min（23959×）　　　　　　　　　(d) 120 min（10000×）

图 5.36　FHC(1：2) 与 Ni(Ⅱ) 反应过程中不同时段的固体产物 SEM 图

　　除了吸附反应与离子交换反应外，Ni(Ⅱ) 也能被 FHC(1：2) 还原形成 Ni(0)。图
5.37 表示 FHC(1：2) 与 Ni(Ⅱ) 反应 30 min 后固体产物的 XPS 图谱，图 5.37(a) 表示
FHC(1：2) 与 Ni(Ⅱ) 反应前后的 XPS 全谱图，其中 [Fe^{2+}]/[Ni^{2+}]=1：1，反应时间为

30 min。全谱图中可以看出固体物质主要是由位于 711.2 eV 的 Fe 2p(35.43%) 和
531.2 eV 的 O 1s(35.58%)组成。与 Ni(Ⅱ)反应前后的 FHC(1∶2)固体表面的每种元
素的含量如表 5.3 所示。XPS 图谱可以看出反应后 Ni 的峰位于 853.0 eV，占所有元素
的 13.16%。从所有元素的含量可以看出 O 的占比在反应前后均较大，FHC 中的
Fe(Ⅱ)正在逐渐氧化。由图 5.37(c)可以看出 Fe 的存在形态有两种：Fe(Ⅱ)和 Fe(Ⅲ)，
说明反应过程中 Fe(Ⅱ)部分氧化为 Fe(Ⅲ)。通过分析图 5.37(d)可以得出反应产物中
存在两种形态的 Ni：Ni(Ⅱ)与 Ni(0)。说明在反应过程中 FHC 对 Ni 有一定的还原作
用，能将一部分 Ni(Ⅱ)还原为 Ni(0)。其中 Ni(Ⅱ)与 Ni(0)的位置分别位于
853.79 eV、852.46 eV[图 5.37(d)]，位于 529.4 eV、531.4 eV 与 533.5 eV 的 O 含量明
显高于其他三种元素，表明反应过程中 FHC(1∶2)逐渐氧化，结构可能被逐渐破坏。

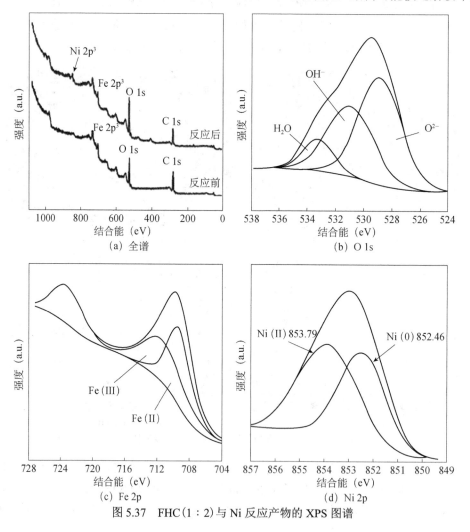

图 5.37　FHC(1∶2)与 Ni 反应产物的 XPS 图谱

表 5.3　FHC 反应前后固体产物 XPS 图的元素含量

固体产物样品	Ni(%)	Fe(%)	O(%)	C(%)
初始 FHC	0	35.43	35.58	28.99
反应后 FHC	13.16	27.88	39.22	19.74

另外，由于 FHC(1∶2)悬浮液中含有一定量的 OH^-，Ni(Ⅱ)在碱性条件下易沉淀，因此反应过程中部分 Ni(Ⅱ)通过沉淀反应去除，所以 pH 在反应过程是一个关键的因素。通过以上研究与分析可以得出，Ni(Ⅱ)与 FHC(1∶2)的主要反应过程包括吸附反应、离子交换反应、沉淀反应与还原反应，由于 FHC 逐渐被氧化，内部结构遭到破坏，使得类水滑石中的 Ni(Ⅱ)逐渐被释放，固体产物逐渐转变为磁铁矿，而磁铁矿对 Ni(Ⅱ)的吸附能力远弱于 FHC，导致被吸附的 Ni(Ⅱ)也重新释放至溶液中。另外，反应溶液中的 pH 下降导致沉淀的 $Ni(OH)_2$ 逐渐溶解，因此随着反应时间的延长，溶液中的 Ni(Ⅱ)会重新释放至溶液中。

5.3　FHC 还原去除 Se(Ⅳ)的性能与机制

5.3.1　亚铁形态对去除 Se(Ⅳ)性能的影响

为研究不同形态的亚铁对 Se(Ⅳ)去除的影响，本节比较合成的四方硫铁矿、绿锈及结合态多羟基亚铁对 Se(Ⅳ)的去除效果。如图 5.38 所示，Se(Ⅳ)初始浓度为 20.0 mg/L，亚铁投加量(以 Fe 计)为 35.0 mg/L，pH 为 8.0，脱除 DO，反应 1 h 的去除效果。结果表明，三种材料投加后溶液中 Se(Ⅳ)的残留浓度依次为 17.87 mg/L、15.62 mg/L、12.07 mg/L。经计算得到 Se(Ⅳ)的去除容量分别为 48.0 mg/g、128.2 mg/g、228.6 mg/g。绿锈去除 Se(Ⅵ)的过程是 Se(Ⅵ)首先被还原为 Se(Ⅳ)，然后形成双配位基的双核物质，并缓慢地转化为 Se(0)或 Se(Ⅱ)。

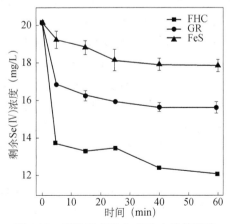

图 5.38　亚铁形态对 Se(Ⅳ)去除的影响
实验条件：c_0[Se(Ⅳ)]=20 mg/L，亚铁投加量为 35 mg/L，pH 为 8.0

5.3.2　FHC 去除 Se(Ⅳ)性能的优化

1. 初始 pH 对 Se(Ⅳ)去除的影响

pH 对 FHC 去除 Se(Ⅳ)的过程具有重要的影响，在不同的 pH 下，其去除机理可能不同。在酸性环境下，FHC 表面的电子与 Se(Ⅳ)接触的速率可能会增加，但在酸性环境下，FHC 的结构会被破坏形成游离态亚铁。在碱性环境下，生成的FHC 表面带负电荷，阻断了 Se(Ⅳ)与其有效接触。但是 FHC 是由 Fe(Ⅱ)为主的骨架构成，当 pH 较高时，其可接纳一定量的 OH^-，当 pH 较低时，也可以中和一定量的 H^+，所以 FHC 能对水体中的酸碱性起到一定的缓冲作用，但是 FHC 在接收或给出羟基的同时，自身的结构会发生一定程度的改变，对其去除性能也会有一定的影响。因此 pH 变化的研究对 Se(Ⅳ)去除机理以及 FHC 性质有着重要的意义。

目前很多研究认为低 pH 条件下更有利于 Se(Ⅳ)的吸附，比如铁矿物除Se(Ⅳ)的过程表明 Se(Ⅳ)的去除效果依赖 pH 的变化，较低 pH 更有效，在 pH>8.0时去除效果较差，甚至完全没有吸附。图 5.39 描述了 Se(Ⅳ)初始浓度为 20.0 mg/L和 FHC(1∶2)投加量为 112.0 mg/L 时不同初始 pH 条件下浓度的变化及在各 pH下的反应速率。从表 5.4 可知反应过程中 pH 的变化：加入 FHC 后溶液 pH 上升，反应 60 min 后 pH 继续上升。实验也验证了反应过程中 H^+ 不断地消耗同时产生了 OH^-。由图 5.39 可知，虽然反应 60 min，初始 pH 在 3.0、5.0、7.0、9.0 时，去除率相差不大，但当溶液中 pH 为 11.0 时，去除率略有下降。从表 5.4 得到准一级反应速率常数 k_{obs} 随着初始 pH 从 3.0 升高到 7.0 时，反应速率加快，k_{obs} 由0.0573 min^{-1} 增加到 0.0986 min^{-1}，反应速率升高。初始 pH 从 7.0 升高到 11.0 时，反应速率下降，k_{obs} 由 0.0986 min^{-1} 下降到 0.0407 min^{-1}。实验结果表明 pH 对该反应过程有重要的影响。其作用机理可能是 OH^- 与 SeO_3^{2-} 之间存在反应位点竞争关系，在高 pH 条件下，OH^- 含量增加，部分 OH^- 占据了 FHC 表面的活性位点，同时与 SeO_3^{2-} 之间的排斥力增强，导致在高 pH 条件下去除率下降。有研究表明一些铁矿物在除 Se(Ⅳ)过程中，在 pH≥8.0 时 Se(Ⅳ)基本上很难被去除，原因可能是在高 pH 条件下，铁矿物表面生成的钝化膜覆盖了反应位点所致。综合图 5.39 中的 Se(Ⅳ)去除率和表 5.4 中 pH 变化规律，可以得出 FHC 的 pH 应用范围更广。虽然从准一级反应速率常数得出在较高和较低 pH 下反应速率较低，但是在去除率方面没有特别明显的差别。

$$HSeO_3^- + 2Fe^0_{(s)} + 2H^+ \Longrightarrow Se^0_{(s)} + 2Fe(Ⅱ) + 3OH^- \tag{5.6}$$

$$FeOOH + CO_3^{2-} + H^+ + e^- \Longrightarrow FeCO_3 + 2OH^- \tag{5.7}$$

$$SeO_3^{2-} + 4Fe(Ⅱ) + 3H_2O \Longrightarrow Se^0_{(s)} + 4Fe(Ⅲ) + 6OH^- \tag{5.8}$$

表 5.4　Se(Ⅳ)溶液加入 FHC 后的 pH 的变化及反应速率

初始 pH	加入 FHC 后的 pH	反应 2 h 后的 pH	k_{obs}(min^{-1})
3.0	7.3	8.2	0.0573
5.0	9.2	9.6	0.0831
7.0	9.6	10.1	0.0986
9.0	10.4	10.8	0.0654
11.0	11.6	11.7	0.0407

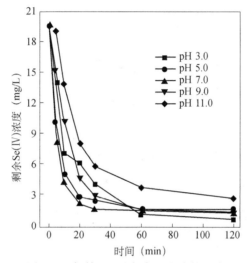

图 5.39　初始 pH 对去除 Se(Ⅳ)的影响

实验条件：Se(Ⅳ)初始浓度为 20.0 mg/L，FHC(1∶2)投加量为 112.0 mg/L，无氧

2. 亚铁投加量对 Se(Ⅳ)去除的影响

Fe(Ⅱ)是 FHC(1∶2)的核心组分，因此体系中 Fe(Ⅱ)的含量会对反应产生重要的影响。为了考察 FHC(1∶2)不同投加量对 Se(Ⅳ)去除效果的影响，实验选用 35.0 mg/L、56.0 mg/L、91.0 mg/L、140.0 mg/L 的 FHC 投加量来进行研究。

图 5.40 是在 Se(Ⅳ)初始浓度为 20.0 mg/L，无氧条件，FHC(1∶2)在不同投加量下的去除效果图，从图中可以看出，Se(Ⅳ)剩余浓度随着 FHC(1∶2)投加量的增加而减少。当反应 1 h，FHC(1∶2)投加量为 35.0 mg/L 时，Se(Ⅳ)去除率为 51.7%。FHC(1∶2)投加量为 56.0 mg/L 时，Se(Ⅳ)的剩余浓度约为 4.70 mg/L。FHC(1∶2)浓度高时，提供的反应位点多，因此促进反应进行。但随着亚铁投加量继续增加，反应速率减慢，去除率变化不大，原因可能是 FHC(1∶2)本身含有的 OH⁻导致体系 pH 较高，较高含量的 OH⁻使 FHC 羟基氧化物层带负电，不利于 FHC 与 Se(Ⅳ)的接触反应。同时也可能是 FHC 的氧化产物(磁铁矿、纤铁矿等)附着在 FHC 表面形

成次生氧化层表面，阻碍了 Fe(II)的释放，从而影响 Fe(II)的还原作用。

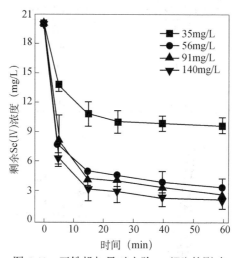

图 5.40 亚铁投加量对去除 Se(IV)的影响

实验条件：Se(IV)初始浓度为 20.0 mg/L，图例为 FHC(1∶2)投加量，无氧，反应 1 h

3. [Fe(II)]/[OH⁻]摩尔比对 Se(IV)去除的影响

FHC 是以羟基和亚铁结合的络合物，与绿锈的结构相似。研究不同摩尔比的[Fe(II)]/[OH⁻]对反应性能的影响，探寻 FHC 组成结构对反应性能的作用机制。

如图 5.41 所示，为了探讨不同摩尔比[Fe(II)]/[OH⁻]对 Se(IV)的影响，考察了 FHC(2∶1)、FHC(1∶1)、FHC(1∶2)、FHC(1∶3)和 FHC(1∶4)对 Se(IV)去除效果的影响，结果显示 FHC(1∶1)和 FHC(1∶2)的去除效果较好，FHC(1∶3)和 FHC(1∶4)的去除效果较差，FHC(2∶1)的去除效果居中。表 5.5 表示不同[Fe(II)]/[OH⁻]比下反应前与反应后的 pH，不同[Fe(II)]/[OH⁻]的 FHC 投加改变了溶液的 pH，FHC(1∶3)、FHC(1∶4)的投加使得 pH 提升较快，增加的 OH⁻与 SeO_3^{2-} 形成竞争关系，导致 SeO_3^{2-} 去除率下降。另外高 pH 不利于 FHC 结构的稳定性也可能是去除率下降的原因。由图 5.41 可知，FHC(1∶2)的等电点为 7.40，另外一个原因可能是 FHC(1∶3)或 FHC(1∶4)的投加使得 pH 高于等电点，FHC 表面的正电荷减少，从而对阴离子的亲和力下降导致去除率下降。而加入 FHC(2∶1)后溶液呈现酸性，结合态亚铁溶解为离子态的亚铁，研究表明离子态亚铁和绿锈的还原能力要弱于 FHC，因此去除效果也不佳。由表 5.5 可知，FHC(2∶1)和 FHC(1∶1)反应后 pH 有所下降，然而 FHC(1∶2)~FHC(1∶4)反应后 pH 有所上升，这可能伴随着不同的去除机理。因此，FHC 去除 Se(IV)的机理需要进一步的讨论，今后需要采用光电子能谱(XPS)分析各元素的价态变化来探究相关机理。

表 5.5　不同摩尔比[Fe(Ⅱ)]/[OH⁻]下反应前后的 pH

[Fe²⁺]/[OH⁻]	初始 pH	反应后 pH	Se(Ⅳ)的残留浓度(mg/L)
FHC(2∶1)	7.6	6.8	10.82
FHC(1∶1)	7.8	6.9	2.24
FHC(1∶2)	10.2	10.6	2.06
FHC(1∶3)	11.6	11.7	9.61
FHC(1∶4)	11.8	11.9	11.05

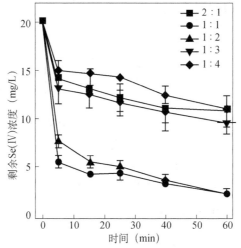

图 5.41　不同摩尔比[Fe(Ⅱ)]/[OH⁻]的影响

实验条件：Se(Ⅳ)初始浓度为 20.0 mg/L，无氧，反应 1 h

4. 溶解氧对 Se(Ⅳ)去除的影响

FHC 含有大量的 Fe(Ⅱ)，溶液中存在的溶解氧可能将 Fe(Ⅱ)氧化为 Fe(Ⅲ)，改变整个反应的去除机理。在无氧条件下，溶液中的少量 Fe(Ⅱ)能被 H_2O 氧化生成 Fe(Ⅲ)，因此即使在绝对的无氧条件下，Fe(Ⅱ)也可能被氧化，可见 FHC 中的 Fe(Ⅱ)在环境中很容易被空气、溶解氧等氧化形成铁矿物。探究体系中 DO 对去除 Se(Ⅳ)的影响机理有着重要的意义。

图 5.42 显示了在室温下，接触反应时间为 60 min，Se(Ⅳ)初始浓度为 20.0 mg/L、FHC(1∶2)用量为 56.0 mg/L、91.0 mg/L、114.0 mg/L、150.0 mg/L、200.0 mg/L，分别在有氧或无氧条件下的处理效果。从图中可以看出，溶液中的 DO 对 FHC(1∶2)除 Se(Ⅳ)过程产生明显的影响，在吹脱氧的条件下，FHC(1∶2)用量为 91.0 mg/L 时，Se(Ⅳ)去除率达到了 92.63%。在未吹脱氧的条件下，去除率只有 30.09%，说明 DO 会影响 FHC 除 Se(Ⅳ)的过程。当 FHC(1∶2)用量达到 200.0 mg/L 时，FHC 的投加量充足，溶液里的 DO 很快被 FHC 消耗，DO 不足以

快速氧化 FHC，剩余的 FHC 继续与 Se(Ⅳ)发生氧化还原反应。溶解氧的影响结果可以间接地说明 FHC 主要表现为还原作用。在较小的亚铁投加量下，溶解氧的存在会极大地降低 Se(Ⅳ)的去除效果，说明 DO 和 Se(Ⅳ)竞争与 FHC 的氧化还原反应。

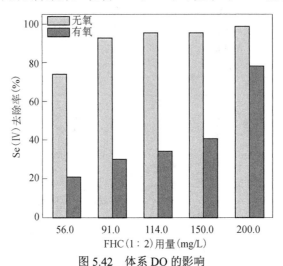

图 5.42　体系 DO 的影响

实验条件：Se(Ⅳ)的初始浓度为 20.0 mg/L，反应 1 h

5.3.3　响应面法优化 Se(Ⅳ)去除的因素

1. 响应面分析因素水平的选取

采用响应面法优选 FHC(Cl⁻)去除 Se(Ⅳ)的条件，为了考察各因素对 FHC(Cl⁻)去除 Se(Ⅳ)效果的影响，根据 Box-Benhnken 设计原理，选择以下 4 个因素：溶液 pH(A)、氯化钠浓度(B)、FHC(Cl⁻)投加量(C)和氧气(有氧、封闭体系、无氧)(D)。以 $c[\text{Se}(Ⅳ)]/c_0[\text{Se}(Ⅳ)]$ 作为评价指标，采用四因素三水平的响应面分析方法进行实验，响应面分析方案如表 5.6 和表 5.7 所示。

表 5.6　响应面法的因素水平

水平	投加量(mg/L)	氧气	pH	氯化钠浓度(mmol/L)
1	56.0	好氧	5.5	0
2	98.0	封闭体系	7.5	1
3	140.0	厌氧	9.5	2

表 5.7　响应面法的设计与结果

pH	氯化钠浓度(mmol/L)	FHC 投加量(mg/L)	氧气	c/c_0
7.5	2	98.0	好氧	0.08
7.5	1	98.0	封闭体系	0.14

续表

pH	氯化钠浓度(mmol/L)	FHC 投加量(mg/L)	氧气	c/c_0
5.5	1	140.0	封闭体系	0.52
5.5	1	56.0	封闭体系	0.88
7.5	1	140.0	好氧	0.08
7.5	1	98.0	封闭体系	0.14
7.5	1	56.0	好氧	0.59
7.5	0	98.0	厌氧	0.17
9.5	2	98.0	封闭体系	0.22
7.5	1	98.0	封闭体系	0.14
7.5	1	140.0	厌氧	0.01
7.5	0	140.0	封闭体系	0.01
9.5	1	140.0	封闭体系	0.02
9.5	1	56.0	封闭体系	0.76
7.5	1	56.0	无氧	0.61
7.5	0	98.0	好氧	0.11
5.5	1	98.0	好氧	0.66
9.5	0	98.0	封闭体系	0.38
7.5	2	140.0	封闭体系	0.02
5.5	0	98.0	封闭体系	0.71
7.5	1	98.0	封闭体系	0.14
7.5	1	98.0	封闭体系	0.14
9.5	1	98.0	无氧	0.14
7.5	0	56.0	封闭体系	0.48
5.5	1	98.0	无氧	0.84
7.5	2	56.0	封闭体系	0.53
5.5	2	98.0	封闭体系	0.74
9.5	1	98.0	好氧	0.49
7.5	2	98.0	无氧	0.47

2. 方差分析和回归方程

回归方程各项的方差分析见表 5.8。根据 Box-Benhnken 设计原理拟合得响应值对编码自变量的二次多项回归方程为

$$Y(c/c_0) = 0.14 - 0.20A + 0.017B - 0.27C - 0.019D - 0.047AB - 0.095AC$$
$$+ 0.13AD - 0.010BC - 0.082BD + 0.33A^2 + 0.023B^2 + 0.097C^2 + 0.065D^2$$

对该模型进行回归方差分析和显著性检验，结果表明，该模型 F 值为 23.38，

概率 $P<0.0001$，表明模型极显著；模型的确定系数 R_{adj}^2 值为 0.918，说明方程的因变量与全体自变量间的线性关系显著，响应值的变化有 91.8%来源于所选自变量，即溶液 pH、氯化钠浓度、FHC(Cl⁻)投加量及氧气。方程的失拟项 F 值为 0.09，概率 $P>0.05$，失拟项不显著，说明回归方程在整个回归区域的拟合情况良好，可用该回归模拟代替实验真实点对实验结果进行分析。由表 5.8 可知，对响应值作用显著的因素是 A、C、AC、AD、A^2 和 C^2，因素 A^2 和 C^2 的影响较大，说明响应值与因素之间并不是简单的线性关系；溶液 pH、氯化钠、FHC(Cl⁻)投加量及氧气对响应值有较强交互作用。

表 5.8　响应面法的方差分析

方差源	平方和	自由度	F	显著水平，P
模型	2.18	14	23.38	<0.0001
A-pH	0.46	1	68.57	<0.0001
B-氯化钠浓度	0.003	1	0.50	0.4907
C-投加量	0.85	1	127.44	<0.0001
D-氧气	0.004	1	0.66	0.4293
AB	0.009	1	1.36	0.2636
AC	0.04	1	5.43	0.0353
AD	0.07	1	10.55	0.0058
BC	0.0004	1	0.06	0.8099
BD	0.03	1	4.09	0.0626
CD	0.002	1	0.30	0.5899
A^2	0.69	1	105.09	<0.0001
B^2	0.004	1	0.53	0.4783
C^2	0.06	1	9.18	0.0090
D^2	0.03	1	4.07	0.0634
残值	0.09	14	0.007	
失拟项	0.09	10	0.09	
纯误差	0	4	0	
总和	2.27	28		

3. 等高线图分析

图 5.43(a)～(f)为根据二次多项回归方程，分别固定两两因素，从而得到另外两个因素的交互图，颜色从红色到蓝色的变化表示去除量从少到多，变化越快坡度越大，即对实验结果的响应值更为显著。由图 5.43(c)可知，溶液 pH 与

FHC(Cl⁻)投加量的交互图颜色变化显著，表明因素 *A* 和 *C* 之间交互作用较明显；由图 5.43(e)可见，氯化钠与氧气的交互图颜色变化极不显著，表明因素 *B* 和 *D* 之间交互作用较小。从图 5.43 也可看出，在选定的范围内，FHC(Cl⁻)投加量对溶液中 Se(IV) 的去除有很大的影响，其次是溶液的 pH、氯化钠浓度及氧气。

通过 Design-expert 8.0 软件分析，回归模拟预测的最佳去除 Se(IV) 的条件为：FHC(Cl⁻)投加量为 98 mg/L，溶液的 pH 为 7.5，氯化钠浓度为 1 mmol/L，体系为封闭。为了验证实验的准确性，在此条件下进行了 3 次重复实验，结果分别为 0.170、0.136 和 0.128，平均 c/c_0 则为 0.145，与预测值的标准偏差为 2.69%，可见该模型能较好地预测结合态多羟基亚铁对硒的去除。

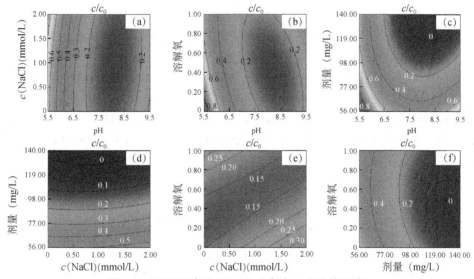

图 5.43　不同因素对 FHC(Cl⁻)去除 Se(IV) 的影响*

* 扫描封底二维码见本图彩图

5.3.4　FHC 去除 Se(IV) 的动力学

如图 5.44 所示，112 mg/L 的 FHC(Cl⁻)(以亚铁计) 可以在 10 min 内将约 20 mg/L 的 Se(IV) 去除完全，利用准一级动力学方程对实验结果进行拟合，准一级动力学方程如下：

$$V = \mathrm{d}c / \mathrm{d}t = k_{\mathrm{obs}} \cdot c \tag{5.9}$$

式中，*V* 为去除速率，mg/(L·min)；k_{obs} 为表观反应速率常数，min⁻¹；*c* 为液相中 Se(IV) 的浓度，mg/L。

将式(5.9)积分得到：

$$\ln(c / c_0) = -k_{obs} \cdot t \tag{5.10}$$

反应物半衰期 $t_{1/2} = \ln 2 / k_{obs}$。通过 $\ln(c / c_0)$ 对 t 的线性回归关系拟合得到反应速率常数。从拟合结果得知该反应的速率常数 k_{obs}=0.60 min^{-1}，$t_{1/2}$=1.16 min。纳米零价铁(nZVI 投加量为 0.10 g/L，pH 为 7.0)和零价铁(ZVI 投加量为 1 g/L，pH 为 7.0，有氧条件下)去除 Se(IV) 的 k_{obs} 和 $t_{1/2}$ 分别为 k_{obs}=0.15 min^{-1}，$t_{1/2}$=4.65 min 和 k_{obs}=0.04 min^{-1}，$t_{1/2}$=18.50 min。结果表明，FHC(Cl$^-$) 去除 Se(IV) 的反应速率大于零价铁和纳米零价铁，原因可能是结合态多羟基亚铁克服了零价铁或纳米零价铁在去除 Se(IV) 过程中的核壳钝化，零价铁表面会形成氧化层 Fe_3O_4 和 FeOOH，阻碍核中 Fe^0 电子向表层传递，从而阻碍反应进一步的发生[44]。

5.3.5　Se(IV)的去除途径及转化机制

XPS 可提供吸附氧化态硒的信息，但 Fe3p 和还原态硒 Se3d 峰位有部分交叠，此外分析含硫固体时发现 Se3p 和 S2p 峰位也有部分交叠。利用 XPS 对 FHC(Cl$^-$) 与 Se(IV) 反应前后元素价态的变化进行监测。

如图 5.45 所示，谱线 b(pH 为 5.5)、谱线 c(pH 为 7.5)、谱线 d(pH 为 9.5)显示结合能在 54.6 eV 和 55.9 eV 处的峰强明显高于谱线 a(空白)的峰强，说明有硒的存在，可能是还原态硒 Se(0) 及 Se(IV)。并且谱线 b~d 在 161.7 eV 和 167.3 eV 处有峰，谱线 a 在 161.7eV 和 167.3 eV 处无峰，通过 161.7eV 和 167.3 eV 处的结合能进一步证明硒的存在。

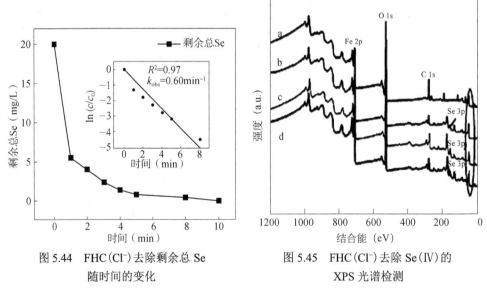

图 5.44　FHC(Cl$^-$)去除剩余总 Se 随时间的变化　　　图 5.45　FHC(Cl$^-$)去除 Se(IV)的 XPS 光谱检测

FHC(Cl$^-$) 的 O 1s 峰形对称良好，结合能为 529.0~532.6 eV，不同反应条件下不同样品检测到的 O1s 峰位出现不同的位移。在类似的 XPS 结果中也出现过 O 1s 复合峰，证明是由晶格峰和吸附氧峰组成，将 O 1s 峰分为 529.5eV、530.4eV 和 531.6 eV 3 个峰，分别对应于 FHC(Cl⁻) 中的晶格峰(O^{2-})、化学吸附的 OH⁻ 峰和物理吸附的 H_2O 峰。

由图 5.46 可以看出，H_2O、OH⁻ 及晶格氧(O^{2-})在不同条件下反应后的变化规律，其结合能约在 529.5eV、530.5eV 及 531.5 eV 处，由表 5.9 可见，随着溶液 pH 的增加，吸附于固液界面 H_2O 的相对含量逐渐减少，OH⁻ 的相对含量总体呈增加趋势。主要原因是 H_2O 与 OH⁻ 存在明显的竞争关系，其次是晶格氧(O^{2-})的含量增加。晶格氧(O^{2-})含量增加的原因可能是由于形成了 SeO_3—Fe—SeO_3 键。而 pH 为 5.5 时，晶格氧(O^{2-})的含量增加略减，可能是在酸性条件下晶格氧与铁的结构被破坏。

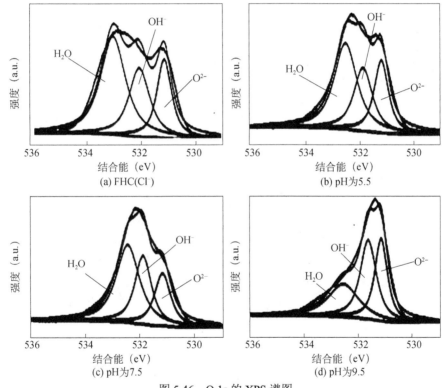

图 5.46　O 1s 的 XPS 谱图

表 5.9　不同含氧物质的含量

样品	质量分数(%)			
	O^{2-}	OH⁻	H_2O	OH⁻+H_2O
FHC(Cl⁻)	23.05	28.33	48.62	76.95
pH 为 5.5	22.35	29.89	47.76	77.65

样品	质量分数(%)			
	O^{2-}	OH^-	H_2O	OH^-+H_2O
pH 为 7.5	25.09	28.18	46.73	74.91
pH 为 9.5	31.78	38.45	29.80	70.20

Fe 3p 结合能为 55.9 eV，Se(IV) 的 Se 3d 结合能为 59.1 eV，还原态硒为 54.6～55.9 eV，很明显 XPS 很难准确分析固体表面上的铁和还原态硒，但吸附在材料表面的 Se(IV) 与铁没有交叠。

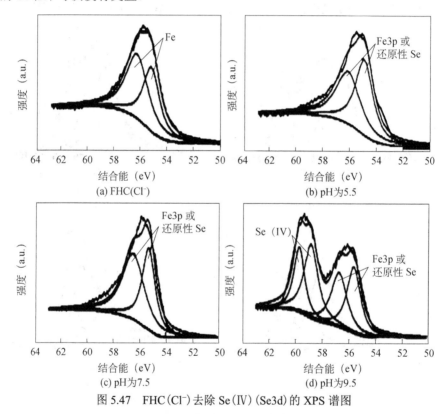

图 5.47　FHC(Cl⁻) 去除 Se(IV)(Se3d) 的 XPS 谱图

由图 5.47 可见，当溶液 pH 为 5.5 时，产物中检测到 FHC(Cl⁻) 表面吸附部分 Se(IV)，表面 Se(IV) 的去除路径主要是其在 FHC(Cl⁻) 表面的吸附聚沉；当溶液 pH 为 7.5 和 9.5 时，在反应后的产物中 XPS 分析未检测到 Se(IV)，原因可能是 Se(IV) 被完全还原为低价态的硒(还原态的硒在溶液中溶解度较低)，表明其中的阻滞机理是以还原为主。

由于 Fe3p 和还原态 Se3d 的结合能位置有交叠，故不能通过 Se3d 来分析还原态硒，只能研究表面吸附态的 Se(IV)。S2p 结合能在 161.5～163.1 eV 范围内，该范围与 Se3p 结合能峰位部分重合,因此一般情况下不宜用 XPS 分析含硒硫铁矿固体。但本节研究的 FHC(Cl⁻)结构组分中不含硫元素,故无 S2p 干扰,因此可以用 XPS 来分析还原态的 Se3p 谱图。

　　由于结合态亚铁具有较强的还原活性,热力学上结合态亚铁还原 Se(Ⅳ)为 Se(0)、Se(Ⅰ)和 Se(Ⅱ)是可行的,热力学分析显示 FeSe₂ 的溶解度最低,FeSe 溶解度最大。由 Se3p 的 XPS 谱图[图 5.48(a)]可以看出,Se(Ⅳ)被 FHC(Cl⁻)还原为 Se(0)和 Se(Ⅱ),相关机理模型如图 5.48(b)所示。

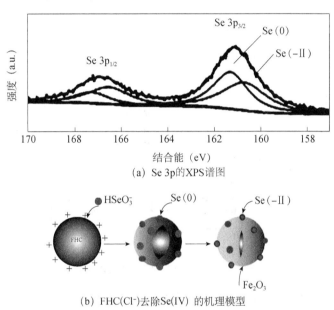

(a) Se 3p的XPS谱图

(b) FHC(Cl⁻)去除Se(Ⅳ) 的机理模型

图 5.48　FHC(Cl⁻)去除 Se(Ⅳ) 的 XPS 光谱及机理模型

5.4　FHC 还原破络去除水中络合态铜

5.4.1　FHC 还原去除 EDTA-Cu 的性能与机制

1. 亚铁形态对去除 EDTA-Cu 的影响

　　FHC 根据其结构中羟基数量不同而具有不同的结构形态,这对其还原性和吸附性能均产生不同的影响。根据工程实践应用的可行性,确定最好的 EDTA-Cu 去除的条件,是 FHC 实际应用的前提,本节中通过调整[Fe(Ⅱ)]和[OH⁻]浓度比来调控形态结构。图 5.49 为不同形态的 FHC(1∶1)、FHC(1∶2)、FHC(1∶3)处理 EDTA-Cu 的结果。由图中可以看出,三种形态的 FHC 均具有较强的去除能力,其中 2 mmol/L 的 FHC(1∶2)、FHC(1∶3)均可完全去除 EDTA-Cu，而 FHC(1∶1)不能完全去除。理论上 FHC(1∶3)更适合于去除 EDTA-Cu，但该比例的 FHC 消耗的氢氧化钠最多，且其反应后需加酸中和，增加处理费用。尽管投加 FHC(1∶1)2 mmol/L 时不能完全去除 EDTA-Cu，但是其出水 Cu 仅为 0.7 mg 左右，不仅消耗的氢氧化钠最少，而且出水基本为中性，不用调 pH。因此，后续的实验中选择FHC(1∶1)作为主要的应用形态，同时辅以 FHC(1∶2)来对 FHC(1∶1)的去除效果进行比较分析。

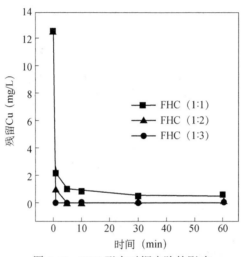

图 5.49　FHC 形态对铜去除的影响

2. [Fe(Ⅱ)]/[OH⁻]摩尔比对 FHC 去除效果的影响

　　FHC 由 Fe(Ⅱ)和 OH⁻以及层间阴离子共同组成，Fe(Ⅱ)和 OH⁻共同组成了FHC 的骨架层，对 FHC 的还原及其吸附作用具有重要的影响。为了确定 Fe(Ⅱ)和 OH⁻对去除的影响程度，分别制备了不同[Fe(Ⅱ)]/[OH⁻]比例的 FHC，对比研究其对 FHC 去除效果的影响。图 5.50(a)为只投加 Fe(Ⅱ)和只投加 OH⁻时的去除规律。由图中可以看出，只投加 Fe(Ⅱ)几乎不能去除 EDTA-Cu，而只加 OH⁻时，溶液中 EDTA-Cu 也并无减少。由图 5.50(b)可以看出，FHC 中 OH⁻的含量对其去除性能具有重要影响。亚铁投加量为 1 mmol/L 和 3 mmol/L 时，NaOH 投加量的变化对去除量的变化具有巨大的影响。由图 5.50(c)可以看出，FHC 中 Fe(Ⅱ)含量的变化对其去除量影响程度相对较低。当投加 1 mmol/L OH⁻时，Cu 去除率随着Fe(Ⅱ)投加量的增加而增加，但是其去除率的增加幅度较小，且当[Fe(Ⅱ)]/[OH⁻]比例增加到一定程度后，Fe(Ⅱ)的增加对 Cu 的去除提高并不明显。这可能是因为当 Fe(Ⅱ)的含量增加到一定程度后，其与 OH⁻结合形成 FHC 的量已经确定，再增加 Fe(Ⅱ)时，新增加的 Fe(Ⅱ)以离子态存在。

综上所述，FHC 去除 EDTA-Cu 是 Fe(Ⅱ)和 OH⁻共同作用的，单独的 Fe(Ⅱ)和单独的 OH⁻均不能将 Cu 去除。当 Fe(Ⅱ)提高到一定程度，即[Fe(Ⅱ)]/[OH⁻]增加到一定程度时，OH⁻含量成为 FHC 去除的主要影响因素。这可能是因为[Fe(Ⅱ)]/[OH⁻]增加到一定程度后，体系的 ORP 已经降低到可以将 Cu(Ⅱ)还原的程度，而此时，OH⁻的增加不仅可以进一步降低体系 ORP，还可以使 FHC 带负电，有利于其与 EDTA-Cu 的接触，提高了 FHC 的还原作用及其吸附性能。此外，OH⁻含量的提高使体系中游离的 Fe(Ⅱ)更少，而结合态亚铁更多，从而具有更高的去除性能。

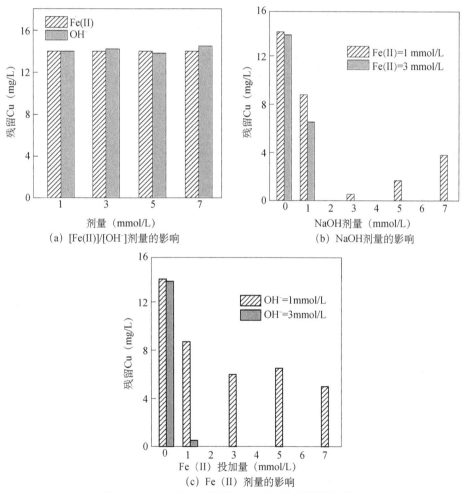

(a) [Fe(Ⅱ)]/[OH⁻]剂量的影响　　　(b) NaOH剂量的影响

(c) Fe(Ⅱ)剂量的影响

图 5.50　FHC 中 Fe(Ⅱ)和 OH⁻各自影响程度的确定

实验条件：EDTA-Cu 初始浓度为 12.43 mg/L

3. 投加量对 EDTA-Cu 去除的影响

图 5.51 为 FHC(1∶1)不同投加量下的去除效果图。由图中可以看出，投加量为 3 mmol/L 时，EDTA-Cu 已经被完全去除，此时出水 pH 为 6.9 左右。FHC(1∶1)对 EDTA-Cu 的单位去除量约为 74 mg/g，即每克 FHC(1∶1)(以铁计)可以去除大约 74 mg 左右的 EDTA-Cu。

图 5.52 为 FHC(1∶2)不同投加量时的去除效果。由图中可以看出，当 EDTA-Cu 完全去除时，FHC(1∶2)的投加量约为 2 mmol/L，其出水 pH 为 9.2 左右。FHC(1∶2)对 EDTA-Cu 的单位去除量约为 110.98 mg/g，其单位去除量比 FHC(1∶1)的更高，消耗的总碱量也比 FHC(1∶1)的少，但是其出水 pH 却比 FHC(1∶1)高得多。FHC(1∶2)的单位去除量比 FHC(1∶1)高的原因可能是其中的亚铁均以结合态存在，从而导致其吸附性能增加，消耗更少的亚铁。因此，在应用过程中应根据废水中目标污染物浓度水平选择适当的 FHC 配比和投加量，FHC(1∶2)是更好的选择。

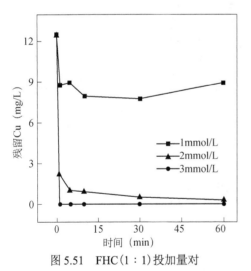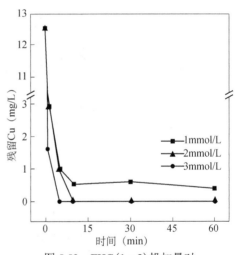

图 5.51　FHC(1∶1)投加量对　　　　　　图 5.52　FHC(1∶2)投加量对
去除 EDTA-Cu 的影响　　　　　　　　　处理 EDTA-Cu 的影响
实验条件：EDTA-Cu 初始浓度为 12.43 mg/L　　　实验条件：EDTA-Cu 初始浓度为 12.43 mg/L

4. [Cu²⁺]/[EDTA]摩尔比对 EDTA-Cu 去除的影响

EDTA 具有很强的络合能力，其络合产物的稳定常数非常高。因此，当 EDTA 含量较高时，不仅对水体中重金属的稳定性具有重要的影响，而且对 FHC 结构的稳定性也可能产生重要影响。由图 5.53 可以发现，当 EDTA 含量升高时，FHC(1∶

1)对 EDTA-Cu 的去除效果逐渐变差,当[Cu²⁺]/[EDTA]=1∶3 时,其出水中 Cu 含量甚至高达 4 mg/L。而且,其出水中总铁也随着 EDTA 含量的升高而升高(图 5.54)。这表明,过量的 EDTA 对 FHC 的结构具有破坏作用,随着 FHC 中大量的结合态 Fe(Ⅱ)被 EDTA 溶解,使 FHC 的吸附还原能力大幅下降,从而其去除效果也明显降低。

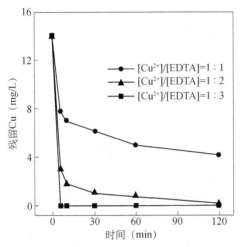

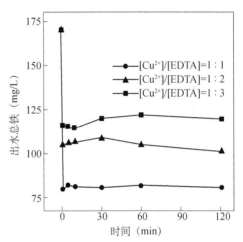

图 5.53　[Cu²⁺]/[EDTA]摩尔比对
FHC(1∶1)处理 EDTA-Cu 的影响
实验条件:EDTA-Cu 初始浓度为 12.43 mg/L

图 5.54　不同[Cu²⁺]/[EDTA]比例下,
处理后的出水总铁
实验条件:EDTA-Cu 初始浓度为 12.43 mg/L

　　尽管 EDTA 溶解了 FHC 中大部分 Fe(Ⅱ),但是由于 EDTA-Fe(Ⅱ)的稳定性低于 EDTA-Cu 的稳定性,FHC 仍能够去除大部分的 EDTA-Cu,这主要归功于 FHC 所具有的高还原性。在 FHC 刚加入 EDTA-Cu 体系时,FHC 即可将大部分的 Cu(Ⅱ)还原,而随后 EDTA 溶解了部分 FHC,主要影响了 FHC 的吸附性能,对其吸附去除的影响较大。因此,对于高浓度 EDTA 废水,可以结合碱沉淀方式去除废水中残留的铁,以保证出水水质。

　　5. 阴离子对 EDTA-Cu 去除的影响

　　图 5.55 为加入 CO_3^{2-} 后,FHC(1∶1)处理 EDTA-Cu 效果的变化,CO_3^{2-} 投加量分别为 0.2 mmol/L 和 2 mmol/L,初始 pH 分别为 3.5 和 7.0。由图中可以发现,CO_3^{2-} 的加入对 EDTA-Cu 的去除效果并无影响,实验所用 CO_3^{2-} 含量和初始 pH 下均能较好地去除 EDTA-Cu,但是反应速率较小。

　　由图 5.56 可以发现,水体中的 PO_4^{3-} 对 FHC 去除 EDTA-Cu 的影响较大。即使 PO_4^{3-} 含量较少,仍可以对 FHC 去除 EDTA-Cu 的效果产生重要影响。当 PO_4^{3-} 含量为

0.2 mmol/L 时，不仅反应速率变得非常小，而且在给定实验时间内，其去除效果也有所下降。当 PO_4^{3-} 含量较大时，其对 FHC 的影响更大，出水中 Cu 含量非常高。而且体系 pH 越高，其去除效果越差。可能是由于加入 PO_4^{3-} 会改变 FHC 的结构。由于 Cu(Ⅱ) 的氧化性能较低，而 EDTA-Cu 的氧化性更低，当 FHC 被 PO_4^{3-} 转化为蓝铁矿后，其还原性能和吸附性能均受到了较大的影响。由于 FHC 还原性的降低导致了其对 EDTA-Cu 还原量的减少，从而使 EDTA-Cu 的去除只能通过吸附作用和微量的还原作用来实现，因此出水中 Cu 的含量降低很少。因此在 FHC 使用时，要限制废水中 PO_4^{3-} 的浓度。

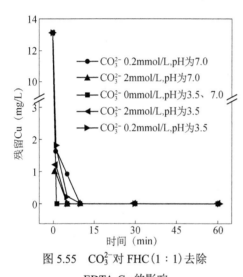

图 5.55　CO_3^{2-} 对 FHC(1∶1)去除
EDTA-Cu 的影响
实验条件：EDTA-Cu 初始浓度为 12.43 mg/L

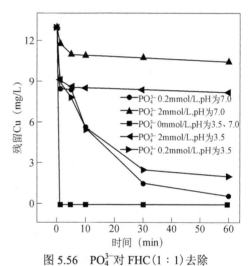

图 5.56　PO_4^{3-} 对 FHC(1∶1)去除
EDTA-Cu 的影响
实验条件：EDTA-Cu 初始浓度为 12.43 mg/L，初始
pH 分别为 3.5 和 7.0

6. 阳离子对 EDTA-Cu 去除的影响

图 5.57 和图 5.58 为 Ca^{2+}、Mg^{2+} 两种投加量（0.2 mmol/L、2 mmol/L）对 FHC(1∶1) 去除 EDTA-Cu 的影响。由图中可以看出，钙、镁离子的存在对 FHC 的去除容量几乎无影响。但是，加入钙、镁离子后，FHC 去除 EDTA-Cu 的速度明显降低，反应达到平衡所需的时间明显较长。FHC 的表面活性位点可能受钙、镁离子的覆盖而使其还原去除速率变小，从而使反应需要更长的时间来达到平衡。但是由于 FHC 还具有较大的比表面积，其对 EDTA-Cu 的吸附性能仍然较强，因此，钙、镁离子对 EDTA-Cu 的去除容量影响并不大。结果也证明了 FHC 能很好适用于各种高硬度废水，具有非常好的实际应用意义。

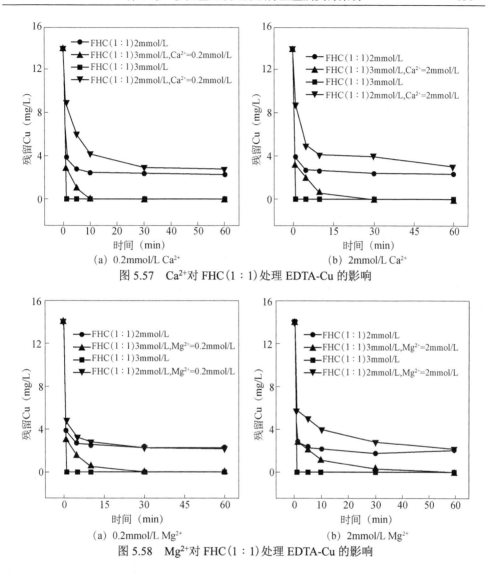

(a) 0.2mmol/L Ca²⁺　　　　　　　(b) 2mmol/L Ca²⁺

图 5.57　Ca²⁺对 FHC(1∶1)处理 EDTA-Cu 的影响

(a) 0.2mmol/L Mg²⁺　　　　　　　(b) 2mmol/L Mg²⁺

图 5.58　Mg²⁺对 FHC(1∶1)处理 EDTA-Cu 的影响

7. EDTA-Cu 的去除机制分析

如图 5.59 和图 5.60 所示，FHC 对 EDTA-Cu 的去除主要是通过氧化还原过程实现的，而这一过程的实现依赖于 FHC 对 EDTA-Cu 的吸附作用，即 FHC 首先将 EDTA-Cu 吸附至其表面或结构层中，然后再对其进行还原。从而，FHC 对 EDTA-Cu 的去除是通过吸附-还原过程发生的。

在非常低的 ORP 条件下，FHC 首先将 EDTA-Cu 中的 Cu(Ⅱ)还原为 Cu(0)，这一过程导致体系 ORP 逐渐升高，体系 pH 逐渐降低。随着体系 ORP 的升高，FHC 对铜的还原程度有所降低，逐渐将其还原为 Cu(Ⅰ)，从而继续导致体系 ORP 的升

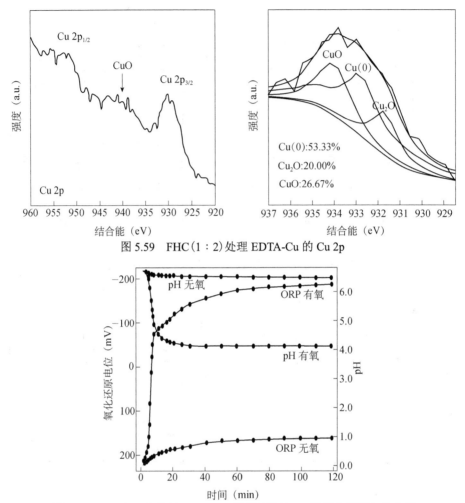

图 5.59　FHC(1∶2)处理 EDTA-Cu 的 Cu 2p

图 5.60　FHC(1∶1)处理 EDTA-Cu 反应过程的 pH 及氧化还原电位曲线

高和 pH 的降低。在反应过程中，体系 ORP 的升高反映了 FHC 中亚铁的氧化，从而导致其还原能力逐渐降低，另外，体系 ORP 的升高和 EDTA-Cu 含量的降低也使其氧化能力相对减弱，对 FHC 的氧化能力逐渐减弱，从而逐渐达到了平衡。此时，体系中的 Cu(0) 和 Cu(Ⅰ) 含量均达到了稳定，而 EDTA-Cu 则得到了去除。在反应产物的氧化过程中，FHC 中亚铁的氧化和体系中 DO 的升高导致体系 ORP 的升高。当体系 ORP 升高到一定程度时，先前生成的 Cu(0) 和 Cu(Ⅰ) 则成了还原剂，被 Fe(Ⅲ) 氧化。而且，由于无氧反应生成的 Cu(Ⅰ) 和 Cu(0) 均有高活性，因此，其氧化速率也非常快，从而使已经去除的 EDTA-Cu 被迅速释放。

5.4.2　FHC 还原去除 CA-Cu 的性能与机制

1. FHC 投加量对 CA-Cu 去除的影响

图 5.61 为不同投加量的 FHC(1∶1) 和 FHC(1∶2) 对 CA-Cu 的去除效果，FHC(1∶1) 和 FHC(1∶2) 投加量分别为 1 mmol/L、2 mmol/L、3 mmol/L，CA-Cu 初始浓度均为 12.3 mg/L，反应时间为 60 min。从图中可以看出，投加 2 mmol/L 及以下的 FHC 均不能将 CA-Cu 完全去除，当将 CA-Cu 完全去除时，两种形态的 FHC 均需要投加 3 mmol/L，此时 FHC 对 CA-Cu 的单位去除量为 73.3 mg/g。此外，由图中可以发现，FHC(1∶1) 对 CA-Cu 的去除速率更大，当投加 2 mmol/L 及 3 mmol/L 时，其去除效果也比 FHC(1∶2) 的好，可能是因为 FHC(1∶1) 具有更强还原性所致。

由于实际废水中并不是存在单一的 EDTA 或柠檬酸根离子，而是多种络合剂的混合物。由于络合剂各自与重金属络合物稳定性的差异，重金属离子的存在形态及其与络合剂的稳定性和 pH 有关，以 EDTA-Cu 和 CA-Cu 为例，如图 5.62 所示，当 pH≤9.0 时，体系中的 Cu 基本均以络合态铜离子形态存在，而且，EDTA-Cu 的存在非常稳定，几乎不受 pH 影响。

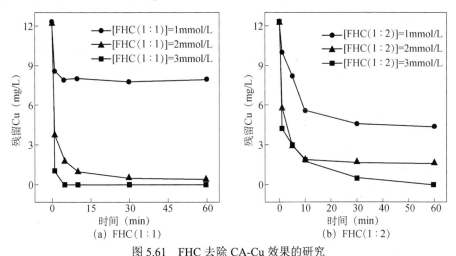

图 5.61　FHC 去除 CA-Cu 效果的研究

2. CA-Cu 的去除途径及转化机制

图 5.63 和图 5.64 分别为 FHC(1∶1)、FHC(1∶2) 与 CA-Cu 反应产物的 XRD 图，由图中可以发现，FHC(1∶1) 与 CA-Cu 产物中发现有单质 Cu(0)(PDF 89-2838) 的存在，而 FHC(1∶2) 与铜反应产物中并未发现单质铜的存在，这可能是 FHC(1∶1) 去除速率比 FHC(1∶2) 更快的原因。

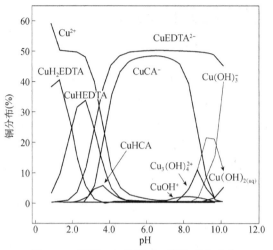

图 5.62　不同 pH 条件下，铜的形态分布

（同时含有 EDTA、CA 和 Cu^{2+}）

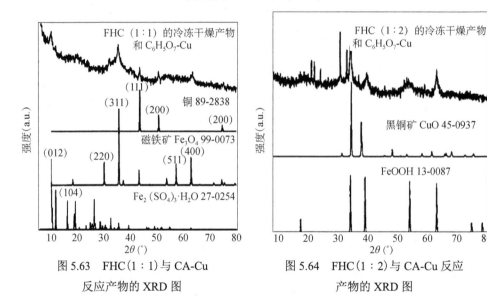

图 5.63　FHC（1:1）与 CA-Cu　　　　图 5.64　FHC（1:2）与 CA-Cu 反应

反应产物的 XRD 图　　　　　　　　产物的 XRD 图

　　此外，由于反应机理的不同，FHC 自身的转化产物也有所不同。由图 5.63 可以看出，FHC（1:1）与 CA-Cu 反应后，其自身主要转化为了 Fe$_3$O$_4$（PDF 99-0073），由于样品没有经过清洗，其中部分游离的亚铁在干燥过程中转化为了硫酸铁（27-0254）。而 FHC（1:2）与 CA-Cu 反应后，自身主要转化为了 FeOOH（PDF 13-0087），与纯的 FHC（1:2）冷冻干燥产物的物相类似，这说明，CA-Cu 的存在对 FHC（1:2）中亚铁的改变很小。

3. FHC 还原去除 NTA-Cu 的性能与机制

FHC 对 NTA-Cu 具有良好的去除效果。两种形态的 FHC 均需要投加 2 mmol/L 才可以完全去除 NTA-Cu，此时 FHC 的单位去除量均为 117.2 mg/g，具体如图 5.65 所示。两种 FHC 均可以在极短时间内快速去除铜，如 FHC(1∶1) 在 10 min 内即可实现近 100%铜去除，高 OH⁻比例和高投加量会显著加速这一过程，这将给大规模工业废水处理提供了非常快速、高效的废水处理技术手段。

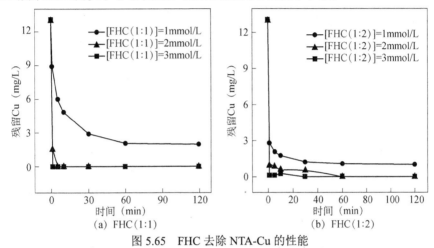

图 5.65　FHC 去除 NTA-Cu 的性能

由图 5.66 可以发现，FHC 与 NTA-Cu 的反应产物中有 Cu 的峰，Cu$_2$O 和其他形态的铜均未发现，而 FHC(1∶1)本身则被氧化成磁铁矿或 FeOOH。这反映出 FHC 参与废水处理后良好的沉淀效果，沉淀结晶度高，结构稳定，减少了金属离子在废水中的残留。

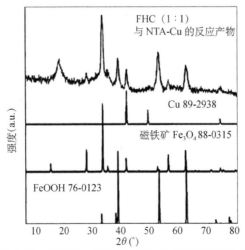

图 5.66　FHC(1∶1)处理 NTA-Cu 产物的 XRD 图

4. FHC 还原去除 TA-Cu 的性能与机制

FHC 对 TA-Cu 具有良好的去除效果。FHC 需要投加 2 mmol/L 才可以完全去除 TA-Cu，此时 FHC 的单位去除量均为 117.2 mg/g，具体如图 5.67 所示。从反应时间上看，TA-Cu 达到 100%去除率需要的时间在 5 min 以内，证明了 FHC 的高反应活性。

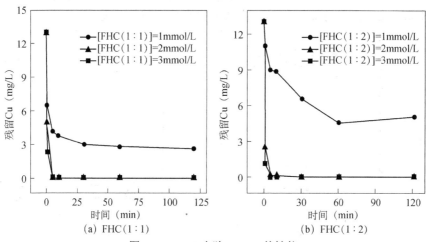

(a) FHC(1:1)　　　　　　　(b) FHC(1:2)

图 5.67　FHC 去除 TA-Cu 的性能

由图 5.68 可见，FHC 与 TA-Cu 的反应产物中均有 Cu 的峰，Cu_2O 和其他形态的铜均未见，而 FHC(1:1)本身则被氧化成磁铁矿或 FeOOH。因而可以说明，FHC 对 TA-Cu 废水的处理中，相当一部分络合态铜被铁直接还原，随后在铁产物的絮凝、共沉淀作用下被转移到沉淀中。

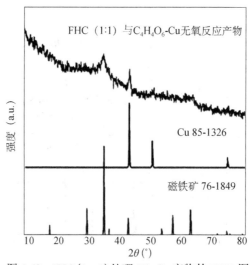

图 5.68　FHC(1:1)处理 TA-Cu 产物的 XRD 图

5.5 FHC 还原破络去除水中的络合态镍

EDTA 是一种四元酸,能与多种重金属离子形成环状的螯合物,EDTA 的溶解度很小,故常使用的是溶解度较大的二钠盐。EDTA 能与 Ni 以 1:1 的配位比结合,没有分级配位的现象,生成浅绿色的具有五个五元环的螯合物,结构较为稳定,不易被破坏。去除 EDTA 络合金属化合物的常见方法是氧化-沉淀法,用高锰酸钾、H_2O_2 等将 EDTA 的结构破坏,再进行重金属离子的去除,但是也会产生费用高等问题,而 FHC 制备简单,成本较低,具有较好的还原吸附性能,因此 FHC 对 EDTA-Ni 的去除研究具有重要的意义。

5.5.1 亚铁形态对去除 EDTA-Ni 性能的影响

为了研究亚铁的形态结构对 EDTA-Ni 的去除效果,本节通过对比溶解态亚铁离子与结合态亚铁(GR、FHC)对 EDTA-Ni 的去除,了解 FHC 去除络合镍的效果,结果如图 5.69 所示,其中络合镍的初始浓度均为 26 mg/L,Fe 的投加量均为 200 mg/L。反应经过 10 min 后基本达到平衡,整个反应过程中 FHC 对 EDTA-Ni 的去除效果较好,其反应去除量达到 33 mg/g,而 GR 与游离态亚铁离子对 EDTA-Ni 的去处效果较差。这与 FHC 拥有较大的比表面积有一定的关系。由此可以得出 FHC 具有较好的吸附能力,能较有效地去除 EDTA-Ni,但是去除量较小,需要通过进一步研究来分析。

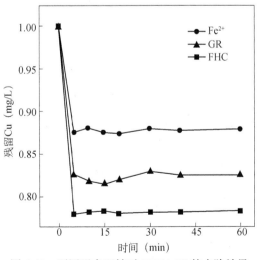

图 5.69 不同形态亚铁对 EDTA-Ni 的去除效果

5.5.2　FHC 去除 EDTA-Ni 性能的优化

1. [Fe(Ⅱ)]/[OH⁻] 摩尔比对 EDTA-Ni 去除的影响

FHC 结构中不同比例的羟基能直接影响其结构形态，而结构形态对其还原性和吸附性能均产生不同的影响。根据工程实践应用的可行性，确定最好的 EDTA-Ni 去除的条件，是 FHC 实际应用的前提。为了确定羟基的含量对 EDTA-Ni 的去除影响，本节以 [Fe(Ⅱ)]/[OH⁻] 为 2∶1、1∶1、1∶2、1∶3 的 FHC 与 EDTA-Ni 反应，结果如图 5.70 所示。Ni 的初始浓度为 61 mg/L，FHC 的投加量分别为 1 g/L 与 0.5 g/L。由图可以看出，FHC(1∶2) 对 EDTA-Ni 的去除效果最佳，其次为 FHC(1∶1) 与 FHC(1∶3)。说明 FHC(1∶2) 的内部结构能够还原吸附更多的络合镍，对去除效果较为有利。由图 5.70(a) 的数据可以计算出 FHC(1∶2) 对络合态的 Ni(Ⅱ) 去除量为 38 mg Ni/g Fe，FHC(1∶1) 与 FHC(1∶3) 对 Ni(Ⅱ) 的去除量仅为 22 mg Ni/g Fe，而 FHC 的投加量加倍后，如图 5.70(b) 所示，FHC(1∶2) 对络合态 Ni(Ⅱ) 的去除量为 21 mg Ni/g Fe，相比图 5.70(a) 中的投加量来说，溶液中剩余的络合镍含量有少量的降低，但是去除量并没有提高，反而有所减少。

从图 5.70 中可以发现，FHC(1∶2) 对 EDTA-Ni 的处理效果相对较好，FHC(1∶2) 具有层状结构，能有效吸附溶液中的络合态重金属，而 FHC(1∶1) 与 FHC(1∶3) 的结构较为紧凑，不利于污染物的吸附。随着反应时间的延长，被吸附还原去除的 EDTA-Ni 不会再次释放至溶液中，去除效果较为稳定。相比游离镍来说，FHC 中的 OH⁻ 对 EDTA-Ni 没有沉淀去除效果，也不会随着溶液中 pH 的变化引起沉淀释放的问题。因此，选择 [Fe(Ⅱ)]/[OH⁻] 比例控制在 1∶2～1∶3 为最佳。

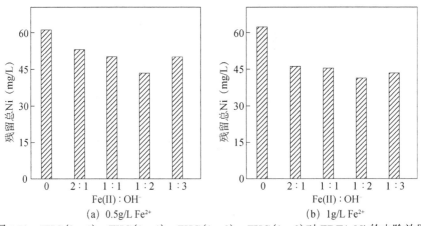

图 5.70　FHC(2∶1)、FHC(1∶1)、FHC(1∶2)、FHC(1∶3) 对 EDTA-Ni 的去除效果

2. FHC 投加量对 EDTA-Ni 去除的影响

通过前面的实验发现，FHC 的 $[Fe(II)]/[OH^-]$ 为 1∶2 对 EDTA-Ni 的去除较为有利，而 FHC 投加量的不同对反应的去除量也大不相同，因此我们针对 FHC(1∶2) 来系统研究投加量对 EDTA-Ni 去除效果的影响，结果如图 5.71 所示。经过计算分析，我们得出 Fe 的投加量为 0.1 g/L、0.2 g/L、0.3 g/L 及 0.4 g/L 时对 EDTA-Ni 的去除量分别为 56 mg/g、32 mg/g、23 mg/g 及 19 mg/g，可以发现随着 FHC 投加量的加大，溶液中剩余 EDTA-Ni 的浓度有所降低，但是去除量逐渐下降。根据理论推算，我们得知若要将溶液中 EDTA-Ni 完全去除，需投加大量的 FHC 直接反应才能实现，这样会造成 FHC 的材料损失，失去了研究的实际意义，在工程应用上也没有经济利用价值。因此针对 EDTA-Ni 的去除，我们需要先经过破络或置换再投加 FHC 进行研究。

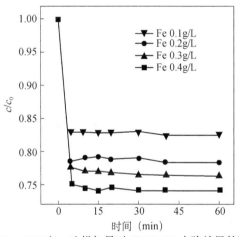

图 5.71　FHC(1∶2)投加量对 EDTA-Ni 去除效果的影响

3. Fe(Ⅲ)投加量对 EDTA-Ni 去除的影响

络合物都有特定的络合常数，其中 EDTA-Ni 的 $\lg\beta_n$ 为 18.56，EDTA-Fe(Ⅱ) 的 $\lg\beta_n$ 为 14.83，而 EDTA-Fe(Ⅲ) 的 $\lg\beta_n$ 为 24.23，我们可以看出这些络合物的稳定程度：EDTA-Fe(Ⅱ)<EDTA-Ni<EDTA-Fe(Ⅲ)，所以 FHC 结构中的 Fe(Ⅱ) 较难置换出 EDTA-Ni 中的 Ni(Ⅱ)，而 EDTA 络合物不易沉淀，环状结构较难破坏，因此 FHC 对 EDTA-Ni 的去除机理主要为吸附反应。从上面的络合常数同时可以看出，EDTA-Fe(Ⅲ)的稳定性较好，说明 Fe(Ⅲ)可以替代 EDTA-Ni 中的 Ni(Ⅱ)，我们可以通过先用 Fe(Ⅲ)置换出 Ni(Ⅱ)，再通过添加 FHC 进行去除研究。

　　图 5.72 表示不同 Fe(Ⅲ) 投加量对 EDTA-Ni 中的 Ni(Ⅱ) 置换再进行去除研究。反应先分别加入 0.5 mmol/L、2.5 mmol/L、10 mmol/L 的 Fe³⁺反应 5 min，再加入 1 g/L 的 FHC 反应 120 min。由图中可以看出，Fe(Ⅲ) 的投加有利于溶液中 EDTA-Ni 的去除，当 Fe(Ⅲ) 的投加量为 10 mmol/L 时，溶液中的 EDTA-Ni 的去除率达到 77%，相比 FHC 直接投加的去除效果来说有了明显的提高。Fe(Ⅲ) 能置换出 EDTA-Ni 中的部分 Ni(Ⅱ)，使得 Ni(Ⅱ) 以离子态形态存在，FHC 通过吸附、离子交换、还原以及共沉淀等多种途径对游离镍进行去除。但是 10 mmol/L 的 Fe(Ⅲ) 较大，因此我们通过后面的实验反应条件进行适当调节，减少 Fe(Ⅲ) 的投加量来研究 FHC 对 EDTA-Ni 的去除。

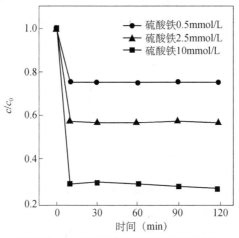

图 5.72　Fe(Ⅲ) 的投加量对反应的影响

4. 初始 pH 对 EDTA-Ni 去除的影响

　　有研究[45]称 EDTA-Ni 等络合物能通过调节 pH 来进行反应，EDTA-Ni 能在强酸性条件下进行分解，再加入碱沉淀重金属离子，达到去除效果，但该法去除络合镍的成本较高，耗费的酸碱量太大，对实际工艺中运行有不利影响。为研究不同初始 pH、Fe(Ⅲ) 投加量、Fe(Ⅱ) 投加量对 FHC 与 EDTA-Ni 反应过程中的影响，我们进行了对比研究，结果如图 5.73 所示，其中 Fe(Ⅲ) 与 Fe(Ⅱ) 的投加量均为 1 mmol/L，H_2O_2 的投加量均为 1 mg/L。反应条件中分为 EDTA-Ni 溶液不调节初始 pH 以及初始 pH 调至 1.0 进行反应研究，投加 Fe(Ⅲ) 与 Fe(Ⅱ) 后反应 5 min，由于 FHC 不能在强酸性条件下存在，否则结构会被破坏，不利于重金属的处理，因此反应 5 min 后用碱将溶液调至 pH 为 6.0 再加入 0.5 g/L 的 FHC(1∶2) 反应 1 h。

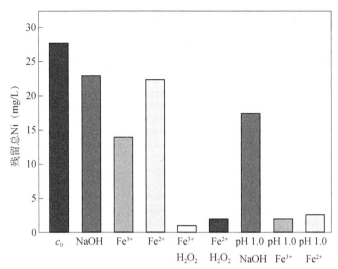

图 5.73　不同反应条件下铁盐对 EDTA-Ni 的去除效果

从图 5.73 可以看出，初始 Ni 浓度为 28 mg/L，加入 NaOH 后溶液中部分重金属沉淀，但是沉淀量很少，而不调节初始 pH 的条件下投加 1 mmol/L 的 Fe^{3+} 与 Fe^{2+}，发现去除效果有明显的提高，这与前面 Fe(III) 能置换 EDTA-Ni 中 Ni(II) 的结论相一致，而 Fe(II) 的加入对反应基本无效果，这与 EDTA-Ni、EDTA-Fe(II) 络合物的稳定常数相近有很大的关系，较难在正常条件下直接替换反应。反应过程中加入 H_2O_2 与 Fe(III)、Fe(II) 形成类 Fenton 反应，对 EDTA-Ni 的去除有较明显的效果。这主要有以下几个原因：H_2O_2 的投加能降低溶液的 pH，有利于 EDTA 络合物的破络置换反应；其次，类 Fenton 反应能够氧化破坏溶液中 EDTA-Ni 的结构，从而有利于 Ni(II) 的去除。

当溶液中初始 pH 调至 1.0 时，我们可以明显看出，溶液中 EDTA-Ni 的沉淀去除率升高，说明酸性条件下有利于 EDTA-Ni 的破络反应，再加入一定量的 Fe(III) 或 Fe(II) 能将大部分 EDTA-Ni 去除，其去除率均能达到 90% 以上。特别是加入 Fe(III)+FHC(1∶2) 反应后溶液中的剩余 Ni 浓度为 1.29 mg/L，去除率达到 95% 以上。同时也可以说明在强酸性条件下 Fe(II) 也能置换出 EDTA-Ni 中的 Ni(II)，有利于 EDTA-Ni 的去除。反应过程中 FHC 对置换出的游离 Ni(II) 的去除效果较好，因此在工程应用上也能节约成本。

同时，根据上面的实验进行优化分析，将溶液初始 pH 调至 1.0，再加入 0.5 mmol/L、0.75 mmol/L、1 mmol/L 的 Fe(III) 与 Fe(II) 离子反应 5 min 后，调节 pH 至 6.0 再加入 0.5 g/L 的 FHC(1∶2)，结果如图 5.74 所示。可以看出投加的 Fe(III) 或 Fe(II) 含量越大效果不一定越好，选择合适的投加量对反应也有重要的影响，能达到较好处理效果同时也能节约资源。从图中可以看出，投加 0.5 mmol/L

的 Fe(Ⅲ)对 EDTA-Ni 的去除率能够达到 99%以上，由此得出 Fe(Ⅲ)与 FHC 的结合对 EDTA-Ni 去除有重要的意义，能有效地去除重金属，也能节约资源成本。但是 Fe(Ⅱ)投加对 EDTA-Ni 的处理效果不及 Fe(Ⅲ)，所以对 EDTA-Ni 的去除可以选择 Fe(Ⅲ)+FHC(1：2)模式进行反应。

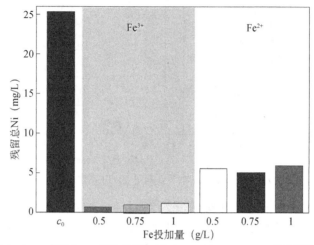

图 5.74　Fe(Ⅲ)与 Fe(Ⅱ)的投加量对 FHC 与 EDTA-Ni 反应的影响

5.6　本　章　小　结

本章主要研究了 FHC 对废水中典型重金属的去除效果和机理分析。结果表明亚铁的结构形态对去除污染物的能力产生了重要影响，结合态亚铁对重金属的去除效果远高于游离态 Fe^{2+} 与 GR。

(1)通过对比研究不同形态的亚铁例如游离态 Fe^{2+}、GR 等可以发现，FHC 具有比游离态 Fe^{2+} 和 GR 更高的还原性，其对 Cr(Ⅵ)的去除效果比亚铁盐更好，且 FHC 由于其主要结构层均为 Fe(Ⅱ)的多羟基层，能够将亚铁的还原容量发挥至最大。FHC 对 Cr(Ⅵ)的去除主要以还原为主，其氧化产物的吸附能力也可以去除大量的 Cr(Ⅵ)。当 FHC(1：1)完全去除 Cr(Ⅵ)时，单位去除量高达 249 mg/g，其最佳 pH 范围约为 4.0～9.0。

(2)FHC 能与 Ni(Ⅱ)快速进行吸附、还原、沉淀和离子交换反应，具有很好的去除效果。FHC 对 Ni(Ⅱ)的去除量高达 613 mg Ni/g Fe。但是当溶液中含有一定量的 DO，会导致 FHC 去除 Ni(Ⅱ)的效果下降，适当地控制反应过程中的 DO 能控制反应过程中 Ni(Ⅱ)的释放现象。水体中存在的 CO_3^{2-}、NO_3^- 与 PO_4^{3-} 等阴离子对 FHC 的去除作用也产生显著的影响，主要是通过阴离子的加入引起 pH 变化从而达较好处理效果，但少量 PO_4^{3-} 以及 NO_3^- 能抑制 FHC(1：2)对 Ni(Ⅱ)的去除效果，这是由于吸附位点被阴离子占据。而水体中存在的阳离子如 Mg^{2+}、Al^{3+} 对 FHC(1∶2) 去除 Ni(Ⅱ) 的效果均有不利影响，主要是因为 Mg^{2+} 与 Al^{3+} 能抢夺 FHC(1∶2) 结构中的羟基生成 $Mg(OH)_2$、$Al(OH)_3$ 沉淀，破坏了 FHC(1∶2) 的结构形态，使得结合态 Fe(Ⅱ) 的含量降低，影响了 Ni(Ⅱ) 的去除效果。

(3) FHC 对 Se(Ⅳ) 拥有较强的反应活性，对 Se(Ⅳ) 具有良好的去除效果。根据 Box-Benhnken 原理和响应面分析得出溶液 pH 与 FHC 投加量之间交互作用较明显。影响 Se(Ⅳ) 的去除因素中 FHC 投加量最显著，其次分别为溶液 pH、氧气。随着溶液 pH 的增加，吸附在固液界面 H_2O 的相对含量逐渐减少，OH^- 和晶格氧 (O_2^-) 的相对含量增加。主要原因是 H_2O 与 OH^- 存在明显的竞争关系，其次为晶格氧 (O_2^-) 含量的增加。当溶液为弱酸性时，Se(Ⅳ) 的去除路径主要为其在 FHC 表面的吸附聚沉，溶液为弱碱性时，主要以还原为主。

(4) FHC 对水体中的络合态铜具有良好的去除效果。结果表明，FHC(1∶1) 相比于 FHC(1∶2) 对 EDTA-Cu 具有更强的还原性能，但是由于 FHC(1∶2) 中的 Fe(Ⅱ) 均以结构态存在，游离 Fe(Ⅱ) 很少，因此具有较强的吸附性能。FHC 结构中的 OH^- 比 Fe(Ⅱ) 对其去除性能的影响更大。FHC 对游离 Cu(Ⅱ) 的去除机理全部为还原作用，对络合态铜的去除机理为还原作用和吸附作用，其中还原作用为主要的去除机理，产物中可以明显检测到大量 Cu(0) 和 Cu_2O 的存在，而且这些一价或零价铜均以高活性的纳米颗粒状存在。除了 EDTA-Cu 外，FHC 可以对 CA-Cu、NTA-Cu、TA-Cu 等多种其他络合态金属离子也具有良好的去除效果，还原作用和吸附作用是 FHC 去除络合态铜的主要机制。

(5) FHC(1∶1) 对水体中的 EDTA-Ni 有一定的去除效果，但是直接投加 FHC 对 EDTA-Ni 的去除效果不如游离 Ni(Ⅱ)，去除量也大大降低。FHC(1∶2) 去除 EDTA-Ni 的效果较为稳定，反应过程中基本无 Ni(Ⅱ) 释放的现象。同时，适当地降低 EDTA-Ni 溶液的 pH 也有利于 EDTA-Ni 去除。在酸性条件下络合物中的 Ni(Ⅱ) 较易被 EDTA 络合物较为稳定的 Fe(Ⅲ) 置换，再通过 FHC 进行去除，其去除率能够达到 99% 以上。而 FHC(1∶2) 对 TA-Ni 和 CA-Ni 的去除效果较为理想，能通过直接投加反应，其去除率能够达到 99% 以上。随着时间的延长，TA-Ni 和 CA-Ni 在反应过程会发生部分 Ni(Ⅱ) 释放，该现象的发生与 FHC 的逐渐氧化有关，但是可以通过控制反应时间在 60 min 内或调节溶液的 pH 至 9.0 左右，使得 FHC 对 TA-Ni 和 CA-Ni 有较好效果的同时也能缩短反应时间。

第6章 多羟基亚铁除砷性能与机制

在水环境中，砷通常以氧化态为+3 价的亚砷酸盐[H_3AsO_3、$H_2AsO_3^-$、$HAsO_3^{2-}$、AsO_3^{3-}，以下简称为 As(III)]以及氧化态为+5 价的砷酸盐[H_3AsO_4、$H_2AsO_4^-$、$HAsO_4^{2-}$、AsO_4^{3-}，以下简称为 As(V)]两种无机砷的形式存在，As(III)和 As(V)存在形态随 pH 变化而变化，且两者都具有毒性，比如三价砷与蛋白质中的巯基有很强的亲和力，导致蛋白质失活；细胞反应中，五价砷拮抗磷酸盐，破坏 ATP 的高能磷酸键，使其去磷酸化。但是，三价砷在环境中的迁移性更强，毒性是 As(V)的 60 倍。

目前，对于砷污染水的治理方法主要有化学法、物化法、生物法，如混凝沉淀法、吸附法、离子交换法等。某些天然矿物具有良好的处理工业重金属废水性能，并成为环境矿物材料的研究方向。环境矿物材料是由矿物及其改性产物组成的与生态环境具有良好协调性或直接具有防治污染和修复环境功能的一类矿物材料，无机界矿物具有天然自净化功能，包括矿物表面效应、离子交换效应、氧化还原效应、结晶效应、纳米效应以及矿物与生物复合效应等。矿物法是继化学法、物化法、生物法之后的环境污染防治第四类方法。

含铁类矿物材料因来源广泛、成本低廉、吸附效果好且无二次污染等特点被广泛应用于砷污染水体的修复研究。多羟基亚铁络合物(ferrous hydroxyl complex，FHC)是以羟基亚铁为骨架堆积层叠而成的化合物，未完全氧化的产物由带正电荷的氢氧化物层[$Fe_{(y-x)}^{II}Fe_x^{III}(OH)_{2y}]^{x+}$与带负电荷的阴离子 A^{n-} 及水分子交替结合组成。FHC可通过还原和吸附作用去除多种有机污染物和重金属。由于 FHC 的高反应活性和结构特点，推测其对类金属砷也有很好的去除效果。因此本章主要研究：①在有氧和无氧环境下 FHC 对砷的去除性能，探究 pH、共存阴离子等影响因素对 FHC 除砷性能的影响，以揭示 FHC 对砷迁移和转化的影响与机理；②通过均相共沉淀法制备了碳酸型结合态亚铁[carbonate structural Fe(II)，CSF]，并分析了除砷性能与机理。

6.1 FHC 除砷性能研究

6.1.1 无氧条件下除砷性能

1. pH 对除砷性能的影响

在固液界面上阴阳离子的吸附过程中，pH 是一个很重要的影响因素。从图 6.1

可见，pH 对 FHC 除砷有显著的影响，As(V)的去除率随着 pH 的升高而急剧降低，而 As(III)的去除率随着 pH 的升高先缓慢升高，在 pH 为 8.0～9.0 时趋于平稳，而后快速降低。

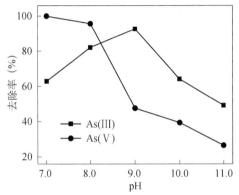

图 6.1　无氧条件下 pH 对 FHC 除砷性能的影响
实验条件：[FHC]=0.5 g/L，[As]$_0$=30 mg/L，反应时间为 1 h

pH 对 FHC 除砷的影响可归因于两方面，一方面是 pH 影响了 FHC 表面所带电荷，当 pH 升高时，FHC 表面带负电，排斥阴离子，当 pH 降低时，FHC 表面带正电，排斥阳离子；另一方面是 pH 影响了溶液中砷的形态，在 7.0<pH<8.5 时，溶液中 As(V)以 $HAsO_4^{2-}$ 形态存在，由于静电引力作用被强烈吸附在 FHC 表面上，而此时 As(III)以 H_3AsO_3 形态存在，FHC 去除 As(III)的最佳 pH 为 8.0 左右，说明此 pH 条件下，As(III)的主要去除机理是表面络合而不是静电作用。在 8.5<pH<11.0 时，溶液中 As(V)仍以 $HAsO_4^{2-}$ 形态存在，As(III)更多地以 $H_2AsO_3^-$ 存在，此时 pH 越高表面负电荷越多，由于静电排斥，As(V)的去除效率降低，同时 As(III)的去除率相对更高，说明静电作用对 As(V)去除的影响高于 As(III)。

2. 共存阴离子对除砷的影响

不管在地下水还是在工业废水中，通常有 HCO_3^-、SiO_3^{2-}、HPO_4^{2-} 等阴离子存在，深入研究水中共存阴离子对 FHC 除砷性能的影响，对应用 FHC 治理砷污染有重要的实际意义。因为 P 与 As 是同族元素，具有更加相近的化学结构和性质，故在吸附过程中 HPO_4^{2-} 对砷吸附的抑制作用最明显。因此首先探究 HPO_4^{2-} 对 FHC 的吸附除砷影响。

HPO_4^{2-} 对 FHC 吸附砷的影响如图 6.2 所示，HPO_4^{2-} 的存在对 As(III)在 FHC 上的吸附影响较小，准一级动力学速率常数由 0.163 min^{-1} 降低为 0.134 min^{-1}；相比而言，HPO_4^{2-} 对 As(V)吸附的抑制作用更大，准一级动力学速率常数由 0.369 min^{-1} 降为 0.240 min^{-1}。

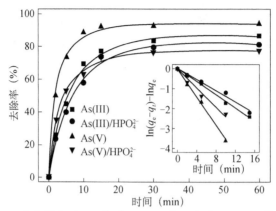

图 6.2 共存阴离子 HPO_4^{2-} 对 FHC 吸附 As(Ⅲ)、As(Ⅴ)的影响

插图为吸附前 15 min 准一级动力学拟合

实验条件：$[FHC]=0.5$ g/L，$[As]_0=30$ mg/L，$[HPO_4^{2-}]=31.6$ mg-P/L，初始 pH 为(8.0±0.2)

共存阴离子对 FHC 吸附砷的影响主要有两个原因，一是结合态亚铁类化合物如 GR、FHC 等具有特定的类层状结构，层间有不同的阴离子，而含砷废水中共存阴离子时，这些阴离子的介入可能会取代层间原有的阴离子或改变 Fe(Ⅱ)与 OH⁻的结合从而影响污染物的吸附效果；另一个原因是易与吸附剂表面≡FeOH 等官能团结合，在吸附剂表面与砷竞争吸附位点，阴离子吸附后使吸附剂表面带负电荷，与砷产生静电斥力，从而抑制砷在吸附剂表面的吸附。所以以阴离子形式存在的 As(Ⅴ)受共存阴离子的影响较以分子形式存在的 As(Ⅲ)更大。

NO_2^- 也是水体中常见的一类阴离子，具有一定的电子转移能力，与 FHC 发生氧化还原反应并引起矿物转化，因此同时选取了 NO_2^- 作为共存污染物来研究对 FHC 去除 As(Ⅲ)的影响，结果如图 6.3 所示。

不同浓度的 NO_2^- 对 FHC 除砷的影响不同，除砷效率与 NO_2^- 浓度呈正相关。且随着 NO_2^- 浓度的增加，溶液中 NO_3^- 浓度也增加。推断此时 FHC 与 NO_2^- 反应产生铁氧化物，类似于 FHC 在有氧条件下发生矿物转化，FHC 转化的过程中 As(Ⅲ)的去除得到了提高。

3. 重金属离子对除砷性能的影响

实际含砷工业废水中往往含有多种阴阳离子，特别是金属冶炼行业废水，不但含有较高浓度的砷，同时还含有较高浓度的多种重金属离子，如 Cu(Ⅱ)、Cr(Ⅵ)、Zn(Ⅱ)、Ni(Ⅱ)等。结合态亚铁如绿锈和 FHC 可以与水体中的重金属发生氧化还原反应然后将其从水体中去除，自身被氧化为铁氧化物。由于 Cu(Ⅱ)和 Cr(Ⅵ)本身具有较强的氧化性，所以为避免氧气的干扰，实验要在无氧条件下进行。

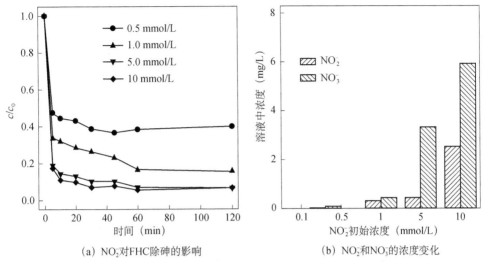

(a) NO$_2^-$对FHC除砷的影响   (b) NO$_2^-$和NO$_3^-$的浓度变化

图 6.3 不同浓度的 NO$_2^-$对 FHC 除砷的影响以及溶液中 NO$_2^-$和 NO$_3^-$的浓度变化

实验条件：[As(III)]$_0$=15 mg/L，FHC=0.2 g/L，pH 为(8.0±0.2)

游离态 Cu^{2+}对 FHC 除砷的影响结果如图 6.4 所示，发现在不同的初始 pH 条件下，Cu^{2+}对 FHC 除 As 都有促进作用。铜离子浓度越高，As 去除率越大，这种现象在中性和碱性时表现得最明显，pH 为 5.0 时的去除率较 pH 为 7.0 和 9.0 时低，这是因为酸性环境使部分含亚铁/铁氧化物或氢氧化合物发生溶解，这使得吸附剂表面有效吸附位点大量减少，所以 As(III) 的吸附效果较差。分析反应后剩余 Cu 的浓度发现，在中性和碱性条件下，Cu 几乎被完全沉淀，在酸性环境中，仍有少部分的 Cu 存在，去除的 Cu 很有可能是被 FHC 及其转化的产物吸附或者被还原。由此可以得出结论，Cu 与 As 共存时，FHC 对两者都有去除效果，而且 Cu 的存在有利于 As 的去除。

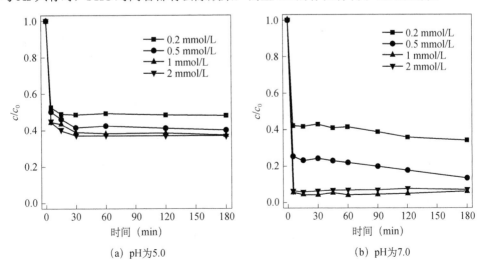

(a) pH为5.0   (b) pH为7.0

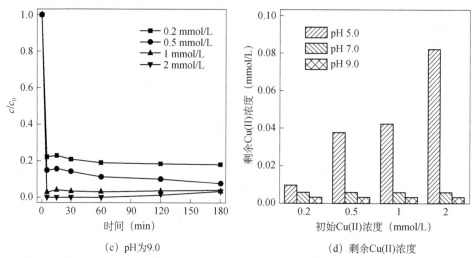

(c) pH为9.0

(d) 剩余Cu(II)浓度

图 6.4　不同初始 pH 条件下，Cu(II)对 FHC 去除 As(III)的影响以及剩余 Cu(II)浓度
实验条件：[As(III)]=15 mg/L，FHC=0.2 g/L，[Cu(II)]为 0.2～2 mmol/L

　　Cr(VI)对 FHC 去除溶液中 As(III)性能的影响如图 6.5 所示。研究了 pH 为 7.0 和 9.0 时不同浓度的影响效果，结果发现，在中性和碱性时，Cr(VI)的存在有利于 As(III)的去除，在 pH 为 9.0 时，去除效果略好于 pH 为 7.0 时，同时发现随着 Cr(VI)投加浓度的增加，去除效果也略微增加，表明 Cr(VI)对 As(III)的去除具有轻微的促进作用。不同 Cr(VI)投加量时，反应过程中 Cr(VI)的浓度均小于 0.15 mg/L，说明 Cr(VI)几乎全部被去除。

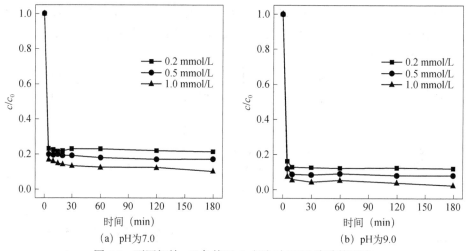

(a) pH为7.0

(b) pH为9.0

图 6.5　不同初始 pH 条件下 Cr(VI)对 FHC 除砷的影响
实验条件：[As(III)]=15 mg/L，FHC=0.20 g/L，[Cr(VI)]为 0.2～1.0 mmol/L

6.1.2　有氧条件下的除砷性能

1. 溶解氧对除砷的影响

由于 FHC 具有很强的还原性，在应用 FHC 吸附除砷过程中 Fe(Ⅱ)很容易被氧气氧化形成铁氧化物。研究溶液中 DO 对 FHC 处理效果的影响，对于吸附除砷技术具有重要的指导意义。

从图 6.6 中可以看出，在多种初始条件下，有氧环境比无氧环境更加有利于 FHC 吸附 As(Ⅲ)/As(Ⅴ)反应的进行，在有氧条件下溶液中的剩余 As 浓度大幅降低，这一现象对于 As(Ⅲ)去除尤为明显。FHC 与 O_2 反应的产物为晶型较好的磁铁矿，而在砷存在的条件下，最终的产物是晶型较差的纤铁矿，这是因为在矿物转化过程中，如果有其他离子进入矿物晶格结构中，将会改变产物物相和晶型。但合成并使用纤铁矿作为吸附剂吸附砷并与有氧/无氧条件下 FHC 吸附砷比较，纤铁矿除砷效果远远不如 FHC 有氧或无氧条件下的效果，三者之间的关系为：FHC 有氧>FHC 无氧>FHC 氧化产物。这说明在有氧条件下发生的 FHC 向纤铁矿的矿物转变过程对吸附剂的除砷性能起到至关重要的作用。

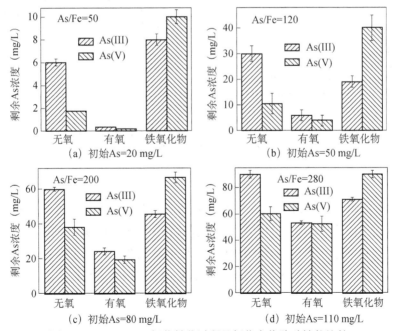

图 6.6　FHC、FHC 氧化转化过程及氧化产物除砷性能比较

实验条件：初始 pH 为(8.0±0.2)，FHC=0.3 g/L

2. pH 对除砷性能的影响

有氧环境中 FHC 除砷性能受 As(Ⅲ)/As(Ⅴ)溶液初始 pH 影响的实验结果如图 6.7 所示。从图中可以看出，pH 对 As(Ⅲ)去除率的影响不明显，但对 As(Ⅴ)而言，随 pH 的升高去除率有一定的降低，这与无氧条件下的结果相一致。无论对于 As(Ⅲ)还是 As(Ⅴ)，FHC 除砷在 30 min 后已基本达到平衡。与无氧环境相比，有氧条件下除砷性能相对较高，且受溶液 pH 的影响较小。这主要是由于氧化过程中生成的含亚铁/铁氧化物或氢氧化合物表面吸附 H^+ 形成带正电的基团（$\equiv FeOH_2^+$），对于以阴离子（$HAsO_4^{2-}$ 和 $H_2AsO_4^-$）形式存在的 As(Ⅴ)有较强的吸附效果。

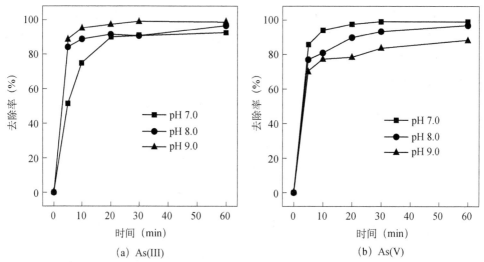

（a）As(Ⅲ)　　　　　　　　　（b）As(Ⅴ)

图 6.7　有氧环境中初始 pH 对 FHC 去除不同价态 As 的影响

实验条件：FHC=0.2 g/L，$[As]_0$=15 mg/L

3. 共存阴离子对除砷的影响

在 FHC 氧化转化过程中，砷可能通过以下几种途径去除：吸附、共沉淀在铁氧化物表面形成络合物以及进入铁氧化物晶格结构中。HCO_3^-、SiO_3^{2-}、HPO_4^{2-} 三种阴离子是常见的干扰离子，在砷的吸附过程中可能会与砷竞争吸附剂表面的吸附位点，从而降低了砷的吸附量，其结果如图 6.8 和图 6.9 所示。

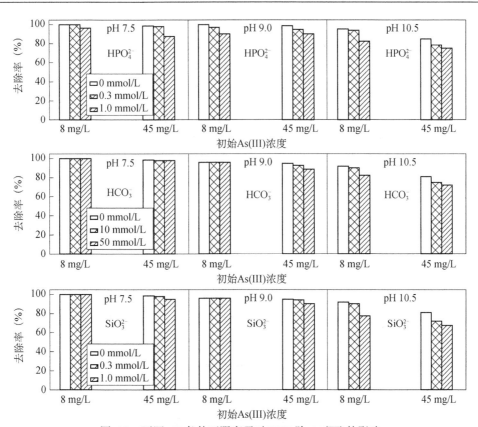

图 6.8　不同 pH 条件下阴离子对 FHC 除 As(III) 的影响

实验条件：FHC=0.5 g/L，反应时间为 1 h

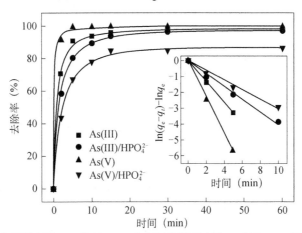

图 6.9　共存阴离子 HPO_4^{2-} 对 FHC 在有氧条件下去除 As(III)、As(V) 的影响

插图是吸附前 15 min 准一级动力学拟合

实验条件：FHC=0.5 g/L，$[As]_0$=30 mg/L，$[P]_0$=31.6 mg-P/L，pH 为 8.0

从图 6.8 中可以看出，随着 pH 的升高、共存阴离子浓度升高和初始砷浓度的提高，砷的去除率随之下降，而且三种共存离子间的差异并不明显。HPO_4^{2-} 与另外两种阴离子不同，P 和 As 具有相似的化学性质，HPO_4^{2-} 也能够进入铁氧化物结构中，因此 HPO_4^{2-} 与 As（Ⅴ）竞争作用会更加明显一些，如图 6.9 所示。HPO_4^{2-} 存在时，FHC 在有氧时去除 As（Ⅴ）的准一级动力学速率常数由 1.16 min⁻¹ 大幅降为 0.302 min⁻¹；相比而言，HPO_4^{2-} 对 FHC 去除 As（Ⅲ）的效果较小，这与无氧条件下相似，准一级动力学速率常数由 0.661 min⁻¹ 降低为 0.399 min⁻¹。

4. 重金属离子对除砷性能的影响

Cu^{2+}、Cr^{6+} 能够快速地与 FHC 发生氧化还原反应，而 Ni^{2+} 或 Zn^{2+} 与 As（Ⅲ）共存时，FHC 很难被氧化而发生矿物转化，但是，Ni^{2+} 或 Zn^{2+} 仍对 FHC 除砷性能有促进作用，如图 6.10 所示。

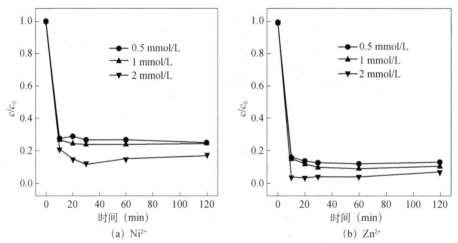

图 6.10　不同浓度的 Ni^{2+} 和 Zn^{2+} 对 FHC 除砷的影响
实验条件：[As（Ⅲ）]=15 mg/L，FHC=0.2 g/L，初始 pH 为 8.0

随着 Ni^{2+} 或 Zn^{2+} 含量不断增大，As（Ⅲ）的去除率也随着增加，相对来讲 Zn^{2+} 的作用比 Ni^{2+} 更明显，但是 Ni^{2+} 或 Zn^{2+} 能通过改变 FHC 的结构使其发生转化。图 6.11 显示 Ni^{2+} 共存时，FHC 与 As（Ⅲ）反应产物的 XRD 表征图。由图中可以看出该产物在 (003)、(012)、(113) 处有明显的特征峰。Zn^{2+} 与 FHC 反应后产物的 XRD 与 Fe-Ni 的特征峰相似。这能证明 FHC 与 Ni^{2+} 或 Zn^{2+} 反应后可能转化形成了具有 LDH 结构的化合物，该类化合物有巨大的比表面积，有利于对 As 的吸附去除。因此，FHC 虽然不能与 Ni^{2+} 或 Zn^{2+} 进行氧化还原反应，但仍能发生矿物转化，这有利于吸附去除溶液中的 As（Ⅲ）。

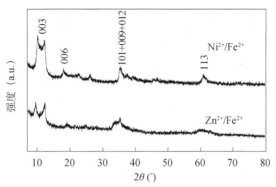

图 6.11　FHC 与 Ni²⁺和 Zn²⁺反应产物的 XRD 表征

6.2　亚铁矿物转化与砷的去除机制

6.2.1　无氧环境的除砷机制

有氧条件是由溶解氧或中间活性产物氧化 FHC，而在无氧条件下，Cu^{2+}、$Cr(VI)$、NO_2^-作为氧化剂也能与 FHC 发生氧化反应，使其发生矿物转化。本节研究无氧条件下共存污染物引起的矿物转化对 As(III) 去除仍有较好的效果。通过分析产物中不同形态砷的含量来确定去除途径，结果如图 6.12 所示。其中，"原位"表示原位矿物转化过程除砷的产物，"异位"表示 FHC 与共存氧化剂反应后的氧化物(即异位预制铁氧化物)除砷后的产物。除了溶液中剩余的砷 F1，产物中的砷可分为四种形态，分别是 F2：可交换态砷；F3：专性吸附态砷；F4：与无定形或弱结晶铁氧化物共沉淀结合或进入其晶格结构的砷；F5：与结晶铁氧化物共沉淀结合或进入其晶格结构的砷。

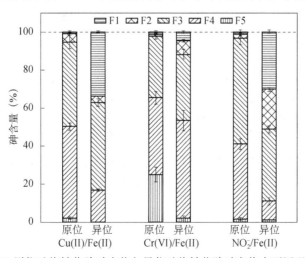

图 6.12　FHC 原位矿物转化除砷产物与异位矿物转化除砷产物中不同形态砷的分布

由图 6.12 可知，污染物 Cu(Ⅱ)、Cr(Ⅵ)、NO_2^- 作为氧化剂与 As(Ⅲ) 共存时，FHC 原位矿物转化过程中除砷效率高于 98%，明显高于异位预制铁氧化物的除砷效率(分别为 65%、94% 和 67%)。这说明矿物转化过程中更多的砷与新生态的铁氧化物结合。专性吸附态砷以及与铁氧化物共沉淀或共生的砷占产物中砷的主要部分，且矿物转化后产物中不同形态砷的分布发生了明显的变化。与铁氧化物共沉淀或进入其晶格结构中的砷含量明显增加，在 Cu(Ⅱ)/Fe(Ⅱ)、Cr(Ⅵ)/Fe(Ⅱ)、NO_2^-/Fe(Ⅱ) 三种非原位矿物转化的产物中，该部分砷含量分别占总砷的 16.7%、53.5% 和 10.8%，而原位矿物转化后，该比例分别增加为 50.1%、65.27% 和 41.04%。

Ni(Ⅱ) 或 Zn(Ⅱ) 与 As(Ⅲ) 共存时，FHC 转化的机理并非氧化还原反应，产物中的砷主要以三种形态存在，可交换态砷、专性吸附态砷以及与 Fe-Ni 或 Fe-Zn 双金属体系共沉淀的砷，如图 6.13 所示。与前面的研究不同的是，产物并没有形成结晶较好的铁氧化物，这与体系中不存在氧化还原反应有关。

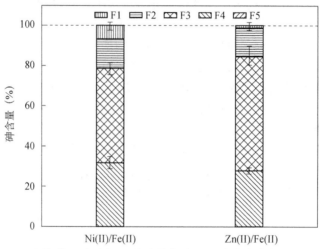

图 6.13　Ni(Ⅱ) 或 Zn(Ⅱ) 与 As(Ⅲ) 共存时 FHC 除砷产物中砷的分布情况
F1：溶液中剩余的砷；F2：可交换态砷；F3：专性吸附态砷；F4：与无定形或
弱结晶铁氧化物结合的砷；F5：与结晶铁氧化物结合的砷

为了进一步探讨矿物转化除砷机理，通过 XPS 表征手段研究了产物中不同价态砷的分布以及无氧条件下 As(Ⅲ) 的氧化途径，结果如图 6.14 所示。

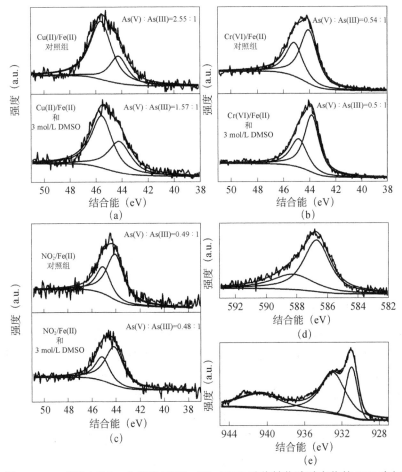

图 6.14　Cu(Ⅱ)/FHC、Cr(Ⅵ)/FHC、NO₂/FHC 矿物转化除砷产物的 XPS 表征

　　从图中可以看出，产物表面上元素砷在 44.2 eV 和 45.6 eV 两处有结合能，说明矿物表面上既有 As(Ⅲ) 又有 As(Ⅴ)，推测 As(Ⅴ) 的产生是因为矿物转化过程中 As(Ⅲ) 发生了氧化。在无氧条件下由 Fe(Ⅱ) 向 Fe(Ⅲ) 电子转移过程中产生的 Fe(Ⅲ) 活性中间产物或新生态的次生铁矿被认为在 As(Ⅲ) 的氧化过程中起着决定性作用。根据实验数据和已有的结论，推断 As(Ⅲ) 的氧化机理及过程如图 6.15 所示。首先，As(Ⅲ) 快速吸附到 FHC 及 Fe(Ⅱ/Ⅲ)、Fe(Ⅲ)(氢) 氧化物表面(反应①、③)，然后通过活性氧化物种(ROS)、Fe(Ⅲ) 活性中间产物，新生态的次生铁矿、吸附的 Cr(Ⅵ) 氧化 As(Ⅲ)(反应②、④、⑤)。具体来说，FHC 矿物转化去除 As(Ⅲ) 过程中，Cu(Ⅱ) 与 As(Ⅲ) 共存时，As(Ⅲ) 的氧化可能是由这几方面共同作用导致的，至少可以证明产生了有氧化性的活性中间产物 ROS。而 Cr(Ⅵ) 或 NO₂ 与 As(Ⅲ) 共存时，Fe(Ⅲ) 活性中间产物、新生态的次生铁矿以及矿物的表面化学性质对 As(Ⅲ) 的氧化起到主要作用。以上的途径遵循吸附/氧化过程，但是并不能排除氧化/吸附过程(反应⑥)。

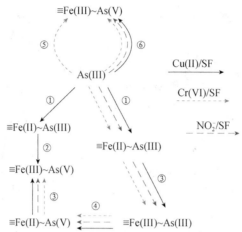

图 6.15　无氧环境中 Cu(Ⅱ)、Cr(Ⅵ)、NO$_2$引起的矿物转化过程中 As(Ⅲ)氧化机理
①FHC 吸附 As(Ⅲ)；②ROS 氧化 As(Ⅲ)；③FHC 氧化；④Fe(Ⅲ)活性中间产物、新生态的次生铁矿氧化
As(Ⅲ)；⑤Cr(Ⅵ)与 As(Ⅲ)在 Fe(Ⅲ)表面上发生氧化还原反应；⑥溶液中的 As(Ⅲ)先被氧化后被吸附

6.2.2　有氧环境的除砷机制

　　矿物转化过程中 As(Ⅲ)和 As(Ⅴ)的去除机理可能有表面吸附络合、共沉淀以及晶格取代。通过不同机理去除的砷在产物中以不同的形态分布。如以外层非专性吸附的方式吸附到矿物表面的砷称为可离子交换态砷；以内层专性吸附的方式吸附到矿物表面表示专性吸附态砷；与无定形或弱结晶铁氧化物结合的砷主要以共沉淀方式去除；与结晶铁氧化物结合的砷以共沉淀或进入晶格结构中与铁氧化物共生的方式被去除。

　　通过有氧条件下 FHC 去除 As(Ⅲ)与 As(Ⅴ)的近红外图谱(图 6.16)可以推断，矿物转化过程中 As(Ⅴ)以内层专性吸附的方式吸附，形成了单齿络合物。但是在 FHC/O$_2$ 吸附 As(Ⅲ)的产物中无明显的吸收峰，可能的原因是 As(Ⅲ)主要以共沉淀的形式被去除。

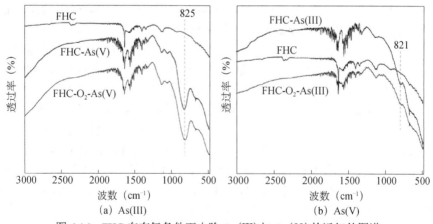

图 6.16　FHC 在有氧条件下去除 As(Ⅲ)与 As(Ⅴ)的近红外图谱

从表 6.1 可知，在不同条件下的除砷产物中表面上的 O^{2-}、OH^-、H_2O 含量及比例发生了变化，除砷后的产物中 O^{2-} 含量明显增多，而且有氧条件下 O^{2-} 含量比无氧条件的高，这是由于砷酸根被吸附到表面上，As—O 的含量随之增多导致的。OH^- 含量的减少表明官能团 Fe—OH 上的羟基被 As—O 所取代，形成内层吸附络合物。对于 FHC 无氧条件下部分 As(III) 以内层吸附的方式被去除，而在有氧条件下，As(III) 主要通过共沉淀的方式被去除，这一推测与近红外图谱的结论一致。对于去除 As(V) 的产物，不管是无氧还是有氧条件，OH^- 含量都大幅地下降，表明更多的砷以内层吸附的方式被去除。

表 6.1 产物中 O^{2-}、OH^-、H_2O 相对含量比较

化学状态	新制 FHC		FHC+As(III)，无氧		FHC+As(III)，有氧		FHC+As(V)，无氧		FHC+As(V)，有氧	
	结合能 (eV)	百分比 (%)	结合能 (eV)	百分比 (%)	结合能 (eV)	百分比 (%)	结合能 (eV)	百分比 (%)	结合能 (eV)	百分比 (%)
O^{2-}	530.09	34.89	530.15	36.35	529.90	38.67	530.04	41.99	529.86	45.41
OH^-	531.41	52.06	531.47	51.19	531.20	51.74	531.35	48.07	531.26	47.76
H_2O	532.61	13.05	532.42	12.46	532.40	9.59	532.54	9.94	532.81	6.83

通过研究 FHC 矿物转化除砷(有氧)、无氧条件下 FHC 除砷、铁氧化物除砷三种产物中砷的形态分布来分析 As(III) 的去除机理，如图 6.17 所示。除了溶液中剩余的砷(F1)，产物中的砷可分为四种形态，分别是 F2：可交换态砷；F3：专性吸附态砷；F4：与无定形或弱结晶铁氧化物结合的砷；F5：与结晶铁氧化物结合的砷。

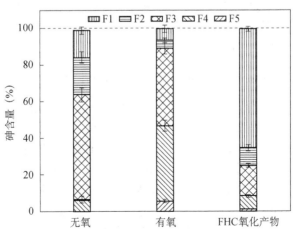

图 6.17 FHC/无氧、FHC/有氧以及 FHC 氧化产物除砷后砷的形态分布
实验条件：$[As(III)]_0 = 15\ mg/L$，$[FHC] = 0.2\ g/L$，pH 为 (8.0 ± 0.2)

从图中可知，在有氧条件下，通过矿物转化对砷的去除率明显高于 FHC 及其

氧化产物。无氧条件下，F2 占 10.0%，矿物转化后产物中该部分砷含量降低为4.32%，说明矿物转化过程中以外层非专性吸附的砷含量减少。另一个变化是矿物转化除砷产物中 F3 所占比例由无氧条件下的 7.6% 增加为有氧时的 46.8%，这说明矿物转化过程中更多的砷与铁氧化物以共沉淀的方式被去除。此外，矿物转化过程中 F5 的含量为 5.0%，而单纯的吸附过程中该部分砷含量几乎为 0，这一现象可解释为部分砷可能与矿物共生进入晶格结构中。

　　在有氧条件下，将 FHC 吸附去除 As(III) 研究中产物进行 As K-edge XANES测试，发现矿物表面的砷以 As(III) 和 As(V) 共存的形式存在，说明在矿物转化过程中产生了氧化剂并将 As(III) 氧化。有氧条件下，随着反应的进行，ORP 逐渐升高，体系的 pH 逐渐降低。如图 6.18 所示。比较 FHC 氧化去除 As(III) 与单独 FHC氧化过程中 ORP 的变化发现，在反应初始前 15 min 内，前者的 ORP 比后者高，说明除了 O_2 外，还可能存在其他的强氧化性物质。在含氧气的 Fe(II) 溶液中可发生类 Fenton 反应，产生 $O_2^{\cdot-}$、H_2O_2、Fe(IV) 等中间产物。

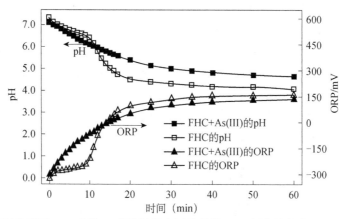

图 6.18　有氧条件下 FHC 去除 As(III) 过程中以及单独 FHC 氧化过程中 pH 和 ORP 的变化

　　目前关于 Fe(II) 与 O_2 反应过程中 As(III) 的氧化与吸附过程有两方面的争议。① As(III) 的氧化是发生在矿物表面上还是在溶液中；②中性、碱性条件下氧化 As(III) 的氧化剂是 ·OH 还是 Fe(IV)。DMSO 和异丙醇的抑制剂实验表明，中性条件下矿物转化过程中 Fe(IV) 在 As(III) 氧化过程中发挥了关键作用，部分As(III) 先被氧化为 As(V) 再吸附到吸附剂上，遵循氧化/吸附过程。但是产物表面仍检测到 As(V)，说明仍有部分 As(III) 遵循吸附/氧化过程。在碱性条件下(pH 为9.0)，DMSO 和异丙醇对砷去除的影响较中性条件下小。这可能是因为砷的去除机理主要遵循吸附/氧化过程，即大部分的 As(III) 快速被 FHC 吸附，矿物表面上As(III) 是否氧化对最终去除率的影响不大。

　　综上所述，有氧环境中矿物转化除砷机理包括多个过程，具体如图 6.19 所示。

不管是矿物转化还是单纯的吸附，除砷机理都包括专性以及非专性吸附和共沉淀，但是矿物转化过程更偏向于共沉淀，而且少部分砷进入矿物晶格结构中，对控制砷的迁移有重要的环境意义。

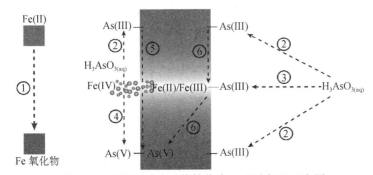

图 6.19　有氧环境中矿物转化除 As(III) 机理示意图

①FHC 矿物转化过程；②吸附过程；③共沉淀过程；④液相中 As(III) 氧化再吸附过程；
⑤固相表面 As(III) 氧化过程；⑥晶格取代过程

6.3　碳酸型结合态亚铁的除砷性能

通过均相共沉淀法制备高活性的碳酸型结合态亚铁[carbonate structural Fe(II)，CSF]，充分发挥共沉淀的除砷机理，提高亚铁矿物的除砷效率，从而实现工业废水中砷的有效去除。首先探究了 CSF 除砷性能的影响因素，包括 CSF 投加量、pH、溶解氧、共存阴离子以及投加形态。初始 pH 为 7.0，CSF 投加量为 0.2 g/L时，100 mg/L As(V) 与 50 mg/L As(III) 去除率均达到 95%以上。初始 pH 对除砷效率影响较小，中性有利于 As(V) 和 As(III) 的去除。Cr(VI) 对 As(V) 的去除具有抑制作用，对 As(III) 的去除具有促进作用。HPO_4^{2-} 对 As(V) 与 As(III) 的去除具有抑制作用。CSF 粉末对 As(V) 的去除效果远小于 CSF 悬浊液，但 CSF 投加形态对 As(III) 的去除影响较小。

之后分析除砷过程中的动力学，使用 3 种动力学模型进行拟合，探究 As(III) 与 As(V) 去除的反应速率。深入分析了溶解氧对去除 As(III) 与 As(V) 机理的影响。并对除砷产物的稳定性进行了分析。

6.3.1　除砷条件的优化

1. CSF 投加量

一般而言，与砷酸盐相比，亚砷酸盐更易迁移，更难从水体中去除。若对 As(V) 和 As(III) 选择相同的初始浓度，则剩余 As(III) 浓度会比 As(V) 浓度高，从而导致砷母液不必要的浪费。因此，CSF 除砷过程中选取 As(Ⅲ) 的初始浓度低于 As(Ⅴ)。由图 6.20 可知，CSF 对 As(Ⅴ) 去除率更高。随着 CSF 投加量升高，As(Ⅲ) 与 As(Ⅴ) 的去除率逐渐升高。当 CSF 投加量达到 0.15 g/L 时，As(Ⅴ) 基本全部得到去除，去除率达到 98.9%。而当 CSF 投加量提高至 0.2 g/L 时，去除率进一步提高至 99.9%，出水浓度为 0.074 mg/L。As(Ⅲ) 的完全去除需要更高的 CSF 投加量。当 CSF 投加量达到 0.2 g/L 时，As(Ⅲ) 去除率达到 95%。

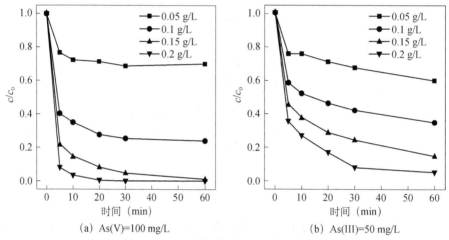

(a) As(Ⅴ)=100 mg/L　　　　　　(b) As(Ⅲ)=50 mg/L

图 6.20　CSF 投加量对 CSF 除砷的影响

pH_0 为 7.0，CSF 投加量单位为 g-Fe/L

2. 初始 pH

图 6.21 表明，当 pH 为 3.0 时，As(Ⅲ) 和 As(Ⅴ) 的去除率都较低，这可能由于酸性条件下材料发生溶解。随着 pH 升高，As(Ⅲ) 去除率逐渐升高，当 pH 为 11.0 时，As(Ⅲ) 去除率达到最高，接近 75%。然而，As(Ⅴ) 去除率在近中性条件下较好(pH 5.0～9.0)。碱性条件不利 As(Ⅴ) 的去除，当 pH 为 11.0 时，As(Ⅴ) 的去除率下降到 57%。pH 不仅影响砷在水溶液中的存在形式，同时会影响材料表面的性能。pH <9.0 和 10.0～12.0 时，As(Ⅲ) 的主要存在形式分别为 H_3AsO_3 和 $H_2AsO_3^-$，在实验所探究的 pH 范围内静电引力基本不起作用，As(Ⅲ) 的去除可能主要由于共沉淀和表面络合作用。pH 为 3.0～6.0 和 7.0～11.0 时，As(Ⅴ) 在溶液中的主要存在形式分别为 $H_2AsO_4^-$ 与 $HAsO_4^{2-}$。由于 CSF 的等电点为 6.2，当 pH<6.2 时，材料表面带正电荷，静电引力可以促进砷酸根的吸附；当 pH>6.2 时，材料表面的负电荷排斥砷酸根，降低了 As(Ⅴ) 的去除率。从图 6.21 中可发现，CSF 的 pH 适用范围较宽，As(Ⅲ) 的 pH 适用范围为 5.0～11.0，而 As(Ⅴ) 的 pH 适用范围为 5.0～9.0。推测可能是由于 CSF 水解后会解离出部分碳酸根[式(6.1)]，其具有很好的缓冲作用。

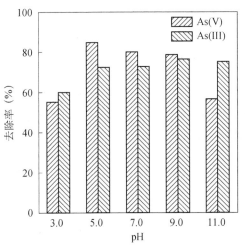

图 6.21　初始 pH 对 CSF 除砷的影响

实验条件：[As(V)]=100 mg/L，[As(III)]=50 mg/L，[CSF]=0.1 g-Fe/L

$$FeCO_3 + H_2O \longrightarrow Fe^{2+} + HCO_3^- + OH^- \tag{6.1}$$

进一步分析投加 CSF 后对溶液 pH 的影响，结果如表 6.2 所示。投加 CSF 后，含砷溶液能够得到较好的缓冲，pH 始终处于 5.5～8.5，证实了猜测。

表 6.2　投加 CSF 后对溶液 pH 的影响

pH_{set}	pH_0[As(V)]	pH_0[As(III)]	pH_{set}	pH_0[As(V)]	pH_0[As(III)]
3.0	5.8	6.4	9.0	6.8	6.6
5.0	6.4	6.7	11.0	8.3	7.1
7.0	6.6	6.7			

注：pH_{set} 为设定的 pH，pH_0 为投加 CSF 后的 pH。

3. 溶解氧

图 6.22 表明，在初始 pH 为 9.0 时，溶解氧对于 As(III) 和 As(V) 的去除具有相反的作用。CSF 投加量为 0.1 g/L，当无氧条件转化为有氧条件时，As(V) 的去除率由 80.5% 降低至 70.3%，而 As(III) 的去除率从 58.2% 升高至 75.2%。这说明溶解氧促进了 CSF 对 As(III) 的固定而抑制了对 As(V) 的去除。

4. 共存阴离子

As(V) 与 As(III) 能够在铁基矿物表面进行专性吸附和非专性吸附。水体中的共存阴离子可能会与 As 竞争 CSF 表面的吸附位点从而减弱 CSF 的除砷能力，因此有必要探究共存阴离子对 CSF 除砷的影响。铬酸根不仅能够进行竞争性吸附，并且具有较强的氧化能力，它对亚铁矿物吸附离子的影响较为复杂；而地下水中高浓度的碳酸根往往是砷释放的原因，因此选取 CrO_4^{2-} 进行探究。图 6.23 表明，

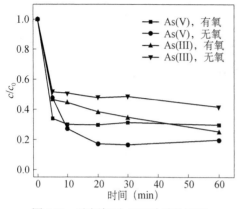
图 6.22　溶解氧对 CSF 除砷的影响
实验条件：[As(V)]=100 mg/L，[As(III)]=50 mg/L，
[CSF]=0.1 g-Fe/L，pH_0 为 9.0

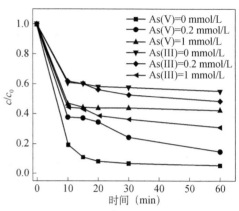
图 6.23　共存 CrO_4^{2-} 对 CSF 除砷的影响
[As(V)]=80 mg/L，[As(III)]=40 mg/L，
[CSF]=0.1 g-Fe/L，pH_0 为 9.0，有氧

1 mmol/L CrO_4^{2-} 对 As(V) 的去除具有明显的抑制作用，As(V) 去除率从 94.9%降至 58%，但促进了 As(III) 的去除，As(III) 去除率从 45.1%升高至 69.3%。CrO_4^{2-}作为含氧阴离子，可能具有竞争性吸附作用，与矿物表面羟基发生配体交换，从而降低 As(V) 的去除率。CrO_4^{2-} 对 As(III) 去除的促进可能归因于两个方面：①促进 As(III) 的氧化；②促进亚铁矿物的矿物转化，从而促进 As(III) 的共沉淀。研究者们[46]发现在铁矿物界面上还原 Cr(VI) 的同时可以氧化 As(III)，认为 Cr(VI) 与 As(III) 在界面上的电子转移是发生氧化还原的可能原因。说明 Cr(VI) 可能在矿物界面直接与 As(III) 进行电子转移从而促进 As(III) 的氧化。从氧化还原电位来看，Cr(VI) 的氧化性$[E^{\ominus}(Cr(VI)/Cr(III))=1.35V$，$E^{\ominus}(Fe(III)/Fe(II))=$ 0.771V]能够氧化 Fe(II)，从而导致结合态亚铁发生矿物转化。邵彬彬等认为 Cr 能够促进羟基亚铁络合物发生矿物转化从而提高 As(III) 的去除。CSF 作为一种亚铁络合物，Cr 的加入同样有可能导致其发生矿物转化而促进 As(III) 的去除。

5. 投加形态

采用 CSF 粉末和悬浊液两种不同的投加形态进行研究，图 6.24 表明，CSF 投加形态对 As(V) 的去除影响较大，而对 As(III) 的去除影响较小。与 CSF 粉末相比，CSF 悬浊液能够将 As(V) 去除率由 31.4%提升至 75.5%。这可能是由于 CSF 悬浊液容易发生水解生成 Fe^{2+}。在实验所取的 pH 范围内，As(III) 呈电中性，Fe^{2+}无法与 As(III) 进一步结合。然而 Fe^{2+}可以进一步与 As(V) 发生共沉淀，从而提高 As(V) 的去除率。溶液中游离的 Fe^{2+}往往能提高铁基材料除砷的效率。新生成的 CSF 悬浊液具有较高的反应活性和接触面积，能够快速发生水解、氧化等反应。虽然 CSF 固体粉末也能发生水解，但其水解的速率可能会大大降低。

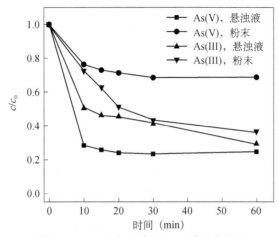

图 6.24　CSF 投加形态对 CSF 除砷的影响

[As（V）]=100 mg/L，[As（III）]=50 mg/L，[CSF]=0.1 g-Fe/L，pH$_0$ 为 9.0

6.3.2　砷去除动力学分析

将 CSF 除砷吸附动力学数据使用 4 种动力学模型进行拟合，分别是准一级反应动力学模型、准二级反应动力学模型、Elovich 动力学模型以及颗粒内扩散动力学模型，拟合表达式如下：

（1）准一级反应动力学模型

$$\lg(q_e - q_t) = \lg q_e - \frac{K_1}{2.303}t \tag{6.2}$$

（2）准二级反应动力学模型

$$\frac{t}{q_t} = \frac{1}{q_e}t + \frac{1}{K_2 \cdot q_e^2} \tag{6.3}$$

式中，t 为吸附时间，min；q_t 为 t 时刻的吸附量，mg/g；q_e 为平衡时吸附量，mg/g；K_1 为准一级吸附速率常数，min^{-1}；K_2 为准二级吸附速率常数，g/(mg·min)。其中，定义初始吸附速率 $h=K_2 \cdot q_e^2$，mg/(g·min)，表示时间趋于 0 时的吸附速率。

（3）Elovich 动力学模型

$$q_t = \frac{1}{\beta}\ln \alpha\beta + \frac{1}{\beta}\ln t \tag{6.4}$$

式中，t 为吸附时间，min；q_t 为 t 时刻的吸附量，mg/g；α 为反应初始吸附速率，mg/(g·min)；β 为与表面覆盖度和化学吸附能有关的速率常数，g/mg。

（4）Webber-Morris 颗粒内扩散动力学模型

$$q_t = k_w \cdot t^{0.5} + C \qquad (6.5)$$

式中：t 为吸附时间，min；q_t 为 t 时刻的吸附量，mg/g；k_w 为内扩散速率常数，mg/(g·min$^{-0.5}$)；C 为与边界层厚度有关的常数。

表 6.3 准一级和准二级反应动力学模型拟合参数

As	准一级反应动力学模型			准二级反应动力学模型				
	R^2	K_1 (min^{-1})	q_e (mg/g)	R^2	K_2 [g/(mg·min)]	q_e (mg/g)	h [mg/(g·min)]	q_e(exp) (mg/g)
As(V)	0.9878	0.2037	186.080	0.9999	0.003488	724.638	1831.7266	721.4
As(III)	0.9938	0.0475	217.836	0.9939	0.000333	411.523	56.4016	374.2

注：q_e 为通过动力学模型拟合所得的平衡吸附量，q_e(exp) 为实验得到的平衡吸附量。

表 6.4 Elovich 动力学模型和 Webber-Morris 颗粒内扩散动力学模型拟合参数

As	Elovich 动力学模型			Webber-Morris 颗粒内扩散动力学模型		
	R^2	α [mg/(g·min)]	β (g/mg)	R^2	k_w [mg/(g·min$^{-0.5}$)]	C
As(V)	0.9026	2.43×10^6	0.0189	—	—	—
As(III)	0.9924	231.9048	0.0144	0.9824	31.0192	143.4821

As(III) 和 As(V) 的吸附动力学分析如图 6.25 所示。根据表 6.3 中拟合动力学模型的相关系数，As(V) 的吸附动力学数据更符合准二级反应动力学速率方程，相关系数 R^2 为 0.9999。而 As(III) 的准一级反应动力学速率方程和准二级反应动力学速率方程的相关系数接近，难以比较。将两种动力学模型拟合得到的平衡吸附量 q_e 与实验得到的平衡吸附量 q_e(exp) 进行对比，准二级吸附速率方程拟合得到的参数更接近实验数据。因此，CSF 去除 As(III) 与 As(V) 的吸附动力学过程更符合准二级反应动力学速率方程。根据表 6.3 中准二级动力学模型的拟合参数，As(V) 的准二级吸附速率常数 K_2 和初始速率 h 均比 As(III) 大（分别约为 10.5 倍和 32.5 倍），这与图 6.25(a) 中反应初始阶段 As(V) 去除速率高于 As(III) 相符合。

Elovich 动力学方程假设吸附速率随着固相表面吸附量增加而呈指数下降（表 6.4），可以描述反应过程中活化能变化较大和一些多界面的过程。由图 6.25(d) 可知，As(V) 仅在反应初始阶段符合 Elovich 动力学，而反应后期达到平衡状态，而 As(III) 在全部反应过程中均能符合 Elovich 动力学方程，说明实验过程是复杂的非均相扩散过程，吸附具有非均质分布的表面吸附能。

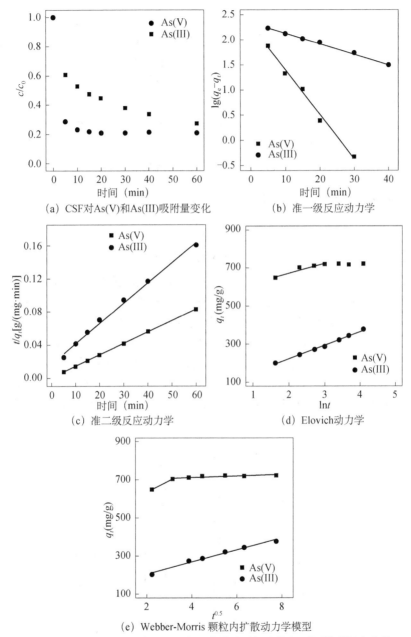

(a) CSF对As(V)和As(III)吸附量变化

(b) 准一级反应动力学

(c) 准二级反应动力学

(d) Elovich动力学

(e) Webber-Morris 颗粒内扩散动力学模型

图 6.25　CSF 对 As(V)和 As(III)吸附量随时间变化与不同模型拟合曲线

实验条件：[As(V)]=100 mg/L，[CSF]=0.1 g-Fe/L，pH_0 为 7.0，无氧；[As(III)]=50 mg/L，

[CSF]=0.1 g-Fe/L，pH_0 为 9.0，有氧

　　Webber-Morris 颗粒内扩散动力学模型属于内部传质模型，可以用于确定吸附机理，其假设内扩散过程为速控步骤。当吸附量 q_t 与 $t^{0.5}$ 呈线性关系，并且该直线

通过原点，说明颗粒内扩散是吸附过程中的限速因素。由图 6.25(e)可知，As(III)的吸附拟合曲线呈线性关系，而 As(V)的吸附拟合曲线分为两段，反应初始斜率较大，而反应后期速率减小并达到平衡。在吸附的外部液膜扩散、表面吸附和颗粒内扩散三个过程中，吸附反应阶段速率一般很快，不需要进行考虑。反应初始时吸附剂表面吸附位点多，固相与液相浓度差大，因此反应速率一般受内扩散控制，而反应后期随着吸附位点饱和、浓度梯度差减小，吸附速率受内扩散和膜扩散同时控制。实验结果说明反应 10 min 后，颗粒内扩散不再是 As(III)吸附过程中的限制因素，而膜扩散作用在速率控制因素中的影响较大。

6.3.3　溶解氧对砷转化去除的作用机制

1. 产物 As 与 Fe 的分布形态

通过定量分析溶液与固相中砷的分布来探究砷与 CSF 在有氧和无氧条件下的结合方式。砷在悬浮液中可以分为五种存在形式，分别为溶液中剩余的砷、可交换态砷、专性吸附态砷、与无定形或弱结晶铁氧化物结合的砷以及与结晶铁氧化物结合的砷。图 6.26 表明，在有氧条件下，大部分的 As(V)与 As(III)均以与无定形铁氧化物结合的方式得到去除，在无定形铁氧化物中的比例分别为 34.2%和 28.0%。在有氧存在的条件下，As(V)-CSF 中专性吸附态砷从 66.9%降至 25.2%。另外，As(III)-CSF 中可交换态砷的含量由 12.4%降至 5.05%。这些结果说明有氧存在可以促进铁与砷的共沉淀，而抑制砷在 CSF 表面上的络合作用。

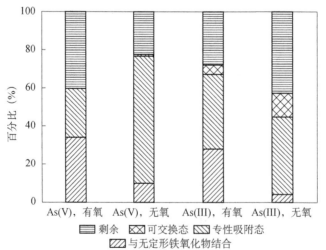

图 6.26　有氧和无氧条件下 CSF 吸附产物中砷的组成与比例

实验条件：[As(V)]=100 mg/L，[As(III)]=50 mg/L，[CSF]=0.1 g-Fe/L，pH_0 为 9.0

进一步分析反应过程中铁组分比例的变化。如图 6.27 所示，有氧条件下，随着反应时间延长，溶液和固相中的 Fe(Ⅱ)显著降低，而固相中 Fe(Ⅲ)的比例持续升高。说明 CSF 在有氧条件下能够发生快速氧化，转化为铁氢氧化物。然而，在无氧条件下，CSF 与 As(Ⅴ)反应后固相中 Fe(Ⅱ)的比例较高，CSF 与 As(Ⅲ)反应后 Fe 主要以溶液中 Fe(Ⅱ)形式存在，且溶解态 Fe(Ⅱ)离子的浓度基本维持不变。

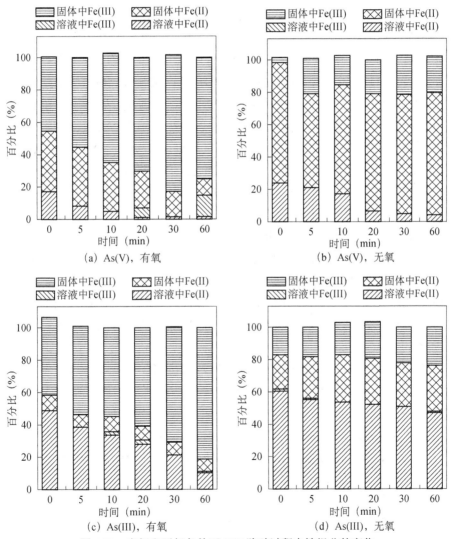

图 6.27 有氧和无氧条件下 CSF 除砷过程中铁组分的变化

实验条件：[As(Ⅴ)]=100 mg/L，[As(Ⅲ)]=50 mg/L，[CSF]=0.1 g-Fe/L，pH_0 为 9.0

2. 产物表征

如图 6.28 所示,在有氧条件下,As(V)-CSF 与 As(Ⅲ)-CSF 在 28°处均存在一个宽峰。而无定形的砷酸铁(臭葱石)通常在 28°处存在一个宽峰。该结果表明 As(V)与 As(Ⅲ)的除砷产物分别是无定形的砷酸铁($FeAsO_4$)与 As-Fe 沉淀。在无氧条件下,As(V)-CSF 的衍射峰符合副砷铁矿[parasymplesite,$Fe(Ⅱ)_3$ $(AsO_4)_2 \cdot 8H_2O$,$pK_{so}=33.25$]的晶型。前人在进行铁基材料除砷的过程中同样发现了副砷铁矿,尤其是在还原性较强的条件和亚铁含量丰富的矿物中。Jönsson 等[47]发现 As(V)吸附在 Fe(Ⅱ)或 Fe(Ⅱ)/Fe(Ⅲ)矿物表面时,例如菱铁矿、绿锈(碳酸型绿锈,$Fe(Ⅱ)_4Fe(Ⅲ)_2(OH)_{12}CO_3 \cdot 2H_2O$),可能会以表面沉淀或转化产物的方式生成砷铁矿[symplesite,$Fe(Ⅱ)_3(AsO_4)_2 \cdot 8H_2O$]。副砷铁矿被证明是处理含砷固体废弃物的良好选择,它能够通过废弃物毒性特性浸出方法(砷浸出浓度<5 mg/L)。因此,使用 CSF 在无氧条件下去除 As(V)不仅能够获得较高的砷去除率,同时能够生成稳定的产物,是一种具有前景的除砷方法。As(Ⅲ)-CSF 在无氧条件下同样在 28°处存在一个特征峰。由于前面的研究证明 As(Ⅲ)仅仅通过表面络合与 CSF 结合,而无法与 Fe(Ⅱ)结合产生其他沉淀,因此该沉淀很有可能是 As(Ⅲ)与结合态亚铁的混合物。

对除砷产物进行红外光谱分析来探究 As 与 Fe 的结合机制,如图 6.29 所示。1402 cm^{-1} 与 1121 cm^{-1} 处的特征峰是菱铁矿中 CO_3 官能团反对称与对称伸缩振动峰。无论是有氧还是无氧条件,反应后,CO_3 官能团的特征峰均消失,这说明 CSF 经历了矿物转化过程。在有氧和无氧条件下,As(V)-CSF 在 830 cm^{-1} 与 822 cm^{-1} 处出现了衍射峰,这些衍射峰是 As—O 与 Fe 原子结合的伸缩振动峰,例如 As—Fe—O。有氧条件下,As(Ⅲ)-CSF 在 816 cm^{-1} 处的峰也属于 As—Fe—O 的振动。此外,无氧条件下,As(Ⅲ)-CSF 振动峰红移至 799 cm^{-1} 可能是由于 As—Fe—O 双核双配位基的结合模式。然而,在 861 cm^{-1} 处代表未络合/未质子化的 As—O 的振动峰却未观察到。

由于砷的氧化还原变化对砷的去除影响巨大,对除砷产物表面砷的价态进行 XPS 光谱分析。As(Ⅲ)与 As(V)的结合能分别约为 44.2 eV 和 45.6 eV,对谱图进行分峰处理,结果如图 6.30 所示。无论是在有氧还是无氧条件下,As(V)-CSF 沉淀中均只能检测到 As(V),说明 CSF 表面并没有发生 As(V)的还原。同样,使用菱铁矿或绿锈等活性亚铁矿物去除 As(V)时也未发现 As(V)的还原。而当使用 CSF 去除 As(Ⅲ)时,在有氧和无氧条件下,As-CSF 中 As(Ⅲ)/As(V)的比例分别为 1.62/1 和 2.37/1。这说明无论是否有氧,As(Ⅲ)均会发生氧化,但有氧条件

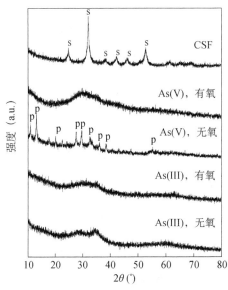

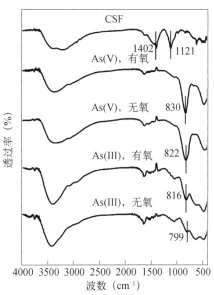

图 6.28　CSF 与 CSF 除砷产物在有氧和无氧
条件下的 XRD 图谱

图 6.29　CSF 与 CSF 除砷产物在有氧和无氧
条件下的 FTIR 图谱

实验条件：[As(V)]=100 mg/L，[As(Ⅲ)]=50 mg/L，
[CSF]=0.1 g-Fe/L，pH_0 为 9.0；
s 和 p 分别代表菱铁矿和副砷铁矿的特征峰

[As(V)]=100 mg/L，[As(Ⅲ)]=50 mg/L，
[CSF]=0.1 g-Fe/L，pH_0 为 9.0

下 As(Ⅲ)的氧化程度更大。有氧条件下铁基矿物可以通过类 Fenton 反应产生活性氧化物种，如·OH 和 Fe(Ⅳ)。一般·OH 和 Fe(Ⅳ)分别是酸性和中性、碱性条件下的活性氧化物种。菱铁矿氧化可以在近中性条件下产生·OH，而·OH 具备氧化 As(Ⅲ)的能力。此外，在无氧条件下，溶解态的 Fe(Ⅱ)与铁氢氧化合物的共存也可以诱导 As(Ⅲ)向 As(V)转化。活性 Fe(Ⅲ)中间体能够促进电子转移与 As(Ⅲ)的氧化。由于无氧条件下，本研究体系中同时存在亚铁离子与 Fe(Ⅱ)/Fe(Ⅲ)矿物，因此可能同样通过上述途径导致 As(Ⅲ)的氧化。有氧和无氧条件下 As(V)均未经历氧化还原变化，说明砷的价态变化并不是导致 As(V)吸附效果差异的原因。与之对比，As(Ⅲ)更高的氧化率是 As(Ⅲ)在有氧条件下去除率更高的原因之一。

3. As/Fe 的影响

由于 As/Fe 是影响 CSF 除砷去除效率与去除机制的可能因素，因此进一步探究 As/Fe 的作用。由于 CSF 能够释放丰富的碳酸氢根离子，具有很好的缓冲能力，在 As 初始浓度较低时能够使反应结束后溶液 pH 降至 6.0～8.0。然而，在较高的

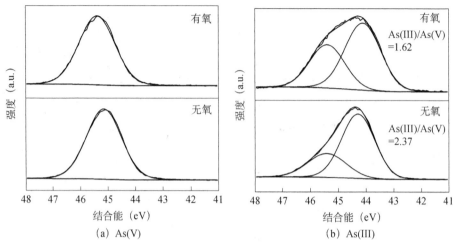

图 6.30　As(V)-CSF 与 As(III)-CSF 在有氧和无氧条件下 As 3d 的 XPS 光谱
实验条件：[As(V)]=100 mg/L，[As(III)]=50 mg/L，[CSF]=0.1 g-Fe/L，pH₀ 为 9.0

As/Fe 下，CSF 的缓冲能力减弱，pH 在整个反应过程中变化较小。As/Fe 的升高将
导致吸附密度的变化更加复杂。为了避免这一问题，在中性条件下(pH₀ 为 7.0)进
行吸附试验。由图 6.31 可见，初始 pH 为 7.0 时，当 As/Fe 由 0.1 升高至 2，As(V)
的吸附密度在无氧条件下比有氧条件下更高。相反，在同样的 As/Fe 范围内，CSF
对 As(III)的吸附密度明显在有氧条件下更高。

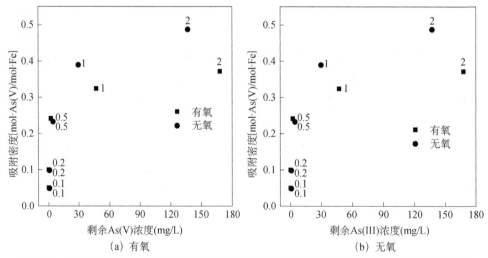

图 6.31　CSF 在有氧和无氧条件下去除 As(V)与 As(III)时吸附密度与剩余砷浓度的关系
[CSF]=0.1 g-Fe/L，As/Fe 摩尔比为 0.1~2，pH₀ 为 7.0，图中数字为初始 As/Fe 摩尔比

图 6.32 是对不同 As/Fe 下砷的去除机理采用 XRD 图谱进行分析。弱结晶态的

砷酸铁在 28° 和 58° 处具有两个特征衍射峰,但水铁矿的特征峰在 34° 和 61°。在有氧条件下,当初始 As/Fe=0.2 时,As(III)-CSF 与 As(V)-CSF 的 XRD 图谱符合水铁矿。而当 As/Fe 升高至 0.5、1 时,衍射峰分别迁移至弱结晶态的砷酸铁和 Fe-As 沉淀物的特征峰。这说明随着 As/Fe 升高,有氧条件下的除砷机理由水铁矿的吸附作用转化为共沉淀作用。事实上,随着待吸附离子与吸附剂的摩尔比升高,开始出现表面沉淀过程。相反,在无氧条件下,随着 As/Fe 升高,As(V)-CSF 的 XRD 图谱仍然与副砷铁矿一致,而 As(III)-CSF 的图谱与 As(III)-结合态亚铁混合物一致。这说明随着 As/Fe 由 0.2 升高至 1,无氧条件下的去除机制基本保持不变。

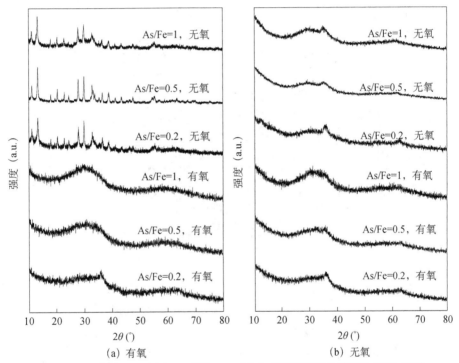

图 6.32　As(V)-CSF(a) 与 As(III)-CSF(b) 在有氧和无氧条件下的 XRD 图谱
实验条件:[CSF]=0.1 g-Fe/L, As/Fe 为 0.2~1, pH$_0$ 为 7.0

4. 沉淀产物形成机理

为了确定沉淀生成的机理,在除砷实验中采用较低的 As 浓度,并使用 TEM 对 As-CSF 的形貌进行表征,结果如图 6.33 所示。在有氧条件下,As(V)-CSF 与 As(III)-CSF 均由平均粒径在 100 nm 以下的均匀球形颗粒组成。除砷产物具有较小的粒径是由于砷的存在促进了 As-Fe 的结合,而抑制了 Fe-Fe 与氧的正常结晶,从而限制了晶体的生长。在无氧条件下,As(V)-CSF 颗粒表面明显存在一层壳状物质，CSF 被保护，因此不再经历矿物氧化与转化。此时共存的亚铁离子与砷酸根离子能够在 CSF 表面进行表面沉淀，生成副砷铁矿。推测内部的颗粒应该是未经反应的 CSF 颗粒，而外层是副砷铁矿的表面沉淀。表面沉淀过程主要包括铁基矿物的溶解，Fe(III) 的三元络合，以及随后 As(V) 的沉淀。类似地，本研究中副砷铁矿的形成过程推测如下：As(V) 首先通过表面络合吸附到 CSF 上，之后吸引溶解态 Fe(II)，并与溶解态的 Fe(II) 生成三元络合物，最后已经吸附的 Fe(II) 又与溶液中的 As(V) 在 CSF 表面生成沉淀。有氧条件下 As(V)-CSF 未出现壳层物质可能是由于 CSF 在氧气下会发生矿物氧化和转化。CSF 的原始结构被破坏，砷随着铁氢氧化物的生成而被吸纳至铁氢氧化物内部。

(a) As(V)，有氧

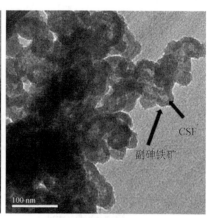
(b) As(V)，无氧

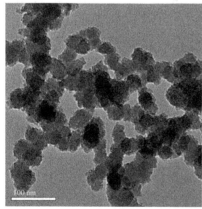
(c) As(III)，有氧

(d) As(III)，无氧

图 6.33　As-CSF 在有氧和无氧条件下的 TEM 图

[As(V)]=100 mg/L，[As(III)]=50 mg/L，[CSF]=0.1 g-Fe/L，pH₀ 为 9.0

在较高的砷初始浓度下，使用 SEM 对 As-CSF 材料形貌进行表征，结果如图 6.34 所示。在无氧条件下，As(V)-CSF 由片状物质组成，这与 XRD 图谱中副砷铁矿的良好晶型相符合。相反，其他条件下的含砷产物沉淀仍然由均匀的球形颗粒组成。颗粒较小的尺寸与 XRD 图谱中无定形的峰型相符合。

通过 TEM-EDS 实验分析除砷产物中各元素的含量。由表 6.5 可知，As(V)-CSF 产物中 As/Fe 质量比在无氧条件下(0.696)比有氧条件(0.360)更高，而 As(III)-CSF 产物中 As/Fe 质量比在有氧条件下(0.458)比无氧条件(0.411)更高。这说明更多的 As(V)在无氧条件下与 CSF 结合，而更多的 As(III)在有氧条件下与 CSF 结合。

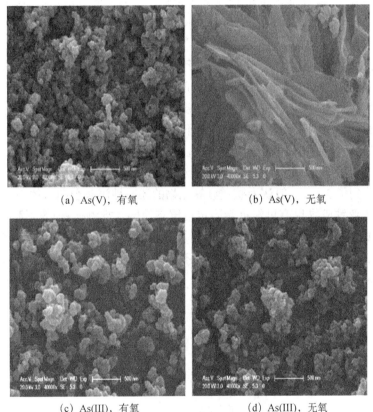

(a) As(V)，有氧　　　　　　　　　　(b) As(V)，无氧

(c) As(III)，有氧　　　　　　　　　　(d) As(III)，无氧

图 6.34　As-CSF 在有氧和无氧条件下的 SEM 图

实验条件：[As(V)]=100 mg/L，[As(III)]=50 mg/L，[CSF]=0.1 g-Fe/L，pH_0 为 9.0

表 6.5　As-CSF 在有氧和无氧条件下 TEM-EDS 分析

成分	CSF+As(V)，有氧	CSF+As(V)，无氧	CSF+As(III)，有氧	CSF+As(III)，无氧
	质量分数(%)	质量分数(%)	质量分数(%)	质量分数(%)
Fe	27.92	24.04	15.19	30.77

成分	CSF+As(V)，有氧	CSF+As(V)，无氧	CSF+As(III)，有氧	CSF+As(III)，无氧
	质量分数(%)	质量分数(%)	质量分数(%)	质量分数(%)
As	10.05	16.72	6.96	12.64
As/Fe	0.360	0.696	0.458	0.411

注：$[As(V)]=[As(III)]=20$ mg/L，$[CSF]=0.05$ g-Fe/L，pH_0 为 7.0。

　　将 CSF 在有氧和无氧条件下的除砷机理进行总结，如图 6.35 所示。在无氧条件下，CSF 与带负电的 As(V)有极高的亲和力，生成了内层表面络合物。CSF 表面结合的 As(V)与溶解态的 Fe(II)生成副砷铁矿的表面沉淀。而 As(III)在给定的 pH 下呈电中性，与 CSF 的结合力较弱，无法与 Fe^{2+} 生成沉淀物。因此，无氧条件下，As(III)的去除主要依靠内层络合与外层络合，导致其去除率较低。在有氧条件下，一方面 CSF 经历矿物转化，另一方面溶解态的 Fe(II)发生水解，生成 Fe(III)氢氧化物沉淀。在该过程中，As(III)和 As(V)与不同的铁组分能够发生共沉淀。一般而言，共沉淀过程比单纯的吸附过程对(准)金属具有更高的去除率，因为污染物能够进入吸附剂的内部，而不是仅仅结合在吸附剂的表面。然而共沉淀过程的去除效果仍然无法与通过表面络合/表面沉淀生成副砷铁矿 $[Fe(II)_3(AsO_4)_2 \cdot 8H_2O]$ 的去除途径相比。这可能是由于副砷铁矿中 As/Fe 摩尔比较高，达到了 2/3。一般认为铁(氢)氧化物的还原性溶解会向水体中释放砷。然而，次生的亚铁矿物也有可能重新固定溶解态的砷。推测在铁(氢)氧化物还原的过程中，As(V)可能会被次生亚铁矿物固定，而 As(III)则有可能被释放出来。实际使用结合态亚铁除砷时可以考虑创造有氧或无氧环境从而分别促进 As(III)与 As(V)的固定。

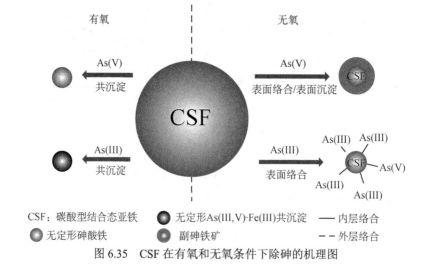

图 6.35　CSF 在有氧和无氧条件下除砷的机理图

6.3.4 副砷铁矿的稳定性

水体中砷的去除产生了大量含砷固体废弃物，其处置问题影响着渗滤液中的砷浓度，具有举足轻重的影响。无定形砷酸铁是 Fe(III) 矿物，受溶解氧的影响较小。但副砷铁矿作为亚铁矿物，其在自然环境中砷释放的情况需要进一步探究，选取溶解氧、pH、共存阴离子进行砷浓度分析。砷释放率分别按照下式进行计算：

$$RR = (c_t - c_0) / (100 - c_0) \times 100\% \tag{6.6}$$

式中：RR 为砷释放率，%；c_0 为副砷铁矿反应终止时溶液剩余砷浓度，mg/L；c_t 为 t 时刻溶液剩余砷浓度，mg/L。

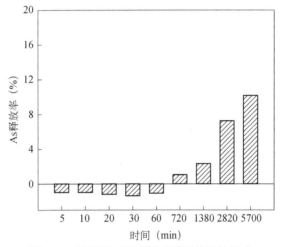

图 6.36 溶解氧对副砷铁矿砷释放量的影响

实验条件：[As(V)]=100 mg/L，[CSF]=0.1 g-Fe/L，pH_0 为 9.0，无氧；砷释放反应条件：有氧

由图 6.36 可知，副砷铁矿在有氧条件下总体较为稳定，1 h 内 As 不仅没有释放，甚至出现了固定，这说明短时间内副砷铁矿稳定性不受溶解氧的影响。然而，随着有氧反应持续进行，95 h 后，与反应初始相比，As 释放率为 10.1%，溶液 As 浓度升高了 8.7 mg/L，意味着长期处于有氧环境确实导致副砷铁矿发生溶解。副砷铁矿在有氧条件下氧化溶解的反应式如式 (6.7) 所示：

$$2Fe_3(AsO_4)_2 \cdot 8H_2O + 1.5O_2 \longrightarrow 2Fe(OH)_3 + 4AsO_4^{3-} + 4Fe^{3+} + 13H_2O \tag{6.7}$$

虽然副砷铁矿在有氧条件下会发生溶解从而释放砷，但砷在有氧条件下的再固定也同时进行。一方面，副砷铁矿释放出的 Fe^{3+} 可以与 As(V) 发生沉淀反应 [式 (6.8)]；另一方面，Fe^{3+} 发生水解沉淀后产生新生态的 $Fe(OH)_3$ 也可以通过吸附作用进一步固定 As(V) [式 (6.9)、式 (6.10)]。虽然有氧条件下副砷铁矿释放出的 Fe^{3+} 仍然能够固定 As(V)，但表观上 As 仍然发生了释放。

$$Fe^{3+} + AsO_4^{3-} \longrightarrow FeAsO_4 \tag{6.8}$$

$$Fe^{3+}+3H_2O \longrightarrow Fe(OH)_3+3H^+ \tag{6.9}$$

$$Fe(OH)_3+AsO_4^{3-} \longrightarrow Fe(OH)_3\text{-}(AsO_4^{3-})_{(ads)} \tag{6.10}$$

由图 6.37 可见，pH 对副砷铁矿稳定性的影响较为显著，中性、碱性条件下（pH 为 6.0～10.0）副砷铁矿中 As 释放率较低，强碱性条件下（pH 为 11.0）As 出现释放，释放率达到 16.7%，而强酸性条件下 As 释放率较高，当 pH 为 3.0、4.0 时，As 的释放率分别为 81.9% 和 57.8%。碱性条件下 As 的释放可能是由于材料的静电斥力。酸性条件下副砷铁矿的溶出可能是由于矿物溶解。固体废物稳定性通常采用浸出方法进行检验，其中 TCLP 浸出方法是美国环保局推荐的标准毒性浸出方法，用于检测固体介质或废弃物中重金属元素的溶出性和迁移性。本研究中发现，强酸性条件会导致副砷铁矿发生溶解，不利于副砷铁矿的稳定存在，因此在进行废弃物处置时需要注意存放的 pH 条件。

由图 6.38 可知，短时间内（1 h）阴离子对副砷铁矿中砷释放量的影响较小。当溶液中碳酸根、硅酸根、磷酸根、硫酸根为 1 mmol/L 时，副砷铁矿较为稳定，As 释放率较低。各种阴离子均无法将砷解吸出来，证明了副砷铁矿在含有阴离子环境中的稳定性。

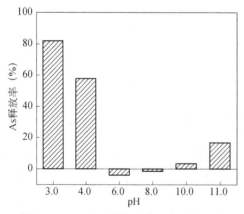

图 6.37　pH 对副砷铁矿砷释放量的影响
实验条件：$[As(V)]=100$ mg/L，$[CSF]=0.1$ g-Fe/L，pH_0 为 9.0，无氧；砷释放反应条件：有氧

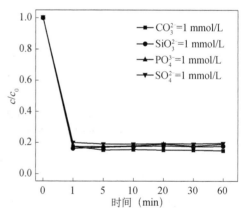

图 6.38　阴离子对副砷铁矿砷释放量的影响
实验条件：$[As(V)]=100$ mg/L，$[CSF]=0.1$ g-Fe/L，pH_0 为 9.0，无氧；砷释放反应条件：$[NaHCO_3]=[Na_2SiO_3]=[Na_2HPO_4]=[Na_2SO_4]=$ 1 mmol/L，有氧

6.3.5　CSF 除砷过程中 As(III) 的氧化研究

1. 活性氧化物种的检测

为了揭示 As(III) 氧化的机理，使用抑制剂分析了不同 ROS 在不同 pH 下的作

用。其中，TBA、苯酚、DMSO、POD、SOD 分别是溶液中·OH（·OH$_{sol}$）、吸附态·OH（·OH$_{ads}$）、Fe（Ⅳ）、H$_2$O$_2$、·O$_2^-$的抑制剂。由于 TBA 和苯酚的介电常数分别为 12.47 和 9.78，TBA 具有亲水性，难以在固体表面聚集，而苯酚具有疏水性，能够在固体表面聚集，因此设定 TBA 和苯酚分别为·OH$_{sol}$ 和·OH$_{ads}$ 的抑制剂。DMSO 能够同时与·OH 和 Fe（Ⅳ）反应，其对 Fe（Ⅳ）的抑制作用需要与单纯·OH 的抑制剂进行对比。DMSO 的介电常数为 47.2，具有亲水性，因此难以在固体表面聚集。ROS 与 As（Ⅲ）以及抑制剂之间的反应速率常数如表 6.6 所示，由于·OH 与苯酚、TBA 以及 As（Ⅲ）反应时的反应速率常数相似，因此，设定［苯酚］/［As（Ⅲ）］=1000，［TBA］/［As（Ⅲ）］=1000（摩尔比）。由于 Fe（Ⅳ）与 DMSO 反应时的反应速率常数比 Fe（Ⅳ）与 As（Ⅲ）的反应速率常数小，因此，设定［DMSO］/［As（Ⅲ）］=10000（摩尔比）。

表 6.6 ROS 与 As（Ⅲ）以及抑制剂之间的反应速率常数

ROS	被氧化物	反应速率常数[L/(mol·s)]	pH	参考文献
·O$_2^-$	As（Ⅲ）	3.6×10^6	7.0	[48]
	SOD	1.8×10^9	5.3～9.5	[49]
H$_2$O$_2$	As（Ⅲ）	5.5×10^{-3}	7.5	[50]
	POD	2×10^7	7.0	[51]
·OH	As（Ⅲ）	8.5×10^9	2.0，5.6	[52]
	苯酚	6.6×10^9	7.0	[53]
·OH	TBA	$(3.8～7.6) \times 10^9$	6.0～7.0	
	DMSO	$(5.8～7.0) \times 10^9$	/	
Fe（Ⅳ）	As（Ⅲ）	$\sim 10^6$	～7.0	[54]
	DMSO	1.26×10^5	/	[55]

抑制剂对 As（Ⅲ）氧化的抑制率由式（6.11）进行计算。

$$抑制率(\%) = \frac{\eta - \eta'}{\eta} = \frac{c' - c}{c_0 - c} \times 100 \qquad (6.11)$$

式中，η 是不投加抑制剂反应结束时 As（Ⅲ）的氧化率，%；η' 是投加抑制剂反应至一定时间时 As（Ⅲ）的氧化率，%；c_0 为 As（Ⅲ）的初始浓度，mg/L；c 是不投加抑制剂反应至一定时间时 As（Ⅲ）的浓度，mg/L；c' 投加抑制剂反应至一定时间时 As（Ⅲ）的浓度，mg/L。

由图 6.39 可知，当 pH 为 5.0 时，TBA 的抑制率为 0，而苯酚的抑制率为 26.7%，这说明了·OH$_{ads}$ 对 As（Ⅲ）氧化的贡献。DMSO 抑制率高于苯酚，为 53.5%，说明 Fe（Ⅳ）也是 As（Ⅲ）的氧化物。POD 的抑制率最高，为 72.7%，说明 H$_2$O$_2$ 能够促进 As（Ⅲ）的氧化。SOD 的抑制率为 34.9%，表明了·O$_2^-$对 As（Ⅲ）氧化的贡献。在中性条件下(pH 为 7.0)，TBA 对 As(III)氧化完全没有抑制，而苯酚的抑制率为 34.1%，这说明中性下·OH$_{ads}$同样是 As(III)的氧化剂。DMSO 的抑制率与苯酚几乎相等，为 32.3%。然而需要注意，pH 为 5.0 时，Fe(IV)是 As(III)的氧化物，那么 pH 为 7.0 时 Fe(IV)也将成为 As(III)的氧化物。DMSO 的抑制率相对较低的原因可能是由于 DMSO 亲水性较强，且 DMSO 与 Fe(IV)的反应速率常数低于 As(III)，即使 DMSO 过量，但仍然难以抑制 CSF 表面的 Fe(IV)。与酸性条件相比，中性条件下 As(III)氧化率较高，而 DMSO 的抑制作用有限，因此导致其抑制率偏低。POD 和 SOD 抑制率分别为 67.1% 和 19.7%，说明了 H$_2$O$_2$ 和·O$_2^-$对 As(III)氧化的贡献。在碱性条件下(pH 为 9.0)，TBA 和苯酚的抑制率几乎可以忽略，而 DMSO 的抑制率约为 36.0%，说明碱性条件下活性物种以 Fe(IV)为主。POD 抑制率仍然最高，为 47.0%，而 SOD 抑制率为 15.7%。总体而言，POD、SOD 在所有 pH 下对 As(III)的氧化均有重要影响，说明 H$_2$O$_2$ 和·O$_2^-$是反应中重要的 ROS，中性、酸性条件下 As(III)的主要氧化物是 Fe(IV)和·OH$_{ads}$，而碱性条件下 As(III)的主要氧化物是 Fe(IV)。H$_2$O$_2$ 可以通过两电子转移(O$_2$⟶H$_2$O$_2$)或连续单电子转移(O$_2$⟶·O$_2^-$⟶H$_2$O$_2$)生成。SOD 可以促进·O$_2^-$的歧化反应直接产生 H$_2$O$_2$[式(6.12)]，而通过·O$_2^-$直接产生 H$_2$O$_2$ 时，H$_2$O$_2$ 的产量仅为通过 Fe(II)产生 H$_2$O$_2$[式(6.13)]的 50%，通过对比不同 pH 下 SOD 抑制率乘以 2 并与 POD 抑制率进行对比，发现不同 pH 下 H$_2$O$_2$ 主要通过连续单电子转移途径生成。

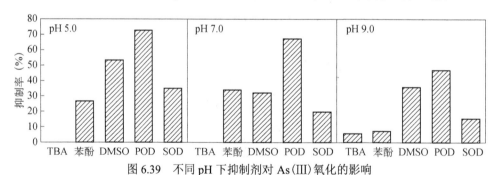

图 6.39　不同 pH 下抑制剂对 As(III)氧化的影响

实验条件：[As(III)]=25 mg/L，[CSF]=0.1 g-Fe/L，[TBA]=333.7 mmol/L，[苯酚]=333.7 mmol/L，[DMSO]=3337 mmol/L，[POD]=300 U/mL，[SOD]=300 U/mL

$$2 \cdot O_2^- + 2H_2O \longrightarrow H_2O_2 + O_2 + 2OH^- \tag{6.12}$$

$$\cdot O_2^- + 2H^+ + Fe(II) \longrightarrow H_2O_2 + Fe(III) \tag{6.13}$$

由于体系中含有 HCO$_3^-$，当 HCO$_3^-$与·OH 进行反应时，能够生成碳酸根自由基[式(6.14)、式(6.15)]。因此·CO$_3^-$($E^\ominus$=1.78V，pH 为 7.0)也可能促进了 As(III)的氧化，但 CO$_3^-$是否参与了反应还需要进一步探究。

$$\cdot OH + HCO_3^- \longrightarrow HCO_3 \cdot + OH^- \tag{6.14}$$

$$\cdot OH + CO_3^{2-} \longrightarrow CO_3^- \cdot + OH^- \tag{6.15}$$

进一步分析不同 ROS 的作用从而分析反应机理。从热力学上分析，H_2O_2 具有氧化 As(III) 的能力 $[E^{\ominus}(O_2/H_2O_2)=0.70V,\ E^{\ominus}(As(V)/As(III))=+0.56V]$。而 $\cdot O_2^-$ 对 As(III) 的氧化作用在 TiO_2 光催化领域较为常见。为了了解不同 pH 下 $\cdot O_2^-$ 和 H_2O_2 直接氧化 As(III) 的能力，分别单独研究 $\cdot O_2^-$ 和 H_2O_2 对 As(III) 的氧化。黄嘌呤与黄嘌呤氧化酶的反应是产生 $\cdot O_2^-$ 的经典反应。O_2^- 能够直接氧化 As(III)，且氧化能力随着 pH 升高而升高。反应结束时，$\cdot O_2^-$ 对 As(III) 的氧化率在 pH 为 5.0、7.0、9.0 时分别为 7.65%、15.0% 和 68.4%。H_2O_2 同样具有直接氧化 As(III) 的能力，其氧化能力同样随着 pH 升高而升高，如图 6.40 所示。存在 100 mmol/L H_2O_2 时，As(III) 在 pH 为 5.0、7.0、9.0 时的氧化率分别为 21.5%、56.9% 和 100%。

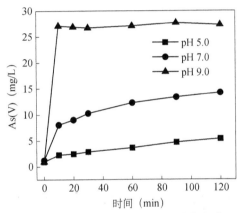

图 6.40　pH 对 H_2O_2 氧化 As(III) 的影响

实验条件：$[As(III)]=25$ mg/L，$[H_2O_2]=100$ mmol/L

　　然而注意到 H_2O_2 与 As(III) 在 pH 为 7.5 时反应速率常数仅为 5.5×10^{-3} L/(mol·s) 相对较低。当 H_2O_2 较高时（100 mmol/L），在中性条件下，As(III) 的氧化率也仅为 34.1%。由于 CSF 投加量仅为 0.1 g-Fe/L，H_2O_2 产量较为有限，对 As(III) 氧化率的贡献也应较低。由于 $\cdot O_2^-$ 与 As(III) 反应的速率常数为 3.6×10^6 L/(mol·s)，相对较高，因此有可能是 As(III) 的直接氧化物。另外，从图 6.40 可以发现，碱性条件下 $\cdot O_2^-$ 和 H_2O_2 能够获得更高的 As(III) 氧化率。碱性条件下较高的 As(III) 氧化率可能与 As(III) 的形态有关。As(III) 在 pH<9.0 时主要以中性的 H_3AsO_3 分子形式存在，难以被氧化。在碱性条件下，As(III) 的主要存在形式是 $H_2AsO_3^-$ 和 $HAsO_3^{2-}$，而解离形式的 As(III) 更容易被氧化。然而，在 CSF 体系中，As(III) 的氧化率在中性条件下要高于碱性条件，这可能与铁组分在不同 pH 下的分布影响了 ROS 的生成有关。

　　使用分光光度法和苯甲酸捕获法分别分析不同 pH 下 CSF 在水溶液中氧化

后·O$_2^-$和·OH 的浓度，如图 6.41 所示，使用 NBT 捕获·O$_2^-$，发现在 600～800 nm 处没有出峰，说明不同 pH 下，溶液中均无法检测到·O$_2^-$。在不同 pH 下，溶液中均无法检测到·OH，这与不同 pH 时 TBA 的抑制作用几乎可以忽略相一致。使用荧光光度法测定 CSF 在含砷溶液中生成的 H$_2$O$_2$ 浓度，发现溶液中无法检测到 H$_2$O$_2$。进一步使用 EPR 检测中性条件下溶液中·O$_2^-$ 与·OH 的存在，结果如图 6.42 所示，在水溶液中无法检测到·OH，而在甲醇溶液中无法检测到·O$_2^-$。由于溶液中检测不到各种 ROS，推测 As(III)的氧化发生在 CSF 表面。

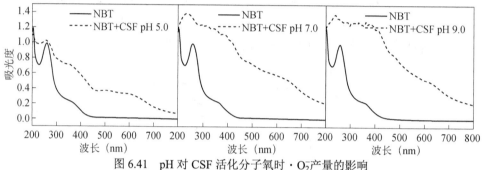

图 6.41　pH 对 CSF 活化分子氧时·O$_2^-$产量的影响

实验条件：［CSF］=0.1 g-Fe/L，［NBT］=10^{-5} mol/L

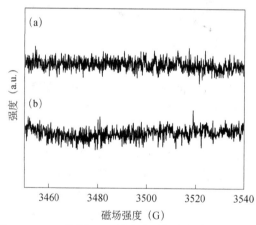

图 6.42　EPR 检测 CSF 活化分子氧产生自由基的情况

(a)甲醇体系；(b)水体系

2. 不同 pH 下铁组分的分布

由图 6.43 可见，初始 pH 对铁的组分具有重要影响。当 pH$_0$ 为 5.0 时，体系中主要以溶解态的 Fe^{2+}离子为主，而在中性、碱性条件下，溶解态和固态的 Fe(II) 开始发生氧化，并转化为铁氢氧化物。当 pH$_0$ 为 7.0 时，反应初始时刻溶液中存在

部分溶解态 Fe^{2+} 离子。然而，当 pH_0 升高至 9.0 时，反应初始时刻溶解态 Fe^{2+} 离子迅速转化为 Fe^{3+} 离子。作为活性结合态 Fe(Ⅱ)矿物，CSF 在酸性环境中容易发生溶解。由于 Fe^{2+} 在 pH_0 为 6.0 时半衰期较长，为 45 h，因此当 pH_0 为 5.0 时，Fe^{2+} 在反应过程中能够保持稳定，无法产生足够的 ROS。为了了解 CSF 氧化 As(Ⅲ) 后所得产物的矿物物相，测定产物的 XRD 谱图(图 6.44)，在 27.08°、36.34°、48.86°、52.8°、60.72°处所显示的衍射峰与纤铁矿(γ-Fe OOH，JCPDS 74-1877)的衍射峰完全一致，这表明产物矿物成分为纤铁矿。

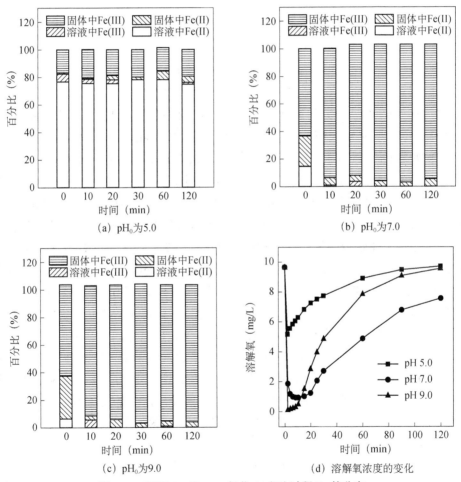

图 6.43 不同 pH 下 CSF 氧化 As(Ⅲ) 过程 Fe 的分布

实验条件：[As(Ⅲ)]=25 mg/L，[CSF]=0.1 g-Fe/L

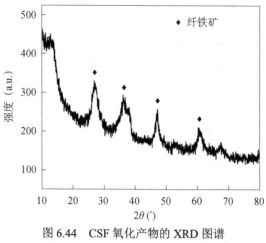

图 6.44　CSF 氧化产物的 XRD 图谱

实验条件：[CSF]=0.1 g-Fe/L，pH_0 为 7.0

在 pH_0 为 7.0 时，Fe 的组分主要是 $FeOH^+$、$Fe(OH)_2$、$Fe(H_2O)_6^{2+}$、$FeCO_3$、$FeHCO_3^+$，以及纤铁矿表面吸附态的 $Fe(II)$。$FeCO_3$、$FeHCO_3^+$ 与吸附态的 $Fe(II)$ 的氧化速率较为适宜。而 pH_0 为 9.0 时，$Fe(II)$ 的主要组分是 $Fe(OH)^+$ 和 $Fe(OH)_2$，$Fe(II)$ 会迅速发生沉淀。进一步测定反应过程中的溶解氧（DO）以证实推测。由图 6.43(d) 可知，当 pH_0 为 5.0 时，DO 在反应初始由 9.65 mg/L 降至 5.16 mg/L 并上升。当 pH_0 为 7.0 时，DO 逐渐降低，在 10 min 处达到最低值 0.93 mg/L 后，开始缓慢恢复。当 pH_0 为 9.0 时，投加 CSF 后 DO 几乎立即全部耗尽（0.12 mg/L），之后迅速恢复。这辅助说明不同 pH 下 $Fe(II)$ 与 O_2 之间的反应速率依次：碱性>中性>酸性。碱性条件下，$Fe(III)$ 的沉淀对 $Fe(II)$ 氧化具有抑制作用。一方面，$Fe(III)$ 沉淀降低了溶液中 Fe^{3+} 离子的浓度，减少了与 $\cdot O_2^-$ 反应的 Fe^{3+} 浓度，从而减少了 $Fe(III)$ 的还原。同时，碱性条件会抑制 H_2O_2 的产生。因为 H_2O_2 的生成需要消耗质子，而质子的数量随着 pH 升高而降低。其次，H_2O_2 浓度主要取决于式(6.16)和式(6.17)。由于式(6.17)的反应速率常数远低于式(6.16)，因此 H_2O_2 浓度主要取决于式(6.16)，而式(6.16)的反应速率常数与 pH 有关。因此，中性条件下更多的 $Fe(II)$ 被有效利用，并且产生了更多的 ROS。

$$Fe^{2+}+O_2^-+2H^+ \longrightarrow Fe^{3+}+H_2O_2 \tag{6.16}$$

$$2O_2^-+2H^+ \longrightarrow H_2O_2+O_2 \tag{6.17}$$

3. 铁组分对 As(III) 氧化的贡献

反应过程中，铁物种主要可能有溶解态 $Fe(II)$、络合态 $Fe(II)$、吸附在纤铁矿表面的 Fe(II)、结构态 Fe(II)以及纤铁矿。分别分析不同铁组分对 ROS 产生的贡献。由图 6.45 可知，单独投加 Fe^{2+}，反应结束时 As(III)的氧化效率为 26.5%。但中性条件下 Fe^{2+} 并不能仅仅代表游离态 Fe^{2+} 的作用，因为中性条件下 Fe^{2+} 会发生氧化生成铁氢氧化物，从而生成吸附在铁氢氧化物表面的 Fe^{2+} 离子。从图 6.45 中还可以发现，纤铁矿单独无法氧化 As(III)。虽然纤铁矿单独无法氧化 As(III)，但不少学者认为 Fe(II)-铁氢氧化物共存体系能够氧化 As(III)。Amstaetter 等[56]发现无氧条件下 Fe(II)与针铁矿共存时也能发生 As(III)的氧化，机理是活性中间态 Fe(III)与 As(III)之间发生的电子转移导致 As(III)被氧化为 As(V)。为了分析溶解氧通过产生溶解态 Fe(II)与铁氢氧化物共存体系氧化 As(III)的可能性，在无氧条件下向溶液中加入 Fe(II)与纤铁矿，发现最终 As(III)氧化率为 10.4%，说明中性条件下 Fe(II)与铁氢氧化物共存时 Fe 与 As 的电子转移也是 As(III)氧化的原因之一。BPY 能够与溶解态亚铁、络合态亚铁、吸附态亚铁形成络合物，从而阻碍电子向 O_2 转移。外加 30 mmol/L 的 BPY，反应结束后 As(III)的氧化被完全抑制，说明 CSF 体系中主要活性亚铁组分为溶解态亚铁、络合态亚铁和吸附态亚铁。与其他活性亚铁组分相比，溶解态 Fe^{2+} 活化分子氧的能力较弱，因此与碳酸根络合的亚铁以及 Fe(III)氢氧化物表面吸附态亚铁是产生 ROS 的主要亚铁组分。

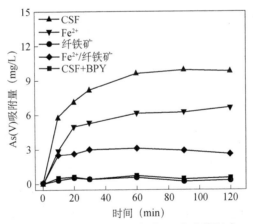

图 6.45 铁组分对 CSF 氧化 As(III)的影响

实验条件：[As(III)]=25 mg/L，[CSF]=0.1 g-Fe/L，pH_0 为 7.0

4. CSF 除砷过程中 As(III)的氧化机理

通过测定溶液中 As(III)浓度发现，中性条件下，当 As(III)初始浓度为 25 mg/L 时，溶液中 As(III)浓度在 10～120 min 内均低于 2 mg/L。但 10 min 后，除砷产物表面 As(V)的含量仍然不断增加，说明一部分 As 在吸附到 CSF 表面后被氧化。NaF 是一种常用的竞争性吸附物，通过外加 NaF 占据 As(III) 吸附位点来分析 As(III) 氧化的区域。由图 6.46(a) 可知，2 mmol/L 的 NaF 使 As(III) 氧化率由 39.2% 降至 32.7%。与此同时，As(III) 去除率在反应前期也降低了，虽然反应结束时 As(III) 去除率与未投加 NaF 时相等，但 As(III) 氧化率可能无法同时恢复。这进一步证明 As(III) 的氧化发生在 CSF 表面。这种界面氧化机制可能是由于 CSF 活化分子氧后在 CSF 表面产生 ROS，而溶液中还没有足够的 ROS，因此 As(III) 只能在固体表面或邻近区域发生氧化。

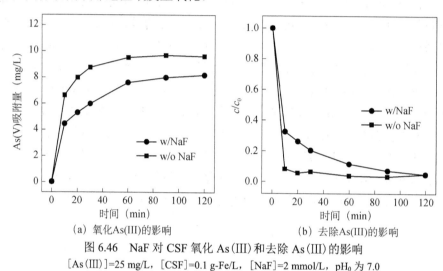

(a) 氧化 As(III) 的影响　　　　　　　(b) 去除 As(III) 的影响

图 6.46　NaF 对 CSF 氧化 As(III) 和去除 As(III) 的影响

[As(III)]=25 mg/L，[CSF]=0.1 g-Fe/L，[NaF]=2 mmol/L，pH_0 为 7.0

6.4　本章小结

地表水和地下水中砷污染是重要的环境焦点问题，也是环境修复的难点。砷污染的来源主要是环境中含砷矿物的自然风化、还原溶解等自然过程以及矿山开采、金属冶炼、使用含砷化学物质以及生产加工等人为过程。砷化合物有剧毒，具有致癌性，对人类健康造成严重危害。砷的污染与控制是全球性的研究热点问题，受到广泛关注。本章制备了二种高效除砷材料：多羟基亚铁络合物(ferrous hydroxyl complex)、碳酸型结合态亚铁[carbonate structural Fe(II)，CSF]，完成二种材料对水中无机砷的去除性能和反应机制研究。

(1)FHC 能快速去除水中的砷。无氧条件下，FHC 主要通过吸附作用除砷，通过拟合计算，As(III) 和 As(V) 都具有超高的吸附容量。有氧条件下，FHC 与氧气反应发生矿物转化，XRD 分析表明最终产物以纤铁矿为主，且 FHC 矿物转化过程中砷的去除效率比无氧时单独 FHC 以及纤铁矿的除砷效率高，说明矿物转化在除砷过程中发挥着重要作用。除砷机理研究表明，矿物转化过程对砷的迁移与转化有重要的影响。砷的去除机理包括吸附(内层和外层)、共沉淀以及晶格取代。有氧条件的中性、碱性环境，As(Ⅲ)的氧化是由矿物转化产生的活性氧化物种 Fe(Ⅳ)导致的；而无氧条件的中性、碱性环境，Cu^{2+}发挥独特的作用，Cu^{2+}引起的矿物转化产生了活性氧化物种(ROS)。此外，矿物转化过程中由 Fe(Ⅱ)向 Fe(Ⅲ)电子转移过程中产生的 Fe(Ⅲ)活性中间产物或新生态的次生铁矿在 As(Ⅲ)的氧化过程中起了重要作用。

(2)CSF 对 As(Ⅴ)和 As(Ⅲ)均有较好去除效果，并对 As(Ⅴ)去除效果要优于 As(Ⅲ)。CSF 对废水 pH 具有宽广的适用范围，但中性更有利于砷酸盐和亚砷酸盐的去除。有氧环境有利于 As(Ⅲ)的去除，无氧条件有利于 As(Ⅴ)的去除，溶解氧改变了 As 与 Fe 的结合方式，促进了共沉淀过程而抑制了表面络合作用。无氧条件下，As(Ⅴ)通过表面络合-沉淀机制生成副砷铁矿$[Fe(Ⅱ)_3(AsO_4)_2·8H_2O]$，能获得较高的除砷效率。有氧条件下 As(Ⅲ)通过共沉淀机制生成无定形砷酸铁($FeAsO_4$)的途径被去除。CSF 体系中 As(Ⅲ)的氧化机理表明，As(Ⅲ)的氧化主要依靠 CSF 活化分子氧产生 ROS，提出界面反应机制，CSF 活化分子氧在 CSF 表面产生 ROS，As(Ⅲ)吸附到 CSF 表面后，被表面吸附态的 ROS 氧化为 As(Ⅴ)。

第7章　黄铁矿活化 H_2O_2 降解有机污染物

自然环境中 Fe(Ⅱ)的存在形式多种多样,包括水相游离态 Fe(Ⅱ)、络合态 Fe(Ⅱ)、表面吸附态 Fe(Ⅱ)和结构态 Fe(Ⅱ)。其中,结构态 Fe(Ⅱ)是以某种结构形式存在的亚铁,来源于含 Fe(Ⅱ)的铁矿物,如磁铁矿、绿锈、FeS 和含铁黏土矿物等,其中以含铁黏土矿物居多。结构态 Fe(Ⅱ)不仅已被证实可实现四氯化碳、硝基芳烃、农药、多卤代化合物、硝酸盐、亚硝酸盐、高价态有毒重金属等污染物的还原去除,其活化 O_2、过氧化物等产生活性氧物种(ROS)以氧化降解污染物的特性也被广泛关注。

黄铁矿(pyrite,FeS_2),又常称"愚人金",在陆地及海洋领域中广为存在,是地球化学环境中丰度最高的金属含硫矿物,其晶体结构类似 NaCl 晶体,呈立方体。仅由于海洋中硫酸盐的生物还原作用,每年有高达 500 万吨的黄铁矿产生。自然环境中黄铁矿通常稳定存在于地壳中的还原性环境,在土地开发、矿石开采、地下水水位季节性变化等过程中常暴露于空气或其他氧化环境中。黄铁矿在氧化过程中释放大量 H^+,可与高浓度的 Fe^{3+}、Fe^{2+} 及其他微量金属离子构成酸性矿山废水(acid mine drainage,AMD),严重危害了矿山周围环境质量。工业上,黄铁矿的利用价值主要体现在为硫酸制造提供原材料,因此不可避免地产生大量的黄铁矿烧渣及酸性废水,不但造成极大的资源浪费,而且存在重要的环境隐患。然而,正由于黄铁矿氧化过程中所伴随的独特的氧化产酸过程,使得无论天然黄铁矿或黄铁矿烧渣废弃物,皆具备用作拓宽传统 Fenton 反应对进水 pH 的适应范围、取代传统 Fe(Ⅱ)盐的潜力。同时,相较于传统 Fenton 法,黄铁矿与过氧化氢构成的黄铁矿类 Fenton 体系还具有以下优势:黄铁矿可高效还原高价金属[57],促进了类 Fenton 体系中 Fe^{2+}/Fe^{3+} 的内循环过程,从而极大地减少了工艺末端 Fenton 铁泥的产量;相比于其他金属单质/金属硫化物,在无氧化剂存在的条件下,黄铁矿在酸性条件下性质稳定,溶解性较弱,使得工艺的运行和管理成本和难度较低。本章先后介绍了不同来源的黄铁矿基材料,包括天然黄铁矿及高纯度黄铁矿与 H_2O_2 构成的类 Fenton 体系与偶氮染料、氯霉素、三氯生、对乙酰氨基酚、双氯芬酸等多种常见有机污染物的反应性能和去除机制,如各类黄铁矿材料在不同工艺参数下的处理性能评价、常见水质参数对污染物去除的影响、黄铁矿材料的重复利用性能、活性氧化物种的生成机制、污染物的降解路径等。

7.1　天然黄铁矿活化 H$_2$O$_2$ 处理偶氮染料

通过对黄铁矿烧渣的非均相类 Fenton 反应活性的研究发现，虽然其对污染物有较好去除性能，但是存在 H$_2$O$_2$ 利用效率不高的问题，导致过氧化氢的投加量较大。目前主流观点皆认为，含铁氧化物的非均相类 Fenton 反应活性主要受其结构态 Fe(Ⅱ) 含量的影响。类 Fenton 的主要反应式为：

$$Fe(Ⅲ) + H_2O_2 \longrightarrow Fe(Ⅱ) + HO_2 \cdot + H^+ \tag{7.1}$$

$$Fe(Ⅱ) + H_2O_2 \longrightarrow Fe(Ⅲ) + \cdot OH + OH^- \tag{7.2}$$

Fe(Ⅲ) 本身不能与 H$_2$O$_2$ 反应产生·OH，而其产生的 HO$_2$·氧化能力远远低于·OH，且反应式 (7.1) 即 Fe(Ⅲ) 无效消耗 H$_2$O$_2$ 使其转化成为 Fe(Ⅱ) 的反应速率大大低于反应式 (7.2) 即 Fe(Ⅱ) 活化 H$_2$O$_2$ 产生·OH。因此，对于含 Fe(Ⅲ) 的含铁矿物，其首先会无效消耗 H$_2$O$_2$，使 Fe(Ⅲ) 转化成为 Fe(Ⅱ)，形成有效的非均相氧化；但是，这同时也降低了 H$_2$O$_2$ 的利用效率及对污染物的氧化效率。也有研究发现非均相类 Fenton 反应活性及 H$_2$O$_2$ 利用效率随着含铁氧化物中 Fe(Ⅱ) 成分的增加而提高。此外，催化剂/活化剂的晶体结构对其非均相类 Fenton 反应活性也具有较大影响，晶体结构好的铁氧化物对 H$_2$O$_2$ 有效利用率较高。而黄铁矿中的 Fe 组分基本以结构态的 Fe(Ⅱ) 形式存在，而且是良好的半导体，在理论上应该具有更好的 H$_2$O$_2$ 反应活性及利用效率。因此，我们在研究黄铁矿烧渣作为非均相类 Fenton 活化剂的基础上，对天然黄铁矿的类 Fenton 反应活性进行了相关研究，并与黄铁矿烧渣进行对比，以寻求一种更为经济有效的非均相类 Fenton 催化/活化剂。

7.1.1　染料脱色性能

溶液初始 pH 对染料显色的影响，如图 7.1 所示。在 pH 为 2.0～10.0 范围内，溶液初始 pH 对三种染料显色的影响都不明显。当 pH>10.0 时，活性黑 5 显色仍不受影响，但酸性大红 GR、阳离子红 X-GRL 浓度分别出现不同程度的下降。当 pH 为 12.0 时，测得酸性大红 GR、阳离子红 X-GRL 的浓度分别为 36.9 mg/L 和 7.9 mg/L。这一实验现象说明了强碱性条件对阳离子红 X-GRL 显色影响最大，其次是酸性大红 GR。所以后续研究过程中，pH 的选择范围不超过 10.0。

活性黑 5、酸性大红 GR 及阳离子红 X-GRL 在天然黄铁矿/H$_2$O$_2$ 体系中的脱色效果如图 7.2 所示。当体系中无天然黄铁矿存在时，反应 10 min 后染料脱色率不到 2%。而当体系中无 H$_2$O$_2$、仅天然黄铁矿时，对三种染料中脱色效果较好的活性黑 5 而言，其脱色率也未超过 10%，天然黄铁矿有一定的吸附性能，染料的这一脱色效果可归因于天然黄铁矿的吸附作用。当 H$_2$O$_2$ 与天然黄铁矿共存时，反应 10 min 后，活性黑 5 及酸性大红 GR 脱色率为 85%左右；而在天然黄铁矿与 H$_2$O$_2$ 用量较高的体系中，阳离子红 X-GRL 的脱色率接近 100%。

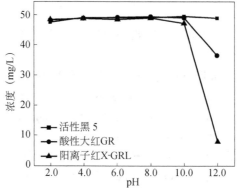

图 7.1　溶液 pH 对染料显色的影响

转速为 250 r/s，$t = 2$ h，$T = (25 \pm 1)$ ℃

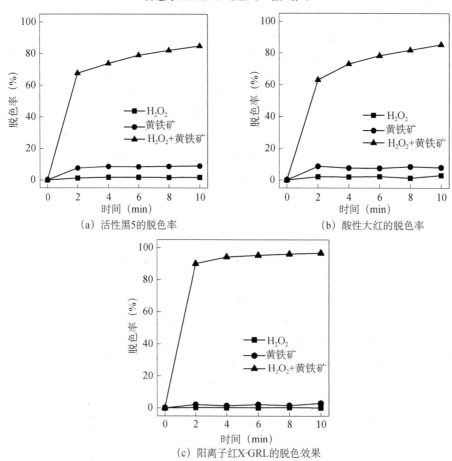

（a）活性黑5的脱色率　　　　　　（b）酸性大红的脱色率

（c）阳离子红X-GRL的脱色效果

图 7.2　天然黄铁矿/H_2O_2 体系对偶氮染料的脱色效果

实验条件：（a）0.3 mmol/L H_2O_2，0.3 g/L 天然黄铁矿，pH 为 7.0；（b）0.3 mmol/L H_2O_2，0.3 g/L 天然黄铁矿，pH 为 6.3；（c）0.6 mmol/L H_2O_2，0.5 g/L 天然黄铁矿，pH 为 6.4，转速为 250 r/s，$T = (25 \pm 1)$ ℃

7.1.2　反应参数优化

1. H_2O_2 投加量

如图 7.3 所示，在 1 g/L 黄铁矿用量下，阳离子红 X-GRL 的脱色效果随 H_2O_2 浓度的增加而呈上升趋势。在未加入 H_2O_2 的情况下，可能由于矿吸附作用的影响，使染料的浓度略低于其初始浓度。加入 H_2O_2 后，可观察到染料的脱色率随 H_2O_2 用量的增加而呈上升趋势。当 H_2O_2 浓度为 13.32 mg/L 时，反应 10 min 后，染料脱色率高达 80 %以上。反应时间对染料脱色效果的影响不显著，在该氧化反应体系中，阳离子红 X-GRL 的脱色过程非常迅速。

而在 0.3 g/L 黄铁矿作用下，反应 10 min 后，不同 H_2O_2 用量对活性黑 5 和酸性大红 GR 脱色效果的影响如图 7.4 所示。当 H_2O_2 浓度为 0.3 mmol/L 时，活性黑 5 与酸性大红 GR 的脱色率均达 90 %以上。在未加入 H_2O_2 的情况下，可能是矿吸附作用的影响，使得染料的浓度略低于其初始浓度。加入 H_2O_2 后，可观察到染料的脱色率随 H_2O_2 用量的增加而呈上升趋势。当 H_2O_2 浓度为 10 mg/L 时，活性黑 5 与酸性大红 GR 的脱色率均达 90%以上。

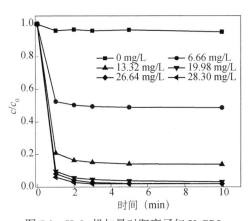

图 7.3　H_2O_2 投加量对阳离子红 X-GRL
脱色效果的影响

实验条件：［阳离子红 X-GRL］=50 mg/L，转速为
250 r/s，T=(25±1) ℃，pH 为 6.4

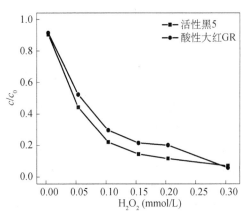

图 7.4　H_2O_2 用量对染料脱色的影响

2. 黄铁矿投加量

如图 7.5 所示，在无黄铁矿存在的情况下，溶液的脱色率仅为 5%左右，且不随反应时间发生变化。当黄铁矿用量为 0.5 g/L 时，阳离子红 X-GRL 的脱色率在反应前 5 min 内随反应时间的延长而提高。当黄铁矿用量达 1 g/L 以上时，溶液脱

色效果随时间的变化关系不明显。

黄铁矿活化 H_2O_2 的反应属于固液界面反应，目前对于该反应过程的合理解释之一是反应物质首先扩散到活化剂表面，再与活化剂形成络合物，紧接着发生系列的电子转移，最终产生的氧化产物发生脱附及活性位点的再生。因此，反应的快慢会受活化剂用量的影响。

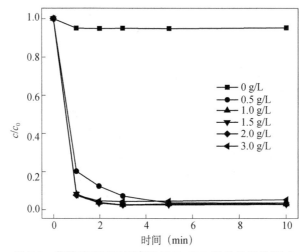

图 7.5   黄铁矿用量对阳离子红 X-GRL 脱色效果的影响

实验条件：[阳离子红 X-GRL]=50 mg/L，[H_2O_2]=26.6 mg/L，转速为 250 r/s，T=(25±1)℃，pH 为 6.4

在 H_2O_2 用量为 10 mg/L，黄铁矿用量对染料脱色的影响如图 7.6 所示。当黄铁矿用量为 10 mg/L 时，活性黑 5、酸性大红 GR 的脱色率均为 85 %左右。继续加大黄铁矿用量，对活性黑 5 的脱色效果影响不明显。而在 10～30 mg/L 黄铁矿用量范围内，酸性大红 GR 的脱色率随矿用量增大而呈上升趋势。在 30 mg/L 黄铁矿用量下，酸性大红 GR 的脱色率高达 96.7 %。继续加大黄铁矿用量，由图 7.6 可观察到酸性大红 GR 的脱色率有轻微地下降趋势。这可能是类 Fenton 反应的机理所致，活化剂与目标污染物存在竞争 ·OH 等氧化中间体的效应。当黄铁矿过量时，就会与底物争夺氧化性自由基，使得用于氧化酸性大红的氧化性物质减少，因而降低了目标污染物的脱色率。

3. 初始 pH

本研究中，初始 pH 对溶液脱色效果的影响见图 7.7。由图可知，无论是在强酸还是强碱条件下，脱色效果都受到了很大程度的抑制。当溶液初始 pH 为 2.0 时，反应 10 min 后，溶液脱色率仅为 50%左右。这可能是强酸性条件下 H_2O_2 分解受到抑制，致使产生的氧化中间产物量减少的缘故。当 pH 为 12.0 时，溶液的脱色

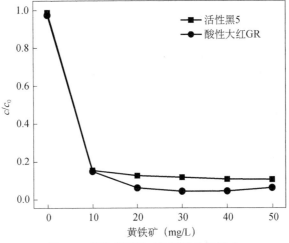

图 7.6　黄铁矿用量对染料脱色的影响

率达 75%左右。值得注意的是，pH 对阳离子红 X-GRL 显色效果影响的结果（图 7.1）表明，碱性环境对阳离子红 X-GRL 显色有较大的副作用。如果仅考虑 pH 对显色的影响，脱色率应该远高于 75%（图 7.1）。值得注意的是，本研究所用黄铁矿自身有很强的酸性氧化特性。在与水及 O₂ 的作用下，黄铁矿表面能够迅速地发生一系列化学反应，同时释放出大量 Fe²⁺和 H⁺，因而能在很大程度上降低溶液的 pH。因此，黄铁矿加入初始 pH 为 12.0 的溶液后，溶液 pH 迅速降低，从而对染料显色的副作用减弱。因而，图 7.7 观察到的 75%左右的脱色率是氧化与溶液 pH 共同作用的结果。

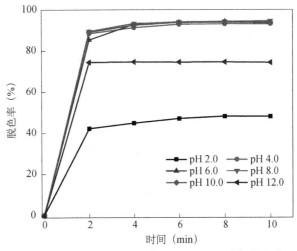

图 7.7　溶液初始 pH 对阳离子红 X-GRL 脱色的影响

实验条件：[阳离子红 X-GRL]=50 mg/L，[H₂O₂]=26.6 mg/L，[天然黄铁矿]=0.5 g/L，
转速为 250 r/s，T=(25±1)℃

　　由类 Fenton 反应虽然能够克服传统 Fenton 反应应用 pH 范围小的缺点，但根据阳离子红 X-GRL 在不同 pH 条件下的降解规律可知，黄铁矿活化 H_2O_2 降解污染物的过程仍然会受溶液初始 pH 的影响。为进一步证实这一规律。我们选取了另外两种染料活性黑 5 和酸性大红 GR 加以验证。如图 7.8 所示，在 pH 为 2.0～10.0 范围内，活性黑 5 和酸性大红 GR 都有较高的脱色率。当溶液初始处于强碱性(pH=12.0)时，两种染料的脱色效果均出现严重下降(10 %以下)。

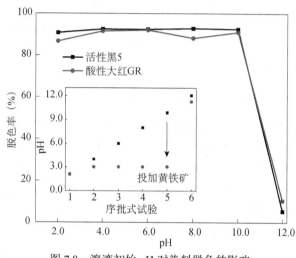

图 7.8　溶液初始 pH 对染料脱色的影响

　　此外，本试验研究表明，初始 pH 对染料脱色的影响还与黄铁矿及 H_2O_2 投加的顺序有关。以阳离子红 X-GRL 为例，不同投加顺序对阳离子红 X-GRL 脱色效果的影响如图 7.9 所示。当溶液初始 pH 为 4.0～10.0 范围时，投加顺序对阳离子红 X-GRL 的去除影响不明显；对于先加入 H_2O_2 的情况，当 pH 为 12.0 时，染料脱色率发生严重下降，为 54.5%，低于 pH 为 2.0 的情况；而在先加入黄铁矿的反应中，强碱性条件对目标污染物去除的影响要小于先加入 H_2O_2 的情况。这是因为黄铁矿自身的酸性氧化特性，使得其具有很强的 pH 缓冲性能，一定量黄铁矿加入 pH 为 12.0 的染料溶液后，在很短时间内能将溶液调整到近中性环境，其过程见反应式(7.3)～式(7.6)，而在先加入 H_2O_2 的情况下，H_2O_2 在强碱性环境下会很快分解成 O_2 和 H_2O，使得用于产生 ·OH 的有效 H_2O_2 量相对较少。而对于 pH 为 2.0 的强酸性条件，先投加 H_2O_2 试验中的染料脱色率要远高于另一投加方式的脱色率，分别为 74.3%、54.5%。这可能是因为强酸性环境对 H_2O_2 的分解具有抑制作用，使得黄铁矿活化 H_2O_2 产生氧化性中间产物的速率减小，从而影响阳离子红 X-GRL

的脱色效果。黄铁矿在 H_2O_2 之前加入染料溶液中，会导致溶液的 pH 更小，从而抑制 H_2O_2 分解的作用更强。

酸性条件下：

$$2FeS_2+7O_2+2H_2O \longrightarrow 2Fe^{2+}+4SO_4^{2-}+4H^+ \qquad (7.3)$$

$$2Fe^{2+}+\frac{1}{2}O_2+2H^+ \longrightarrow 2Fe^{3+}+H_2O \qquad (7.4)$$

$$FeS_2+14Fe^{3+}+8H_2O \longrightarrow 15Fe^{2+}+2SO_4^{2-}+16H^+ \qquad (7.5)$$

碱性条件下：

$$2FeS_2+\frac{15}{2}O_2+7H_2O \longrightarrow 2Fe(OH)_{3(s)}+4SO_4^{2-}+8H^+ \qquad (7.6)$$

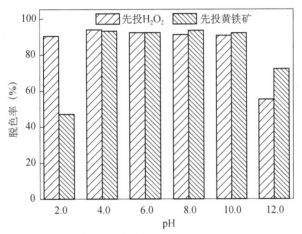

图 7.9　不同投加方式对阳离子红 X-GRL 脱色效果的影响

实验条件：[阳离子红 X-GRL]=50 mg/L，[H_2O_2]=26.6 mg/L，[天然黄铁矿]=0.5 g/L，转速为 250 r/s，t=10 min，T=(25±1)℃

4. 污染物初始浓度

图 7.10 显示了不同阳离子红 X-GRL 初始浓度对脱色效果的影响。在 H_2O_2 浓度为 26.6 mg/L，黄铁矿用量为 1 g/L 的条件下，反应 10 min 后，初始浓度为 50 mg/L 的阳离子红 X-GRL 溶液脱色率高达 95% 以上。

在同样 H_2O_2 及黄铁矿用量的条件下，提高阳离子红 X-GRL 的初始浓度后，脱色率呈明显下降趋势。当染料初始浓度为 300 mg/L，反应 10 min 后，脱色率仅为 45% 左右。这一过程主要受制于反应体系中 H_2O_2 的浓度，如果增加 H_2O_2 的投加量，染料则可以继续氧化脱色。图 7.11 显示了染料初始浓度对绝对脱色量的影响。随着污染物浓度的增大，反应试剂的利用效率得到了不断的提高。

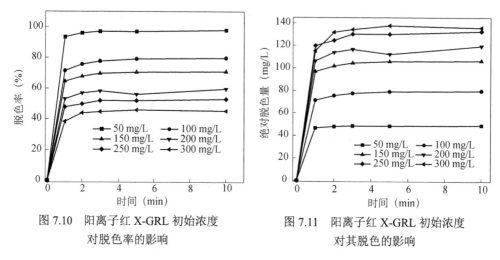

图 7.10　阳离子红 X-GRL 初始浓度
对脱色率的影响

图 7.11　阳离子红 X-GRL 初始浓度
对其脱色的影响

图 7.12 显示了活性黑 5 初始浓度对脱色率的影响情况,其中 H_2O_2 浓度、黄铁矿用量分别为 10 mg/L、0.3 g/L。当活性黑 5 初始浓度在 30 mg/L 以下时,其脱色率均在 97% 以上。在 30 mg/L 基础上继续加大染料浓度,脱色率随浓度增加呈下降趋势。

活性黑 5 初始浓度对其绝对脱色量的影响如图 7.13 所示。当目标污染物初始浓度在 100 mg/L 以下(包括 100 mg/L)时,其绝对脱色量随浓度的加大表现出增大的趋势。当将活性黑 5 的初始浓度增大到 150 mg/L 时,其脱色量发生严重下降。

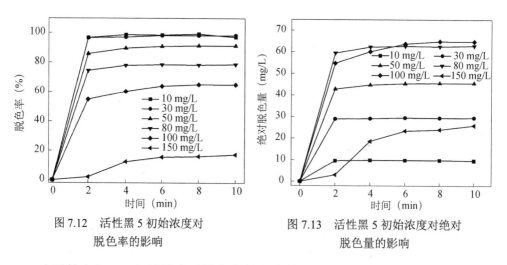

图 7.12　活性黑 5 初始浓度对
脱色率的影响

图 7.13　活性黑 5 初始浓度对绝对
脱色量的影响

由酸性大红 GR 初始浓度对脱色率的影响情况(图 7.14)可看出,随着酸性大红 GR 初始浓度的提高，脱色率不断下降。

图 7.15 显示了酸性大红 GR 初始浓度对其绝对脱色量的影响情况。与阳离子红 X-GRL 的情况类似，随着染料初始浓度的增加，其绝对脱色量不断升高。

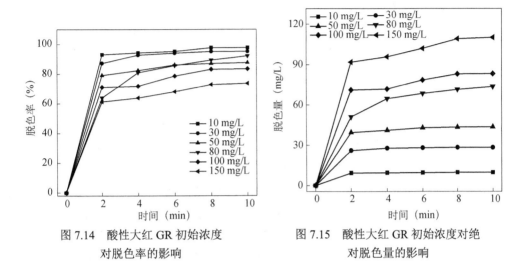

图 7.14　酸性大红 GR 初始浓度　　　　图 7.15　酸性大红 GR 初始浓度对绝
　　对脱色率的影响　　　　　　　　　　　　对脱色量的影响

7.1.3　污染物去除机理

1. 反应前后紫外扫描图谱

图 7.16 显示了酸性大红 GR 和阳离子红 X-GRL 溶液反应前和反应后的紫外扫描图谱。黄铁矿与 H₂O₂ 浓度分别为 1 g/L、13.32 mg/L。反应前，在 530 nm 处可明显观察到阳离子红 X-GRL 有最强吸收峰，且在近紫外波长 190～400 nm 范围内吸光度值普遍较低。当加入黄铁矿与 H₂O₂，反应 1 min 后，530 nm 处染料的特征吸收峰明显减弱，近紫外区吸收显著增强。这一现象说明了大部分阳离子红 X-GRL 的显色基团已经被破坏，且可能有大量新物质产生。由图 7.16 还可看出，反应时间对染料溶液脱色的影响不显著。因此，有必要对黄铁矿活化 H₂O₂ 反应的机理进行进一步的研究。

2. 黄铁矿水溶液中 Fe^{2+}、TFe 及 SO_4^{2-} 溶出规律

为了研究均相反应在污染物去除过程中的作用，特在水溶液和染料溶液中分别进行离子溶出试验。

水溶液中不同黄铁矿用量下的离子溶出情况如图 7.17 所示。其中，图 7.17(a)、

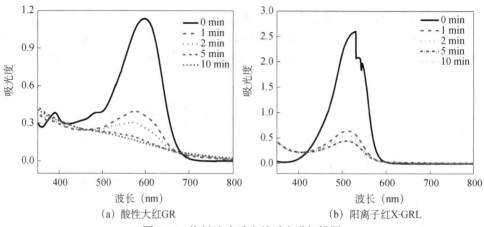

图 7.16　染料溶液反应前后光谱扫描图

(b)和(c)分别表示水溶液中亚铁、总铁及硫酸根离子浓度。各离子浓度随着天然黄铁矿投加量的增加而不断增大，并且两者之间有较好的线性相关性。图 7.17(d) 显示了第二次使用的天然黄铁矿在水溶液中的离子溶出情况及对水溶液 pH(插图)的影响。与图 7.17(a)和(c)进行对比后可明显看出，在同样条件下，第二次使用的天然黄铁矿溶出的离子浓度大大降低。在 0.5 g/L 黄铁矿投加量和 H_2O_2 浓度为 10 mg/L 的条件下，反应 10 min 后，硫酸根离子浓度不超过 1.2 mg/L，亚铁也仅为 0.3 mg/L 左右。

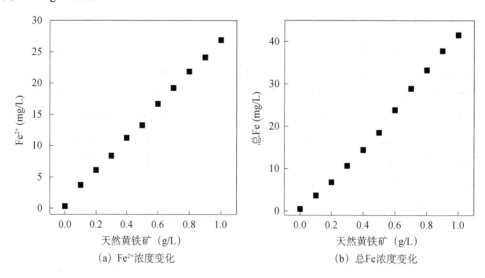

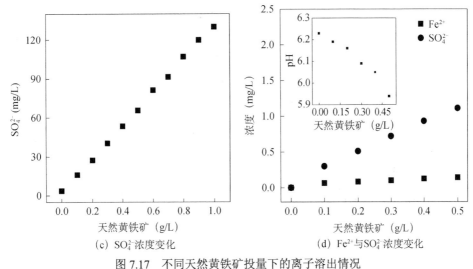

图 7.17　不同天然黄铁矿投量下的离子溶出情况

3. 污染物存在条件下 Fe^{2+}、TFe 及 SO_4^{2-} 溶出规律

在实验条件与图 7.17 一致的前提下，图 7.18 显示了天然黄铁矿在阳离子红 X-GRL 溶液中的离子溶出规律。由图 7.18(a) 与 (b) 中可看出，各离子浓度随天然黄铁矿用量增大而不断升高，且二者仍具有一定的线性相关性。在 1.0 g/L 天然黄铁矿投加量下，反应 10 min 后，测得体系中总铁、亚铁及硫酸根含量分别为 30.7 mg/L、49.0 mg/L 及 158.4 mg/L。将这一数据与图 7.17 中的结果相比可知，天然黄铁矿在染料溶液中的离子溶出浓度要高于超纯水中的情况。图 7.18(c) 显示了天然黄铁矿中其他金属离子如 Ca、Mg、Al 及 As 等的溶出情况。除 Fe 外，Ca 的溶出量最大。在所有检测到的金属中，As 是最不容忽视的。在 0.5 g/L 天然黄铁矿投加量下，反应 10 min 后染料溶液中 As 浓度为 0.06 mg/L，低于我国城镇污水排放标准中规定的 0.1 mg/L 的排放限值。

4. 溶液 pH 变化

不同溶液初始 pH 下，天然黄铁矿溶解过程对 pH 的影响如图 7.19 所示。溶液 pH 的变化受初始酸碱环境影响很大。当初始水溶液 pH 不大于 10.0 时，在 1 g/L 的天然黄铁矿投加量下，反应 30 min 后测得溶液的 pH 均为 3.2 左右。而当初始水溶液为强碱性时，同样条件下反应 1200 min 后，溶液 pH 才略低于 9.0。

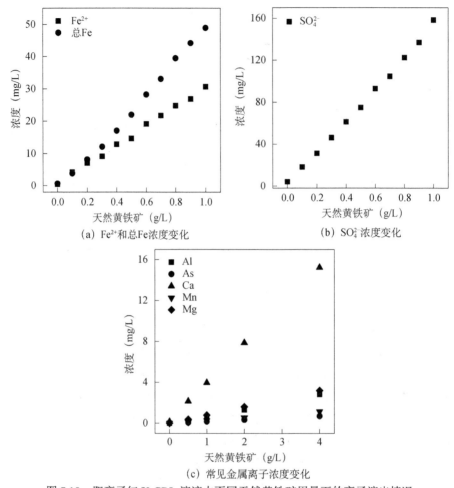

(a) Fe²⁺和总Fe浓度变化

(b) SO₄²⁻浓度变化

(c) 常见金属离子浓度变化

图 7.18 阳离子红 X-GRL 溶液中不同天然黄铁矿用量下的离子溶出情况

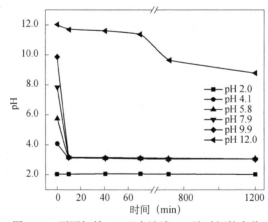

图 7.19 不同初始 pH 下水溶液 pH 随时间的变化

　　黄铁矿溶解过程降低溶液 pH 的作用机理主要有两方面。其一，自然环境中的黄铁矿发生表面氧化后，会有 H^+ 产生[式(7.3)]；其二，表面的氧化产物在其溶解过程中会发生水解反应，产生 H^+。

　　试验所用黄铁矿表面有氧化产物 $FeSO_4(H_2O)$ 存在。$FeSO_4(H_2O)$ 溶解后，有大量 Fe^{2+} 产生，而后者常以水合物 $Fe(H_2O)_6^{2+}$ 形式存在。

$$Fe(H_2O)_6^{2+} + H_2O \longrightarrow Fe(OH)(H_2O)_5^+ + H_3O^+ \tag{7.7}$$

在 25 ℃、1 atm 下，式(7.7)的 $K=10^{-9.5}$。另外，SO_4^{2-} 在溶液中也存在着平衡反应：

$$SO_4^{2-} + H_2O \longrightarrow HSO_4^- + OH^- \tag{7.8}$$

由于式(7.8)中 $K=10^{-12.1}$ 远小于 $10^{-9.5}$，故 $FeSO_4(H_2O)$ 的水解过程会有大量 H^+ 产生。

7.2　天然黄铁矿/H₂O₂ 氧化去除水中微量有机物

　　药品和个人护理品(pharmaceutical and personal care products，PPCPs)是一类新型的环境污染物，自 20 世纪末 Ternes 和 Daughton 提出后[58]，引起了各国环境工作者的广泛关注，现已成为环境领域研究的热点，2010 年以后，SCI 数据库每年关于 PPCPs 类研究的文献报道多达 200 篇以上。随着疾病防治过程中使用的人药、兽药种类和数量的增多，PPCPs 类污染物的种类和数量也在不断增加。PPCPs 类污染物随着人类活动向环境中扩散，进入地表水、地下水以及土壤中，对生态系统和人体健康构成了极大的威胁。本研究首次以三氯生、氯霉素、对乙酰氨基酚和 2,4-二氯酚为目标污染物，考察黄铁矿活化 H₂O₂ 对污染物的氧化降解性能。除 7.2.3 节外，本章相关内容都选择了未经任何预处理(水洗、酸洗、干燥)的天然黄铁矿。

7.2.1　天然黄铁矿活化 H₂O₂ 氧化去除三氯生

　　作为广谱抗菌添加剂，三氯生(2,4,4′-三氯-2-羟基二苯醚，TCS)被广泛地用于药品及个人护理用品(如牙膏、肥皂、洁面霜、洗涤剂等)中，它是一种广为存在的水环境污染物。有研究表明，三氯生能够对某些藻类的生长产生毒害作用。并且在一定条件下，三氯生能被转化为毒性更强而且更持久的污染物，如氯酚、2,8-二氯-p-二恶英(2,8-Cl_2DD)等[59]。目前，水中三氯生的氧化降解在国内外已有诸多研究，如电 Fenton、臭氧氧化、高锰酸盐氧化以及高铁酸盐氧化法等，但都属于均相氧化体系。虽有研究报道，蒙脱石负载 Fe(III)非均相体系能够有效地进行三氯生氧化转化[60]，但若要较为彻底地去除目标污染物，所需反应时间往往较长。研究表明，相对于均相反应而言，非均相反应具有催化剂/活化剂重复利用性好、不易受 pH 影响等优点。在众多非均相催化剂/活化剂中，天然含铁矿物由于廉价易得、反应活性高、适用 pH 范围广、重复利用性强等优点而受到重视。对于三氯生的氧化转化，利用

天然矿物活化 H_2O_2 的非均相类 Fenton 反应方法尚未见报道。作为地球表面最丰富的二价铁金属硫化物，黄铁矿具有来源广泛、Fe^{2+} 相对含量高等优点。

1. H_2O_2 浓度的影响

在黄铁矿/H_2O_2 体系中，不同 H_2O_2 浓度下 TCS 去除率随时间的变化如图 7.20 所示。在 H_2O_2 用量为 1.67 mg/L，黄铁矿加入量为 0.1 g/L，反应 2 min 后，TCS 去除率仅为 49.4%。当 H_2O_2 用量增加到 10 mg/L 时，TCS 去除率大幅升高，由 49.4% 上升至 94.6%。由图中可知，反应在前 6 min 内变化较大。继续延长反应时间，TCS 去除率上升缓慢。

2. 天然黄铁矿用量的影响

不同用量天然黄铁矿促进 H_2O_2 氧化去除 TCS 随时间的变化如图 7.21 所示。未添加天然黄铁矿的情况下，TCS 有一定的去除效率，说明单独 H_2O_2 对 TCS 有一定的氧化降解作用，但效率很低。在 H_2O_2 用量为 5 mg/L，不同反应时间下，TCS 去除率随天然黄铁矿用量增加而有不同程度的上升趋势。反应前 6 min 内，TCS 浓度显示出较大的变化。继续延长反应时间，特别是黄铁矿用量在 0.1 g/L 以上时，TCS 去除率变化不大。同时，由图中可见，当活化剂用量为 0.1 g/L，反应 8 min 后，去除率达 95.3%。在此基础上继续加大天然黄铁矿用量后，目标污染物去除率变化不明显。这一现象很有可能是溶液中 H_2O_2 已消耗完的结果。

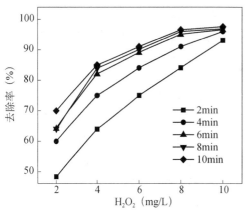

图 7.20　不同 H_2O_2 加入量对 TCS
去除率的影响

实验条件：[TCS]=10 mg/L，[天然黄铁矿]=0.1 g/L，
pH 为 6.2，转速为 150 r/s，T=(25±1)℃

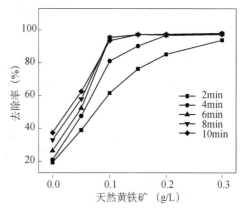

图 7.21　不同黄铁矿用量对 TCS
去除率的影响

实验条件：[TCS]=10 mg/L，[H_2O_2]=5 mg/L，
pH 为 6.2

3. 溶液初始 pH 的影响

溶液初始 pH 对 TCS 去除率的影响如图 7.22 所示。在酸性及弱碱性范围内，天然黄铁矿/H_2O_2 氧化体系对目标污染物都有较高的去除率。当 pH>10.0 时，TCS 去除率开始出现严重下降，当 pH 接近 12.0 时，TCS 去除率接近于零。从图 7.22 可看出，当 pH 为 4.0 左右时，TCS 有最高的去除率；溶液处于强酸性时（pH≤2.0），去除效率下降。弱酸性条件下的较高去除率，可能是天然黄铁矿表面发生的非均相反应和溶出的 Fe^{2+} 与 H_2O_2 发生 Fenton 反应共同作用的结果。值得注意的是，当溶液初始 pH 为 6.0～10.0 范围时，TCS 仍有较高的去除率，显示了非均相类 Fenton 反应相对于传统 Fenton 试剂使用 pH 范围广的优势。传统 Fenton 试剂之所以严格受 pH 影响，主要原因在于 pH 会影响溶液中 Fe^{2+} 和 Fe^{3+} 的存在形态及浓度，进而会对生成的强氧化物质如 ·OH 或高铁化物等产量造成影响。由于非均相类 Fenton 反应是一种表面反应，其反应机理大多认为是 H_2O_2 首先吸附到催化剂/活化剂表面，与其作用生成络合物，该络合物再与催化剂/活化剂本体作用产生氧化性物质。溶液中 Fe^{2+}、Fe^{3+} 浓度很低，所以均相反应对整个反应的贡献率很小。

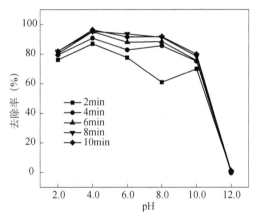

图 7.22　溶液初始 pH 对 TCS 去除率的影响

实验条件：[TCS]=10 mg/L，[H_2O_2]=5 mg/L，[天然黄铁矿]=0.1 g/L

4. 三氯生降解途径

羟基自由基因其活性很高，在天然水体中难以直接观测。因此，羟基存在的依据大多来自产物分析和一系列化合物光解的相对活性。由于 ·OH 与许多有机物以接近扩散控制的速率反应，许多没有其他光解途径的有机物可以用作探针分子。·OH 和有机污染物的反应主要有两类途径：①与双键或芳环的亲电加成；②从碳原子上抽氢。根据 TCS 结构特点及非均相氧化机理的复杂性，TCS 可能存在的氧化降解途径，如图 7.23 所示。TCS 首先在 ·OH 的作用下发生醚键的断裂，生成 2,4-二氯苯酚和 4-氯邻苯二酚。2,4-二氯苯酚则在·OH 的进一步作用下发生脱氯作用，并且被氧化成氯对苯醌。在·OH 的继续作用下，氯对苯醌及 4-氯邻苯二酚在释放 Cl⁻的同时，苯环被打开，生成一些短链的羧酸类小分子物质，直至最后被彻底氧化为二氧化碳和水。

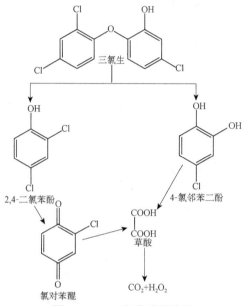

图 7.23　TCS 氧化降解途径

7.2.2　天然黄铁矿活化 H_2O_2 去除氯霉素

氯霉素（chloramphenicol，CAP）作为一种广谱性抗生素，被广泛用于水厂养殖等人畜消毒领域。西方国家使用氯霉素作为杀菌药物和眼药水主要成分，由于氯霉素价廉、使用性能好，欠发达国家仍大量使用[61]，研究发现 CAP 对人的造血系统、消化系统具有严重的毒性反应，随着抗生素的大量使用，其向水体排放量也将明显增加，氯霉素污染威胁着河流、湖泊、地下水等生态水体的正常使用，医药废水、氯霉素生产工业等污水中常含有高浓度氯霉素，氯霉素具有的杀菌性能让传统的污水处理丧失效果，目前污水处理厂的污水处理工艺尚不能处理氯霉素。为避免其流入自然环境，探索合适的一步处理方法对降解氯霉素类污染物有极其重要的使用价值。

国内外关于氯霉素的氧化降解方式主要采用光催化降解，TiO_2 和 ZnO 作为催化剂，虽然脱氯效果显著，但有机物中的氮会形成氨类和硝酸根。此外，利用葡萄糖作为细胞内部电子供体，外加电源作为外部电子供体，利用生物阴极法能降低氯霉素毒性，但该方法只能将氯霉素中氯元素部分脱除，且能耗较高。零价铁对去除水溶液中氯霉素也能起到很大的贡献，但零价铁去除氯霉素主要是基于零价铁的还原性能，对氯霉素降解不彻底，且中间产物也具有一定的毒性。目前运用 Fenton 氧化法处理氯霉素方面还未见文献报道。

1. 主要影响因素研究

(1) H₂O₂ 投加量

由图 7.24 可知，氯霉素初始浓度为 50 mg/L，矿物投加量为 100 mg/L 的条件下，矿物活化 H₂O₂ 降解氯霉素反应非常迅速，其原因可能是在反应进行初期，黄铁矿表面的亚铁离子溶出，产生均相 Fenton 反应，反应 30 min 左右就可达到平衡状态。30～120 min 反应体系的氯霉素去除状况无明显提高，这可能是由于随着反应的进行，亚铁离子逐渐减少，而体系中 H₂O₂ 过量，亚铁离子不能维持 Fenton 氧化反应正常进行。

黄铁矿溶出的铁离子能与 H₂O₂ 发生均相氧化反应，反应过程迅速，反应过程中产生的三价铁离子能与黄铁矿本身发生氧化还原反应，生成亚铁离子。新生成的亚铁离子可以继续与 H₂O₂ 发生高效的氧化反应。正是这一反应机制使得即使在低浓度的 H₂O₂ 条件下，活化 H₂O₂ 的反应仍能继续进行。

(2) 氯霉素初始浓度

黄铁矿投加量为 100 mg/L，H₂O₂ 投加量为 1 mmol/L，氯霉素的去除率与初始氯霉素浓度的关系如图 7.25 所示，氯霉素含量为 50 mg/L 时，矿物活化 H₂O₂ 在 10 min 左右可基本去除反应体系中的氯霉素。反应 2 h 后，200 mg/LCAP 去除率可达 60%，且随着反应时间延长，氯霉素的去除率将进一步升高，反应结果表明黄铁矿活化 H₂O₂ 反应降解氯霉素具有反应迅速、H₂O₂ 利用率高等优势。

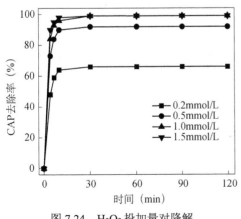

图 7.24　H₂O₂ 投加量对降解
氯霉素性能影响

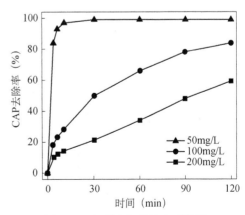

图 7.25　氯霉素初始浓度对降解
氯霉素性能的影响

（3）黄铁矿投加量

氯霉素初始浓度为 50 mg/L，H_2O_2 投加量为 1 mmol/L 的条件下，氯霉素的去除率随黄铁矿投加量的变化如图 7.26 所示，由图可知，不同黄铁矿投加量下氯霉素的去除率随反应时间的增加而增加，这是由于反应开始阶段由于矿物中亚铁离子溶出，产生均相 Fenton 反应，反应一段时间后，矿物的非均相反应效果起主要作用，而 H_2O_2 在黄铁矿表面发生的非均相反应相比均相反应速率要缓慢。即使在矿物投加量较少时，反应时间足够长也能达到很高的氯霉素降解率，黄铁矿活化 H_2O_2 反应可能存在均相作用与非均相作用的协同机制。

（4）溶液 pH

氯霉素初始浓度为 50 mg/L，H_2O_2 投加量为 1 mmol/L，黄铁矿投加量为 100 mg/L 的条件下，氯霉素的去除率随初始 pH 的变化如图 7.27 所示，溶液的初始 pH 对氯霉素去除率影响很大，初始 pH 为 3.0 或 4.0 时，氯霉素去除效果显著，反应初始在中性或碱性条件下，矿物活化 H_2O_2 降解氯霉素效果不明显。反应初始阶段由 Fenton 氧化反应起主要作用，而 Fenton 氧化反应在酸性条件下效果显著，研究表明 Fenton 氧化的最适应 pH 为 2.5～3.5，pH 升高后，抑制 Fenton 氧化过程，使污染物氧化降解率低。反应后，溶液的 pH 均产生不同程度的下降，这可能是由矿物氧化过程中表面产酸和 CAP 降解过程中生成小分子酸双重作用导致。

在矿物活化 H_2O_2 反应过程中，会伴有少量亚硫酸根与硫酸根离子生成，反应开始阶段体系中大量的硫酸根离子主要来自黄铁矿在自然环境下自身氧化产生，反应体系中亚硫酸根和硫酸根离子增多表明黄铁矿固相部分参与了反应，FeS_2 中的硫被氧化成硫酸根离子，而反应体系中有亚硫酸根离子生成，说明黄铁矿的氧化过程是分阶段进行的，黄铁矿中负一价硫元素是一步氧化生成硫酸根。

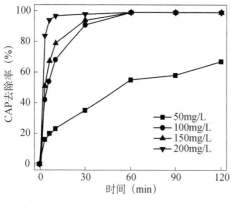

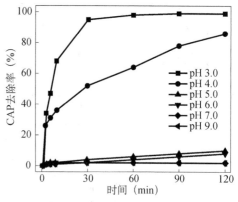

图 7.26 黄铁矿投加量对降解氯霉素性能影响　图 7.27 初始 pH 对降解氯霉素性能的影响

2. 矿物转化过程

黄铁矿中存在两种粒径的颗粒，一种是粒径在 10 μm 左右的块状颗粒，另一种是粒径在 1 μm 及以下的絮状颗粒。由图 7.28 对比反应前后矿物表面结构发现，反应后黄铁矿表面干净，主要以块状物质存在，表面小颗粒及絮体物质消失。由图 7.29 可知，反应后，矿物表面 Fe 和 S 元素的比例由原来的 32.41：67.59 变为 40.58：59.42（图 7.29），这可能与反应过程中部分矿物参与固相反应有关，黄铁矿表面絮状颗粒发生表面氧溶解，生成了多硫化铁物质 FeS_x，同时伴随有硫元素的氧化物生成，改变了黄铁矿表面的元素分布。

图 7.28　反应前后黄铁矿表面结构（2000×）

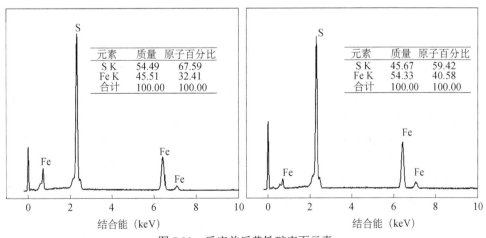

图 7.29　反应前后黄铁矿表面元素

3. 氯霉素降解机制

由于氯霉素结构及非均相氧化机理的复杂性，目前尚未见非均相氧化法对氯霉素降解机理的相关报道。结合氯霉素产物的检测，对氯霉素可能的氧化降解途径做简单的探讨，如图7.30所示。

氯霉素首先在·OH的作用下发生碳键断裂，苯环外连接的一个碳原子与苯环形成一个大π键，结构比较稳定，不容易断裂，在羟基自由基氧化作用下，断裂生成对硝基苯甲醛和乙酰胺等中间产物，并且乙酰胺在·OH的进一步作用下发生脱氯作用，反应体系中游离态的氯离子缓慢增加，但并未完全脱除，且检测到乙酰胺、对硝基苯甲醛等中间产物的存在，乙酰胺峰面积比对硝基苯甲醛峰面积小很多，可能由于乙酰胺在反应过程中易被·OH氧化。上述中间产物在·OH的进一步作用下，发生开环等一系列反应，生成一些短链的羧酸类小分子物质，最终被矿化为二氧化碳、水、盐酸等物质。

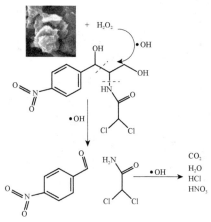

图 7.30　氯霉素降解机理图

7.2.3　天然黄铁矿活化 H_2O_2 去除对乙酰氨基酚

对乙酰氨基酚(ACT)是感冒药和止痛药的主要成分。对乙酰氨基酚解热镇痛作用较强，而抗炎作用较弱，它被认为较安全，广泛应用于感冒发热、关节痛、神经痛、偏头痛、癌性痛和手术后止痛。此外，对乙酰氨基酚还被用作有机合成中间体、过氧化氢的稳定剂。过量或长期服用对乙酰氨基酚可引起肝脏损害，严重者可致肝昏迷甚至死亡。对乙酰氨基酚为苯胺衍生物，90%～95%在肝脏代谢，主要与葡萄糖醛酸、硫酸及半胱氨酸结合，只有5%～10%经细胞色素P450等的作用，转化为有毒的亚胺醌代谢产物，这些有毒产物会进一步被细胞中的谷胱甘肽灭活或解毒。用药量过高，超过谷胱甘肽结合能力或对该成分过敏，有毒的代谢产物即与肝内大分子结合导致肝细胞坏死[62]。

由于对乙酰氨基酚的大量使用，在许多国家和地区的地表水、污水厂处理出水和自来水中，对乙酰氨基酚已经成为检出含量最高的PPCPs污染物之一。某国市政污水进水 ACT 的浓度可达 $(6.80\pm2.41)\,\mu g/L$，而在医院的污水处理厂中浓度高达 $41.9\,\mu g/L$。许多国家的地表水中也检测到 $33\sim100\,ng/L$ 的对乙酰氨基酚[63]。在目前的研究中，降解水中 ACT 的方法有电化学 Fenton 法、光催化 Fenton 法、超声与光催化联用以及臭氧氧化法。使用天然矿物氧化降解 ACT 的研究尚未见报道。电化学的方法需要消耗大量的能量，合成纳米颗粒会导致材料的成本上升，而通过稀贵金属改性催化材料更是大大增加了催化剂成本。本研究使用天然黄铁矿与氧化剂反应，材料来源广，能够降低成本，期望通过黄铁矿氧化反应达到对 ACT 的高矿化率。

在本节中，为尽量排除黄铁矿对初始 pH 的影响，在黄铁矿活化 H_2O_2 反应去除水中对乙酰氨基酚（ACT）的过程中，使用经过水洗预处理的天然黄铁矿。水洗黄铁矿步骤如下：将天然黄铁矿置于烧杯中，用去离子水洗 5 次，再用超纯水洗至上清液澄清，此时黄铁矿露出金黄色发亮的表面。清洗过的黄铁矿放入烘箱中烘 12 h，取出后倒入蓝盖瓶中，拧紧瓶口，并放在干燥器中保存。

1. 污染物去除条件优化

通过单因素实验确定了黄铁矿活化 H_2O_2 反应降解 ACT（50 mg/L）的最佳实验条件。主要研究了黄铁矿投加量、H_2O_2 投加量和反应初始 pH 三个因素。结果如图 7.31～图 7.33 所示。

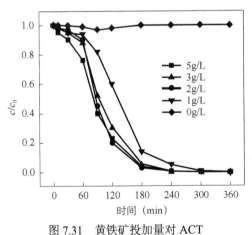

图 7.31　黄铁矿投加量对 ACT
去除率的影响

实验条件：[ACT]=50 mg/L，[H_2O_2]=5 mmol/L，
初始 pH 为 4.0

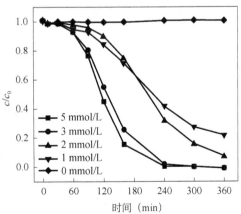

图 7.32　H_2O_2 投加量对 ACT 氧化
去除的影响

实验条件：[ACT]=50 mg/L，[黄铁矿]=2 g/L，
初始 pH 为 4.0

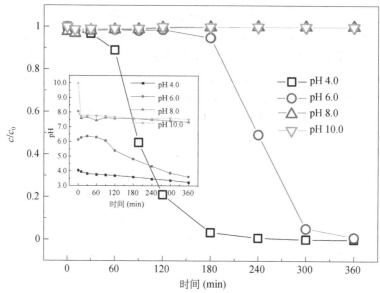

图 7.33　初始 pH 对 ACT 氧化去除的影响

实验条件：［ACT］=50 mg/L，［黄铁矿］=2 g/L，［H_2O_2］=5 mmol/L

选取了 pH 为 4.0、6.0、8.0、10.0 四组，研究 pH 对水洗黄铁矿活化 H_2O_2 反应的影响，同时测定反应过程中 pH 的变化情况。初始 pH 是将黄铁矿和 H_2O_2 都加入后再用 NaOH 和 HCl 调节。在 pH 为 4.0、6.0 两组实验条件下，ACT 能够被黄铁矿活化 H_2O_2 反应去除，在 pH 为 8.0、10.0 的条件下，ACT 不能被去除。pH 为 6.0 的条件下，随反应的进行 pH 从 6.0 降至 4.0，特别地，反应在 180～300 min 之间 ACT 浓度迅速降低，此段反应时间内 pH 从 5.0 降至 4.0。造成这种实验现象的原因可能有两个：①黄铁矿与 H_2O_2 反应产酸使得反应体系的 pH 下降，pH 降低后有利于氧化降解 ACT 反应的进行。②黄铁矿、氧化剂和 ACT 三者都参与反应，反应过程中产酸，造成 pH 降低，而 pH 降低更加有利于反应的进一步进行，如此循环，最终 ACT 被去除，体系 pH 下降。然而在 pH 大于 5.0 的条件下，并没有发生 ACT 的去除，所以第一种可能性较大。黄铁矿与 H_2O_2 反应降解有机污染物时，虽然能将适应的 pH 范围拓宽到 6.0，但仍然受 pH 的影响比较大。

确定最佳实验条件为：2 g/L 黄铁矿，5 mmol/L H_2O_2，初始 pH 为 4.0。水洗过的黄铁矿表面比较光滑，无过多的亚铁盐，初始反应溶液中几乎不存在 Fe^{2+} 与 H_2O_2 的反应，需要增大黄铁矿的投加量，保证足够多的黄铁矿表面接触到溶液中的 H_2O_2，以加快反应速率，因此黄铁矿的投加量比未经水洗时的投加量大。

2. 黄铁矿重复利用性能

经过天平称量，水洗黄铁矿在反应过程中自身消耗量≤5%，因此通过实验考察天然黄铁矿重复利用的效果。反应结束后，反应容器静置沉淀，倒出澄清的反应溶液，并将剩余的黄铁矿在原容器中烘干，下一次实验时使用。每次重复利用前都向反应容器中添加 5%(100 mg/L) 黄铁矿，以保证黄铁矿量恒定。

如图 7.34 所示，黄铁矿活化 H₂O₂ 效果能够保持稳定，不存在失活现象。开始两次实验没有调节初始 pH，黄铁矿活化 H₂O₂ 反应初始 pH 为 5.6，此时黄铁矿活化 H₂O₂ 对 ACT 的降解相对较慢。反应 360 min 后，ACT 的去除率可以达到 70%~80%。当反应的 pH 都被调至 4.0 时，黄铁矿活化 H₂O₂ 反应进行较快，反应 360 min 能够 100% 去除水中的 ACT。

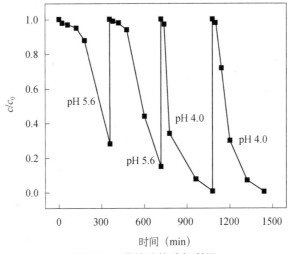

图 7.34　黄铁矿的重复利用

实验条件：[ACT]=50 mg/L，[黄铁矿]=2 g/L，[H₂O₂]=5 mmol/L

3. 活性氧化物种识别

首先通过投加抑制剂的方法间接证明黄铁矿活化 H₂O₂ 反应中起主导作用的自由基物种，选取乙醇和叔丁醇(TBA)两种抑制剂。乙醇的分子结构中含有 α 氢，其与 ·OH 和 SO₄·⁻ 反应速率相差不大，分别为 $(1.2\sim2.8)\times10^9$ L/(mol·s)，和 $(1.6\sim7.7)\times10^7$ L/(mol·s)。而叔丁醇分子结构中不含 α 氢，与 ·OH 和 SO₄·⁻ 反应速率不同，与 ·OH 反应速率为 $(3.8\sim7.6)\times10^8$ L/(mol·s)，是其与 SO₄·⁻ 反应速率的 418~1900 倍，因此可以作为 ·OH 的猝灭剂。从图 7.35 可以看出乙醇和叔丁醇对黄铁矿活化 H₂O₂ 反应均有抑制作用。加入 0.1 mmol/L 乙醇/叔丁醇，反应 360 min，ACT 的去除率分别降至 50%、65%，ACT 去除率下降值和下降趋势比较接近，说明在反应过程中，起主导作用的是 ·OH。

此外，通过电子自旋共振技术(ESR)对反应过程中的自由基活性物种进行进一步的检测分析,如图 7.36 所示。在 pH 为 4.0、8.0 两个实验条件下,黄铁矿活化 H_2O_2 通过磁力搅拌反应 30 min 后,取出 20 μL 样品进行自由基物种检测。取出的样品与 20 μL 的 5,5-二甲基-1-氧化吡咯啉(DMPO)混合,在 2 min 内使用 ESR 对样品进行扫描检测。得到的结果如图 7.36。在 pH 为 4.0 的条件下,能够检测到明显的羟基自由基信号,强度为 1 : 2 : 2 : 1 的四重峰。而在 pH 为 8.0 的条件下,未检测到羟基自由基的信号。实验结果说明了两点问题:①黄铁矿活化 H_2O_2 反应中起主要作用的自由基物种为·OH;②在 pH 为 8.0 等较高 pH 条件下,黄铁矿活化 H_2O_2 反应不能产生·OH,因此在碱性条件下,污染物不能被降解。想要提高黄铁矿氧化降解有机污染物的 pH 适用范围,可以考虑适用 pH 范围较广的氧化剂,如过硫酸盐。

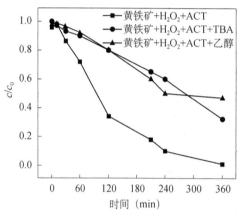

图 7.35　乙醇和叔丁醇对反应的抑制作用
实验条件:[ACT]=50 mg/L,[黄铁矿]=2 g/L,[H_2O_2]=5 mmol/L,pH 为 4.0,[乙醇/叔丁醇]=0.1 mmol/L

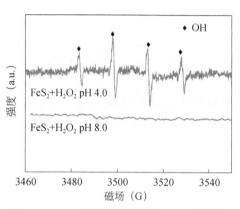

图 7.36　ESR 检测黄铁矿活化 H_2O_2 反应中产生的自由基

4. 对乙酰氨基酚的降解去除途径

采用气相色谱-质谱联用仪(GC-MS)对反应产物进行分析检测。将 GC-MS 得到的产物峰逐个进行相似度匹配并分析 GC-MS 数据。在黄铁矿活化 H_2O_2 氧化降解 ACT 的过程中能够检测到 2,3-丁二醇和对苯二酚两种中间产物,同时也存在部分目标物 ACT。三种物质在气相色谱柱中的停留时间分别为 7.055 min、11.575 min 和 21.305 min。对苯二酚和 2,3-丁二醇的相似度匹配质谱如图 7.37 和图 7.38 所示。其中 2,3-丁二醇是苯环被打开后进一步氧化分解的中间产物。

对 GC-MS 数据进一步分析发现,中间产物对苯二酚存在先积累后被逐步降解的过程。如图 7.39、图 7.40 所示,反应 10~120 min,对苯二酚的相对峰强度不断增加,最终在 360 min 时,峰强度降低至零。黄铁矿活化 H_2O_2 降解 ACT 的过程是

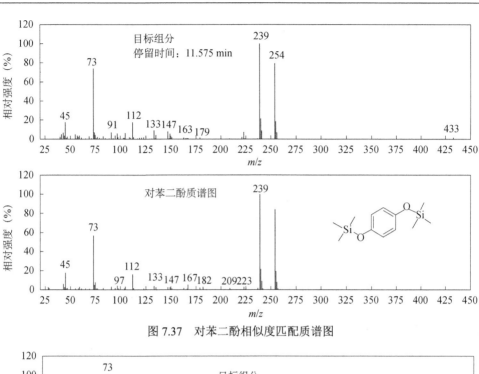

图 7.37　对苯二酚相似度匹配质谱图

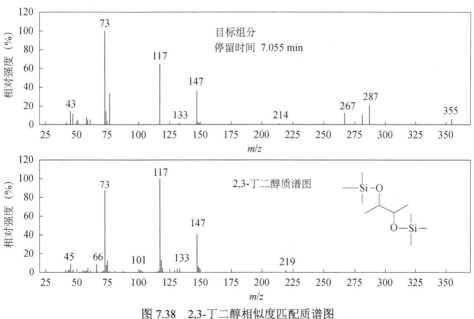

图 7.38　2,3-丁二醇相似度匹配质谱图

分步骤进行的，ACT 首先被降解为对苯二酚，接下来，对苯二酚被进一步分解为 2,3-丁二醇等小分子有机物。

用气相色谱检测黄铁矿活化 H$_2$O$_2$ 降解 ACT 的最终产物。反应结束后溶液中存在小分子有机酸。通过与标准物质的匹配，确定最终产物中存在乙酸、丙酸和丁酸三种小分子酸。

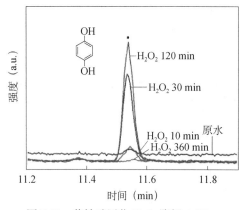

图 7.39　黄铁矿活化 H_2O_2 降解 ACT，
中间产物对苯二酚的累积

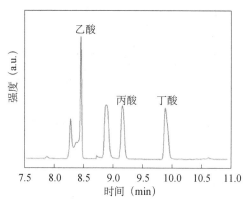

图 7.40　黄铁矿活化 H_2O_2 降解 ACT
最终产物分析

通过分析黄铁矿活化 H_2O_2 降解 ACT 反应的中间产物及最终产物，可得到反应途径如图 7.41 所示。·OH 首先从苯环上夺取氨基的电子，将 ACT 降解为对苯二酚和带一个电子的乙酰胺。接下来，对苯二酚被进一步分解为 2,3-丁二醇等小分子有机物，进一步被羟基自由基氧化降解成小分子酸，部分有机物在反应过程中生成 CO_2 和 H_2O。乙酰胺则被羟基自由基氧化成硝酸根和乙酸。

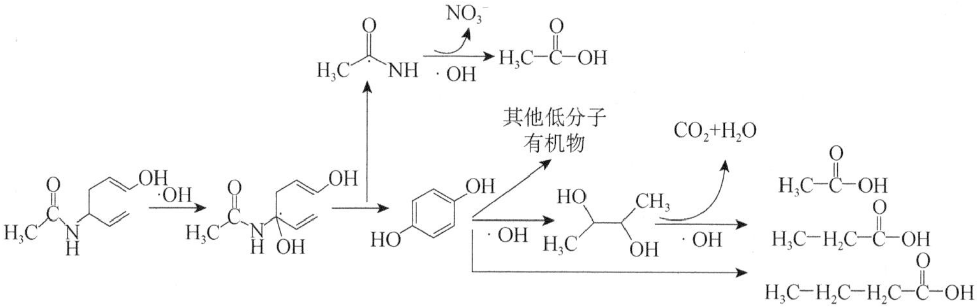

图 7.41　黄铁矿活化 H_2O_2 降解 ACT 的反应途径

7.2.4　天然黄铁矿活化 H_2O_2 去除 2,4-二氯酚

氯酚类化合物可用作医药、农药和染料的生成原料或中间体的合成原料。2,4-二氯酚 (2,4-DCP) 是合成农药除草醚、2,4-D 及硫双二氯酚的中间体，还可以用于生产防蛀、防腐的甲基化合物。由于氯酚的广泛使用，其已经成为存在于环境中的一类常见有机污染物。氯酚进入自然环境中会造成土壤、地表水和地下水的污染，氯酚进入生物体中会导致蛋白质变异、沉淀，其对生物个体有严重危害，且

氯原子的数目越多毒性越大。氯酚能够刺激生物个体的眼睛和皮肤，对呼吸道黏膜也会造成一定损伤。此外，研究发现氯酚还是一种内分泌干扰物，会阻碍生物和人体自然成长，毒害生物及人体的生殖系统[64]。自然环境中的氯酚不易被生物降解，容易随食物链积累，会给处于食物链顶端的生物带来危害。美国环保局和我国的环保部门都已经将 2-氯酚、5-氯酚、2,4-二氯酚和 2,4,6-三氯酚列为优先污染物。常见的处理氯酚类有机物的方法有物理法、生物法和化学法。其中物理法主要包括：吸附、萃取、气浮和膜法等。生物法是利用常见的微生物包括细菌、真菌、藻类和原生动物，将微生物驯化筛选后，用于处理含酚废水。化学法则通过光催化降解、氧化降解和催化加氢等方法去除水中氯酚。

　　本节相关内容都选择了未经水洗的天然黄铁矿，2,4-二氯酚的初始浓度为 50 mg/L。如图 7.42 所示，通过单因素实验，可以发现，在黄铁矿投加量为 0.1 g/L，H_2O_2 浓度为 5 mmol/L，初始 pH≤7.0 的条件下，黄铁矿活化 H_2O_2 反应可以在 240 min 内完全去除水中的 2,4-二氯酚。随着黄铁矿用量的增加，完全从水中去除污染物的时间缩短，黄铁矿投加量为 0.05 g/L 时需要 360 min 完全去除水中 2,4-DCP，而黄铁矿投加量为 0.2 g/L 时只需要 60 min。总有机碳（TOC）去除率在黄铁矿投加量为 0.1 g/L 时最高为 65%，继续增加黄铁矿的用量为 0.5 g/L 时，TOC 去除率降低为 45%。说明在降解 2,4-二氯酚的过程中，黄铁矿用量为 0.1 g/L 时，对去除 2,4-二氯酚最有利，过多的黄铁矿会导致过氧化氢部分无效消耗，降低 2,4-DCP 矿化率。溶液中剩余 TOC 的化学成分需要在后续研究中进一步分析，以便了解反应途径和机理。

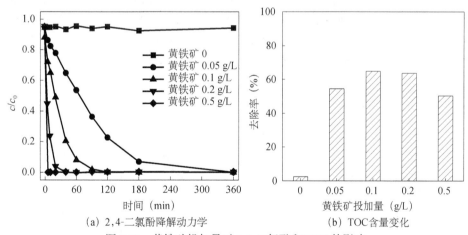

(a) 2,4-二氯酚降解动力学　　　　　　　(b) TOC 含量变化

图 7.42　黄铁矿投加量对 2,4-二氯酚和 TOC 的影响

实验条件：2,4-DCP 50 mg/L，H_2O_2 5 mmol/L，初始 pH 为 5.6

　　如图 7.43 所示，对比 2,4-二氯酚的去除率以及 TOC 的去除率。随 H_2O_2 浓度增加，2,4-二氯酚的去除速率及最终去除率并没有明显变化，但是 TOC 去除率逐渐增加，当 H_2O_2 浓度从 1 mmol/L 提高到 3 mmol/L 时，TOC 去除率从 18% 提高到

52%，说明氧化剂的浓度很大程度上影响了污染物最终矿化效果。

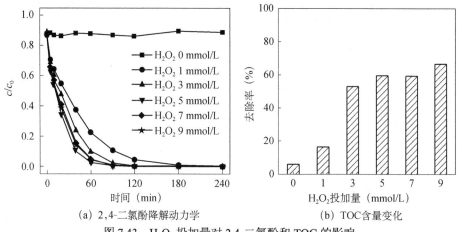

(a) 2,4-二氯酚降解动力学　　　　(b) TOC含量变化

图 7.43　H$_2$O$_2$ 投加量对 2,4-二氯酚和 TOC 的影响

实验条件：2,4-DCP 为 50 mg/L，黄铁矿为 0.1 g/L，初始 pH 为 5.6

初始 pH 在 3.0～7.0 范围内，反应结束后，各 pH 条件下，TOC 去除率相差不大，说明在这个 pH 范围内，黄铁矿活化 H$_2$O$_2$ 反应对 2,4-DCP 的降解效果都很好（图 7.44）。通过测量反应过程中的 pH 变化发现，将天然黄铁矿加入水中，初始 pH≤7.0 的条件下，pH 均能够降至 4.0 左右。未经水洗的天然黄铁矿表面，由于空气中的水蒸气和氧气的氧化，含有较多的亚铁和硫酸盐，将其放入溶液中必然会导致溶液 pH 下降。而黄铁矿活化 H$_2$O$_2$ 作为类 Fenton 反应的一种，在 pH 为 4.0 左右的情况下有利于反应的进行。由此可以看出黄铁矿活化 H$_2$O$_2$ 反应仍然受 pH 影响比较大，反应在 pH 小于 4.0 的条件下进行最为有利。

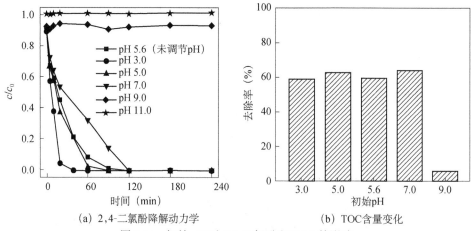

(a) 2,4-二氯酚降解动力学　　　　(b) TOC含量变化

图 7.44　初始 pH 对 2,4-二氯酚和 TOC 的影响

实验条件：2,4-DCP 为 50 mg/L，黄铁矿为 0.1 g/L，H$_2$O$_2$=5 mmol/L

取各反应条件下的水样,用离子色谱检测水样中 Cl^- 的浓度。结果发现溶液中的氯离子浓度最高可达 45 mg/L,扣除空白值,则此时反应脱氯效果为 100%。黄铁矿投加量对脱氯效果没有影响,当 H_2O_2 的用量达到 3 mmol/L 时,脱氯效果基本稳定,而初始 pH≤7.0 时,脱氯效果也均能达到 95%以上。说明黄铁矿活化 H_2O_2 降解 2,4-二氯酚反应有很好的脱氯效果。

7.3　FeS_2 活化 H_2O_2 去除双氯芬酸

由于黄铁矿的酸性氧化特性,其表面常有铁的水合硫酸盐存在,为了清楚地探明 FeS_2 自身引发类 Fenton 反应的性能,试验前需要对其表面进行清洗。清洗采用 Pham 等所采用的方法,并加以改进,步骤如下:先用去离子水将过 200 目筛后的黄铁矿清洗数次,直到淋洗液的 pH 变化不大后(<0.2 个单位),再用 0.01 mol/L HCl 浸泡 30 min,继续用去离子水清洗直到前后两次洗液 pH 变化不超过 0.1。将洗净的黄铁矿放入真空干燥箱中干燥备用。以天然黄铁矿和 FeS_2 分别指代处理前和处理后的样品。本节以一种典型的 PPCP——双氯芬酸作为模型污染物,探究纯净 FeS_2 矿物相对活化 H_2O_2 降解微污染物的性能、机制与应用潜力。

7.3.1　FeS_2 活化 H_2O_2 降解双氯芬酸活性试验

天然黄铁矿的类 Fenton 反应活性,由于反应时间短且 H_2O_2 用量少,其性能很大程度上受制于表面存在的溶解性铁盐,而酸洗黄铁矿(FeS_2)促进 H_2O_2 氧化污染物的活性仍未得知。为了清楚地探明 FeS_2 引发类 Fenton 反应的性能,特先将天然黄铁矿按照上述方法进行预处理,再对 FeS_2/H_2O_2 反应体系的影响因素进行综合研究。处理过后的黄铁矿利用 X 射线衍射(XRD)和扫描电子显微镜(SEM)等手段进行表征时发现,样品表面无絮状物质存在,除 SiO_2 外只有 FeS_2(见第 2 章)。

1. H_2O_2 浓度的影响

图 7.45 显示了不同 H_2O_2 用量,双氯芬酸(diclofenac,DCF)在 H_2O_2/FeS_2 体系中的去除效果。H_2O_2 在 9.7~116.4 mmol/L 的浓度范围内,DCF 的去除速率随 H_2O_2 浓度的增大而加快。其中,当 H_2O_2 浓度在 9.7~58.2 mmol/L 内变化时,DCF 去除速率变化较快,而当 H_2O_2 浓度高于 58.2 mmol/L 时,DCF 去除速率的变化趋于缓慢。

通过对从商业试剂公司购置的药品级 FeS_2 进行测试可知,不同来源矿物对污染物的去除效果有较大影响。图 7.46 显示了 DCF 在 H_2O_2/FeS_2(商业试剂)体系中的去除效果。与图 7.45 对比后不难得出,FeS_2(商业试剂)作用下的 DCF 去除效果要远差于 FeS_2。在前一反应体系中,在 58.2 mmol/L H_2O_2、1 g/L FeS_2(商业试剂)

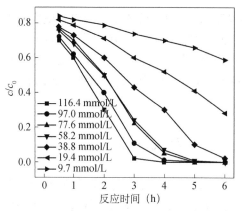

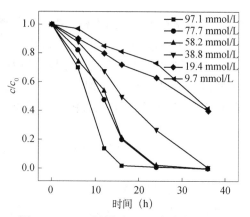

图 7.45　H₂O₂用量对 DCF 去除效果的影响
实验条件：[DCF]=96.69 mg/L，[FeS₂]=2 g/L，
pH 为 6.4，转速为 300 r/min

图 7.46　H₂O₂用量对 DCF 去除率的影响
实验条件：[DCF]=96.65 mg/L，[FeS₂(商业试
剂)]=1 g/L，pH 为 6.4，转速为 300 r/min

用量下，反应 12 h 后 DCF 去除率仅为 45%。体系中氯离子的浓度与 H₂O₂的用量具有较好的正相关性。从图 7.47 可看出，H₂O₂投加量越大，则氯离子浓度越高。在 9.7 mmol/L H₂O₂的用量下，由图 7.47(a)可知，反应 36 h 后 58%的 DCF 得以去除，相同条件下体系中氯离子含量为 1.29 mg/L。当 H₂O₂投加量增至 97.1 mmol/L 时，体系中未检测到 DCF 的存在，而此时氯离子浓度为 16.06 mg/L。根据分子式计算，双氯芬酸钠理论含氯量为 22.2%，故上述两种情况下的理论氯离子浓度应分别为 12.47 mg/L 和 21.65 mg/L。将氯离子实测浓度与理论浓度相比可知，体系中消失的部分 DCF 并没有发生脱氯。如果将这部分 DCF 记为 M，那么通过以上数据对比不难得出，低 H₂O₂用量下的 M 值要比高 H₂O₂用量体系中的值大。

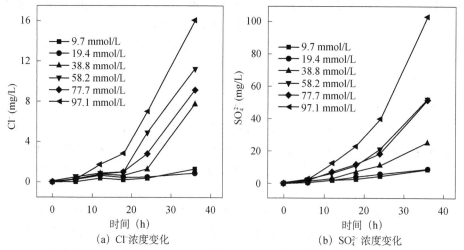

图 7.47　不同 H₂O₂用量下氯离子和硫酸根离子随时间的变化
实验条件：[DCF]=96.65 mg/L，[FeS₂(商业试剂)]=1 g/L，pH 为 6.4，转速为 300 r/min

　　而如图 7.47(b) 所示，体系中硫酸根含量与 H₂O₂ 浓度及反应时间也有类似的关系，H₂O₂ 用量越多，反应时间越长，硫酸根离子的浓度也就越高。在 H₂O₂ 用量为 9.7 mmol/L 时，反应 6 h 和 36 h 后，离子色谱测得体系中硫酸根离子浓度分别为 0.46 mg/L、8.48 mg/L；当 H₂O₂ 用量为 97.1 mmol/L 时，6 h 后测得硫酸根离子浓度为 2.65 mg/L，而反应进行 36 h 后，体系中硫酸根离子浓度则高达 103.23 mg/L。

　　FeS₂ 为 1 g/L 的投加量下，不同 H₂O₂ 浓度对氯霉素(CAP)去除率的影响如图 7.48 所示。与 DCF 的去除情况不一样，CAP 的去除率并没有随 H₂O₂ 浓度的增大而提高。本研究试验了 0.97 mmol/L、4.85 mmol/L、9.70 mmol/L 三种 H₂O₂ 浓度对反应活性的影响，由图可看出，在 4.85 mmol/L 的 H₂O₂ 用量下，CAP 有最好的去除效果，反应 70 min 后，85% 的 CAP 得以去除，而 0.97 mmol/L 和 9.70 mmol/L H₂O₂ 浓度下的 CAP 去除率仅分别为 44% 和 63%。

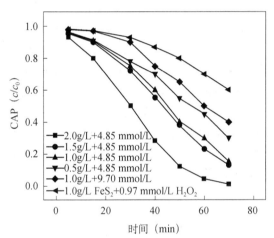

图 7.48　不同 H₂O₂ 或 FeS₂ 用量下，FeS₂/H₂O₂ 对 CAP 的去除效果

实验条件：[CAP]=5 mg/L，pH 为 6.4，转速为 300 r/min

2. FeS₂ 用量的影响

　　FeS₂ 投加量对 DCF 去除效果的影响如图 7.49 所示。反应体系中无 FeS₂ 时，DCF 浓度基本不变，说明了单独存在的 H₂O₂ 对 DCF 的去除效果不明显。当体系中有 FeS₂ 存在时，DCF 去除效果随 FeS₂ 用量的增大而提高。从图 7.49 可看出，当 FeS₂ 用量由 2 g/L 增加至 4 g/L 时，DCF 去除速率变化较大。在 FeS₂ 为 2 g/L 的体系中，DCF 完全去除需 6 h，而当 FeS₂ 增至 4 g/L 时，达到同样效果只需 3 h。

　　FeS₂ 用量对溶液中 Cl⁻ 和 SO₄²⁻ 浓度有重要影响，其结果如图 7.50 所示。在 FeS₂ 投加量分别为 0.5g/L、1 g/L、2 g/L、3 g/L、4 g/L 时，反应 6 h 后测定各体系中氯离子浓度分别为 0.76 mg/L、1.35 mg/L、2.28 mg/L、8.31 mg/L 和 20.63 mg/L。双

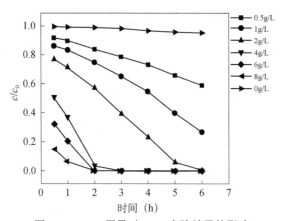

图 7.49　FeS$_2$ 用量对 DCF 去除效果的影响

实验条件：[DCF]=96.59 mg/L，[H$_2$O$_2$]=38.8 mmol/L，pH 为 6.4，转速为 300 r/min

氯芬酸钠分子结构中理论含氯量为 22.3%，故初始浓度为 96.59 mg/L 的双氯芬酸钠完全脱氯后，溶液中的氯离子浓度应为 21.56 mg/L。在 4 g/L FeS$_2$ 作用 6 h 后，溶液中氯离子浓度达 20.63 mg/L，略小于理论值 21.56 mg/L，说明绝大部分双氯芬酸在氧化反应中分子结构被破坏，发生了脱氯反应，释放出氯离子。反应后溶液中 SO$_4^{2-}$ 离子的浓度也随 FeS$_2$ 投加量的提高而增大。如图 7.50 所示，在 FeS$_2$ 用量为 0.5 g/L 时，反应 6 h 后测得 SO$_4^{2-}$ 浓度为 4.6 mg/L，而当 FeS$_2$ 投加量增至 4 g/L 时，SO$_4^{2-}$ 浓度高达 114 mg/L。因此，在 FeS$_2$ 用量较多的情况下，较高浓度的 SO$_4^{2-}$ 对反应的影响也是需要考虑的问题之一。

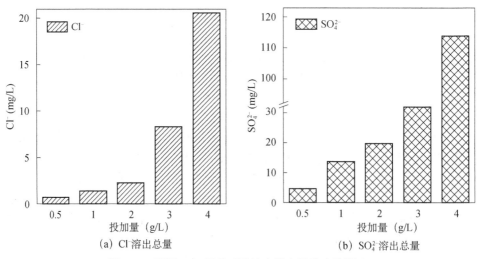

（a）Cl$^-$ 溶出总量　　　　　　　　　　（b）SO$_4^{2-}$ 溶出总量

图 7.50　不同 FeS$_2$ 用量对溶液中阴离子浓度的影响

实验条件：[DCF]=96.59 mg/L，[H$_2$O$_2$]=38.8 mmol/L，t=6 h，pH 为 6.4，转速为 300 r/min

反应 6 h 后，溶液中亚铁、总铁及 H₂O₂ 浓度与 FeS₂ 投加量的关系如图 7.51 所示。当 FeS₂ 用量小于 2 mg/L 时，溶液中铁离子与 H₂O₂ 浓度的变化均较为缓慢。在 FeS₂ 投加量为 1 g/L 时，反应 6 h 后，溶解性总铁小于 3 mg/L，H₂O₂ 消耗量约为 4 mmol/L。但当 FeS₂ 用量由 2 g/L 增至 4 g/L 时，H₂O₂ 剩余浓度发生急剧变化，由 33 mmol/L 降至 2.5 mmol/L，总铁浓度也出现跳跃式上升，由不足 5 mg/L 增加至 28 mg/L。当 FeS₂ 投加量在 4 g/L 基础上继续增加时，剩余 H₂O₂ 浓度在 2.5 mmol/L 左右浮动，变化不明显，而总铁的变化则相对较为复杂。从图 7.51 可看出，当 FeS₂ 投加量为 6 g/L 时，溶液中总铁浓度达到最大值，约为 33 mg/L。之后，随着 FeS₂ 增至 8 g/L 时，溶解性总铁浓度相对较低，为 28 mg/L。

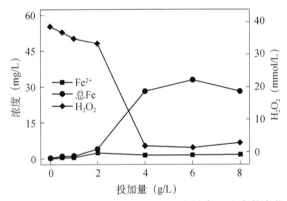

图 7.51 不同 FeS₂ 用量下，H₂O₂ 和铁离子浓度的变化

实验条件：[DCF]=96.59 mg/L，[H₂O₂]=38.8 mmol/L，t=6 h，pH 为 6.4，转速为 300 r/min

3. 溶液初始 pH 的影响

H₂O₂/FeS₂ 体系的反应活性在很大程度上受溶液 pH 的影响。如图 7.52 所示，在试验的四个不同初始 pH 下，DCF 的去除效果有很大差别。酸性条件下目标污染物的去除效果最好，在 4 g/L FeS₂、38.80 mmol/L H₂O₂ 用量下反应 120 min 后，溶液中 DCF 残余量小于 2%，远低于 30.0%(pH 为 7.1)和 37.4%(pH 为 9.1)。强碱性环境不利于污染物的去除，从图 7.52 可看出，当溶液初始 pH 为 10.9 时，反应开始 60 min 内 DCF 的浓度变化不大，当反应进行 160 min 时，H₂O₂/FeS₂ 体系对 DCF 的去除率也仅为 23%。

为排除污染物自身物理化学性质对反应活性的影响，对低浓度的 CAP 在 H₂O₂/FeS₂ 体系中的氧化去除效果进行了考察，其结果如图 7.53 所示。CAP 在酸性环境下的去除效果明显好于中性及碱性环境。在同样条件下反应进行 60 min 后，不同初始 pH 体系中 CAP 的去除率分别为 75%(pH 为 2.1)、94%(pH 为 3.0)、79%(pH 为 4.1)、57%(pH 为 5.0)、21%(pH 为 5.9)、0.4%(pH 为 9.1)和 0.6%(pH 为 10.0)。

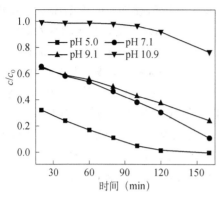

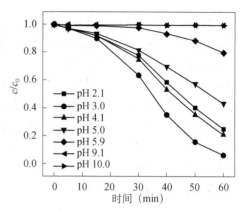

图 7.52　溶液初始 pH 对 DCF 去除的影响
实验条件：[FeS₂]=4 g/L，[H₂O₂]=38.80 mmol/L，
[DCF]=98.5 mg/L，转速为 300 r/min

图 7.53　溶液初始 pH 对 CAP 去除的影响
实验条件：[FeS₂]=1.5 g/L，[H₂O₂]=4.85 mmol/L，
[CAP]=4.99 mg/L，转速为 300 r/min

4. FeS₂ 粒径的影响

图 7.54 显示了 FeS₂ 粒径对 DCF 去除效果的影响。非均相反应速率受活化剂表面有效活性位点的影响，而该活性位点与比表面积有关。固体比表面积越大，则活性位点越多。固体颗粒大小直接影响其比表面积，因此颗粒越细，有效活性位点数就越多。如图 7.54 所示，当 FeS₂ 由 50 目变为 100 目时，H₂O₂/FeS₂ 体系对 DCF 的去除效果大幅提高。50 目时反应 4 h 后，溶液中 DCF 剩余 51%，而 100 目 FeS₂ 在同样其他条件下反应 4 h 左右时，DCF 去除率达 75%。同样反应 4 h 后，150 目、300 目 FeS₂ 体系中 DCF 去除率分别为 78% 和 84%，因此，进一步减小 FeS₂ 的粒径对 DCF 去除效果的影响不大。

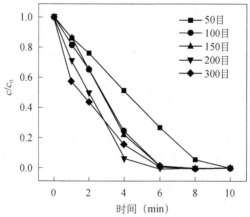

图 7.54　FeS₂ 粒径对 DCF 去除效果的影响
实验条件：[DCF]=100.27 mg/L，[H₂O₂]=58.2 mmol/L，[FeS₂]=2 g/L，pH 为 6.5，转速为 300 r/min

5. 污染物初始浓度的影响

目标污染物初始浓度对其氧化降解速率有重要的影响。如图 7.55 所示，在同样的反应条件下，DCF 的初始浓度越低，其去除率就越高。反应进行 100 min 后，DCF 初始浓度为 50 ppm、100 ppm、150 ppm 中的去除率分别为 100%、67% 和 49%。通过计算污染物的绝对去除量发现，在高初始浓度反应体系中，虽然去除率不高，但绝对去除量却与污染物的初始浓度有正相关关系。受 FeS_2 表面氧化的影响，试验前其表面可能有亚铁盐存在，因此反应在开始 10 min 内对 DCF 有较高的去除率。

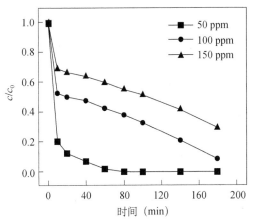

图 7.55　DCF 初始浓度对其去除率的影响

实验条件：$[H_2O_2]$=58.2 mmol/L，$[FeS_2]$=2 g/L，pH 为 6.5，转速为 300 r/min

6. H_2O_2/FeS_2 体系对污染物的矿化效果

同一反应体系中，TOC 及 DCF 去除率随反应时间变化关系如图 7.56 所示。在同样条件下，目标污染物的去除率明显高于矿化速率。反应进行 120 min 后，DCF 去除率高达 98%，而仅 68% 左右的 TOC 得以去除。这一现象表明在 DCF 氧化降解过程中，可能有难以进一步氧化的中间产物生成。诸多研究结果表明，这类中间产物多为小分子有机酸类物质。

7. FeS_2 的重复利用活性

非均相反应性能受催化剂/活化剂表面活性位点控制，因此催化剂/活化剂表面状态对污染物降解速率有重要的影响。图 7.57 显示了前后两次使用的 FeS_2 促进 H_2O_2 氧化去除 DCF 的情况。由该图可知，在同样条件下，反应进行 2 h 后，DCF 在两体系中的去除率分别为 40% 与 33%，而当反应时间延长到 6 h 时，污染

物去除率则分别上升至 98%和 88%。在试验误差范围内，两体系对 DCF 的去除
效果并没有明显差别，表明了再次利用的 FeS₂ 与初次使用时相比在反应性能上
并没有显著差异。常见的非均相类 Fenton 反应中的催化剂/活化剂在反应进行一
段时间后，常有催化剂/活化剂表面由于有沉淀物产生从而使活性位点失活的现
象发生，而在本试验中没有观察到该现象，很有可能是反应体系酸度不断增加的
缘故。随着反应的进行，体系中不断降低的 pH 促进了 FeS₂ 表面的更新，使得其
表面的活性位点未被铁的硫酸盐或水合氢氧化物所覆盖，进而保持了 FeS₂ 的表
面活性。

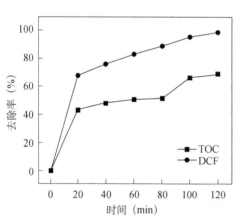

图 7.56　TOC 去除率随反应时间的变化
实验条件：$[FeS_2]$=4 g/L，$[H_2O_2]$=38.80 mmol/L，
转速为 300 r/min，$[TOC]$=55.2 mg/L

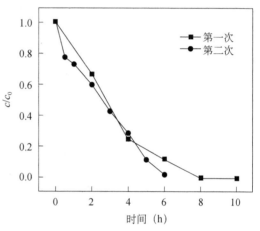

图 7.57　FeS₂ 利用次数对反应性能的影响
实验条件：$[DCF]$=97.24 mg/L，$[FeS_2]$=2 g/L，
$[H_2O_2]$=38.80 mmol/L，pH 为 6.4，转速为 300 r/min

7.3.2　双氯芬酸降解动力学

在催化氧化反应中，反应动力学通常表现为由化合物在低浓度下(化合物被看
作催化剂的恒定的稳态浓度)的一阶反应逐渐地过渡到化合物高浓度时(所有的反
应化合物都为"饱和状态")的零级反应，即

$$高浓度下，\quad \frac{d[M]}{dt} = -k[M] \tag{7.9}$$

$$低浓度下，\quad \frac{d[M]}{dt} = -J \tag{7.10}$$

式中，k 与 J 的量纲分别为 $[T^{-1}]$ 和 $[M \cdot L^{-3} \cdot T^{-1}]$；$[M]$ 表示反应时间 t 时目标污
染物 M 的瞬时浓度。

将式(7.10)两端积分可得，

$$[M] = -Jt + [M]_0 - d \qquad (7.11)$$

式中，$[M]_0$ 表示 M 的初始浓度；d 为常数。

将式 (7.11) 整理后，得到

$$[M]_0 - [M] = Jt + d \qquad (7.12)$$

式中，J 为表观零阶反应速率常数。

本试验中，将 $(c - c_0)$ 与反应时间 t 作图，结果如图 7.58 和图 7.59 所示。

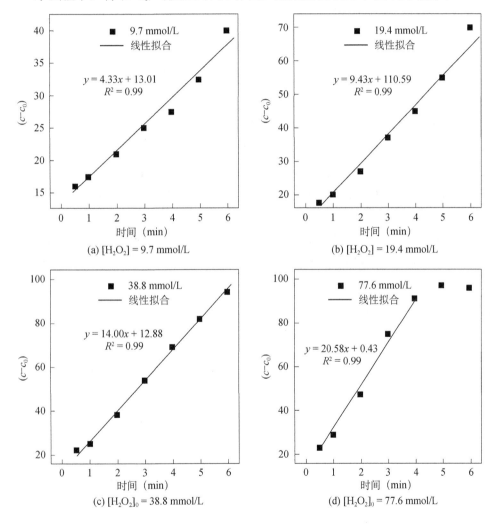

(a) $[H_2O_2] = 9.7$ mmol/L

(b) $[H_2O_2] = 19.4$ mmol/L

(c) $[H_2O_2]_0 = 38.8$ mmol/L

(d) $[H_2O_2]_0 = 77.6$ mmol/L

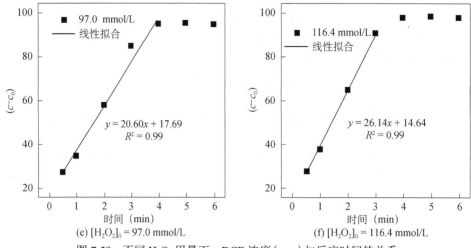

(e) $[H_2O_2]_0 = 97.0$ mmol/L (f) $[H_2O_2]_0 = 116.4$ mmol/L

图 7.58 不同 H_2O_2 用量下，DCF 浓度 $(c-c_0)$ 与反应时间的关系

实验条件：$[DCF]=96.69$ mg/L，$[FeS_2]=2$ g/L，pH 为 6.4，转速为 300 r/min

其中，图 7.58 显示了不同 H_2O_2 用量下，反应体系中 DCF 浓度差 (c_0-c) 与反应时间 t 的关系。利用最小二乘法对 (c_0-c) 与 t 进行线性拟合表明，在所有试验的 H_2O_2 用量下，两者都具有很好的线性相关性 [9.7 mmol/L $(R^2=0.99)$、19.4 mmol/L $(R^2=0.99)$、38.8 mmol/L $(R^2=0.99)$、77.6 mmol/L $(R^2=0.99)$、97.0 mmol/L $(R^2=0.99)$、116.4 mmol/L $(R^2=0.99)$]。

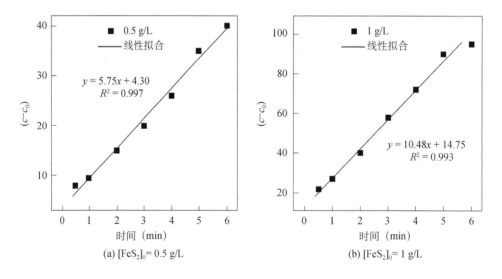

(a) $[FeS_2]_0 = 0.5$ g/L (b) $[FeS_2]_0 = 1$ g/L

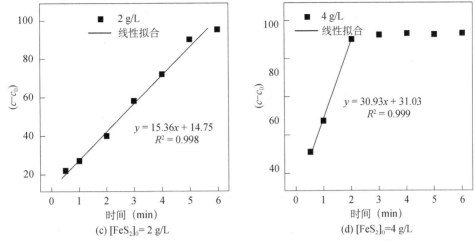

图 7.59　不同 FeS_2 投加量下，DCF 浓度（$c-c_0$）与反应时间的关系

实验条件：$[DCF]=96.59\ mg/L$，$[H_2O_2]=38.8\ mmol/L$，pH 为 6.4，转速为 300 r/min

　　如图 7.59 所示，FeS_2 投加量对表观零级动力学常数的影响与 H_2O_2 类似，FeS_2 用量越多，则 J 值越大。图 7.59 中线性拟合结果显示，FeS_2 用量为 0.5 g/L、1 g/L、2 g/L、4 g/L 时 DCF 去除的零级动力学常数分别为 5.75（$R^2=0.997$）、10.48（$R^2=0.993$）、15.36（$R^2=0.998$）及 30.93（$R^2=0.999$）。

7.3.3　氧化降解双氯芬酸的反应机制

　　由图 7.60 可看出，在 1 g/L FeS_2 和 9.70 mmol/L H_2O_2 用量下，体系中 DCF 浓度（保留时间 $t=5.0\ min$）随着反应的进行不断下降，当反应进行至 36 h 时，未检测到 DCF 的存在，说明此时体系中绝大部分 DCF 已经被氧化。此外，随着反应的进行，在保留时间 3.2 min 处有明显的变化。对该处色谱峰积分发现，峰面积有先增大后减小的变化规律。同时，对 DCF 标准液进行色谱分析显示，保留时间 3.2 min 处没有物质的吸收峰出现。因此图 7.60 中 3.2 min 处的吸收峰应是由 DCF 氧化降解产物产生。经测定与标准样品色谱图对比，得出保留时间为 7.7 min 和 22.4 min 处吸收峰所对应的物质分别为 Cl^- 和 SO_4^{2-}。可明显观察到保留时间 5～6 min 处有较强的吸收峰，这极有可能是多种未分离物质吸收峰叠加后的结果。

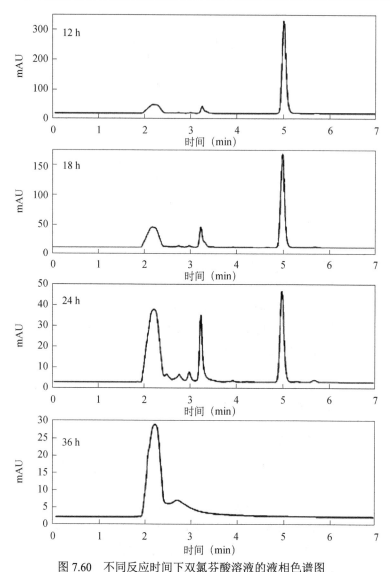

图 7.60　不同反应时间下双氯芬酸溶液的液相色谱图

实验条件：[FeS₂]=1 g/L，[H₂O₂]=9.70 mmol/L，[DCF]=100 mg/L，pH 为 6.4，转速为 300 r/min

　　由图 7.60 双氯芬酸溶液的液相色谱图可知，反应开始后保留时间 2.1 min 和 3.2 min 处有较强的吸收峰出现，而初始双氯芬酸溶液（包括双氯芬酸与 H₂O₂ 的混合溶液）则没有，因此该吸收峰只可能由氧化降解的中间产物（指代为 M）产生。为进一步研究 H₂O₂ 用量和反应时间对该中间产物转化过程的影响，特将保留时间 2.1 min、3.2 min 处的峰面积与反应时间作图，结果如图 7.61 所示。从图 7.61 可看出，在一定 H₂O₂ 用量下，中间产物 M 在反应初期随着反应的进行其含量不断增加，而当反应进行 18 h 后，除了 H₂O₂ 用量为 97.1 mmol/L 的体系中有继续增加的趋势外，其他所有反应中 M 浓度均分别维持在一恒定水平。

如图 7.62 所示，保留时间 3.2 min 处吸收峰随反应时间的变化规律很大程度上不同于 2.1 min 处的吸收峰，为便于研究，特以 N 指代在保留时间 3.2 min 处具有吸收峰的物质。在较低的 H₂O₂ 用量（9.7 mmol/L 和 19.4 mmol/L）下，N 浓度随着反应时间的延长不断增大，且 H₂O₂ 浓度对物质 N 在体系中累积的影响不明显。当进一步加大 H₂O₂ 用量时，产物 N 浓度显示了先上升后下降的规律，且随着 H₂O₂ 浓度的不断增加，体系中 N 浓度的最大值有不断提前出现的趋势。从图 7.62 可看出，在 38.8～97.1 mmol/L 的用量范围内，随着 H₂O₂ 投加量的不断增大，各体系中 N 浓度分别在反应时间为 24 h、18 h、18 h 和 12 h 处出现最大值。

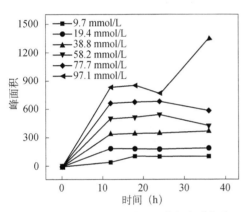

图 7.61　不同 H₂O₂ 用量下，液相色谱保留
时间 2.1 min 处吸收峰随时间的变化
实验条件：[FeS₂]=1 g/L，[DCF]=100 mg/L，
pH 为 6.4，转速为 300 r/min

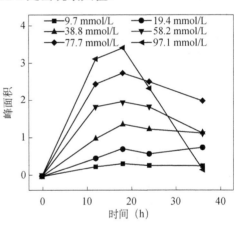

图 7.62　不同 H₂O₂ 用量下，液相色谱保留
时间 3.2 min 处吸收峰随时间的变化
实验条件：[FeS₂]=1 g/L，[DCF]=100 mg/L，
pH 为 6.4，转速为 300 r/min

7.4　本 章 小 结

本章重点介绍了针对天然黄铁矿及纯净黄铁矿（FeS₂）降解去除包括偶氮染料、各类难降解有机物的处理性能、反应机制，并有针对性地提出了强化黄铁矿活化 H₂O₂ 降解污染物的多种方法。主要结论如下：

（1）与传统 Fenton 反应相比，天然黄铁矿/H₂O₂ 体系在处理含难降解物质上具有较高的活性。针对染料阳离子红 X-GRL 的脱色，在 1.0 g/L 天然黄铁矿投加量下，同样反应 10 min 后，测得体系中总铁、亚铁及硫酸根含量分别为 30.7 mg/L、49.0 mg/L 及 158.4 mg/L。这一结果表明染料阳离子红 X-GRL 的存在促进了天然黄铁矿表面离子的溶出；H_2O_2 与天然黄铁矿的投加顺序对污染物的去除有较大影响，尤其是在强酸性和强碱性条件下。染料溶液的快速脱色主要归因于天然黄铁矿溶解过程中溶出的铁离子与 H_2O_2 发生均相 Fenton 反应产生的氧化性物种。

(2) 天然黄铁矿对 H_2O_2 具有优良的反应活性，能形成高效的类 Fenton 反应体系，可实现对包括三氯生、氯霉素、对乙酰氨基酚、2,4-二氯酚等多种有机污染物的降解去除。实验结果表明，天然黄铁矿/H_2O_2 氧化体系适应 pH 范围广，在 2.0～10.0 的范围内都有较高的氧化活性，且该体系对三氯生的去除效果在中性及弱酸碱性条件下要好于强酸碱性条件。未经水洗的天然黄铁矿与 H_2O_2 反应对水溶液中 2,4-二氯酚的去除效果较好，TOC 的去除率能够达到 50% 以上，同时，能够实现 100% 氯离子脱除。水洗过的天然黄铁矿与 H_2O_2 反应对水溶液中对乙酰氨基酚也有良好的去除效果。其最佳的反应条件为：黄铁矿为 2 g/L，H_2O_2 为 5 mmol/L，初始 pH 为 4.0。反应过程受 pH 的影响较大，pH>6.0 之后，反应缓慢，对乙酰氨基酚不能被去除。

(3) 将天然黄铁矿表面氧化物去除后，纯度较高的黄铁矿即 FeS_2 与 H_2O_2 反应的活性受 H_2O_2 浓度、FeS_2 投加量、溶液初始 pH 及污染物初始浓度等多种因素的影响。H_2O_2 浓度对 FeS_2/H_2O_2 活性的影响与特定目标污染物有关。当 H_2O_2 浓度较低（9.7～58.2 mmol/L）时，H_2O_2 浓度的增加对污染物双氯芬酸去除率的提高有明显的作用；而当 H_2O_2 浓度高于一定程度（>58.2 mmol/L），这种促进作用逐渐趋于平缓。在 0～4 g/L 范围内，FeS_2 投加量的增加有利于对 DCF 去除率的提高和反应速率的加快。在 2 g/L FeS_2 存在的体系中，DCF 完全去除需 6 h，而当矿用量增至 4 g/L 时达到同样效果只需 3 h。

第 8 章　黄铁矿活化 H_2O_2 的类 Fenton 反应机制

第 7 章中，FeS_2/H_2O_2 多相类 Fenton 体系对污染物有很好的去除效果，但该过程受多种实验条件影响，且 FeS_2 促进 H_2O_2 氧化降解污染物的机理仍不清晰。在目前研究较多的矿物如磁铁矿、针铁矿及赤铁矿等引发的类 Fenton 反应中，铁氧化物结构中的氧元素并没有参与反应。而对于 FeS_2 而言，其中的 S 处于还原价态，因此在有氧化剂存在的条件下可参与反应而被 H_2O_2、Fe^{3+}、O_2 等氧化剂氧化。类 Fenton 反应过程中会有 Fe^{3+} 产生，而有报道称 Fe^{3+} 能够在酸性及中性条件下有效地氧化 FeS_2 生成 Fe^{2+}，Fe^{2+} 又能与 H_2O_2 以 Haber-Weiss 机理反应产生氧化性物种[65]。由此看来，FeS_2/H_2O_2 体系会随着反应的进行而变得更加复杂。

此外，鉴于黄铁矿被氧化的过程是产酸过程，因此目前关于黄铁矿类 Fenton 体系的研究多集中于酸性条件。在 pH<3.7 范围内，黄铁矿类 Fenton 反应过程中产生的活性氧化物种即 ·OH 主要源于水相 Fe^{2+} 或吸附在黄铁矿表面的 Fe^{2+} 与 H_2O_2 构成的 Fenton 反应[66]。然而当处于缓冲能力较强的水环境下，如海洋、河口沉积物乃至复杂的工业废水中时，黄铁矿氧化过程中的 ·OH 产生效率和生成途径将因表面次生 $Fe(III)$ 的原位沉积和水相 $Fe(III)$ 的水解沉淀而截然不同。考虑到天然环境中污染物与黄铁矿作用的时间尺度较长(通常为数日甚至数年)，因此黄铁矿氧化所导致的析氢酸化过程仍可能主导环境污染物的降解，而在水处理过程中，较短的污水停留时间往往不能满足依靠黄铁矿析氢自调节水体 pH 的需求，同时，黄铁矿逐步酸化过程中的矿物学演变也可能对其后续使用造成未知的影响。因此，探究黄铁矿类 Fenton 体系在环中性条件下氧化还原过程和 ·OH 的生成机制对于提高黄铁矿类 Fenton 工艺性能、提升其在复杂水质条件下的可用性十分关键。

本章从反应动力学角度出发考察多种氧化体系对污染物的氧化去除速率，通过添加铁络合剂、缓冲盐等手段研究 Fe^{3+} 对 FeS_2/H_2O_2 氧化去除污染物的影响。在此基础上，提出 FeS_2 促进 H_2O_2 分解的机理和动力学模型，并利用实验数据对动力学模型进行验证，以系统地探究黄铁矿酸性条件下活化 H_2O_2 的反应机制。同时在课题组前期研究探索和现有实验条件基础上，拟通过采用更合理的样品前处理手段和严格的厌氧储存环境，总结归纳黄铁矿在环中性条件下氧化过程中所生成的次生态铁物种的赋存形态和理化性质，探究次生铁物种对黄铁矿类 Fenton 体系降解污染物的影响机制。

8.1　类 Fenton 体系中的自催化作用

以双氯芬酸(DCF)在黄铁矿/H_2O_2 体系中的氧化降解为例，不同 H_2O_2 用量下，

$\ln(c/c_0)$ 与反应时间 t 的关系如图 8.1 所示。图中的 $\ln(c/c_0)$ 与 t 不能用单一的线性关系进行拟合。从图中曲线的斜率判断，随着反应的进行，DCF 去除的表观速率常数 k_{app} 呈现出一定的增大趋势。

黄铁矿不同用量的情况如图 8.2 所示。与图 8.1 中不同 H_2O_2 浓度下的情况一样，$\ln(c/c_0)$ 与反应时间 t 不符合单一的线性关系。随着反应的进行，表观速率常数 k_{app} 呈现出不断增大的趋势，表明 FeS_2/H_2O_2 体系存在明显的自催化作用。因此，污染物在 FeS_2/H_2O_2 体系中的氧化去除可能既不同于 Fe^{3+} 引发的均相类 Fenton 反应，也与磁铁矿/H_2O_2 的多均相类 Fenton 反应相异。

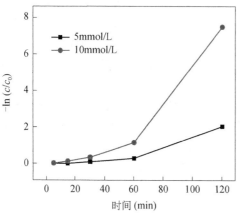

图 8.1　不同 H_2O_2 用量下，FeS_2/H_2O_2 体系中　　图 8.2　不同黄铁矿用量下，FeS_2/H_2O_2 体系中
　　　　$\ln(c/c_0)$ 与时间 t 的关系　　　　　　　　　　　$\ln(c/c_0)$ 与时间 t 的关系
　实验条件：[DCF]=1 mg/L，[FeS_2]=0.5 g/L　　　实验条件：[DCF]=1 mg/L，[H_2O_2]=5 mmol/L

8.2　FeS_2 的表面氧化机制

在一系列的连续反应中，如果存在着速率最慢的一步反应，则总反应将受制于该最慢反应。换而言之，总体反应速率就是这最慢步骤的速率，这个最慢的反应步骤称为控速步骤。

为便于理解，可将 FeS_2 电化学氧化过程视为由三个步骤构成。首先，发生阴极反应，电子由 FeS_2 表面转移给 O_2 或 Fe^{3+}；其次，电子由阳极转移至阴极，以补偿阴极的电子损失；最后，水分子中的氧原子与 S 元素作用，S 被氧化的同时在阳极释放电子。

阴极

$$1/2O_2+2H^++2e^- = H_2O \tag{8.1}$$

$$Fe^{3+}+e^- = Fe^{2+} \tag{8.2}$$

阳极

$$\gt S+H_2O \Longrightarrow \gt S—OH+H^++e^- \tag{8.3}$$

Fe^{2+} 的氧气氧化速率严格受溶液 pH 的控制。Singer 与 Stumm 等[67]研究了不同条件下水溶液中亚铁的氧气氧化速率，结果表明亚铁的氧化动力学过程依据溶液酸碱性的差异大致可分为两个阶段。当溶液 pH 大于 4.5 时，亚铁氧化速率与 $[OH^-]^2$ 具有正相关关系，如式(8.4)所示。

$$-\frac{d[Fe^{2+}]}{dt}=k[Fe^{2+}][O_2][OH^-]^2 \tag{8.4}$$

式中，$k=7.9\times10^8\ L^4mol^{-2}Pa^{-1}s^{-1}$。

而当 pH 小于 3.5 时，亚铁氧化速率与溶液 pH 无关，

$$-\frac{d[Fe^{2+}]}{dt}=k'[Fe^{2+}][O_2] \tag{8.5}$$

式中，$k'=7.9\times10^8\ Pa^{-1}s^{-1}$。

假设$[O_2]=0.2\ atm$，将其代入式(8-5)得

$$-\frac{d[Fe^{2+}]}{dt}=k_{app}[Fe^{2+}]=2.0\times10^{-8}[Fe^{2+}] \tag{8.6}$$

两端积分后，可知溶液中 Fe^{2+} 的半衰期 $t_{1/2}$ 为

$$t_{1/2}=\frac{\ln 2}{k_{app}}=\frac{\ln 2}{2.0\times10^{-8}}\approx3.47\times10^7s\approx401.6d \tag{8.7}$$

有研究表明[68]，在微生物作用下，FeS_2 具有自催化氧化特性。在氧化过程的初始阶段，Fe^{3+} 主要来源于氧气的氧化作用，但由(8.7)式可知，这一过程进展十分缓慢。而当氧化亚铁硫杆菌开始生长并参与反应时，亚铁的氧化速率大大加快，其数量级约为之前的 10^6 倍。这一过程可用图 8.3 进行表示。

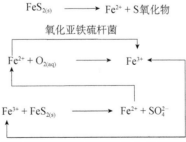

图 8.3　氧化亚铁硫杆菌作用下 FeS_2 的表面氧化机理

在无微生物作用的酸性条件(pH<4.5)下，普遍认为 Fe^{3+} 是 FeS_2 的主要氧化性物质。在中性及碱性环境下，由于 Fe^{3+} 的低溶解性，O_2 被认为是氧化 FeS_2 的主要物质。然而，随着研究的进一步深入，越来越多的研究表明 Fe^{3+} 在 FeS_2 的氧化过

程中仍占主导地位，O_2 氧化作用的增强则主要体现在对 Fe^{2+} 的氧化过程中，而中性及碱性条件下 Fe^{3+} 起主要氧化作用的研究主要是基于磁特性及分子轨道理论，例如 Moses 等认为顺磁性的氧分子与 FeS_2 直接发生反应的可能性很小[69]，虽然 Fe^{3+} 与 FeS_2 也存在类似的反应障碍，但溶液中 Fe^{3+} 常以水合络合物的形态存在。络合物 $[Fe(H_2O)_6]^{3+}$ 与 S_2^{2-} 之间会发生 ·OH 的转移，这一作用克服了 Fe^{3+} 与 FeS_2 之间的磁性阻碍，使得 Fe^{3+} 与 FeS_2 之间的反应顺利进行(图 8.4)。溶液 pH 在 $2.0\sim9.0$ 的范围内，Fe^{3+} 都是 FeS_2 的主要氧化性物质。

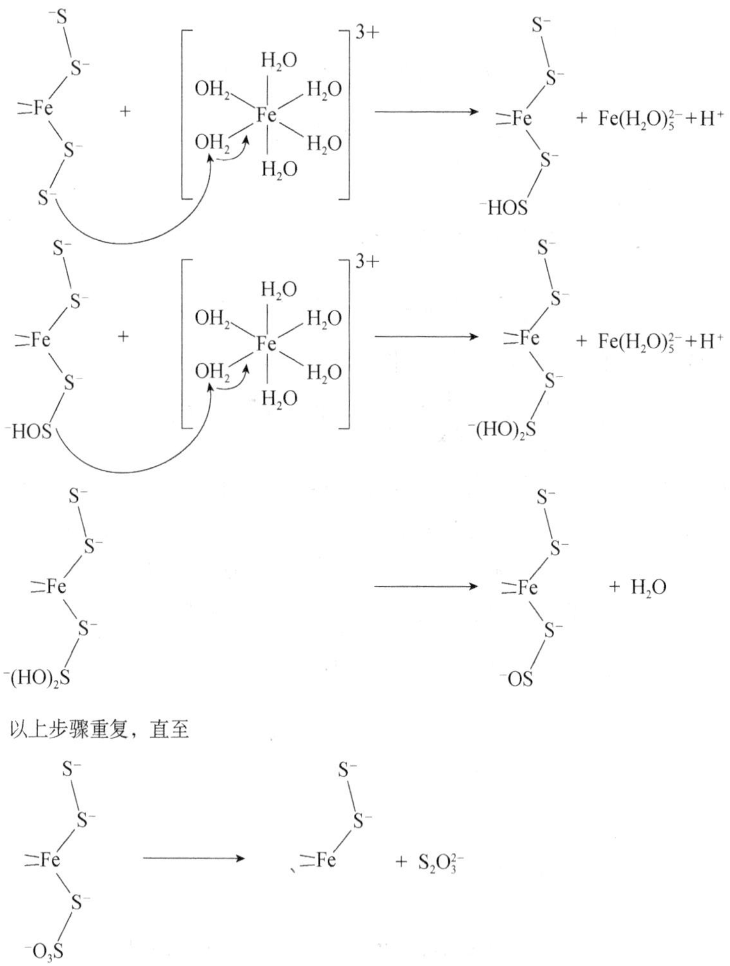

图 8.4　Fe^{3+} 存在下 FeS_2 表面氧化机理

　　基于分子轨道理论，Luther 等认为 Fe^{3+} 能够通过化学吸附停留在 FeS_2 表面，而 O_2 则只能通过物理吸附作用[70]。位于 FeS_2 表面的 Fe^{3+} 能利用自身的空电子轨道

与 FeS_2 表面的 S 形成一种短暂的过硫化物—$(Fe—S—S—Fe(H_2O)_5)(OH)^{2+}$，而 S_2^{2-} 最外边轨道上的电子则能够通过这一过硫化物转移到 Fe^{3+} 的空电子轨道上。不论是 O_2 还是 Fe^{3+} 作为 FeS_2 的氧化性物质，反应都会有还原性硫物种（如 $S_2O_3^{2-}$）生成。在有 Fe^{3+} 存在的环境中，$S_2O_3^{2-}$ 能快速地被氧化成 SO_4^{2-}

$$S_2O_3^{2-} + 8Fe^{3+} + 5H_2O \longrightarrow 8Fe^{2+} + 2SO_4^{2-} + 10H^+ \tag{8.8}$$

不仅是 Fe^{3+}，当体系中有 H_2O_2 时，H_2O_2 也能与 $S_2O_3^{2-}$ 发生类似的氧化还原反应。该过程非常迅速，因此在 H_2O_2 或 Fe^{3+} 氧化 FeS_2 的反应中，不会检测到 $S_2O_3^{2-}$ 的存在。与此不同的是，当氧气作为氧化剂时，体系中可发现大量还原态硫物种（SO_3^{2-}、$S_2O_3^{2-}$ 及 $S_nO_6^{2-}$）的存在。

Luther 等的相关研究还表明 Fe^{3+} 与 O_2 氧化 FeS_2 反应的活化能均处于 $50 \sim 92$ kJ/mol[71]。这一高的活化能数据表明了 FeS_2 表面的电子转移反应是整个 FeS_2 氧化过程的速率控制步骤。由此看出，FeS_2 的氧化受表面反应的控制。该研究利用傅里叶红外变换光谱仪（FTIR）、X 射线光电子能谱（XPS）及电化学等手段对 FeS_2 表面氧化进行研究，结果显示，表面产生的氧化产物与 FeS_2 自身的物理化学性质（来源及物理性状等）极其相关。在氧化的早期阶段，水中的溶解态铁离子和水分子会吸附到 FeS_2 表面并且会有硫酸根、亚硫酸根、三价铁及氢氧化铁等多种中间产物生成。当氧化过程进行一段时间后，FeS_2 表面会有针铁矿、磁铁矿或赤铁矿及其水合物的氧化层（膜）产生。

8.2.1　Fe^{3+} 对 FeS_2 的氧化作用

0.5 g/L 的 FeS_2 悬浮液中，加入不同量的 Fe^{3+} 后，溶液中 Fe^{2+} 浓度随时间的变化关系如图 8.5 所示。由该图可知，溶液中亚铁离子浓度随着反应的进行而不断增多，而且 Fe^{3+} 用量越多，Fe^{2+} 浓度则越高。

图 8.6 显示了 Fe^{3+} 用量为 5 mg/L 时，0.5 g/L FeS_2 悬浮液活化 H_2O_2 降解氯霉素（chloramphenicol，CAP）过程中亚铁和三价铁的浓度变化。随着反应的进行，溶液中 Fe^{3+} 的浓度不断降低，而 Fe^{2+} 则不断增多。当反应进行 120 min 时，溶液中 Fe^{2+}、Fe^{3+} 的浓度分别为 5.1 mg/L 和 0.4 mg/L。二者总量高于最初加入的 5 mg/L，说明 FeS_2 被氧化过程中有铁溶出。

FeS_2 结构中的 Fe(III) 氧化过程可用式 (8.9) 进行描述，在该反应中，FeS_2 被 Fe^{3+} 氧化，产生 Fe^{2+} 和 SO_4^{2-}。

$$FeS_2 + 14Fe^{3+} + 8H_2O \longrightarrow 15Fe^{2+} + 2SO_4^{2-} + 16H^+ \tag{8.9}$$

由式 (8.9) 可知，反应前后亚铁与三价铁的摩尔浓度比为 15/14=1.07，本实验中反应前后二者之比为 5.1/(5.0−0.4)=1.11，RD=(1.11−1.07)/1.11×100%=3.6%，因此满足反应式 (8.9)。

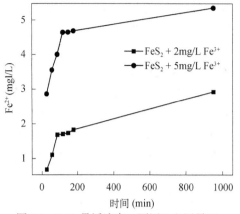

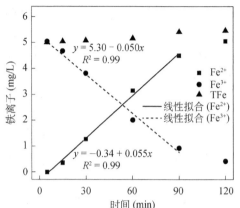

图 8.5　FeS$_2$ 悬浮液中，不同 Fe^{3+} 用量下
Fe^{2+} 的浓度变化

实验条件：$[FeS_2]$=0.5 g/L，T=25 ℃

图 8.6　FeS$_2$ 悬浮液中，Fe(III) 与 Fe(II)
浓度随反应时间的变化

实验条件：$[FeS_2]$=0.5 g/L，$[Fe(III)]$=5 mg/L，
$[CAP]$=15.5 mmol/L，pH 为 3.0

由 Fe^{3+} 存在下 FeS$_2$ 的氧化机理可知，体系中亚铁的产生速率可表示为

$$\frac{d[Fe^{II}]}{dt} = k_1'[FeS_2][Fe_{ads}^{III}] \tag{8.10}$$

式中，$[Fe_{ads}^{III}]$ 表示吸附在 FeS$_2$ 表面的 Fe^{3+} 量。

在 FeS$_2$ 投加量一定的条件下，当体系中 Fe^{3+} 量足够多时，$[Fe_{ads}^{III}]$ 的大小受 FeS$_2$ 控制。因此，式 (8.10) 可表示为

$$\frac{d[Fe^{II}]}{dt} = k_1'[FeS_2][Fe_{ads}^{III}] = k_1'[FeS_2]k_2'[FeS_2] \tag{8.11}$$

式中，k_1' 和 k_2' 均为常数。

过量的 FeS$_2$ 在体系中以固相存在，在反应过程中变化不大，因此其与 Fe^{3+} 接触的比表面可假定为一常数。故式 (8.11) 可简化为

$$\frac{d[Fe^{II}]}{dt} = k_1'[FeS_2]k_2'[FeS_2] = k_3' \tag{8.12}$$

式中，k_3' 为常数。

将式 (8.12) 积分可得

$$[Fe^{II}] = k_3't + c \tag{8.13}$$

式中，c 为常数。

因此，如果反应过程中亚铁浓度 $[Fe^{II}]$ 与反应时间 t 符合线性关系，那么由此可得出在三价铁足够多的条件下，黄铁矿悬浮液中亚铁的产生符合零级反应。图 8.6 显示了 FeS$_2$ 悬浮液中，Fe(III) 与 Fe(II) 浓度随反应时间的变化关系。显然，当 $t \leqslant 90$ min 时，Fe(II) 随时间的变化趋势可进行很好的线性拟合，由此得出 k_3' 为

0.055 mg/(L·min)。随着反应的进行，Fe(III) 不断被还原成 Fe(II)，因此前者浓度会持续下降。由图 8.6 可看出，当反应进行至 120 min 时，亚铁浓度与时间 t 的关系不遵循先前的线性关系，亚铁生成速率明显减缓。这一现象可用 Fe^{III} 的浓度变化规律进行解释。当反应进行至一定程度时，体系中 Fe(III) 的浓度大为降低（图 8.6）。此时，Fe(III) 不再过量存在。如式 (8.10) 所示，Fe(II) 的产生速率不仅受 FeS_2 影响，还受悬浮液中 Fe^{III} 的浓度控制。

8.2.2　H_2O_2 对 FeS_2 的氧化作用

H_2O_2 是一种强氧化性物质，其氧化还原电位为 1.77 V。弱酸性条件下，当 FeS_2 与 H_2O_2 接触时，前者能被后者氧化，其过程可用式 (8.14) 进行描述。

$$FeS_2 + 7.5H_2O_2 \longrightarrow Fe^{3+} + 2SO_4^{2-} + H^+ + 7H_2O \qquad (8.14)$$

FeS_2 的 H_2O_2 氧化溶解过程受表面固有反应速率控制。这一结论可以从以下两方面得到证实。其一，H_2O_2 氧化 FeS_2 反应的活化能为 68 kJ/mol、79.5 kJ/mol；其二，FeS_2 粒径越小，其氧化速率则越快。这一反应过程可用表 8.1 中所列反应式表示。

表 8.1　H_2O_2 存在下，FeS_2 的表面氧化机理

反应	反应式
I	$FeS_2 + H_2O_2 \longrightarrow FeS_2[H_2O_2]_{ads}$
II	$FeS_2[H_2O_2]_{ads} + H_2O_2 \longrightarrow FeS_2[2H_2O_2]_{ads}$
III	$FeS_2[2H_2O_2]_{ads} \longrightarrow [FeS_2\cdots 2H_2O_2]_{ads}$
IV	$[FeS_2\cdots 2H_2O_2]_{ads} \longrightarrow Fe^{2+} + S_2O_2^{2-}$
V	$2Fe^{2+} + H_2O_2 + 2H^+ \longrightarrow 2Fe^{3+} + 2H_2O$

由式 (8.14) 可看出，FeS_2 氧化过程有 H^+ 产生。因此，溶液 pH 的变化可以用来反映 FeS_2 的被氧化程度。图 8.7 显示了不同 H_2O_2 用量下，反应后各体系中溶液 pH 的大小。从该图可看出，随着体系中 H_2O_2 浓度的提高，反应后溶液的 pH 不断降低。这一现象说明了高 H_2O_2 浓度促进了 FeS_2 的氧化性溶解。

体系初始 pH 对 FeS_2/H_2O_2 体系活性有重要影响。在一定范围内，初始 pH 越低，污染物的去除效果也就越好。溶液 pH 对 FeS_2/H_2O_2 体系的影响主要体现在两方面：其一，强碱性条件使得 H_2O_2 无效分解成 O_2 和 H_2O 的趋势会加大。在此条件下，三价铁离子也只有极少部分以溶解态 Fe^{3+} 存在；其二，在中性及弱酸性条件下，pH 主要是对三价铁的存在形态造成影响。由 H_2O_2 对 FeS_2 的氧化可知（式 8.14），FeS_2 的氧化产物中会有 Fe^{3+} 出现。随着反应的进行，Fe^{3+} 会不断地积累。Fe^{3+} 是良好的 FeS_2 氧化剂，且反应产物中有溶解态 Fe^{2+} 的生成。据此推断，在中性及弱酸性条件下，FeS_2/H_2O_2 体系中的自催化作用可能由 Fe^{3+} 引起，并且这一过程严格受溶液 pH 的影响。

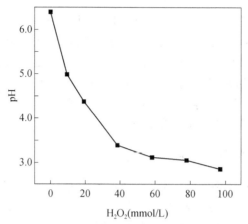

图 8.7 H_2O_2 浓度对反应后溶液 pH 的影响

实验条件：[FeS_2]=1 g/L，t=24 h

8.3 影响自催化过程的因素

8.3.1 磷酸盐对自催化过程的影响

为了验证 Fe^{3+} 在自催化现象产生过程中所起的作用，特向 FeS_2/H_2O_2 体系中加入不同浓度的磷酸盐。磷酸盐具有很强的三价铁离子络合性能。磷酸根的存在能很快将溶解态的 Fe^{3+} 变成以沉淀形式存在的结合态三价铁化合物，从而有效地阻止 Fe^{3+} 与 FeS_2 之间的氧化还原反应，已被广泛地用于抑制黄铁矿酸性氧化的研究中。磷酸盐对自催化过程的影响如图 8.8 所示。由该图可明显看出，在有磷酸盐存在的情况下，$\ln(c/c_0)$ 与反应时间具有很好的线性关系，无反应加速的现象发生，通过线性拟合，得出不同浓度磷酸盐用量下的 k_{app} 分别为 0.0015 L/(mol·s)(5 mmol/L) 和 0.0017 L/(mol·s)(5 mmol/L)。

8.3.2 溶液 pH 对自催化过程的影响

溶液初始 pH 对 FeS_2/H_2O_2 体系氧化去除 CAP 的调控如图 8.9 所示。在 pH 3.0～10.0 范围内，初始 pH 越低，反应对 CAP 的去除率则越高。而当初始 pH 为 2.1 时，由图 8.9(a)可见，CAP 的去除效果并没有继续提高，反而低于初始 pH 4.1 的情况，CAP 在 pH 为 3.0 时有最好的去除效果。另外，由图 8.9(b)显示的动力学常数与初始 pH 的关系可知，溶液初始 pH 对 k_{app} 有较大影响，所有反应体系中 k_{app} 均以指数形式增长且在 pH 为 3.0 时有最大值。

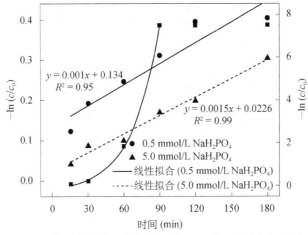

图 8.8　FeS_2/H_2O_2 体系在磷酸盐存在下 $\ln([CAP]/[CAP]_0)$ 与反应时间 t 的关系

实验条件：$[FeS_2]$=0.5 g/L，$[H_2O_2]$=5 mmol/L

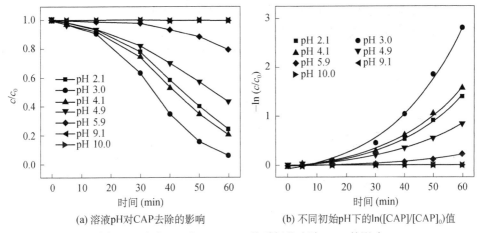

(a) 溶液pH对CAP去除的影响　　　　　(b) 不同初始pH下的$\ln([CAP]/[CAP]_0)$值

图 8.9　溶液 pH 对 FeS_2/H_2O_2 体系氧化去除 CAP 的影响

(b)中曲线表示指数拟合曲线，实验条件：$[FeS_2]$=1.5 g/L，$[H_2O_2]$=5 mmoL/L，$[CAP]$=4.99 mg/L

　　反应前后溶液的 pH 有较大的变化，如图 8.10 所示，所有实验反应 60 min 后，溶液的 pH 均出现了不同程度的下降。pH 对多相反应的影响较为复杂。H_2O_2 在碱性条件下，无效分解速率加快，产物中多为 O_2 和 H_2O。溶液 pH 影响含铁矿物的溶出，强酸性条件会明显加快这一过程。同时，Fe^{3+}氧化 FeS_2 的反应也极易受 pH 的影响，在一定范围内，酸性越强，二者反应就越快。

　　缓冲液的存在抑制了 CAP 的氧化去除。如图 8.11(a) 所示，pH 为 4.5 无缓冲溶液时，反应 60 min 后，污染物去除率达 85%，而同样条件下在有缓冲液的体系中，仅 44%的污染物得以去除。pH 为 6.0 时情况也一样，在有无缓冲液存在的体系中，CAP 的去除率分别为 5%和 55%。缓冲液除了影响 CAP 的去除效果外，还对

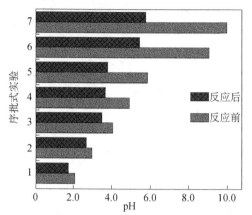

图 8.10　FeS_2/H_2O_2 体系中，反应前后溶液 pH 的变化
实验条件：$[FeS_2]$=1.5 g/L，$[H_2O_2]$=5 mmoL/L，$[CAP]$=4.99 mg/L，t=60 min

反应的 k_{app} 产生影响。由图 8.11(b)可看出，在无缓冲液存在时，初始 pH 为 6.0、4.5 的体系中 k_{app} 分别为 $0.0818 \times 0.0164e^{0.0818x}$ (R^2=0.92) 和 $0.0634 \times 0.1138e^{0.0634x}$ (R^2=0.97)，可见 k_{app} 仍以指数形式增长。缓冲液的加入对反应过程明显产生了影响，k_{app} 变为常数而不再以指数形式增长。初始 pH 为 4.5 时，由线性拟合得出 k_{app} 为 0.0116 (R^2=0.99)。

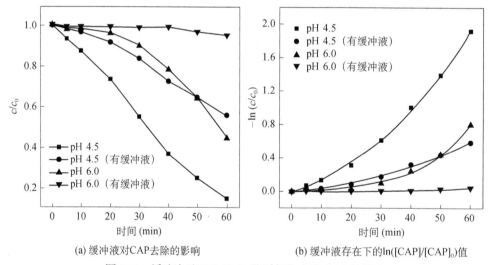

(a) 缓冲液对CAP去除的影响　　　　　　　(b) 缓冲液存在下的ln([CAP]/[CAP]₀)值

图 8.11　缓冲液对 FeS_2/H_2O_2 体系氧化去除 CAP 的影响
实验条件：$[FeS_2]$=1g/L，$[H_2O_2]$=5 mmoL/L，$[CAP]$=4.85 mg/L，
5 mmol/L 乙酸/乙酸钠缓冲液(pH 为 4.5)，5 mmol/L MES 缓冲液(pH 为 6.0)

绝大部分三价铁离子在 pH 为 4.5 和 6.0 的条件下以铁的水合物存在，离子态的 Fe^{3+} 很少。体系中缓冲液的存在使得反应前后溶液的 pH 保持恒定，从而保证了

体系中离子态的 Fe^{3+} 一直处于非常低浓度的水平。图 8.11(b) 观察到缓冲液存在时自催化作用的消失，验证了 pH 对自催化作用的影响是通过 Fe^{3+} 进行作用的假设。

8.4　$Fe^{3+}/FeS_2/H_2O_2$ 的协同催化作用

在无 H_2O_2 存在的情况下，实验结果表明，Fe^{3+}、FeS_2 或两者共存体系对 CAP 都无明显的去除效果[图 8.12(a)]。图 8.12(b) 显示了 5 mg/L H_2O_2 浓度下，CAP 在不同体系中的氧化情况。如图所示，Fe^{3+}/H_2O_2 和 FeS_2/H_2O_2 体系对 CAP 都有较好去除效果，反应进行 70 min 后，CAP 的去除率分别为 86% 和 17%。而当 FeS_2、Fe^{3+} 和 H_2O_2 共存时，该体系对 CAP 的去除效果在反应初期(0~30 min)要明显好于各自单一体系对 CAP 去除效果的总和。反应进行 20 min 后，Fe^{3+}/H_2O_2 和 FeS_2/H_2O_2 两体系共去除 35% 的 CAP，而在三者共存的体系中，反应仅进行 15 min，CAP 的去除率就高达 76%。因此，1 g/L FeS_2、5 mg/L H_2O_2 及 2 mg/L Fe^{3+} 共存体系对 CAP 的去除存在明显的协同效应。

当 H_2O_2 用量增加至 10 mg/L 时，由图 8.12(c) 可看出，Fe^{3+}/H_2O_2 体系对污染物的去除速率明显加快，在反应时间 $t=40$ min 时，97% 左右的 CAP 在该体系中得以去除。反应进行 20 min 后，在 Fe^{3+}/H_2O_2 和 FeS_2/H_2O_2 两体系中共有 76% 的 CAP 被去除。而当 Fe^{3+} 与 FeS_2 共存时，对 CAP 的去除率在反应进行仅 10 min 时就高达 94%。在与 H_2O_2 用量为 5 mg/L 的情况相比较时，发现 10 mg/L H_2O_2 存在的体系中协同催化作用更为明显。由此可见，H_2O_2 的浓度会影响协同作用的效果。

图 8.12(d) 显示了 H_2O_2 用量为 20 mg/L 时各体系对 CAP 的去除情况。显然，H_2O_2 浓度的提高又进一步加快了 Fe^{3+}/H_2O_2 体系对目标污染物的去除。在 $t=30$ min 时，有 93% 的 CAP 在该体系中被氧化降解。而在共存体系中，同样在反应进行 10 min 后，有 92% 的 CAP 得以去除，略小于 H_2O_2 用量为 10 mg/L 时的 94%。这一现象说明了 H_2O_2 浓度的进一步增加不利于 FeS_2/H_2O_2 体系中协同催化作用的发生。

当在上述实验基础上进一步加大 H_2O_2 用量时，CAP 氧化效果如图 8.12(e) 所示，协同催化作用消失。因此，根据图 8.12(b)~(e) 所示实验结果及相关讨论，得出：在一定 FeS_2 和 Fe^{3+} 用量下，存在一个最佳的 H_2O_2 浓度，使得 $Fe^{3+}/FeS_2/H_2O_2$ 体系产生最大的协同催化作用。

图 8.12(f) 显示了不同 H_2O_2 浓度下，$\ln([CAP]/[CAP]_0)$ 与反应时间 t 的关系。显然，当体系中有 0.15 mmol/L H_2O_2 存在时，两者呈现出很好的线性关系，说明此时 CAP 的氧化速率遵循伪一阶动力学模型。当 H_2O_2 浓度增大至 0.30 mmol/L 或 0.60 mmol/L 时，虽然 CAP 氧化速率变化不明显但仍有加快的趋势。当体系中有 1.00 mmol/L 的 H_2O_2 存在时，与实验中所采用的低浓度情况相比，CAP 氧化速率明显下降，且 $\ln([CAP]/[CAP]_0)$ 与 t 的关系曲线不能进行线性拟合，其斜率呈现增大的趋势。

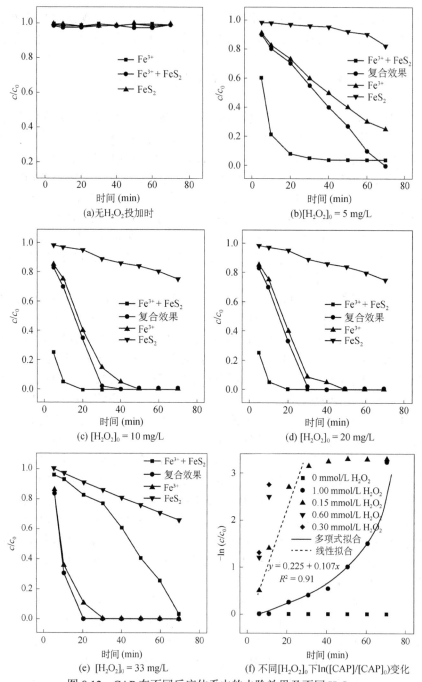

图 8.12　CAP 在不同反应体系中的去除效果及不同 H_2O_2
用量下 $\ln([CAP]/[CAP]_0)$ 与时间 t 的关系

实验条件：(a)～(e)：$[FeS_2]=1$ g/L，$[Fe^{3+}]=2$ mg/L，$[CAP]=5.01$ mg/L，pH 为 3.1；
(f)：$[FeS_2]=1$ g/L，$[Fe^{3+}]=2$ mg/L

8.5　环中性条件下黄铁矿活化 H_2O_2 过程次生铁矿物的关键作用机制

根据我们前期的研究结果可以初步判定，黄铁矿活化 H_2O_2 过程中产生的·OH 主要源于溶液中游离 Fe^{2+} 及表面吸附态 Fe^{2+} 与原位产生的 H_2O_2 间的 Fenton 反应，因此，黄铁矿氧化污染物的能力高度依赖溶液 pH。尽管黄铁矿的氧化伴随着析氢过程，但当处于缓冲能力较强的水环境下，如海洋、河口沉积物乃至模拟抗生素废水中时，黄铁矿氧化过程中的·OH 产生效率和生成途径将因表面次生 $Fe(III)$ 的原位沉积和水相 $Fe(III)$ 的水解沉淀而截然不同。Zhang 等[72]在 2016 年的研究中表明：环中性条件下黄铁矿被 O_2 氧化过程中较低·OH 生成量主要源于矿物表面吸附态的 $Fe(II)$，而诸如柠檬酸、草酸、EDTA 等小分子有机酸的引入则可通过将 Fe_{ad}^{2+} 络合溶出为均相的 $Fe(II)$-络合物，极大地提升黄铁矿的氧化溶出速率和活化 O_2 产·OH 的效率。然而，考虑到 2,2'-联吡啶（BPY）同时可以络合屏蔽矿物表面或溶液中新生成的结晶度较差的氧化物相，使得次生铁物种在整个过程中起到的作用并未得到细分。目前针对黄铁矿在环中性条件下与 O_2、Fe^{3+} 间的电子传递的研究多基于 Moses 在 1989 年提出的改进版 Singer-Stumm 模型[69]，在这个模型中，黄铁矿表面的 $Fe(II)_{ad}$ 扮演了氧化剂与黄铁矿间电子传递"桥梁"的角色，即向氧气传递电子而转化为 Fe_{ad}^{3+}，而后 Fe_{ad}^{3+} 立即从黄铁矿主相内接收新电子。Neil 等[73]在此模型的基础上，发现黄铁矿在环中性条件下，Fe_{ad}^{3+} 的引入可加速含砷黄铁矿表面次生矿物的相变过程，从而提升砷的溶出速率，进一步地证实了上述机理。但除黄铁矿表面的 $Fe(II)_{ad}$ 外，伴生 Fe 物种（如次生水合氧化物或矿物表面的氧化中间态壳层）与黄铁矿间的电子传递机制及该过程对·OH 生成的贡献似乎尚未得到细致的研究。

过去的十几年来，诸多典型的还原性含铁矿物如 ZVI、磁铁矿、FeS、$Fe(II)$ 黏土矿物已被广泛证明在氧化过程中可通过以下两种方式生成反应活性更高的表面态 $Fe(II)$ 物种：①与表面伴生 $Fe(III)$ 物种间的电子传递；②伴生 $Fe(III)$ 氧化层从水中吸附活性更高的 $Fe(II)_{ad}$；③对污染物的预吸附作用。这都说明区分环中性条件下黄铁矿氧化体系中各伴生固相铁物相对·OH 的贡献十分重要，而不是单一的归为表面 Fe^{2+} 的作用。同时，伴生铁物种的生成同时还可能起到一定的负面影响——基于多项研究表明黄铁矿及其他还原性铁硫矿物在环中性条件下的生物/非生物氧化会随着表面水合铁氧化物层的累积而钝化。因此，探究环中性条件下次生铁物相对黄铁矿活化 H_2O_2 过程中黄铁矿的氧化溶出和·OH 生成影响，分析次生铁物种的赋存形态和化学组分、总结次生铁物种在黄铁矿类 Fenton 体系反应过程中的迁移转化规律、阐明次生铁物种对黄铁矿类 Fenton 体系反应过程的具体影响机制对揭示黄铁矿在环中性条件下的氧化过程、拓宽黄铁矿类 Fenton 体系在水处理领域的应用场景具有重要的意义。本节的主要内容包括：(i)评估黄铁矿氧化过程中形成的次生铁物种的配体萃取能力；(ii)确认各种次生铁物种的具体存在状态；(iii)探索不同次生铁物种的氧化还原行为以及它们在中性条件下对·OH生成的相对贡献。采用外部添加 H_2O_2 来加速黄铁矿的氧化，并放大对照实验中的差异。通过一系列的循环实验，确定了不同的相关铁种对·OH产生的相对影响。通过测量矿物学特性差异、铁种分布和一系列的控制实验，评估了每个次生铁种的具体作用。该研究可能为黄铁矿的氧化过程和环中性条件下潜在的 ROS 生成机制提供了新的见解。

8.5.1 环中性条件下·OH生成动力学及累积浓度

当采用典型的 Fe(Ⅲ)配体——次氮基三乙酸(NTA)作为 Fe(Ⅲ)模型络合剂对氧化黄铁矿进行络合溶出处理可发现，黄铁矿环中性条件下氧化产生的次生铁物种绝大多数可以被络合溶出(8.5.2节中详细讨论)。无 NTA 的情况下，在 pH 为 6.0 的黄铁矿氧化过程中，经 72 h(最后的预设采样时间，因为 H_2O_2 被证实在 72 h 内完全分解)反应有(102.0±1.8)μmol/L 的·OH逐渐形成(图 8.13)，而·OH的产生有一个超过 8 h 的滞后期，说明除了大量黄铁矿中的结构态 Fe(Ⅱ)外，伴生铁物种可能介导了·OH的生成过程。在 NTA 的存在下，·OH的生成明显增强(图 8.13)，在最初的 8 h 内，NTA 的用量一旦超过 0.04 mmol/L，对·OH的生成动力学几乎无影响。然而，当 NTA 用量从 0.01 mmol/L 增加到 1 mmol/L 时，最终的·OH生成从 412.8 μmol/L 提高到 1056.0 μmol/L。当最初的 NTA 用量进一步增加到 10 mmol/L 时，累积的·OH浓度略微下降到 797.1 μmol/L，这可能是由于 NTA：Fe 的摩尔比更高，所以形成了反应性较差的 $Fe^{Ⅲ}(NTA)_2^{3-}$。

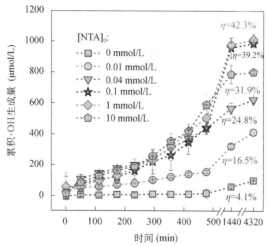

图 8.13　NTA 投加量对黄铁矿活化 H_2O_2 产·OH 的影响

实验条件：[黄铁矿]$_0$=5 g/L，[H_2O_2]$_0$=2.5 mmol/L，[MES]$_0$=5 mmol/L，pH$_0$ 为 6.0，
η 指体系利用 H_2O_2 产·OH 的效率

为了排除 NTA 参与竞争·OH 的可能性，测量了总 NTA，并证实它在反应过程中是稳定的(图 8.14)，而络合态 NTA 的浓度[图 8.14(b)]逐渐上升，几乎与总 Fe_{dis} 的变化一致(图 8.15)。同时，即使在低的初始 NTA 剂量(0.1 mmol/L)下，在最初的 6 h 内可以不断检测到游离态 NTA(图 8.14)，表明溶解态 Fe 与 NTA 的络合在初始阶段是缓慢的。

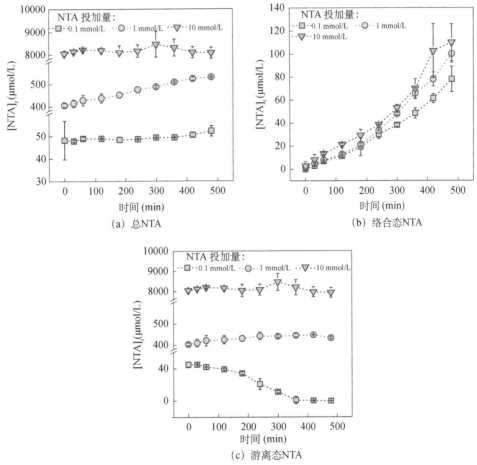

图 8.14　黄铁矿氧化过程中各形态 NTA 浓度随时间的变化

[黄铁矿]$_0$=5 g/L，[H_2O_2]$_0$=2.5 mmol/L，[MES]$_0$=5 mmol/L，pH$_0$ 为 6.0，
[NTA]$_0$=0 mmol/L/0.1 mmol/L/10 mmol/L

由于 O_2 通过与黄铁矿的直接接触对·OH 的形成所做的贡献可以忽略不计，但存在外源 H_2O_2 时，·OH 的产生增加(图 8.16)，因此可以初步推断，在 NTA 存在下，Fe-NTA 络合物的溶解对·OH 的产生起着主导作用。随着 Fe(III)-NTA 用量的增加，·OH 生成动力学和累积浓度的增加进一步支持了这个假设(图 8.17)。

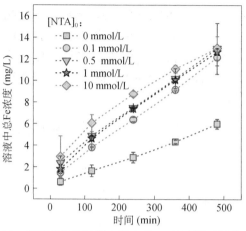

图 8.15　黄铁矿氧化过程中溶出总 Fe 浓度随时间的变化

实验条件：［黄铁矿］$_0$=5 g/L，［H_2O_2］$_0$=2.5 mmol/L，［MES］$_0$=5 mmol/L，pH$_0$ 为 6.0

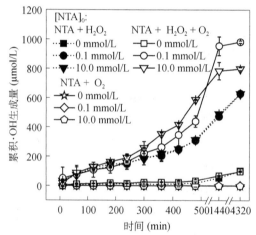

图 8.16　有/无外源 H_2O_2 条件下 O_2 对黄铁矿氧化产·OH 过程的影响

实验条件：［黄铁矿］$_0$=5 g/L，［H_2O_2］$_0$=2.5 mmol/L，［MES］$_0$=5 mmol/L，pH$_0$ 为 6.0

在不考虑·OH 影响的基础上，H_2O_2 主要被黄铁矿、次生固相 Fe(Ⅱ)物种和溶解态 Fe(Ⅱ)络合物所消耗。因此，这些反应之间的相对竞争决定了最终的·OH 生成率。

$$\eta=\frac{[\cdot OH]_{\text{cumulative}}}{[H_2O_2]_{\text{consumed}}}\approx\frac{\varphi_1 k_{Fe(II)soli}c_{Fe(II)soli}+\varphi_2 k_{Fe(II)complex}c_{Fe(II)complex}}{k_{Fe(II)soli}c_{Fe(II)soli}+k_{Fe(II)complex}c_{Fe(II)complex}+k_{pyrite}c_{pyrite}}$$

其中 η 表示 H_2O_2 生成·OH 的有效利用率，φ_1 和 φ_2 是指 Fe(Ⅱ)$_{soli}$ 和 Fe(Ⅱ)$_{complex}$ 通过激活 H_2O_2 产生·OH 的效率，$k_{Fe(II)soli}$、$k_{Fe(II)complex}$ 和 k_{pyrite} 分别是 H_2O_2 与固相 Fe(Ⅱ)物种、Fe(Ⅱ)$_{complex}$ 和黄铁矿的速率常数，$c_{Fe(II)soli}$、$c_{Fe(II)complex}$

和 c_{pyrite} 是指 $Fe(II)_{soli}$、$Fe(II)_{complex}$ 的浓度和黄铁矿参与反应的表面积。根据以前的研究，φ_1 的值总是远远小于 φ_2。此外，据报道，在中性条件下，水性 Fe^{3+} 或 $Fe(III)$ 络合物与黄铁矿的反应速率至少比 O_2 或 H_2O_2 的反应速率高一个数量级，导致更高的 $Fe(II)_{surface}/Fe(II)_{complex}$ 积累。

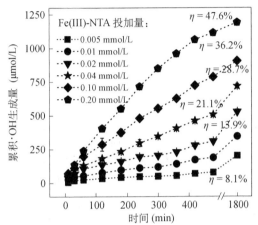

图 8.17　外源投加 Fe(III)-NTA 对黄铁矿氧化产·OH 过程的影响

实验条件：[黄铁矿]$_0$=5 g/L，[H_2O_2]$_0$=2.5 mmol/L，[MES]$_0$=5 mmol/L，pH$_0$ 为 6.0

8.5.2　次生固相铁物种的可络合溶出性

根据上面显示的结果，次生铁物种很可能是可被 NTA 络合溶出的配体，并转化为更具活性的 $Fe(II)/Fe(III)$-配体络合物，从而提高·OH 的生成率和产量。为了证明这一推测，在不同的 NTA 水平(0 mmol/L/0.1 mmol/L/10 mmol/L)下进行了循环氧化实验。从图 8.18 中可以看出，随着氧化过程的重复，在无 NTA 的情况下，·OH 的生成动力学和最终累积的浓度都在增加，这说明在无配体的情况下，次生铁物种可能主导了·OH 的生成过程。相反，在较低的 NTA 剂量(0.1 mmol/L)下，·OH 的产生有所改善，而在过量的 NTA 剂量(10 mmol/L)下几乎无变化(图 8.19)。此外，当新鲜的黄铁矿在无 NTA 的情况下被预氧化 72 h，然后分别在 0.1 mmol/L 和 10 mmol/L NTA 的情况下进行两次氧化循环时，累积的·OH 浓度增长更快(图 8.18)。然而，外源 NTA 的引入对黄铁矿环中性活化 H_2O_2 产·OH 的提升似乎是一种短时，因为当 NTA 剂量较高时，第三次循环中的·OH 生成又减少到相对较低的速率。这些可以解释为在预氧化过程中积累的相关铁物种的耗尽。这些现象进一步证实了 NTA 对全部(或部分)次生铁物种具有络合溶出作用。

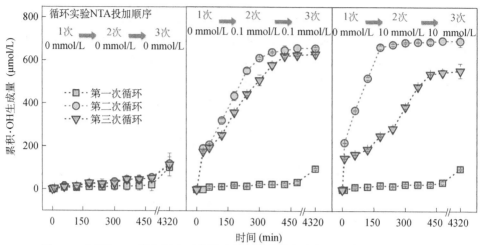

图 8.18　不同 NTA 投加顺序对黄铁矿循环氧化过程中累积·OH 生成量的影响

实验条件：[黄铁矿]$_0$=5 g/L，[H$_2$O$_2$]$_0$=2.5 mmol/L，[MES]$_0$=5 mmol/L，pH$_0$ 为 6.0

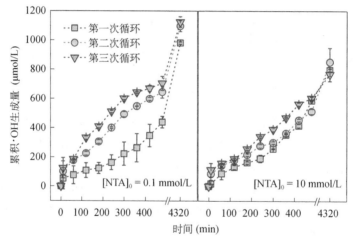

图 8.19　NTA 投量维持在 0.1 mmol/L/10 mmol/L 下黄铁矿循环氧化过程中的
累积·OH 生成量的变化

实验条件：[黄铁矿]$_0$=5 g/L，[H$_2$O$_2$]$_0$=2.5 mmol/L，[MES]$_0$=5 mmol/L，pH$_0$ 为 6.0

8.5.3　次生固相铁物种的形态识别

如上所述，环中性条件下，若水中无配体存在时，次生铁物种可能会主导·OH 的生成过程。然而，由于单批实验中的氧化作用有限，在大多数研究中总是很难认识到黄铁矿的矿物学和形态变化。因此，为了更好地区分不同的固体铁物种在环中性黄铁矿氧化中的具体作用，我们用不同的 NTA 剂量(0 mmol/L、0.1 mmol/L、10 mmol/L)对黄铁矿进行了 10 次循环氧化，以扩大黄铁矿的氧化程度。

如扫描电子显微镜(SEM)图像[图 8.20(a)]所示，当 NTA 投量为 0.1 mmol/L/10 mmol/L 时，10 次氧化循环后，黄铁矿表面仍然像原始黄铁矿一样光滑，而在无 NTA 的情况下，在黄铁矿相外沉积了多个纳米级的不规则球状物质[图 8.20(a)]。

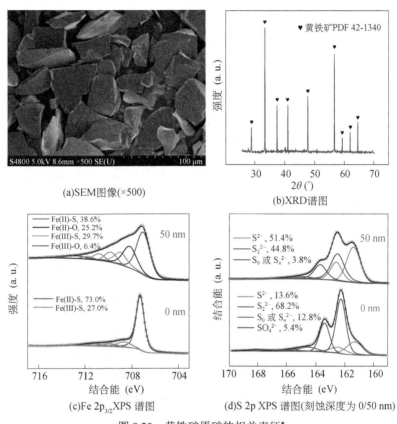

(a)SEM图像(×500)

(b)XRD谱图

(c)Fe 2p₃/₂XPS 谱图

(d)S 2p XPS 谱图(刻蚀深度为 0/50 nm)

图 8.20　黄铁矿原矿的相关表征*

*扫描封底二维码见本图彩图

SEM-EDS 分析表明，与黄铁矿的化学计量比(Fe∶S=1∶2)相比，新形成的球状物相含有过量的铁(≈72.4%的 S)(图 8.21)，说明这些次生铁物相可能是由铁(水合)氧化物或其他富铁硫化物组成的。高分辨透射电子显微镜(HRTEM)图像显示，在无 NTA 的情况下，黄铁矿氧化后，无定形的物相覆盖在黄铁矿清晰的晶格边缘[计算的晶格间距约为 2.4 Å，对应于黄铁矿的(210)晶面](图 8.22)。

此外值得注意的是，共存 NTA 剂量为 0.1 mmol/L 的氧化黄铁矿的平均粒径[图 8.23(b)]比图 8.23(a)、(c)中的要高得多，而且在其表面可以观察到明显的裂纹，这表明黄铁矿很可能沿着特定的反应截面被腐蚀和溶解，直至在氧化过程中

元素	原子序数	系列	归一化前占比 (%)	归一化后占比 (%)	原子百分比 (%)	误差 (%)
O	8	K系	0.37	1.84	4.85	0.2
S	16	K系	7.52	37.55	49.39	0.3
Fe	26	K系	12.14	60.61	45.77	0.4
		总计:	20.04	100.00	100.00	

图 8.21　无 NTA 的条件下经 10 次循环氧化的黄铁矿的 SEM-EDS 分析结果

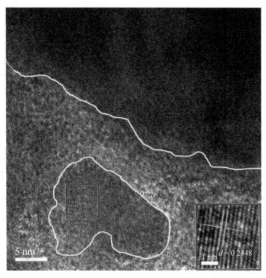

图 8.22　无 NTA 的条件下经 10 次循环氧化的黄铁矿的 TEM 分析结果

裂成小颗粒。颗粒大小的差异可能是由于黄铁矿的不同氧化程度造成的。此外，当 NTA 的投量为 0.1 mmol/L 时，在反应后的黄铁矿表面可以观察到一个氧化层 [图 8.23(d)]，这可能是由于络合物溶解不足造成的。XPS $Fe(2p_{3/2})$（图 8.24）和 $S(2p)$ [图 8.25(a)] 光谱进一步表明，在中性条件下黄铁矿的氧化过程中，除硫酸盐外，次生 Fe(III)-O 物种仍然存在于黄铁矿表面。综上所述，黄铁矿在环中性条件下的氧化过程中，同时存在异位沉积的含铁（水合）氧化物（Fe_{dep}）、黄铁矿表面原位形成的含铁氧化壳层（Fe_{coat}）和黄铁矿表面吸附的 Fe(II)（Fe_{ad}）。

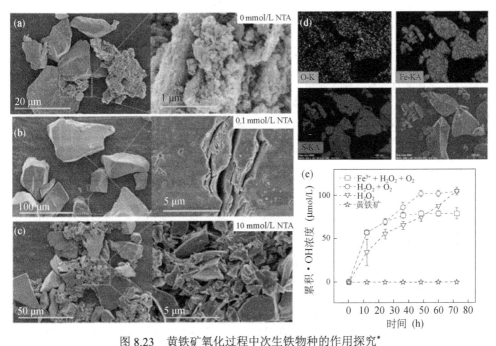

图 8.23　黄铁矿氧化过程中次生铁物种的作用探究*

在 0 mmol/L(a)、0.1 mmol/L(b)、10 mmol/L(c) NTA 存在下的 10 次循环氧化黄铁矿的形态（×1000）；
(d) 在 0.1 mmol/L NTA 存在下循环氧化黄铁矿的 SEM-EDS 图；(e) 探究 Fe_{dep}（绿线）、
硫空位（紫线）和 O_2（蓝线）对 ·OH 产生的相对贡献。

实验条件：[黄铁矿]$_0$=5 g/L，[H_2O_2]$_0$=2.5 mmol/L，[MES]$_0$=5 mmol/L，pH$_0$ 为 6.0，
在(e)中 NTA 的用量被设定为 10 mmol/L

*扫描封底二维码见本图彩图

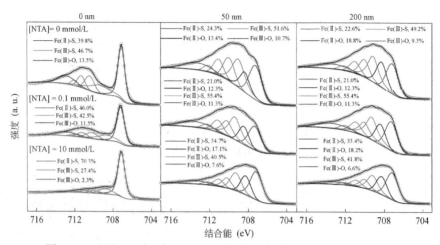

图 8.24　不同 NTA 投量下经 10 次循环氧化黄铁矿的 XPS Fe 2p 谱图*

* 扫描封底二维码见本图彩图

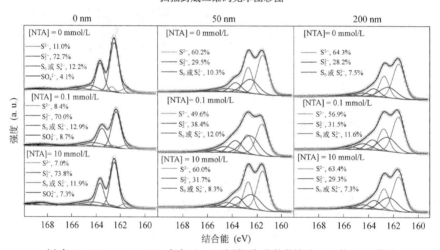

(a) 在 0/0.1/10 mmol/L NTA 存在下，10 次循环氧化的黄铁矿 S 2p 的 XPS 谱图

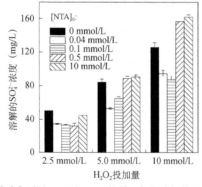

(b) 黄铁矿在不同 NTA 和 H_2O_2 投量下氧化溶解的 SO_4^{2-} 浓度

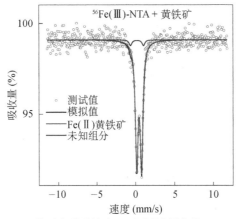

(c) 与 0.5 mmol/L $^{56}Fe^{3+}$氧化黄铁矿 30 天后剩余固体的 5k Mössbauer 谱图

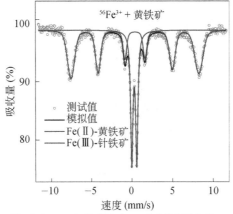

(d) 与 0.5 mmol/L $^{56}Fe(III)$-NTA 氧化黄铁矿 30 天后剩余固体的 5k Mössbauer 谱图

图 8.25　黄铁矿与 Fe_{dep} 间的相互作用强化黄铁矿氧化溶解机制探究*

实验条件：$[黄铁矿]_0 = 5$ g/L，$[MES]_0 = 5$ mmol/L，$pH_0 = 6.0$，$[H_2O_2]_0 = 2.5$ mmol/L

* 扫描封底二维码见本图彩图

8.5.4　黄铁矿环中性氧化过程中次生铁物种的氧化还原行为

1. 次生铁物种对·OH 生成的直接贡献

在无配体的情况下，·OH 可以从 H_2O_2 和①黄铁矿表面吸附态 $Fe(II)$（Fe_{ad}），②表面氧化铁壳层中的结构态 $Fe(II)$（Fe_{coat}）和③ Fe_{dep} 中的结构态 $Fe(II)$ 之间的类 Fenton 过程中产生。同时，黄铁矿表面的硫空位也可能通过解离吸附的 H_2O 产生·OH。考虑到次生无定形铁相（即 Fe_{dep}）可能来自于溶解态 $Fe(III)$ 的水解和沉淀，通过在 pH 为 6.0 的黄铁矿-BA 悬浮液中预混 10 mmol/L 的硫酸铁进行对照实验。如图 8.23（e）所示，额外添加的 $Fe(III)$ 反而阻碍了·OH 的生成过程，说明 Fe_{dep}

可能未参与·OH 的直接生成，并通过 H_2O_2 分解为 H_2O 和 O_2 的催化作用减少了 H_2O_2 的有效利用。与缺氧条件相比，O_2 的存在只是增加了·OH 的累积率，而最终的累积浓度几乎保持不变，这可以解释为促进了表面状态的 Fe(II)/Fe(III) 之间的氧化还原循环，以及从 O_2 的还原中可忽略的原位生成 H_2O_2。硫空位可以被排除在外，因为在缺氧条件下，仅黄铁矿的·OH 产量[图 8.23 (e)]和硫空位累积[图 8.20 (d)]可以忽略不计。

尽管如此，在循环氧化实验中，无论 NTA 投量是多少，每次循环中的·OH 生成动力学和·OH 的最终产量都遵循：第一次<第二次≈第三次（图 8.18）。这种不规则的趋势说明：·OH 的产生可能是由至少三种不同的铁物种影响的，否则·OH 的生成动力学和累积浓度可能会以一种特定的趋势变化（即不断增加或减少）。由于 Fe_{dep} 的积累减少了·OH 的产生，因此推测·OH 可能直接由 Fe_{coat} 中吸附的 Fe(II) 和结构 Fe(II) 的耦合效应产生。然而，由于在本研究中这些物种的数量相当少，因此很难直接区分这些 Fe(II) 物种的具体贡献。

2. 异位沉积铁物种对黄铁矿氧化溶出的促进

当 NTA 剂量设定为 0 或 10 mmol/L 时，黄铁矿可能比在 0.1 mmol/L NTA 存在下的反应程度高，这反映在颗粒大小的差异上（图 8.18）。为了进一步证明这一推论，通过 XPS 蚀刻技术对悬浮颗粒进行了进一步表征。正如 XPS S 2p 光谱所描述的[图 8.25 (a)]，在所有情况下，S(–I) 几乎是黄铁矿表面唯一检测到的 S 物种。然而，随着蚀刻深度增加到 50~200nm，在每个黄铁矿样品中都出现了一个对应 S(–II) 的吸收峰（结合能为 161.2 eV）。一般来说，硫空位的累积可以代表黄铁矿的氧化程度，因为在黄铁矿的氧化过程中，S(–I) 总是作为实际的电子供体角色，理论上先于 Fe(–II) 之前溶解，导致硫空位的形成。因此，比较 XPS S 2p 光谱反映的 S(–II) 的相对含量，进一步证实黄铁矿在 0 和 10 mmol/L NTA 的反应程度比在 0.1 mmol/L NTA 的存在下要大。

对于不同的氧化程度，最可能的解释之一是在不同的 NTA 水平上有不同的铁物种分布。随着 NTA 投量的不断提升，Fe $2p_{3/2}$ 的 XPS 光谱显示黄铁矿表面和内部的 Fe(III)-S/Fe(III)-O 含量都在下降（图 8.24），表明 NTA 的添加不仅络合溶出了矿物表面的次生铁物种，还在一定程度上切断了从内部 S 到外部氧化剂的电子转移途径。为了证明这一假设，在不同的 NTA 用量下，监测了每组反应结束时溶解的 SO_4^{2-} 的浓度。理论上，一旦转移的电子总数不变，溶解的 SO_4^{2-} 的数量是相等的，与氧化剂的种类（如 O_2、Fe^{3+} 和 H_2O_2）无关。无论 H_2O_2 的剂量是多少，实际溶解的 SO_4^{2-} 随着 NTA 浓度的增加而增加[图 8.25 (b)]。这可能是由于黄铁矿通过参与 Fe(II)-NTA/Fe(III)-NTA 之间的氧化还原循环接受了额外的电子。然而，在无 NTA 的情况下，累计溶解的 SO_4^{2-} 普遍高于低 NTA 水平的情况[图 8.25 (b)]，同时，在 10 次循环氧化实验中，溶解的 SO_4^{2-} 浓度随着黄铁矿的反复氧化而增加（图 8.26）。说明次生物种的溶出削弱了黄铁矿的氧化，换句话说，黄铁矿和伴生铁种，特别是 Fe_{dep} 之间的电子转移在反应过程中可能存在，并导致黄铁矿的氧化增强。

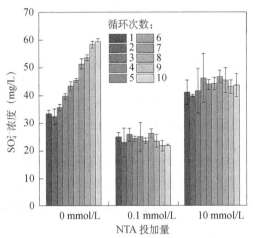

图 8.26　10 次循环氧化实验过程中单次溶出 SO_4^{2-} 浓度的变化

实验条件：[黄铁矿]$_0$=5 g/L，[MES]$_0$=5 mmol/L，[H_2O_2]$_0$=2.5 mmol/L，[NTA]$_0$=0 mmol/L/0.1 mmol/L/10 mmol/L，pH$_0$ 为 6.0

为进一步证明异位沉积的次生铁物种，即 Fe_{dep} 对黄铁矿的氧化溶出作用，我们采用了穆斯堡尔（Mössbauer）光谱来进一步确定上述提出的电子转移过程。由于穆斯堡尔谱只能检测到其他铁同位素中的 ^{57}Fe 信号，因此采用 $^{56}Fe(III)$ 硫酸盐和预先制备的 $^{56}Fe(III)$-NTA 在 pH 为 6.0 的情况下氧化黄铁矿，以屏蔽来自外部氧化物的穆斯堡尔信号。结果如图 8.25(c) 所示，在 NTA 过量的情况下，收集到悬浮物的主要成分是黄铁矿（95.3%），谱图中信号微弱的二重峰可能是由于样品表面纹理的影响，这意味着所有相关的铁物种都可以被 NTA 提取。相反，在无 NTA 的情况下，经过 30 天的氧化，出现了一个不对称的六重峰，对应针铁矿的标准谱图 [图 8.25(d)]。由于在整个过程中不可避免的矿物晶体转化，针铁矿可能不是最初形成的 Fe_{dep}，然而，这种含铁矿物的含量明显较高（65.3%），进一步地证明了原地沉淀的铁物种可能会加速黄铁矿的氧化，从而产生更多的配体可接触的相关铁物种。

总之：只有 Fe_{ad} 和 Fe_{coat} 对 ·OH 的产生有直接贡献，而无定形的 Fe_{dep} 极大地增强了黄铁矿的氧化溶解，并释放出更多的 Fe^{3+}（立即沉淀并最终转化为针铁矿）和硫酸盐到溶液中。此外，Fe_{dep} 加速了 H_2O_2 的直接分解而不产生 ·OH，因此极有可能被误认为是钝化层。

8.6 本 章 小 结

本章主要介绍了黄铁矿在酸性及中性条件下活化 H_2O_2 生成 · OH 降解污染物的反应机制。主要结论如下：

（1）O_2、Fe^{3+} 及 H_2O_2 都能参与 FeS_2 的表面氧化。在 Fe^{3+} 氧化 H_2O_2 的实验中，在前者足够多的前提下，亚铁以零级反应速率产生。H_2O_2 氧化 FeS_2 的反应有 H^+ 生成，因此随着反应的进行，FeS_2/H_2O_2 体系中的溶液主体 pH 会有不断下降的趋势。通过使用铁离子络合剂及添加缓冲盐的系列研究，发现 FeS_2/H_2O_2 体系中的自催化作用主要由 Fe^{3+} 引起，而非 pH 的改变所致。

（2）FeS_2/H_2O_2 体系去除污染物在不同反应阶段具有不一样的反应机理。反应初期，溶液主体中亚铁浓度很低，因此污染物去除受发生在 FeS_2 表面的反应控制。当反应进行到一定程度时，由于体系中有大量 Fe^{3+} 产生，Fe^{3+} 与 FeS_2 及 H_2O_2 作用后生成大量的溶解性 Fe^{2+}。此时污染物降解则主要受发生在溶液主体中的均相 Fenton 反应控制。

（3）FeS_2/H_2O_2 体系存在明显的自催化作用，在不同的 H_2O_2 和黄铁矿用量下，表观速率常数 k_{app} 呈现不断增大的趋势；评价了影响 FeS_2/H_2O_2 体系自催化过程的关键因素。磷酸盐通过络合三价铁离子有效阻止氧化还原反应；在初始 pH 为 3.0 时，CAP 去除效果最好，增加或降低 pH 都不利于 CAP 的去除，pH 对多相反应的影响较为复杂，H_2O_2 在碱性条件下，无效分解速率加快，产物中多为 O_2 和 H_2O，溶液 pH 影响含铁矿物的溶出，强酸性条件会明显加快这一过程。

（4）当处于环中性条件下时，随黄铁矿不断被氧化，体系 · OH 的产率不断提升，新鲜黄铁矿直接活化 H_2O_2 产 · OH 的活性极弱，考虑到环中性条件下游离 Fe^{3+} 溶解度极低，因此 · OH 的产率主要可归结为次生固相铁物种的贡献。同时，选用典型的 Fe(III)配体——NTA（次氮基三乙酸）作为 Fe(III)模型络合剂对氧化黄铁矿进行络合溶出处理可发现，黄铁矿环中性条件下氧化产生的次生铁物种绝大多数可以被络合溶出。

（5）在无 NTA/微量 NTA/过量 NTA 共存条件下，黄铁矿表面先后存在无定形次生铁矿物相、含铁氧化壳层、表面吸附态 Fe(III)/Fe(II)。而相关对照实验结果表明，含铁氧化壳层、表面吸附态 Fe(III)/Fe(II) 对 · OH 在环中性条件下的直接生成产生贡献，而无定形次生铁矿物相的累积则可造成 H_2O_2 的无效分解，从而减弱体系在环中性条件下的氧化效能。

（6）尽管无定形的无定形次生矿物相（溶出 Fe^{3+} 水解沉淀后经过矿物晶型转化的产物）对 · OH 的生成不构成直接贡献，且对 H_2O_2 具有一定的氧化分解作用，但其生成量显著高于其他两种形态的次生铁物种，且根据矿物粒径反应的黄铁矿氧化程度显示，无定形次生矿物相的存在可加速黄铁矿的氧化溶出。通过监测不同 NTA 投量（即控制无定形矿物相的产量）下 SO_4^{2-} 的溶出量、XPS 刻蚀等方式，证实了无定形次生矿物相的存在可加速黄铁矿的氧化溶出的结论。同时，通过采用 ^{56}Fe 合成了络合态/非络合态 Fe(III)盐并对黄铁矿加以氧化并对产物进行 Mössbauer 光谱表征，观察到无外源配体投加的情况下矿物向针铁矿的转化过程，进一步证实了上述论点的同时还验证了黄铁矿氧化过程中所生成的次生物种皆可被外源羧基配体络合溶出，而基本不含顽固的钝化层成分。

第9章 强化黄铁矿活化 H_2O_2 类 Fenton 反应活性的方法

基于前期对黄铁矿在酸性和环中性条件下氧化机理的认知,本章旨在介绍课题组后期通过外加络合剂、过渡金属和硫元素三种途径来拓宽黄铁矿活化 H_2O_2 降解污染物的 pH 适应范围的相关工作,包括:探索黄铁矿活化 H_2O_2 降解典型 PPCPs 类物质氯霉素的反应途径,研究碱性条件下黄铁矿活化 H_2O_2 氧化降解氯霉素过程中络合反应机理,探索碱性条件下黄铁矿活化 H_2O_2 反应中硫元素的形态转变对反应效果的促进作用,期望优化工艺条件,提高 Fenton 氧化在碱性条件下的氧化反应性能,探索一种适应水质范围广的氧化技术,推动 Fenton 氧化技术的工业化应用。

9.1 络合剂强化黄铁矿活化 H_2O_2 类 Fenton 反应

传统 Fenton 氧化技术利用 Fe^{2+} 活化 H_2O_2,pH 大于 3.5 时,活化效果已经大大降低。各类铁矿物的投加虽然可以改善这一状况,但碱性条件下三价铁的氢氧化物形成的絮状物附着在矿物材料表面,一定程度地占据矿物表面的反应位点,使得矿物在碱性条件下活化 H_2O_2 的性能受到较大程度的抑制。

络合剂的使用是提高 Fenton 氧化技术适用范围的一个有效尝试,目前效果较好的为 N,N'-(1,2-乙烷二基)双天冬氨酸(EDDS)和乙二胺四乙酸(EDTA),金属络合剂能与反应体系中的 Fe^{2+} 和 Fe^{3+} 生成溶解态的络合物,保证 Fenton 氧化反应的正常进行。但 EDDS 价格昂贵,难以推广应用,EDTA 作为常用络合剂,生物降解性低。寻找一种氧化效果好,价格低的实用活化剂和络合效果好、成本低的络合剂将推动 Fenton 氧化处理技术的变革,在之前的研究基础上寻找一种将非均相反应与络合剂联合作用提高体系氧化效果的技术更是一种有益的尝试。

9.1.1 酸性条件下常见络合剂对 FeS_2/H_2O_2 体系降解污染物性能的影响

1. 无机络合剂

(1)CO_3^{2-} 和 HCO_3^- 对 FeS_2/H_2O_2 体系的影响

无机阴离子 CO_3^{2-} 和 HCO_3^- 对 FeS_2/H_2O_2 体系氧化去除双氯芬酸(DCF)的影响

如图 9.1 所示。0.5 mmol/L CO_3^{2-} 和 HCO_3^- 的加入对 DCF 的氧化都有很强的抑制作用，反应进行 90 min 后，空白体系中 DCF 去除率近 100%，而有阴离子存在的情况下 DCF 浓度几乎无变化。

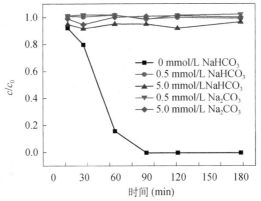

图 9.1　CO_3^{2-} 和 HCO_3^- 对 DCF 去除效果的影响

实验条件：$[FeS_2]$=0.5 g/L，$[H_2O_2]$=5 mmol/L，$[DCF]$=3.14 μmol/L

根据已有研究，溶液中碳酸根离子(或碳酸氢根离子)的存在能够促进 FeS_2 的表面氧化，依据 Singer 和 Stumm 模型[74]，亚铁被分子氧氧化过程是 FeS_2 氧化反应的速率控制步骤，而碳酸根离子(或碳酸氢根离子)能够通过与亚铁形成 $Fe\text{-}CO_3$ 络合物来加快亚铁的氧化。这一结论与上述的抑制作用并不矛盾，因为亚铁与碳酸根离子(或碳酸氢根离子)形成络合物后可能与 H_2O_2 的反应活性变差，从而阻碍亚铁与 H_2O_2 反应，导致羟自由基的产生受到严重影响。同时碳酸根的存在改变了 Fe^{3+} 的存在形态，因此也极有可能对 FeS_2 的氧化产生影响。

另外，碳酸根离子是重要的自由基捕获剂，能以反应式(9.1)～(9.3)与羟自由基、硫酸根自由基作用。

$$HCO_3^- + \cdot OH \longrightarrow CO_3^{\cdot-} + H_2O \tag{9.1}$$

$$HCO_3^- + SO_4^{\cdot-} \longrightarrow SO_4^{2-} + HCO_3^{\cdot} \tag{9.2}$$

$$CO_3^- + SO_4^{\cdot-} \longrightarrow SO_4^{2-} + CO_3^{\cdot-} \tag{9.3}$$

CO_3^{2-} 和 HCO_3^- 捕获自由基对污染物去除的影响往往受体系中各组分相对浓度大小的控制。Liang 等[75]考察了碳酸盐对过硫酸盐氧化三氯乙烯(trichloroethylene，TCE)反应的影响，在 0.46 mmol/L 初始浓度的 TCE 及 23 mmol/L 的过硫酸盐用量下，发现当碳酸盐浓度为 0～9.2 mmol/L 时，对 TCE 的去除无影响；而当碳酸盐浓度高于 9.2 mmol/L 且不断增大时，对 TCE 去除的抑制作用也逐渐加强。

(2) $H_2PO_4^-$ 对 FeS_2/H_2O_2 体系的影响

$H_2PO_4^-$ 对 DCF 在 FeS_2/H_2O_2 体系中去除效果的影响如图 9.2 所示。与空白试验相比，$H_2PO_4^-$的加入明显抑制了 DCF 的氧化去除，且加入的 $H_2PO_4^-$浓度越高，对反应的抑制作用就越强。反应进行 90 min 后，空白试验中 DCF 已经基本去除完毕，而分别加入 0.5 mmol/L 和 5 mmol/L $H_2PO_4^-$的体系中，DCF 去除率仅为 26%和 16%。与 CO_3^{2-}和 HCO_3^-相比(图 9.1)，$H_2PO_4^-$对 DCF 去除的影响要小得多。反应前后溶液的 pH 位于 4.0～6.0，由不同 pH 下磷酸盐的形态分布图可知，加入的磷酸盐主要以 $H_2PO_4^-$形态存在。$H_2PO_4^-$与体系中的 Fe^{2+} 和 Fe^{3+}以如下方式形成络合物

$$Fe^{2+} + H_2PO_4^- \longrightarrow FeH_2PO_4^+ \tag{9.4}$$

$$Fe^{3+} + H_2PO_4^- \longrightarrow FeH_2PO_4^{2+} \tag{9.5}$$

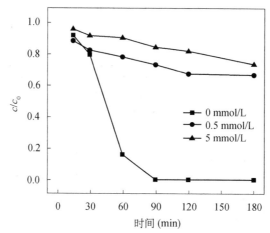

图 9.2　$H_2PO_4^-$对 DCF 去除效果的影响

实验条件：$[FeS_2]$=0.5 g/L，$[H_2O_2]$=5 mmol/L，$[DCF]$=3.14 μmol/L

在 $H_2PO_4^-$存在下，溶液中溶解性的 Fe^{2+}绝大部分以 $FeH_2PO_4^+$形式存在，溶液中能与 H_2O_2反应的 Fe^{2+}量大大减少。Fe^{3+}是 FeS_2 的强氧化剂，正常情况下，大量累积的 Fe^{3+}能够通过不断氧化 FeS_2 产生 Fe^{2+}来加速反应的进行。但是，当溶液中存在 $H_2PO_4^-$时，Fe^{3+}会与 $H_2PO_4^-$以 $FeH_2PO_4^{2+}$的形式紧密地结合，从而阻碍了溶解态 Fe^{2+}的再生。虽有报道称后者也能与 H_2O_2反应，但在反应速率上要远远慢于 Fe^{3+}。

$$HPO_4^{2-} + \cdot OH \longrightarrow \cdot HPO_4^- + OH^- \tag{9.6}$$

2. 有机络合剂

有机络合剂对金属迁移的影响主要有两方面：其一，影响颗粒物(悬浮物或沉积物)对重金属的吸附；其二，影响重金属化合物的溶解度。所用络合剂的相关性质如表 9.1 所示。

表 9.1　有机络合剂相关性质

中文名称	英文名称	化学式	结构式
乙二胺四乙酸	ethylene diamine tetraacetic acid	$C_{10}H_{16}N_2O_8$	
柠檬酸	citric acid	$C_6H_8O_7$	
草酸	oxalic acid	$H_2C_2O_4$	
L-酒石酸	L-tartaric acid	$C_4H_6O_6$	
次氮基三乙酸	nitilotriacetic acid	$C_6H_9NO_6$	

(1) EDTA/FeS$_2$/H$_2$O$_2$

在无络合剂存在的酸性溶液中，Fe^{2+} 主要以 $Fe(H_2O)_6^{2+}$ 形式存在。该物质按以下方式发生水解，

$$H_2O + Fe(H_2O)_6^{2+} \Longrightarrow Fe(H_2O)_5 OH^+ + H_3O^+ \tag{9.7}$$

$$2H_2O + Fe(H_2O)_6^{2+} \Longrightarrow Fe(H_2O)_4 OH_2 + H_3O^+ \tag{9.8}$$

相应地，$Fe(H_2O)_6^{2+}$、$Fe(H_2O)_5OH^+$ 和 $Fe(H_2O)_4OH_2$ 常简写为 Fe^{2+}、$FeOH^+$ 及 $Fe(OH)_2$。当溶液 pH < 3.0 时，亚铁主要以 Fe^{2+} 的形态存在(图 9.3)。虽然在中性条件下 Fe^{2+} 有较高的溶解度，但如果同一体系中还有三价铁时，亚铁与三价铁的无定形氢氧化物之间的共沉淀作用也会降低前者的浓度。

研究发现，亚铁络合物在与 H_2O_2 反应时相对于 Fe^{2+} 与 H_2O_2 之间的反应要有很大优势。在室温及酸性条件下，有研究人员测得 Fe^{2+} 与 H_2O_2 的反应速率常数为 $40 \sim 80$ L/(mol·s)。而当亚铁以 $Fe(OH)_2$ 的络合形式存在时，其与 H_2O_2 的反应速率达 586 L/(mol·s)，是前者的 10 余倍[76]。由图 9.3 可看出，pH 为 4.0 时亚铁主要以 $Fe(OH)_2$ 形式存在，这也解释了传统 Fenton 反应的最佳 pH 为 4.0 左右的原因。

在酸性条件下(pH 为 3.0)，EDTA 对 FeS_2/H_2O_2 体系去除 CAP 的影响如图 9.4 所示。当体系中有 0.5～50 μmol/L 的 EDTA 存在时，CAP 的去除效果都受到了不同程度的抑制。在 pH 为 3.0 的条件下，绝大部分 Fe^{3+} 呈溶解态，因此 EDTA 的加入对溶解性 Fe^{3+} 的影响不大。当 EDTA 过量时，EDTA 很强的金属离子络合性能使得溶液中的 Fe^{2+}、Fe^{3+} 都分别以 Fe(II)-EDTA 和 Fe(III)-EDTA 的络合形式存在。虽然 Fe^{2+} 与 EDTA 形成的络合物加快了其与 H_2O_2 的反应速率$[k=1.75\times10^4$ $L/(mol\cdot s)]$，但产生的自由基很可能是高价态铁[Fe(IV)]而非羟基自由基。Fe(IV) 对污染物具有很强的选择氧化性，氧化能力弱于羟基自由基，因而该过程往往要慢于污染物与羟基自由基的反应。也或许 EDTA 会消耗羟基自由基，影响了其与目标污染物的反应。

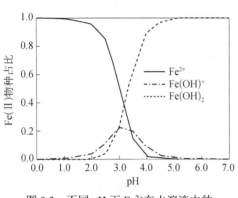

图 9.3　不同 pH 下 Fe^{2+} 在水溶液中的
存在形态

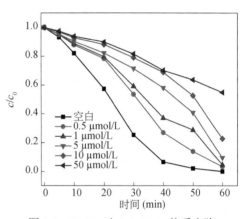

图 9.4　EDTA 对 FeS_2/H_2O_2 体系去除
CAP 的影响

实验条件：$[FeS_2]$=1 g/L，$[H_2O_2]$=5 mmol/L，
$[CAP]$=4.88 mg/L，T=(25±1)℃，初始 pH 为 3.0

初始 pH 为 4.5 时，在有无缓冲溶液存在的情况下（图 9.5、图 9.6），EDTA 对 FeS_2/H_2O_2 体系的影响有一定差异。有缓冲液时，不断增加的 EDTA 用量对 CAP 的去除有先促进后抑制的作用。从图 9.5 可看出，当 EDTA 浓度由 0.5 μmol/L 增至 1 μmol/L 时，反应 60 min 后，CAP 去除率由 23%提高至 52%。而当 EDTA 浓度从 1 μmol/L 继续上升到 50 μmol/L 时，EDTA 开始表现出抑制效应且这种作用随着浓度的增加而不断加强。当溶液 pH 升高时，三价铁的水合物受溶解度的限制开始沉淀。通过与 Fe^{3+} 形成可溶性络合物 Fe(III)-EDTA，此时 EDTA 的加入能够在一定程度上增加溶解性三价铁的浓度。由于 Fe(III)-EDTA 与 H_2O_2 的反应远快于离子态 Fe^{III} 与 H_2O_2 之间的作用，故络合态铁的产生也加速了 Fe^{3+}/Fe^{2+} 的循环。

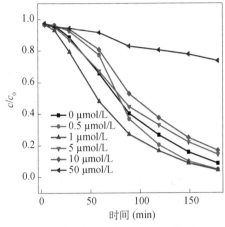

图 9.5　EDTA 对 FeS_2/H_2O_2 体系
去除 CAP 的影响（缓冲体系）

实验条件：$[FeS_2]=1$ g/L，$[H_2O_2]=5$ mmol/L，
$[CAP]=4.92$ mg/L，$T=(25\pm1)$ ℃，
5 mmol/L 乙酸/乙酸钠缓冲液，pH 为 4.5

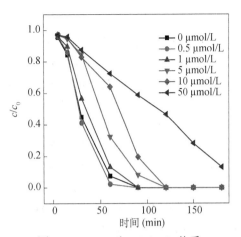

图 9.6　EDTA 对 FeS_2/H_2O_2 体系
去除 CAP 的影响（无缓冲体系）

实验条件：$[FeS_2]=1$ g/L，$[H_2O_2]=5$ mmol/L，
$[CAP]=4.92$ mg/L，$T=(25\pm1)$ ℃，初始 pH 为 4.5

在酸性条件下，溶液中的三价铁主要以四种形态存在，分别为 Fe^{3+}、$FeOH^{2+}$、$Fe(OH)_2^+$、$Fe_2(OH)_2^{4+}$，其形态分布如图 9.7 所示。

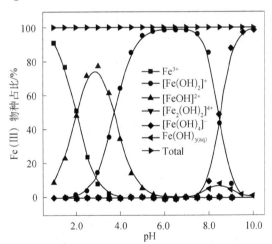

图 9.7　不同 pH 下 Fe^{3+} 在水溶液中的存在形态（由 Visual MINTEQ 3.0 计算得出）

当溶液中有 H_2O_2 存在时，H_2O_2 会以如下方式与三价铁形成络合物［式(9.9) 和式(9.10)］：

$$Fe^{3+}+H_2O_2 \underset{\longleftarrow}{\longrightarrow} Fe(HO_2)^{2+}+H^+ \tag{9.9}$$

$$FeOH^{2+}+H_2O_2 \underset{\longleftarrow}{\longrightarrow} Fe(OH)(HO_2)^++H^+ \tag{9.10}$$

可能是基于过氧化物与金属内层配位体的形成，上述反应能瞬间达到平衡态。Fe^{3+}对H_2O_2的分解过程受Fe^{2+}的再生速率控制，其过程表示如下，

$$Fe^{III}(HO_2^-) \longrightarrow Fe^{II} + \cdot HO_2 \tag{9.11}$$

$$Fe^{III}(OH^-)(HO_2^-) \longrightarrow Fe^{II} + \cdot HO_2 + OH^- \tag{9.12}$$

Laat 和 Gallard 估算反应式(9.11)和式(9.12)的总体有效反应速率为 0.0027 s^{-1}，而对于各自的速率常数至今仍未可知[77]。溶液中有 EDTA 存在时，EDTA 能与 Fe^{3+} 形成紫色的过氧化氢络合物，拉曼光谱显示其结构为 Fe(III)-EDTA(O_2^{2-})，而该络合物分解为 $\cdot O_2^-$ 和 Fe(II)的速率是过氧化物-Fe(III)-水配合物分解速率的 30 余倍。

无缓冲液存在时(图 9.6)，与有缓冲液的情况相比，CAP 的去除效果对 EDTA 的存在更为敏感。当体系中的 EDTA 浓度为 0.5 μmol/L 时，对 FeS_2/H_2O_2 氧化去除 CAP 表现出微弱的促进作用。随着反应的进行，溶液的 pH 会不断地下降，Fe^{3+} 在溶液中的溶解度也就越来越高，因而 EDTA 在促进三价铁溶解上所起的作用也就越来越减弱。另一方面，EDTA 在显示其强络合特性的同时自身也是一种污染物。由于羟基自由基的非选择氧化性，过量的 EDTA 会与 CAP 竞争羟基自由基，使得用于目标污染物去除的·OH 大大减少，从而影响了 CAP 的去除效果。

(2) 草酸/FeS_2/H_2O_2

强酸性条件下草酸对 CAP 去除效果的影响与 EDTA 相似。从图 9.8 可看出，在 0.5~50 μmol/L 的浓度范围内，草酸的存在抑制了 CAP 的去除，且这种抑制作用随着草酸浓度的加大而越明显。在无草酸的情况下，反应进行 40 min 后，90%左右的 CAP 得以去除；而当加入 50 μmol/L 的络合剂时，同样条件下 CAP 的去除率仅为 10%。

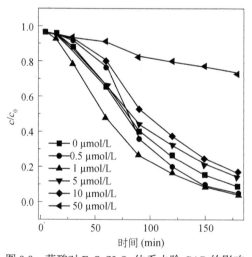

图 9.8　草酸对 FeS_2/H_2O_2 体系去除 CAP 的影响

实验条件：[FeS_2]=1 g/L，[H_2O_2]=5 mmol/L，[CAP]=4.88 mg/L，T=(25±1) ℃，初始 pH 为 3.0

在 5 mmol/L 乙酸/乙酸钠溶液的缓冲下，与强酸性条件的情况相比，草酸对 CAP 在 FeS₂/H₂O₂ 体系中去除效果的影响有较大差异。如图 9.9 所示，0.5 μmol/L、1 μmol/L 和 5 μmol/L 草酸的存在对 CAP 的去除有一定的促进作用，且两种浓度的草酸对反应体系的影响差异不明显。从图上可看出，当反应进行 90 min 后，草酸浓度为 0 μmol/L、0.5 μmol/L、1 μmol/L、5 μmol/L 的体系中，CAP 的去除率分别为 40%、63%、62% 和 60%，而浓度继续增大的草酸对 CAP 的去除表现出了明显的抑制作用。

在无缓冲液存在的弱酸性条件下 (图 9.10)，草酸对 CAP 去除效果的影响与有缓冲液存在的情况类似。在两种体系中，络合剂对污染物去除的影响都有先促进而后抑制的趋势。但就促进作用而言，两体系中草酸的最佳浓度不一样，在达到同样的促进作用下，有缓冲液的反应中需要更多的草酸。

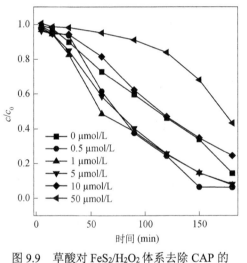 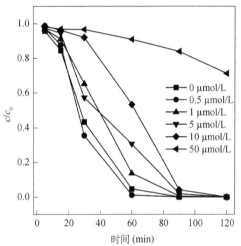

图 9.9　草酸对 FeS₂/H₂O₂ 体系去除 CAP 的
影响 (缓冲体系)
实验条件：[FeS₂]=1 g/L，[H₂O₂]=5 mmol/L，
[CAP]=4.92 mg/L，T=(25±1)℃，
5 mmol/L 乙酸/乙酸钠缓冲液，pH 为 4.5

图 9.10　草酸对 FeS₂/H₂O₂ 体系去除
CAP 的影响 (无缓冲体系)
实验条件：[FeS₂]=1 g/L，[H₂O₂]=5 mmol/L，
[CAP]=4.77 mg/L，T=(25±1)℃，
初始 pH 为 4.5

(3) 酒石酸/FeS₂/H₂O₂

如图 9.11 所示，在 pH 为 3.0 条件下，酒石酸对 FeS₂/H₂O₂ 体系去除 CAP 没有表现出促进作用。在浓度不大于 1 μmol/L 时，草酸对 CAP 去除率的影响不明显。而当浓度高于 1 μmol/L 时，CAP 的去除开始受到显著地抑制。50 μmol/L 草酸的加入使得反应 60 min 后污染物的去除率由空白试验中的 100% 下降到了 62%。

在 5 mmol/L 乙酸/乙酸钠缓冲液的作用下 (图 9.12)，低浓度的酒石酸对 CAP 的去除表现出了一定的促进作用。其中，当络合剂浓度为 10 μmol/L 时，这种促进

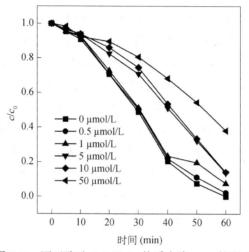

图 9.11　酒石酸对 FeS$_2$/H$_2$O$_2$ 体系去除 CAP 的影响

实验条件：[FeS$_2$]=1 g/L，[H$_2$O$_2$]=5 mmol/L，[CAP]=5.01 mg/L，T=(25±1) ℃，初始 pH 为 3.0

效果最为明显。在无缓冲液存在的情况下(图 9.13)，图 9.12 观察到的促进作用消失，随着络合剂浓度的加大，对 CAP 降解的抑制作用不断增强。从图 9.13 可看出，空白试验中反应 60 min 后 96%左右的 CAP 得以降解，而在有 50 μmol/L 酒石酸存在的情况下，要达到类似的处理效果，反应需进行约 120 min。

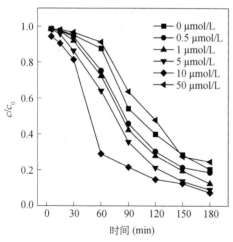

图 9.12　酒石酸对 FeS$_2$/H$_2$O$_2$ 体系去除
CAP 的影响(缓冲体系)

实验条件：[FeS$_2$]=1 g/L，[H$_2$O$_2$]=5 mmol/L，
[CAP]=4.87 mg/L，T=(25±1) ℃，
5 mmol/L 乙酸/乙酸钠缓冲液，pH 为 4.5

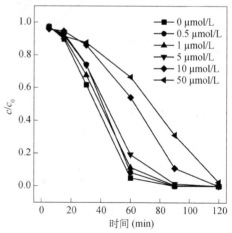

图 9.13　酒石酸对 FeS$_2$/H$_2$O$_2$ 体系去除
CAP 的影响(无缓冲体系)

实验条件：[FeS$_2$]=1 g/L，[H$_2$O$_2$]=5 mmol/L，
[CAP]=4.87 mg/L，T=(25±1) ℃，
初始 pH 为 4.5

(4) NTA/FeS$_2$/H$_2$O$_2$

在不同反应条件下，NTA 对 FeS$_2$/H$_2$O$_2$ 体系的影响有较大差别。溶液酸性较强

时(pH 为 3.0)，如图 9.14 所示，在试验所用浓度范围内，NTA 的加入均抑制了 CAP 的降解。而在有缓冲液存在的弱酸性环境下(图 9.15)，NTA 的存在却有效地促进了污染物的去除。由图 9.15 可见，无 NTA 投加时，反应进行 180 min 后，CAP 的去除率约为 83%，而当体系中有 10 μmol/L NTA 存在时，达到同样的去除效果只需 120 min。弱酸性条件下，当体系中无缓冲液时(图 9.16)，低浓度的 NTA 对 FeS₂/H₂O₂ 体系的影响不明显，而当络合剂浓度增至 5~10 μmol/L 时，CAP 的去除效果受到了一定程度的抑制。

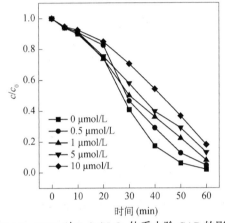

图 9.14　NTA 对 FeS₂/H₂O₂ 体系去除 CAP 的影响

实验条件：[FeS₂]=1g/L，[H₂O₂]=5 mmol/L，[CAP]=5.01 mg/L，T=(25±1)℃，初始 pH 为 3.0

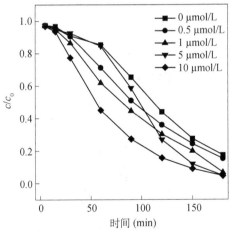

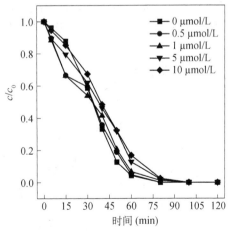

图 9.15　NTA 对 FeS₂/H₂O₂ 体系去除
CAP 的影响(缓冲体系)

实验条件：[FeS₂]=1 g/L，[H₂O₂]=5 mmol/L，
[CAP]=4.99 mg/L，T=(25±1)℃，
5 mmol/L 乙酸/乙酸钠缓冲液，pH 为 4.5

图 9.16　NTA 对 FeS₂/H₂O₂ 体系
去除 CAP 的影响(无缓冲体系)

实验条件：[FeS₂]=1g/L，[H₂O₂]=5 mmol/L，
[CAP]=4.99 mg/L，T=(25±1)℃，初始 pH 为 4.5

（5）柠檬酸/FeS₂/H₂O₂

　　柠檬酸对 FeS₂/H₂O₂ 体系去除 CAP 的影响如图 9.17 所示，与其他几种络合剂类似，强酸性条件下不同浓度的柠檬酸对 CAP 的去除都显示出了不同程度的抑制作用。空白试验中，反应进行 60 min 后，CAP 去除率约为 97%，而在同样条件下有 0.5 μmol/L、1 μmol/L、5 μmol/L、10 μmol/L、50 μmol/L 柠檬酸的反应体系中，CAP 的去除率则分别为 96%、93%、82%、53%、46%。

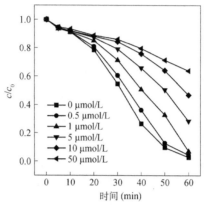

图 9.17　柠檬酸对 FeS₂/H₂O₂ 体系去除 CAP 的影响

实验条件：[FeS₂]=1g/L，[H₂O₂]=5 mmol/L，[CAP]=5.01 mg/L，T=(25±1)℃，初始 pH 为 3.0

　　弱酸性条件下，柠檬酸对 CAP 去除效果的影响如图 9.18 和图 9.19 所示。与其他几种络合剂不同的是，柠檬酸的存在对污染物的去除效果无明显的促进作用，且络合剂对 FeS₂/H₂O₂ 体系的影响不依赖于是否有缓冲液存在。

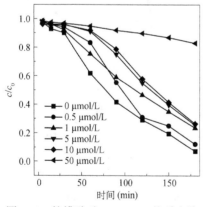

图 9.18　柠檬酸对 FeS₂/H₂O₂ 体系去除
CAP 的影响（缓冲体系）

实验条件：[FeS₂]=1 g/L，[H₂O₂]=5 mmol/L，
[CAP]=4.92 mg/L，T=(25±1)℃，
5 mmol/L 乙酸/乙酸钠缓冲液，pH 为 4.5

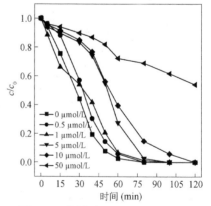

图 9.19　柠檬酸对 FeS₂/H₂O₂ 体系
去除 CAP 的影响（无缓冲体系）

实验条件：[FeS₂]=1 g/L，[H₂O₂]=5 mmol/L，
[CAP]=4.92 mg/L，T=(25±1)℃，初始 pH 为 4.5

从以上结果可知, 有机络合剂对 FeS_2/H_2O_2 体系的影响有着很强的酸碱环境依赖性。在强酸性条件下(pH 为 3.0), 有机络合剂 EDTA、草酸、酒石酸、NTA 和柠檬酸(0.5~50 μmol/L)对 FeS_2/H_2O_2 体系反应活性均表现为抑制作用。其作用机理可能主要是捕获羟基自由基和阻碍 Fe^{3+} 与 FeS_2 之间的反应；弱酸性条件下(pH 为 4.5), 无缓冲液时, 低浓度(0.5 μmol/L)的 EDTA 和草酸有一定的促进作用, 酒石酸、NTA 和柠檬酸对 FeS_2/H_2O_2 体系的作用不明显, 当浓度不断升高时, 均表现为抑制作用；弱酸性条件(pH 为 4.5)且有缓冲液时, 随着浓度的不断升高, 除柠檬酸外, EDTA、草酸、酒石酸和 NTA 对 CAP 的去除效果都有先促进后抑制的作用。

9.1.2　中碱性条件下络合剂强化黄铁矿活化 H_2O_2 去除氯霉素

1. 络合剂强化性能比较

通过在 50 mg/L CAP, 初始 pH 为 8.0, 黄铁矿投加量为 100 mg/L, H_2O_2 投加量为 1 mmol/L 的反应体系中, 添加不同浓度的谷氨酸二乙酸(GLDA)、EDTA、酒石酸、柠檬酸、草酸、亚氨基二乙酸六种络合剂, 用以探讨不同络合剂对强化黄铁矿活化 H_2O_2 氧化降解 CAP 的能力。

由图 9.20 可见, 向反应体系中加入 500 μmol/L 柠檬酸能将去除率提高到 17% 以上。这可能是因为柠檬酸能与 Fenton 体系中的 Fe^{2+} 形成稳定的络合物, 避免其与氢氧根离子反应生成沉淀。

由图 9.21 可见, EDTA 投加量为 100 μmol/L 时, CAP 去除率可以达到 50% 以上。这是因为 EDTA 加入反应体系后, 能与溶液中铁离子形成络合物, 增加了碱性条件下溶液中铁离子的溶解度, 使得反应生成的络合态铁更迅速地与 H_2O_2 进行反应。

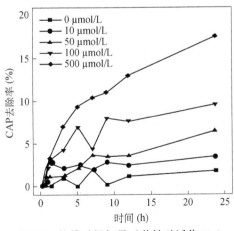

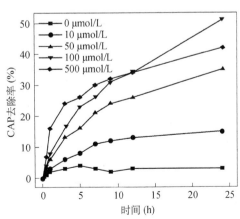

图 9.20　柠檬酸投加量对黄铁矿活化 H_2O_2　　　图 9.21　EDTA 投加量对黄铁矿活化 H_2O_2
　　　去除 CAP 的影响　　　　　　　　　　　　　　去除 CAP 的影响

由图 9.22 可见，酒石酸投加量为 500 μmol/L，反应体系 CAP 去除率可提高至 20%以上，且该反应体系达到反应平衡状态时间短，与 EDTA、柠檬酸反应体系相比，酒石酸反应体系降解 CAP 有更高的反应速率，且反应效果与柠檬酸类似。

草酸络合铁离子在碱性条件下处理 CAP 效果不佳，如图 9.23 所示，50 mg/L CAP 反应体系，初始 pH 为 8.0，黄铁矿投加量为 100 mg/L，H_2O_2 为 1 mmol/L 时，向反应体系中投加草酸溶液，反应体系中 CAP 基本无去除，且草酸投加量对反应体系 CAP 去除率影响不大，这可能是由于草酸的络合效果不佳，铁离子与氢氧根形成沉淀，使得 Fenton 反应不能顺利进行，也可能由于草酸自身反应活性高，优先作为目标物质被氧化降解。

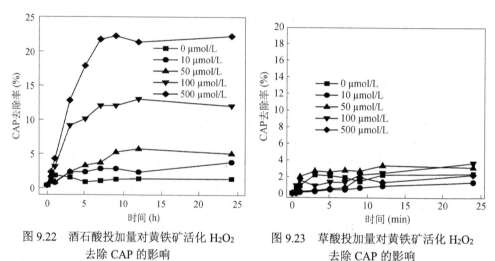

图 9.22　酒石酸投加量对黄铁矿活化 H_2O_2
去除 CAP 的影响

图 9.23　草酸投加量对黄铁矿活化 H_2O_2
去除 CAP 的影响

由图 9.24 可见，50 mg/L CAP 反应体系，初始 pH 为 8.0，黄铁矿投加量为 100 mg/L，H_2O_2 为 1 mmol/L 时，向反应体系中加入亚氨基二乙酸，反应体系中 CAP 浓度基本无明显变化，反应现象与草酸类似，亚氨基二乙酸对反应体系中铁离子的络合效果不佳。

由图 9.25 可见，当 GLDA 投加量为 100 μmol/L 时，反应 3 h 后氯霉素去除率可达到 40%，反应 24 h 后氯霉素去除率可达 85%左右，而单独投加 GLDA、GLDA+H_2O_2、GLDA+矿物反应体系均未取得良好的有机物去除效果，未加 GLDA 的反应体系中，氯霉素基本无去除。

络合剂提高碱性条件下黄铁矿活化 H_2O_2 氧化降解 CAP 的能力依次为：GLDA>EDTA>酒石酸>柠檬酸>草酸>亚氨基二乙酸，而谷氨酸钠作为一类螯合剂，在改善碱性条件下矿物活化 H_2O_2 降解氯霉素效果优于其他四类络合剂。从络合剂的分子结构式可以看出，络合剂中羧基含量多的物质络合效果好，羧基含量多，可以与金属离子形成稳定的络合物甚至螯合物。比较酒石酸、草酸和亚氨基二乙酸三

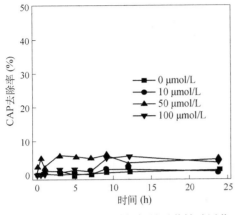

图 9.24　亚氨基二乙酸投加量对黄铁矿活化　　　图 9.25　GLDA 投加量对黄铁矿活化 H_2O_2
　　　　　H_2O_2 去除 CAP 的影响　　　　　　　　　　　　去除 CAP 的影响

者的效果发现，当物质的羧酸基团含量一定时，含有醇羟基能提高络合剂的络合效果，使碱性条件下黄铁矿活化 H_2O_2 降解 CAP 的性能得到提高。值得注意的是，黄铁矿活化 H_2O_2 氧化属于自由基类氧化，由于羟基自由基的非选择氧化性，活性高的络合剂会与 CAP 竞争羟基自由基，使得用于目标污染物去除的·OH 大大减少，从而影响 CAP 的去除效果。

2. GLDA 强化黄铁矿活化 H_2O_2 降解氯霉素

（1）H_2O_2 投加量

Fenton 反应中，Fe^{2+} 作为电子供体，与 H_2O_2 发生反应生成羟基自由基，H_2O_2 加入量过多会导致羟基自由基的湮灭反应，H_2O_2 利用效率降低。如图 9.26 所示，当矿物投加量为 100 mg/L，反应体系初始 pH 为 8.0，氯霉素浓度为 50 mg/L，H_2O_2 投加量从 0 到 0.5 mmol/L 增加的过程中，氯霉素氧化去除率得到有效提高，而从 0.5 mmol/L 到 1 mmol/L 的增加过程中，氯霉素氧化去除率增加变缓，继续增大 H_2O_2 投加量，氯霉素氧化去除率增长趋势不明显。H_2O_2 投加量大于 1 mmol/L 后，反应体系中 H_2O_2 的无效消耗量增大，使得 CAP 去除率无明显提升。

（2）黄铁矿投加量

天然矿物活化 H_2O_2 反应体系中生成具有强氧化性自由基类物质的途径主要有两类，来自游离铁离子以及黄铁矿对 H_2O_2 的活化作用。传统 Fenton 反应 H_2O_2 的无效消耗量大，反应过程中生成的 Fe^{3+} 消耗 H_2O_2 反应生成 Fe^{2+}，且该反应速率小，成为制约 Fenton 反应的步骤。矿物氧化过程中生成的 Fe^{3+} 能与黄铁矿本身发生自反应，该反应过程中新生成的 Fe^{2+} 能迅速参与 Fenton 反应，增加了 H_2O_2 的利用效率。黄铁矿投加量增大，表面溶出的 Fe^{2+} 含量增大，同样也存在 H_2O_2 的无效消耗问

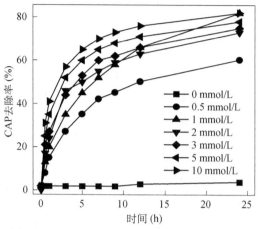

图 9.26　H_2O_2 投加量对降解氯霉素性能的影响

题，如图 9.27 所示，设置反应体系初始 pH 为 8.0，氯霉素浓度为 50 mg/L，H_2O_2 投加量为 1 mmol/L，矿物投加量大于 100 mg/L 后，矿物投加量增大反而会导致氯霉素氧化去除率明显降低。当矿物投加量和 H_2O_2 投加量质量比保持 1000：1.11 时，氧化效率最高。

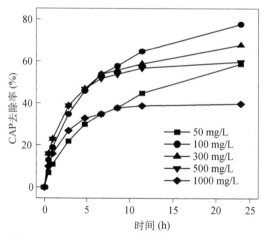

图 9.27　黄铁矿投加量对降解氯霉素性能的影响

（3）反应体系 pH

反应体系的 pH 是影响 Fenton 氧化效果最主要的影响因素，反应体系 pH 偏高不仅猝灭羟基自由基，而且会导致铁离子沉淀，阻止 Fenton 反应发生。在 50 mg/L CAP 中，投加 100 mg/L 矿物、100 μmol/L GLDA、1 mmol/L H_2O_2，不同初始 pH 条件下反应体系均能获得良好的氯霉素氧化去除率。投加 GLDA 后，黄铁矿活化 H_2O_2 反应具有更高的 pH 适应范围。黄铁矿活化反应体系中，黄铁矿自身氧化产生氢离子，矿物活化 H₂O₂ 反应生成氢离子以及氯霉素氧化过程中生成小分子酸等途径均会导致反应体系 pH 降低。

氯霉素初始浓度为 50 mg/L，H₂O₂ 投加量为 1 mmol/L，矿物投加量为 100 mg/L，氯霉素的去除率随初始 pH 的变化如图 9.28(a) 所示，溶液的初始 pH 对氯霉素去除率影响很大，初始 pH 为 3.0 或 4.0 时，氯霉素去除效果显著，反应初始在中性或碱性条件下，矿物活化 H₂O₂ 降解氯霉素效果不明显。反应初始阶段主要由 Fenton 氧化反应起主要作用，而 Fenton 氧化反应在酸性条件下效果显著。pH 升高后，抑制了 Fenton 氧化过程，污染物氧化降解率低。反应后，溶液的 pH 均产生不同程度的下降[图 9.28(b)]，这可能由于矿物氧化过程中表面产酸和 CAP 降解过程中生成小分子酸双重作用导致。

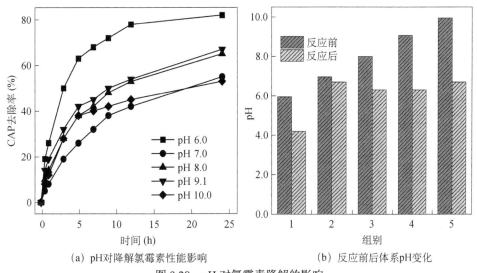

（a）pH对降解氯霉素性能影响　　　　（b）反应前后体系pH变化

图 9.28　pH 对氯霉素降解的影响

3. GLDA 在黄铁矿活化 H₂O₂ 体系中的作用机制

反应体系 pH 为 8.0 时，GLDA 以 HGLDA³⁻ 的形式存在，与反应体系中存在的三价铁以 1∶1 的形式络合，保证反应体系中 Fenton 氧化和矿物自身氧化过程正常进行。测定反应体系中硫酸根离子和总铁离子含量的变化确定了矿物自身氧化过程的发生。如图 9.29 所示，矿物投加量为 100 mg/L，H₂O₂ 投加量为 1 mmol/L，反应过程总铁离子和硫酸根离子的增加量摩尔比为 1∶2，该部分离子增加量主要来自矿物氧化作用生成。反应过程中总铁离子增加量约为 1 mg/L，反应过程中矿物的消耗量约为 2.14%。反应过程中总铁增加趋势快速，而硫酸根离子增加趋势缓慢，矿物中硫元素以负一价形式存在，且硫元素可被氧化的价态多，反应过程中存在硫元素的多级氧化，最终生成硫酸根离子。如图 9.30 所示，反应体系中检测到羟基自由基的存在，说明非均相反应与 GLDA 的协同作用是一类羟基自由基氧化反应。

GLDA 与黄铁矿络合作用能显著提高黄铁矿在碱性条件下氧化去除 CAP 的反应活性，然而 GLDA 与黄铁矿发生络合反应的作用机制目前尚不明确。为探究黄铁矿与 GLDA 的络合作用机制，将黄铁矿消解，消解后测得组分中 Fe^{2+} 约为 350 mg/g。由于 GLDA 参与活化反应，黄铁矿投加量为 100 mg/L，利用 Fe^{2+} 进行模拟实验，投加七水合硫酸亚铁 34.8 mg 于 200 mL 反应体系中；实验测得 100 mg/L 黄铁矿溶出总铁离子含量，利用 Fe^{2+} 进行模拟实验，投加七水合硫酸亚铁 5 mg 于 200 mL 反应体系中，反应初始 pH 为 8.0，CAP 浓度为 50 mg/L，H_2O_2 投加量为 1 mmol/L，实验结果如图 9.31 所示：加入 GLDA 后 Fenton 氧化处理效果大幅提高，投加与黄铁矿溶出相当的 Fe^{2+} 含量时，反应体系的 CAP 去除率高于投

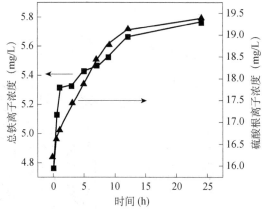

图 9.29 反应体系中硫酸根离子和总铁离子的变化

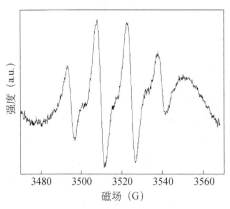

图 9.30 GLDA 络合体系中羟基自由基的测定

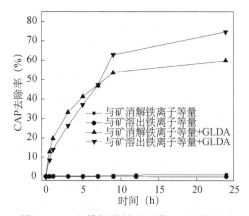

图 9.31 Fe^{2+} 模拟黄铁矿活化 H_2O_2 效果图

加与矿物消解相当的 Fe^{2+} 含量，这可能与 Fe^{2+} 投加量过高，消耗了部分 H_2O_2 有关。投加与黄铁矿溶出相当量的 Fe^{2+} 后，50 mg/L 氯霉素的去除率可以接近 80%，这一

去除效果与黄铁矿作为铁源时效果类似。

图 9.32 和图 9.33 分别为黄铁矿反应前后表面的红外光谱图，反应前黄铁矿表面光谱图显示，在波数为 3425.9 cm^{-1}、1630.6 cm^{-1} 及 1066.2 cm^{-1} 处有主要吸收峰，对比标准图谱显示，两处峰由酰胺的振动产生，其中 3425.9 cm^{-1} 处峰为酰胺中 N—H 键伸缩振动产生，1630.6 cm^{-1} 处峰为酰胺中 N—H 键弯曲振动产生，1066.2 cm^{-1} 处峰为脂肪胺中 C—N 键伸缩振动产生。测得黄铁矿反应后红外光谱图显示，在 3401.5 cm^{-1}、1631.0 cm^{-1} 及 1084.0 cm^{-1} 处有主要吸收峰，对比标准图谱显示，两处峰由酰胺的振动产生，其中 3401.5 cm^{-1} 处峰为酰胺中 N—H 键伸缩振动产生，1631.0 cm^{-1} 处峰为酰胺中 N—H 键弯曲振动产生，1084.0 cm^{-1} 处峰为脂肪胺中 C—N 键伸缩振动产生。黄铁矿表面红外光谱表征显示，未见 GLDA 键振动产生谱图，说明 GLDA 与黄铁矿络合反应主要发生在其与黄铁矿溶出的铁离子之间，在黄铁矿表面未见络合物形成。

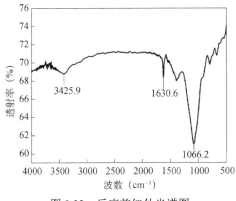

图 9.32　反应前红外光谱图

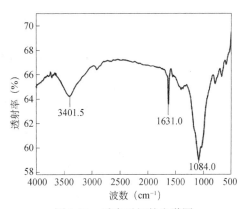

图 9.33　反应后红外光谱图

反应初始 pH 为 8.0，黄铁矿投加量为 100 mg/L，H₂O₂ 投加量为 1 mmol/L，GLDA 投加量为 100 μmol/L 的反应体系中，不仅存在铁离子与 GLDA 形成络合物后再与 H₂O₂ 发生的均相反应，同时存在黄铁矿非均相氧化反应。如图 9.34 所示，反应体系中投加与 100 mg/L 黄铁矿含有铁离子量相等的 Fe^{2+} 参与反应，反应初期黄铁矿活化与 Fe^{2+} 活化反应对 CAP 的降解率基本一致，反应 5 h 后，黄铁矿活化 H₂O₂ 氧化降解 CAP 能力比纯 Fe^{2+} 氧化去除 CAP 效率高。随着时间延长，矿物继续保持氧化活性，而硫酸亚铁作为活化剂时，反应 10 h 后基本达到平衡状态。

推测 GLDA 存在条件下，黄铁矿活化 H₂O₂ 反应途径可能为：GLDA 主要与矿物氧化过程中溶出的亚铁以及 Fe^{3+} 络合，避免了过多三价铁的沉淀。络合态的三价铁与矿物发生反应，生成具有活性的二价铁络合物，使得矿物具有持续的氧化活性，矿物活化反应是兼有均相和非均相的综合反应。在不存在黄铁矿的反应体系中，Fenton 氧化过程中二价铁离子被氧化后不能得到及时补充，氧化效率逐渐降低。黄铁矿氧化体系的氧化还原电位(ORP)值变化也证明了这一点,如图 9.35 所示,初始 pH 为 8.0,黄铁矿投加量为 100 mg/L,H_2O_2 投加量为 1 mmol/L,GLDA 投加量为 100 μmol/L,反应体系的 ORP 随反应时间延长呈增加趋势,这表明黄铁矿活化 H_2O_2 反应体系具有持久的氧化能力。

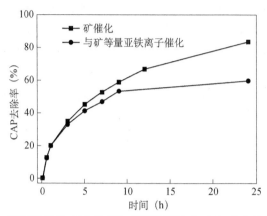

图 9.34　黄铁矿 H_2O_2 氧化体系与等剂量亚铁盐 H_2O_2 氧化体系的比较

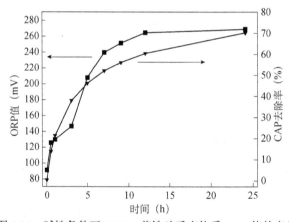

图 9.35　碱性条件下 GLDA-黄铁矿反应体系 ORP 值的变化

　　ORP 值可以表征反应体系中氧化还原性能的强弱,如图 9.36 所示,黄铁矿活化 H_2O_2 反应体系、H_2O_2 与 GLDA 反应体系、GLDA 存在情况下黄铁矿活化 H_2O_2 反应体系 ORP 值的变化基本一致。EDTA 存在情况下,络合态的铁氧化还原电位降低,二价铁离子活性更大,但 GLDA 存在条件下反应体系 ORP 值基本无变化,这表明 GLDA 提高碱性条件下黄铁矿活化 H_2O_2 的氧化能力,主要来自于络合溶液中铁离子,保证了均相氧化反应的正常进行。

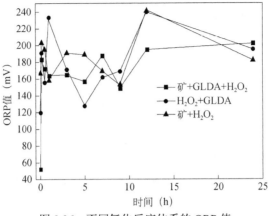

图 9.36　不同氧化反应体系的 ORP 值

如图 9.37 所示，该反应体系主要有两条反应途径可以增强 Fenton 氧化的反应过程，天然矿物表面 Fe^{3+} 与 GLDA 络合后与矿物发生自身的氧化反应和新生成的 Fe^{2+} 与 GLDA 络合后与反应体系中 H_2O_2 间的反应，生成具有强氧化性的羟基自由基物质；此外，反应体系中矿物自身会与 H_2O_2 发生反应，新生成的 Fe^{2+} 会与 GLDA 发生络合，络合后的 Fe^{2+} 同样与 H_2O_2 发生氧化还原反应，反应后生成的 Fe^{3+} 络合物又会与黄铁矿发生自身氧化反应，节约了 Fenton 反应中三价铁氧化的 H_2O_2 消耗。结合先前的研究成果，反应体系中可能发生的化学反应过程如下：

$$H_2O_2+Fe^{2+}\text{-}GLDA \longrightarrow \cdot OH+Fe^{3+}\text{-}GLDA+OH^- \tag{9.13}$$

$$Fe^{2+}\text{-}GLDA+OH^- \longrightarrow Fe^{3+}\text{-}GLDA+OH^- \tag{9.14}$$

$$Fe^{3+}\text{-}GLDA+H_2O_2 \longrightarrow Fe^{2+}\text{-}GLDA+HO_2 \cdot +H^+ \tag{9.15}$$

$$FeS_2+Fe^{3+}\text{-}GLDA+H_2O \longrightarrow Fe^{2+}\text{-}GLDA+SO_4^{2-}+H_3O^+ \tag{9.16}$$

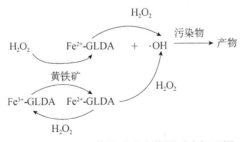

图 9.37　GLDA-黄铁矿联合作用反应机理图

9.2　还原性硫物种强化黄铁矿/H₂O₂ 降解污染物

黄铁矿主要化学组分为 FeS_2，其中铁的含量占黄铁矿质量分数的 46.67%，硫含量占黄铁矿质量分数的 53.33%。黄铁矿在与 H_2O_2 发生反应过程中，铁元素起主要作用，能与 H_2O_2 发生均相 Fenton 氧化反应，生成羟基自由基氧化污染物，此外，黄铁矿与 H_2O_2 间的非均相反应也能产生羟基自由基。黄铁矿的氧化过程均伴随硫元素氧化过程的进行。

黄铁矿在环境中氧化主要有两种途径，被环境中的氧气氧化和被 Fe^{3+} 氧化，反应过程中硫元素均发生价态改变，增强了反应过程中的电子传输，有利于氧化还原反应的正常进行。目前硫元素在重金属去除领域已经有应用，硫元素与重金属元素反应生成沉淀。在含砷量高的重金属废水中投加硫化钠，能形成沉淀去除。

为提高 Fenton 氧化在碱性条件下的氧化能力，本课题组尝试加大反应体系中硫元素的含量，探讨反应体系在碱性条件下氧化去除氯霉素的能力，采用硫化钠作为络合沉淀剂，与反应体系中的铁离子反应，生成硫化亚铁物质，探究在高 pH 条件下黄铁矿活化 H_2O_2 降解 CAP 的效果。

9.2.1 硫化钠强化黄铁矿/H_2O_2 降解氯霉素

1. 硫化钠强化类 Fenton 性能

碱性条件下向反应体系中加入硫化钠能有效提高黄铁矿活化 H_2O_2 氧化 CAP 的效率，如图 9.38 所示。反应体系初始 pH 为 8.0 时，CAP 浓度为 200 mg/L，黄铁矿投加量为 600 mg/L，H_2O_2 投加量为 5 mmol/L，当硫化钠投加量为 300 mg/L 时，反应 7 h 后氯霉素去除率可达到 50% 以上，反应 12 h 后氯霉素可以基本去除，而单独投加硫化钠、硫化钠+H_2O_2、硫化钠+黄铁矿反应体系均未取得良好的 CAP 去除效果。

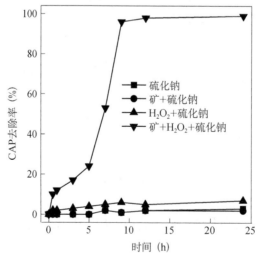

图 9.38　硫化钠增强碱性条件下黄铁矿活化氧化能力

2. 主要影响因素研究

（1）H₂O₂ 投加量对降解氯霉素性能的影响

黄铁矿活化氧化反应中，H₂O₂ 作为重要的氧化剂，是反应体系中羟基自由基的产生源。硫化钠投加量为 300 mg/L，黄铁矿投加量为 600 mg/L，反应体系初始 pH 为 8.0 时，H₂O₂ 的投加量对氯霉素去除影响如图 9.39 所示，H₂O₂ 投加量为 5 mmol/L 时，氯霉素基本可完全去除，H₂O₂ 投加量继续增大时，CAP 去除率提升不明显。与 GLDA 络合相比，硫化钠参与的反应体系比较迅速，反应 9 h 后，反应体系中的 CAP 基本已完全氧化去除。硫元素在溶液中可以呈现多种价态，负二价的硫离子可以被 H₂O₂ 氧化生成硫酸根离子，反应过程中可能生成一些多连硫酸根类物质，与反应体系中生成的羟基自由基类物质发生反应，Druschel 等研究矿山废水氧化时指出，硫氧化过程中容易形成硫酸盐类物质，该类物质可能被氧化形成 $S_3O_4^{n-}$ 类物质，而 $S_3O_4^{n-}$ 不易被反应过程中生成的羟基自由基氧化，而容易被氧气氧化[78]。

$$S_4O_6^{2-} + \cdot OH \longrightarrow HS_3O_4^{n-} + SO_4^{n-} \tag{9.17}$$

硫元素参与的黄铁矿氧化反应的途径比较复杂，H₂O₂ 加入量过大的情况下，可能会导致硫元素直接被氧化生成硫酸根，反应过程中难被氧化的多连硫酸根类物质也会被氧化，从而消耗过量的 H₂O₂。

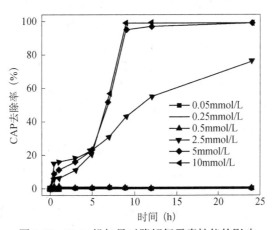

图 9.39　H₂O₂ 投加量对降解氯霉素性能的影响

（2）黄铁矿投加量对降解氯霉素性能的影响

黄铁矿是促使反应体系中生成羟基自由基类物质的反应剂，外加硫化钠能与黄铁矿中游离的铁离子发生反应，从而引发碱性条件下黄铁矿活化 H₂O₂ 氧化反应的正常进行。如图 9.40 所示，H₂O₂ 的投加量为 5 mmol/L，硫化钠投加量为 300 mg/L，反应体系初始 pH 为 8.0 时，当黄铁矿投加量大于 300 mg/L 时，CAP 去除率反而随着黄铁矿投加量的增多而下降。可能由于黄铁矿与硫化钠反应过程中需要形成一定比例结构的硫铁化合物才能提高碱性条件下的反应性能。此外，过量的黄铁矿在反应体系中会消耗 H_2O_2，使得氧化反应效率降低。

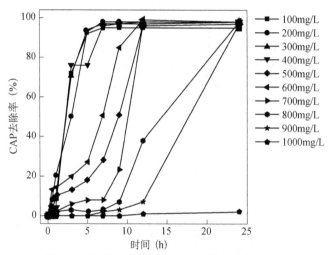

图 9.40　黄铁矿投加量对降解氯霉素性能的影响

(3)反应体系 pH 对降解氯霉素性能的影响

反应体系的 pH 一直是影响矿物氧化降解 CAP 最主要的因素之一，在碱性条件下，反应体系中的氢氧根离子会生成稳定的氢氧化铁沉淀，阻碍 Fenton 反应的正常进行，沉淀物质覆盖在黄铁矿表面也会阻止黄铁矿氧化反应的进行。向反应体系中加入硫化钠后能显著改善这一情况，如图 9.41 所示，H_2O_2 的投加量为 5 mmol/L，硫化钠投加量为 300 mg/L，黄铁矿投加量为 600 mg/L，反应体系初始 pH 从 6.0 变化至 11.0 左右，黄铁矿活化 H_2O_2 氧化降解氯霉素能获得比较理想的去除效果。反应达到最终状态后，反应体系的 pH 均下降至 3.0 左右。反应过程中硫元素被氧化，有氢离子生成，是导致反应体系 pH 降低的主要原因。

硫化钠作为提高碱性条件下黄铁矿活化 H_2O_2 降解 CAP 性能的关键物质，其向反应体系中的投加量并非越多越好，如图 9.42 所示，反应体系初始 pH 为 8.0 时，CAP 浓度为 200 mg/L，黄铁矿投加量为 600 mg/L，H_2O_2 投加量为 5 mmol/L，向其中加入 300 mg/L 或 400 mg/L 硫化钠时，反应体系的 CAP 基本能完全去除，然而硫化钠投加过量时，反应效果会降低。可能由于硫化钠加入反应体系中会与反应体系中游离的铁离子形成稳定的化合物，该化合物能增强反应体系中 CAP 的去除率，而黄铁矿与硫化钠的质量比超过这一范围时，形成的化合物不稳定，反应效果不理想。反应过程中投加硫化钠为 300 mg/L 时，能获得理想的 CAP 去除率。

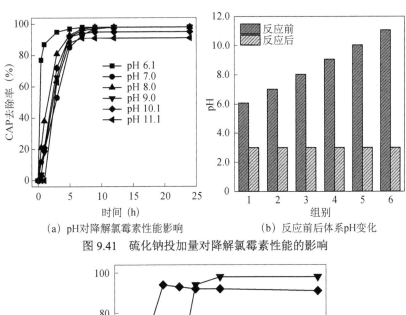

（a）pH 对降解氯霉素性能影响　　　　　　（b）反应前后体系 pH 变化

图 9.41　硫化钠投加量对降解氯霉素性能的影响

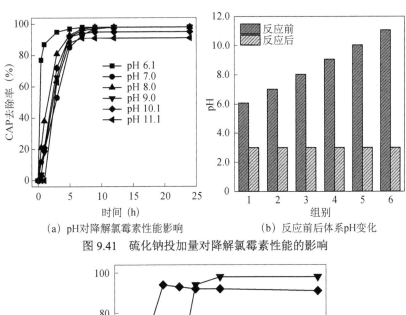

图 9.42　硫化钠投加量对氯霉素去除性能的影响

3. 碱性环境下的硫化钠强化

　　硫元素是一种多价态变化元素，在参与黄铁矿活化 H₂O₂ 氧化 CAP 过程中有多重价态和形态生成。硫化钠的价态变化对碱性条件下黄铁矿活化 H₂O₂ 氧化 CAP 起到了重要的作用。为探索碱性条件下黄铁矿活化 H₂O₂ 氧化反应体系中硫元素的形态特征，按设定的时间，将反应体系的溶液转移至离心管中，3500r/min 离心沉淀 10 min 后弃去上层清液，真空冷冻干燥 24 h 后，将样品进行分析。利用 X 射线光电子能谱进行材料的表征测定。

　　分别将加入硫化钠反应 3 h、18 h、24 h 后的黄铁矿干燥处理后进行表征并与原矿进行比较，如图 9.43 所示，结合能在 163 eV 左右的峰主要为 S(−I)，其中，

170 eV 处的峰主要对应 SO_4^{2-}。对原矿中硫元素的峰进行分峰处理，如图 9.44 所示，原矿中硫的形态主要为 S_2^{2-} 和 SO_4^{2-}，黄铁矿主要成分为 FeS_2，在自然环境中与空气接触，部分被氧化，负一价硫离子氧化为硫酸根。

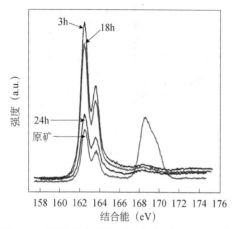
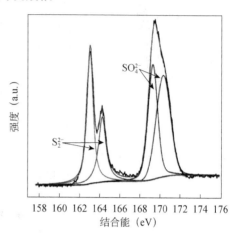

图 9.43　不同反应条件下矿物表面 S 形态变化*
*扫描封底二维码见本图彩图

图 9.44　原矿中表面 S 形态

　　分别对反应 3 h、18 h、24 h 后的黄铁矿进行表征鉴定，如图 9.45 所示，反应 3 h 后，黄铁矿表面检测到大量 S^{2-} 离子的存在，当反应进行 18h 后，黄铁矿表面的 S^{2-} 离子含量减少 (图 9.46)，反应 24h 后，黄铁矿表面基本无 S^{2-} 离子检出 (图 9.47)。由黄铁矿表面硫元素价态变化推测，将硫化钠加入反应体系中，迅速生成黑色絮状沉淀，沉淀物质为 FeS，随着反应进行，呈胶体状的 FeS 被反应体系中的 H_2O_2 迅速氧化，而负二价硫被氧化过程中，与硫元素相结合的铁离子被迅速释放，实现传统 Fenton 氧化。在碱性条件下，硫化钠充当黄铁矿与 H_2O_2 接触的媒介，保证了铁离子与 H_2O_2 接触反应，同时，在硫元素自身被氧化的过程中，伴随电子的转移，加速黄铁矿氧化过程的进行。有研究表明[79]，在氧气存在条件下，向 Fe^{3+} 溶液中通入硫化氢气体，反应后能检测到 FeS 态的硫、硫酸盐态硫、硫代硫酸根形态硫，而 H_2O_2 在反应体系中氧化能力比氧气更强，必然存在与反应体系中多种形态硫化合物之间的转化过程。硫元素被氧化以及与铁离子和黄铁矿结合的过程中促进黄铁矿活化 H_2O_2 氧化反应的进行。

　　黄铁矿主要由硫元素和铁元素组成，其中铁离子是 Fenton 反应的催化剂，也是黄铁矿自身氧化反应中主要的反应剂，铁元素的价态变化较少，在黄铁矿活化 H_2O_2 氧化氯霉素体系中主要以二价和三价形式存在。如图 9.48 所示，分别对反应 3 h、18 h、24 h 后的黄铁矿进行表征鉴定并与原矿作比较，能带在 710 eV 左右和 720 eV 左右的峰主要由铁元素呈现。图 9.49 是对黄铁矿表面铁元素产生的峰型进行分峰拟合得出的价态分布，黄铁矿表面铁离子主要以二价铁形式存在，随着自然氧化过程的进行，生成一定量的三价铁。

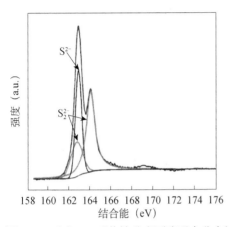

图 9.45　反应 3 h 后黄铁矿表面硫形态分布*
*扫描封底二维码见本图彩图

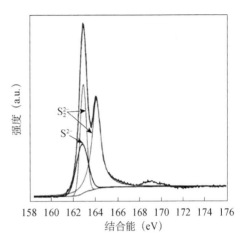

图 9.46　反应 18 h 后黄铁矿表面硫形态分布

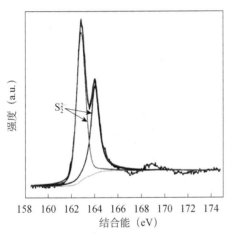

图 9.47　反应 24 h 后黄铁矿表面硫形态分布

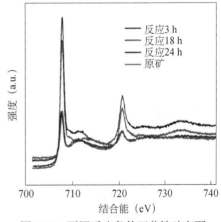

图 9.48　不同反应条件下黄铁矿表面
铁形态变化*
*扫描封底二维码见本图彩图

　　图 9.50～图 9.52 分别表示初始 pH 为 8.0，黄铁矿投加量为 600 mg/L，H_2O_2 投加量为 5 mmol/L，硫化钠投加量为 300 mg/L 的反应体系中，反应 3 h、18 h、24 h 后黄铁矿表面铁离子价态分布的情况。黄铁矿表面铁离子价态分布随着反应时间变化不明显，这可能由于 Fenton 反应过程以及黄铁矿自身反应过程实现铁离子价态转化的循环反应，导致表面铁离子价态变化不明显。

　　硫的一种价态化合物过硫酸根（$S_2O_8^{2-}$）是一种很强的氧化剂（$E_0=2.1$ V），并且被活化时能够产生硫酸根自由基（SO_4^{-}，$E_0=2.6$ V）。黄铁矿活化 H_2O_2 反应体系中硫元素能被 H_2O_2 氧化生成多种中间价态物质，为探索硫化钠存在条件下黄铁

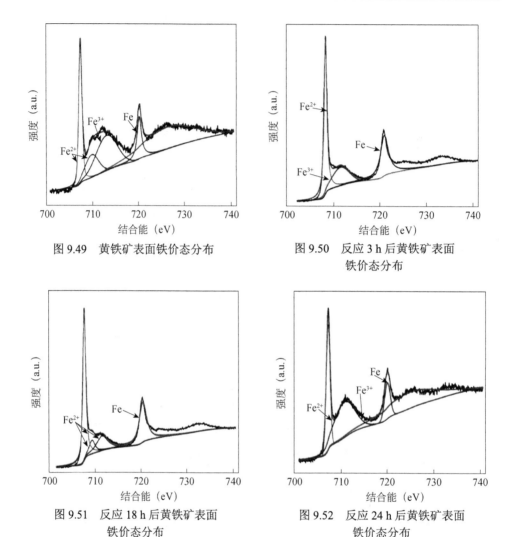

图 9.49　黄铁矿表面铁价态分布

图 9.50　反应 3 h 后黄铁矿表面
铁价态分布

图 9.51　反应 18 h 后黄铁矿表面
铁价态分布

图 9.52　反应 24 h 后黄铁矿表面
铁价态分布

矿活化 H_2O_2 反应属于羟基自由基还是羟基自由基与硫酸根自由基联合反应，对反应体系中的自由基进行 ESR 鉴定。如图 9.53 所示，反应体系中仅检测到 1 : 2 : 2 : 1 的羟基自由基物质峰，并未检测到硫酸根自由基的峰形。碱性条件下硫化钠增强黄铁矿活化 H_2O_2 氧化降解 CAP 反应主要由于反应体系中生成羟基自由基类物质，硫元素在其中主要起价态转化过程中的电子传递作用，能与游离的铁离子生成硫化亚铁胶体促进黄铁矿与 H_2O_2、铁离子与 H_2O_2 间的反应。

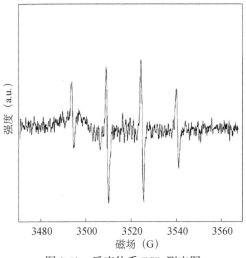

图 9.53 反应体系 ESR 测定图

9.2.2 强化黄铁矿/H₂O₂ 降解对乙酰氨基酚

1. HS⁻ 和 S²⁻ 调控黄铁矿/H₂O₂ 降解 ACT

如图 9.54 所示，在 pH 为 8.0 时，黄铁矿活化 H₂O₂ 反应对污染物 ACT 在 360 min 内基本无降解作用。通过向反应中加入不同量的 Na₂S 后，ACT 的浓度开始下降，反应的过程中一直都存在 pH 下降的现象。其中加入 0.1 mmol/L 和 0.5 mmol/L 的 Na₂S 对黄铁矿活化 H₂O₂ 反应降解 ACT 有明显的促进作用，反应 360 min 后可以降解 95% 以上的 ACT。从 pH 的变化情况来看，加入 0.1 mmol/L 和 0.5 mmol/L 的 Na₂S，在 180 min 后，pH 比其他实验条件降得更低，说明反应过程中生成了更多的 H⁺，而更多 H⁺ 的生成有利于反应的进一步进行。

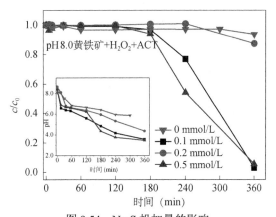

图 9.54 Na₂S 投加量的影响

实验条件：[黄铁矿]=2 g/L，[H₂O₂]=5 mmol/L，[ACT]=50 mg/L，初始 pH 为 8.0

在研究 NaHS 投加量对黄铁矿活化 H_2O_2 反应的影响时，先将 pH 调至 8.0，让黄铁矿和 H_2O_2 反应 1 h，再加入 NaHS 将 pH 重新调至 8.0。NaHS 投加量不同对黄铁矿活化 H_2O_2 反应的影响不同，当 NaHS 投加量为 0.5 mmol/L 时，对污染物 ACT 的去除有较为明显的促进效果，此时 pH 下降很明显，加入 NaHS 180 min 后，pH 从 8.0 下降至 4.0。而 NaHS 投加量为 0.1 mmol/L 和 0.2 mmol/L 时，黄铁矿活化 H_2O_2 反应对 ACT 没有降解，只是反应的 pH 有少量下降(图 9.55)。之前的研究中也发现，黄铁矿活化 H_2O_2 反应受 pH 影响较大，所以添加 0.5 mmol/L NaHS 对反应的促进与 pH 下降有密切的关系。

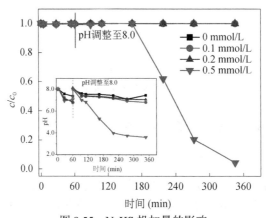

图 9.55　NaHS 投加量的影响

实验条件：［黄铁矿］=2 g/L，［H_2O_2］=5 mmol/L，［ACT］=50 mg/L，初始 pH 为 8.0

2. 铁和硫的转化途径

天然黄铁矿在 pH 为 8.0 的水溶液中反应 24 h 后，将黄铁矿固体样品取出，冷冻干燥后进行 XPS 表征分析。从图 9.56 的 XPS 分析中可以看出，反应后的黄铁矿表面被大量的铁氧化物和羟基铁氧化物覆盖，此时 FeS_2 的信号值非常低，说明表面 FeS_2 的含量很低。由于铁氧化物和羟基铁氧化物的覆盖，检测出的 S_2^{2-}、S_n^{2-} 的信号值也非常低。在 pH 为 8.0 的条件下，黄铁矿表面反应活性极低，不能与 H_2O_2 作用生成羟基自由基，因此不能降解有机污染物。由于添加 S^{2-} 和 HS^- 对黄铁矿活化 H_2O_2 反应有促进作用，在此将对反应过程中的黄铁矿表面进行元素形态分析。

3. 添加 S^{2-} 后反应过程中黄铁矿表面铁和硫形态分析

如图 9.57 所示，在 pH 为 8.0 的黄铁矿活化 H_2O_2 反应中加入 0.5 mmol/L 的 Na_2S，分别将反应 1 h、3 h、6 h 的黄铁矿固体取出、冷冻干燥后，对黄铁矿的表面进行 XPS 分析。反应过程中 Fe(Ⅱ)-S_2 和 Fe(Ⅱ)-S 的信号值相对水洗过的黄铁矿有一定的降低，但是其百分含量一直相对较高。根据 XPS 分峰得到的峰面积进行半定量分析，统计得到各形态的铁和硫所占的相对含量如表 9.2 所示。

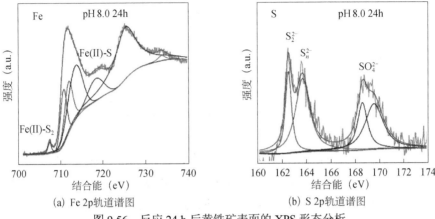

(a) Fe 2p轨道谱图   (b) S 2p轨道谱图

图 9.56 反应 24 h 后黄铁矿表面的 XPS 形态分析

实验条件：[黄铁矿]=2 g/L，[H₂O₂]=5 mmol/L，[ACT]=50 mg/L，初始 pH 为 8.0

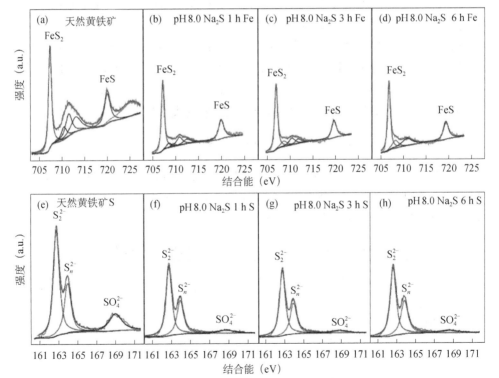

图 9.57 添加 Na₂S 后黄铁矿活化 H₂O₂ 反应过程中黄铁矿表面 Fe 和 S 的 XPS 形态分析

实验条件：[黄铁矿]=2 g/L，[H₂O₂]=5 mmol/L，[ACT]=50 mg/L，[Na₂S]=0.5 mmol/L，初始 pH 为 8.0

表 9.2　添加 Na₂S 后，反应过程中黄铁矿表面 Fe 和 S 各形态相对含量

Fe 形态	水洗黄铁矿(%)	1 h(%)	3 h(%)	6 h(%)
Fe(II)-S₂	35.7	47.3	50.8	46.9
Fe(II)-S	21.2	23.8	21.4	22.1
Fe(III)	43.1	28.9	27.8	31.0
S 形态	水洗黄铁矿(%)	1 h(%)	3 h(%)	6 h(%)
S_2^{2-}	53.3	59.4	61.5	59.1
S_n^{2-}	28.3	33.9	33.2	35.1
SO_4^{2-}	18.4	6.7	5.3	5.8

　　反应开始后，各反应时间点黄铁矿表面的 Fe(II)-S₂、Fe(II)-S、S_2^{2-}、S_n^{2-}的相对含量均高于天然黄铁矿，导致这个结果的主要原因是溶液中的 S^{2-} 与黄铁矿表面的铁结合，生成了纳米硫铁化合物，黄铁矿表面有更多的 Fe—S 结合键以及 S—S 结合键。黄铁矿表面能够与 H_2O_2 发生反应的主要是活性较高的 Fe—S 结合生成的硫铁化合物，包括无定形的 FeS 和新生态的 FeS_2 等。已有研究报道称，无定形的 FeS 是含硫环境中最先生成的化合物且其对多种有机物去除效率很高，新生态的 FeS_2 比晶态的 FeS_2 具有更高的反应活性[80]。

　　反应 1～3 h 后，Fe(II)-S₂ 的相对含量增高而 Fe(II)-S 含量相对下降，说明在此过程中存在部分 Fe(II)-S 向 Fe(II)-S₂ 的转化。有研究证明在生成 FeS_2 的过程中 FeS 是重要的前驱物质。反应 3～6 h，S_2^{2-} 的相对含量下降而 S_n^{2-} 含量相对上升，说明随着反应进行，更多的 S^{2-} 结合到黄铁矿的表面生成无定形的 S_n^{2-}。

4. 添加 HS⁻ 后反应过程中黄铁矿表面铁和硫形态分析

　　在 pH 为 8.0 的黄铁矿活化 H_2O_2 反应中加入 0.5 mmol/L 的 NaHS，分别将反应 1 h、3 h、6 h 的黄铁矿固体取出、冷冻干燥后，对黄铁矿的表面进行 XPS 分析。样品中各形态 Fe 和 S 的相对含量见表 9.3。

表 9.3　添加 NaHS 后，反应过程中黄铁矿表面铁和硫各形态的相对含量

Fe 形态	水洗黄铁矿(%)	1 h(%)	3 h(%)	6 h(%)
Fe(II)-S₂	35.7	48.8	47.5	47.0
Fe(II)-S	21.2	23.7	20.6	23.4
Fe(III)	43.1	27.5	31.9	29.6
S 形态	水洗黄铁矿(%)	1 h(%)	3 h(%)	6 h(%)
S_2^{2-}	53.3	61.6	60.5	57.5
S_n^{2-}	28.3	31.7	31.6	32.2
SO_4^{2-}	18.4	6.7	7.9	10.3

　　如图 9.58 所示，反应开始后，各反应时间点黄铁矿表面的 Fe(Ⅱ)-S₂、Fe(Ⅱ)-S、S_2^{2-}、S_n^{2-} 的相对含量均高于天然黄铁矿，主要原因是溶液中的 HS⁻ 与黄铁矿表面的结构态铁结合，生成了纳米硫铁化合物，黄铁矿表面有更多的 Fe—S 结合键以及 S—S 结合键。之前的分析中提到黄铁矿表面能够与 H₂O₂ 发生反应的活性较高的新生态化合物，主要是 Fe—S 结合生成的硫铁化合物，包括无定形的 FeS 和新生态的 FeS₂ 等。

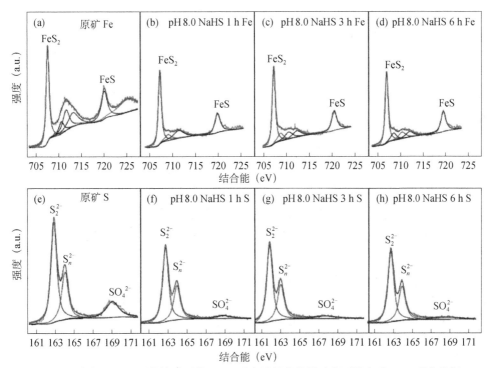

图 9.58　投加 NaHS 后黄铁矿活化 H₂O₂ 反应过程中黄铁矿表面铁和硫 XPS 形态分析
实验条件：[黄铁矿]=2 g/L，[H₂O₂]=5 mmol/L，[ACT]=50 mg/L，[NaHS]=0.5 mmol/L，初始 pH 为 8.0

　　反应 1～6 h 后 Fe(Ⅱ)-S₂、S_2^{2-} 的相对含量一直有轻微的降低趋势而 SO_4^{2-} 的含量则一直在上升，说明在此过程中黄铁矿表面的 Fe(Ⅱ)-S₂ 与 H₂O₂ 反应后被消耗，在黄铁矿表面产生 SO_4^{2-}。与 Na₂S 对黄铁矿活化 H₂O₂ 反应促进作用不同，NaHS 对黄铁矿活化 H₂O₂ 反应促进的过程中没有出现 Fe(Ⅱ)-S₂ 相对含量增多的情况(图 9.59)。说明两种不同形态的硫离子在黄铁矿表面与铁结合的方式有所差别。从反应 6 h 黄铁矿表面的 S_2^{2-} 及 S_n^{2-} 来看，加入 Na₂S 的反应，黄铁矿表面含有更高比例的 S_2^{2-} 及 S_n^{2-}。说明 HS⁻ 与亚铁结合的能力低于 S^{2-}。

9.3　本 章 小 结

本章主要介绍了多种强化黄铁矿活化 H_2O_2 氧化降解污染物的方式，包括外加络合剂，Fe、Cu、Mn、Co 等过渡金属离子和 S^{2-} 等还原性硫物种。主要结论如下：

(1)绿色环保型络合剂 GLDA 能提高碱性条件下黄铁矿活化 H_2O_2 氧化能力。黄铁矿投加量为 100 mg/L，H_2O_2 投加量为 1 mmol/L，反应体系初始 pH 为 8.0，投加 100 μmol/L GLDA 反应 24 h 后，50 mg/L CAP 去除率能达到 80%左右。pH 为 8.0 时，反应体系中 GLDA 主要以 $HGLDA^{3-}$ 的形式存在，可以与反应体系中生成的 Fe^{3+} 离子以 1∶1 的形式络合，使得黄铁矿自身氧化和 Fenton 氧化反应在碱性条件下能正常进行，GLDA 投加过量会降低反应效率，过量的 GLDA 会被·OH 氧化，使得体系的氧化能力降低。

常见络合剂提高碱性条件下黄铁矿活化 H_2O_2 氧化降解 CAP 的能力依次为：GLDA>EDTA>酒石酸>柠檬酸>草酸>亚氨基二乙酸，络合剂提高碱性条件下矿物活化性能高低与络合剂本身的性质有关，络合剂中羧基含量越多的物质络合效果越好，当物质的羧酸基团含量相同时，络合剂中含有醇羟基能提高络合剂的络合效果。

碱性条件下 GLDA 提高黄铁矿-H_2O_2 体系氧化能力主要通过两种途径进行，一是 GLDA 与反应体系中游离态铁离子发生络合，避免铁离子发生沉淀，保证 Fenton 氧化反应的正常进行，同时黄铁矿与络合态的三价铁离子发生自身氧化反应，新生成的亚铁离子与 GLDA 络合后再与反应体系中 H_2O_2 发生反应，生成具有强氧化性的羟基自由基物质，使反应体系具有持续的氧化能力。同时，碱性条件下，GLDA 与黄铁矿联合活化 H_2O_2 比 GLDA 络合亚铁离子活化 H_2O_2 有更持久的氧化效果。

(2)向预处理黄铁矿氧化体系中投加硫化钠、硫氢化钠等硫元素过渡态化合物对预处理黄铁矿氧化活性有不同程度提高，不同形态的硫化合物对黄铁矿活化 H_2O_2 氧化去除污染物性能提高的机理不尽相同。黄铁矿是促使反应体系中生成羟基自由基类物质的反应剂，外加硫化钠能与黄铁矿中游离的铁离子发生反应，从而引发碱性条件下黄铁矿活化 H_2O_2 氧化反应的正常进行。碱性条件下硫化钠增强黄铁矿活化 H_2O_2 氧化降解 CAP 反应主要由于反应体系中生成羟基自由基类物质，硫元素在其中主要起价态转化过程中电子传递作用，能与游离的铁离子生成硫化亚铁胶体促进黄铁矿与 H_2O_2、铁离子与 H_2O_2 间的反应。溶液中的 HS^- 与黄铁矿表面的结构态铁结合，生成了纳米硫铁化合物，提高了黄铁矿表面的 Fe—S 结合键以及 S—S 结合键，新生态的 FeS_2 比结晶态的 FeS_2 具有更高的反应活性。

第10章 硫化亚铁矿物活化 PDS
去除新兴污染物

新兴污染物不同于常规污染物，指新近发现或被关注，对生态环境或人体健康存在风险，尚未纳入管理或者现有管理措施不足以有效防控其风险的污染物。新兴污染物多具有生物毒性、环境持久性、生物累积性等特征，在环境中即使浓度较低，也可能具有显著的环境与健康风险，其危害具有潜在性和隐蔽性。有毒有害化学物质的生产和使用是新兴污染物的主要来源。我国是化学品生产和使用大国，新污染物种类繁多、分布广泛、底数不清，环境与健康风险隐患大。有效防控新污染物环境与健康风险，是我国当前环境污染防控的重要方向之一。

新兴污染物多为难生物降解化学物质，主要包括药物和个人护理产品、饮用水消毒副产物、溴代阻燃剂、全氟有机化合物等。这些污染物难以使用传统水处理方法将其从环境中去除，亟待发现具有针对性的新技术新方法对其进行管控以及降解去除。Fenton 反应对于去除难降解污染物具有良好效果，其机理是通过铁基材料活化 H_2O_2 产生·OH 氧化降解污染物，H_2O_2 是一种绿色的氧化剂，使得 Fenton 技术在废水的深度处理和有机污染土壤的修复中得到了较为广泛的应用。然而，H_2O_2 极易被分解，对于储存条件要求苛刻，这在一定程度上限制了 H_2O_2 在实际工程中的应用。

过硫酸盐(PS)，尤其是过二硫酸盐(PDS)，由于其相对稳定，能够缓慢被活化以降解有机污染物，常被用于有机污染土壤的原位修复。已有大部分研究认为 PDS 能够被活化产生硫酸根自由基 SO_4^-，SO_4^- 比·OH 更稳定，并对多种有机污染物的降解都表现出适应性。很多研究也表明 PDS 作为氧化剂能够适应更广的 pH 范围，能够拓宽传统类 Fenton 反应对于 pH 的要求。PDS 的氧化还原电位($E_0 = 2.01V/SHE$)高于过氧化氢($E_0 = 1.76V/SHE$)和高锰酸盐($E_0 = 1.68V/SHE$)，可以作为一种新兴高效的替代型氧化剂用于氧化去除难降解的新型污染物。此外，PDS 还具有较上述氧化剂更高的溶解度，在地下水环境中停留时间更长、污染物选择性更广。所以近年来基于活化 PDS 的高级氧化技术越来越多被用于工业废水的治理。

活化 PDS 的方法有多种，光、热、碱及过渡金属均能活化 PDS 产生高活性的硫酸根自由基(E_0=2.6V/SHE)以降解污染物。近年来铁活化 PDS 得到了广泛的关注,其中研究者关注最多的是提高铁对 PDS 的活化效率。铁活化 PDS 的过程和传统 Fenton、类 Fenton 活化 H_2O_2 有许多相似的地方,但其应用于实际工程中的可行性还需要用更多的实验进行验证和指导。天然矿物价格低廉,具有很好的应用前景。黄铁矿作为自然界含量最丰富的硫铁化合物矿物,其能够活化 H_2O_2 降解多种有机污染物,将其应用于活化 PDS,拓展了黄铁矿在活化氧化领域的应用,同时有利于推进黄铁矿应用于水体污染修复。

本章通过研究硫化铁矿物(黄铁矿、硫化亚铁)活化 PDS 反应降解新型有机污染物(对乙酰氨基酚、四环素、对氯苯胺),研究反应的影响因素以及最佳反应条件,讨论其相对于硫化铁矿物活化 H_2O_2 反应的优势。解释了在反应过程中矿物的硫铁微观转化机制(尤其是硫的微观转化过程)并对硫化亚铁/PDS 体系中的自由基进行认定。从活化氧化机制上说明黄铁矿活化 PDS 反应与黄铁矿活化 H_2O_2 反应的不同之处及其优势,讨论含硫环境对反应的影响并进行机理研究,评估硫化铁矿物的重复利用性能,为实际应用提供参考。

10.1　黄铁矿活化 PDS 降解对乙酰氨基酚

10.1.1　影响因素研究

本节研究黄铁矿活化 PDS 氧化降解水中对乙酰氨基酚(ACT)污染物的最适条件。使用水洗过的天然黄铁矿,通过单因素实验,分别研究黄铁矿投加量、PDS 投加量、初始 pH 对反应过程的影响,同时测定反应结束时 TOC 去除率,确定黄铁矿活化 PDS 氧化降解对乙酰氨基酚(ACT)的最适宜污染物去除条件。

1. 黄铁矿投加量

实验的初始条件为:ACT 为 50 mg/L,PDS 投加量为 5 mmol/L,初始 pH 为 4.0。当黄铁矿投加量为 1 g/L、2 g/L、3 g/L、5 g/L 时,黄铁矿的投加量越大,ACT 降解反应速率越快,而当投加量进一步增加至 8 g/L 时,ACT 降解反应速率减慢,因为过量的黄铁矿造成了 PDS 的无效消耗。在黄铁矿投加量变化的情况下,最终 TOC 去除率都在 30%左右(图 10.1),说明最终降解 ACT 的是氧化剂 PDS,黄铁矿仅起到活化 PDS 的作用。黄铁矿投加量为 5 g/L、8 g/L 时,TOC 去除率轻微下降,说明了黄铁矿活化 PDS 氧化降解 ACT 反应过程中需要确定最佳的活化剂与氧化剂比例,以保证反应效果最佳。

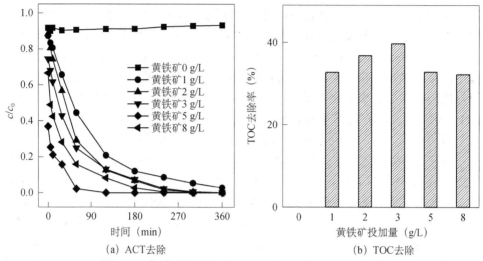

（a）ACT去除　　　　　　　　　　（b）TOC去除

图 10.1　黄铁矿投加量对 ACT 去除和 TOC 去除的影响

实验条件：ACT 为 50 mg/L，PDS 为 5 mmol/L，初始 pH 为 4.0

2. PDS 投加量

实验的初始条件为：ACT 为 50 mg/L，黄铁矿投加量为 2 g/L，初始 pH 为 4.0。

PDS 的投加量为 2～10 mmol/L，体系对 ACT 的最终去除率都能够达到 90%，但是只有在 PDS 投加量为 5 mmol/L 和 10 mmol/L 时，最终 TOC 的去除率才较高，能够达到 30% 左右（图 10.2）。说明氧化剂的用量关系到最终的矿化程度，要取得较高的 TOC 去除率需要增加氧化剂的量。

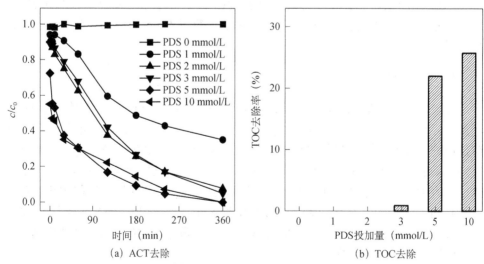

（a）ACT去除　　　　　　　　　　（b）TOC去除

图 10.2　PDS 投加量的影响

实验条件：ACT 为 50 mg/L，黄铁矿为 2 g/L，初始 pH 为 4.0

3. 初始 pH

如图 10.3 所示，50 mg/L ACT 的初始 pH 为 6.2，加入黄铁矿后 pH 为 5.8，加入 5 mmol/L PDS 后 pH 为 2.8，将反应的初始 pH 调至 4.0。随着反应的进行 pH 逐渐降低，360 min 时 pH 降至 2.7。加入 PDS 后 pH 降低幅度很大，主要原因是 PDS 水解生成 H^+ 和 HSO_5^-，其水溶液本身显酸性，加入反应体系中也会使体系 pH 降低。PDS 作为氧化剂与黄铁矿表面的 FeS_2 反应也能够生成 H^+，降低 pH。

将初始 pH 调至 6.0、8.0，反应过程中 ACT 浓度持续下降，最终 ACT 的去除率均能达到 90% 以上。黄铁矿活化 H_2O_2 在 pH 为 6.0 时能够去除 ACT，在 pH 为 8.0 时已经无活化能力。与之相比，黄铁矿活化 PDS 对 pH 条件有更好的适应能力。其更好的适应能力归因于两方面：①PDS 可以使 pH 下降，有利于反应进行。②黄铁矿活化 PDS 产生硫酸根自由基 $SO_4^{-·}$，能够适用更高的 pH。

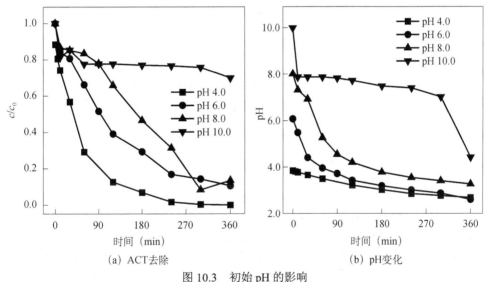

(a) ACT去除 (b) pH变化

图 10.3 初始 pH 的影响

实验条件：ACT 为 50 mg/L，黄铁矿为 2 g/L，PDS 为 5 mmol/L，初始 pH 为 4.0

综合以上研究，可以得出结论：黄铁矿活化 PDS 降解 ACT 的最佳反应条件为：黄铁矿为 2 g/L，PDS 为 5 mmol/L，初始 pH 为 4.0。

10.1.2 反应过程探究

1. 过硫酸根的消耗

黄铁矿活化 PDS 反应在 pH 为 4.0 和 8.0 条件下均能完全降解 ACT。黄铁矿活化 PDS 降解 ACT 反应过程中，PDS 分解较快，且 ACT 降解比较快。如图 10.4 所示，pH 为 4.0 时 PDS 消耗较快，在 120 min 时 PDS 基本被完全消耗，此时 ACT

降解率接近 100%。在 pH 为 8.0 下，180 min 时 PDS 基本被完全消耗，同时 ACT 也几乎完全降解。PDS 浓度在 0 min 时并不是 5 mmol/L，原因是溶液中的 PDS 水解生成 H^+ 和 HSO_5^-，通过显色法只能检测到水溶液中的 PDS。根据 ACT 降解效果可知，在碱性条件下，PDS 并没有被无效消耗，只是消耗速率变慢，最终消耗的 PDS 都有效发挥了降解 ACT 的作用。

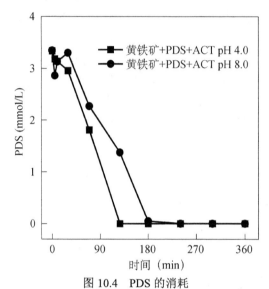

图 10.4　PDS 的消耗

实验条件：ACT 为 50 mg/L，黄铁矿为 2 g/L，PDS 为 5 mmol/L

2. 硫酸根浓度

从图 10.5 可知，黄铁矿活化 PDS 降解 ACT 反应过程中 SO_4^{2-} 的浓度持续上升，反应 360 min 后 SO_4^{2-} 最终浓度达到 7.0 mmol/L。在发生氧化反应降解 ACT 的过程中，PDS 的最终还原产物为 SO_4^{2-}。根据物料守恒，5 mmol/L PDS 完全被活化后，应该生成 10 mmol/L SO_4^{2-}。而实验测得最终 SO_4^{2-} 浓度不足 10 mmol/L。这说明，虽然 PDS 已经完全被消耗，但并没有完全转化为 SO_4^{2-}，有可能以 HSO_5^- 等其他形式的含硫离子存在，这些含硫离子仍具有氧化性。

3. 铁价态与浓度变化

如图 10.6 所示，反应过程中，总铁浓度随反应时间上升。反应前期浓度上升迅速，在 300 min 达到 12 mg/L（0.21 mmol/L），随后浓度上升缓慢。反应过程中铁主要以 Fe^{3+} 形态存在。在 90～240 min 之间出现少量的 Fe^{2+}，其他时间铁的形态基本为 Fe^{3+}。由于反应过程溶液中总铁的浓度较高，所以均相反应的促进作用明显。黄铁矿活化 PDS 降解 ACT 反应产生的总铁浓度远高于黄铁矿活化 H_2O_2 反应（1.2 mg/L），说明 PDS 更容易与黄铁矿表面的 FeS_2 反应。

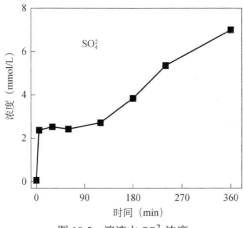

图 10.5　溶液中 SO_4^{2-} 浓度

实验条件：ACT 为 50 mg/L，黄铁矿为 2 g/L，
PDS 为 5 mmol/L，初始 pH 为 4.0

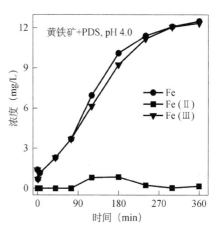

图 10.6　溶液中铁离子的形态

实验条件：ACT 为 50 mg/L，黄铁矿为 2 g/L，
PDS 为 5 mmol/L，初始 pH 为 4.0

10.1.3　黄铁矿重复利用性能

经过天平称量，水洗过的黄铁矿在反应过程中损耗量约为 5%，因此每次重复利用前都向反应容器中添加 5%(100 mg/L)黄铁矿，以保证黄铁矿质量恒定。

反应结束后，反应容器静置使黄铁矿沉淀至容器底部，倒出澄清的反应溶液，并将剩余的黄铁矿在原容器中烘干，下一次实验时再使用。

从重复利用实验结果来看(图 10.7)，黄铁矿活化 PDS 反应效果能够保持稳定高活性，不存在失活现象。开始两次实验未调节初始 pH，黄铁矿活化 PDS 反应初始 pH 为 3.8，之后的两次实验为了与黄铁矿活化 H_2O_2 平行对比，将初始 pH 调至 4.0。反应 360 min 后，ACT 的去除率均可以达到 90% 以上。

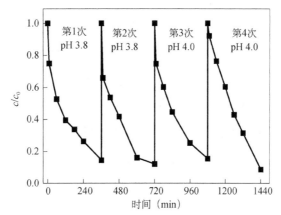

图 10.7　黄铁矿重复利用情况

实验条件：ACT 为 50 mg/L，黄铁矿为 2 g/L，PDS 为 5 mmol/L

10.1.4　黄铁矿活化 PDS/H₂O₂ 过程中 pH 变化

天然黄铁矿活化 H_2O_2 或 PDS 氧化降解有机污染物的过程中都会出现 pH 下降的现象，为排除污染物对 pH 下降的作用，进行了只有黄铁矿和氧化剂存在的实验，测定搅拌反应过程 pH 变化。只存在黄铁矿和氧化剂的条件下，溶液的 pH 也会下降，原因是黄铁矿的主要成分 FeS_2 本身比较容易被氧化，其长期暴露于空气中会被氧化为 Fe^{3+} 和 SO_4^{2-} 并产生 H^+，暴露于 H_2O_2 和 PDS 两种强氧化剂下则更容易被氧化产酸。所以即使没有目标污染物 ACT 的存在，反应溶液的 pH 也会持续下降。

如图 10.8 所示，初始 pH 为 6.0、8.0 的情况下，黄铁矿活化 PDS 反应最终的 pH 都会下降至 2.5~3.0，而黄铁矿活化 H_2O_2 反应最终 pH 都会下降至 4.5 左右。黄铁矿与两种氧化剂 H_2O_2/PDS 反应溶液最终的 pH 都会下降至某一定值附近，此现象与化学反应平衡相关，当产物 H^+ 积累到一定浓度，不利于反应的正向进行，所以反应变得缓慢或达到平衡，pH 不再继续下降。

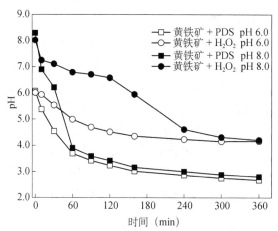

图 10.8　黄铁矿活化 H_2O_2/PDS 反应过程中 pH 变化

实验条件：黄铁矿为 2 g/L，PDS/ H_2O_2 为 5 mmol/L，初始 pH 为 6.0、8.0

黄铁矿活化 PDS 反应最终的 pH 低于黄铁矿活化 H_2O_2 反应，说明其与 FeS_2 反应生成 H^+ 的能力更强，PDS 与黄铁矿表面的反应更为剧烈。

10.1.5　稳定 pH 条件下黄铁矿活化 PDS/H₂O₂ 降解 ACT

黄铁矿活化 H_2O_2/PDS 氧化降解 ACT 的过程中，均存在 pH 不断下降的过程。为排除 pH 下降对反应的促进作用，进行了极端条件下的实验。通过持续向反应溶液中滴加 NaOH 以维持溶液的 pH 稳定在 6.0、8.0 和 10.0 三个条件，同时测定黄铁矿活化 H_2O_2/PDS 两个反应过程中 ACT 的去除情况。

如图 10.9 所示，pH 稳定在 6.0 时，黄铁矿活化 PDS 反应能够降解 50%的 ACT 而黄铁矿活化 H_2O_2 反应对 ACT 几乎无降解；维持 pH 为 8.0，黄铁矿活化 PDS 反应能够去除 10%的 ACT，而黄铁矿活化 H_2O_2 反应几乎不能去除 ACT；说明黄铁矿活化 PDS 反应能够适用更宽的 pH 范围。黄铁矿活化 PDS 反应与黄铁矿活化 H_2O_2 反应降解 ACT 可能遵循了两种不同的机理和途径。目前研究认为 H_2O_2 被活化后主要产生羟基自由基，而 PDS 被活化后则会形成 SO_4^{-} 和 ·OH 的共存形态。两者的比例由溶液的 pH 决定。Huang 等[81]认为在酸性和中性条件下(pH 为 2.0～7.0)，主要的自由基物种为 SO_4^{-}；在弱碱性条件下(pH 为 8.0～10.0)，主要的自由基物种为 SO_4^{-} 和 ·OH；在强碱性条件下(pH>10.0)，主要的自由基物种为 ·OH。在高 pH(6.0、8.0、10.0)条件下，H_2O_2 很难被活化产生 ·OH，而 PDS 可以被活化产生 ·OH 或 SO_4^{-}。因此在弱酸性、中性和碱性条件下，黄铁矿活化 PDS 反应能够降解有机污染物。

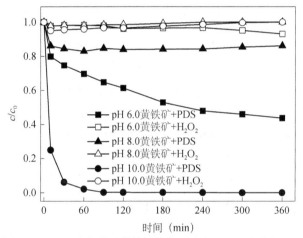

图 10.9　稳定 pH 条件下黄铁矿活化 H_2O_2/PDS 反应降解 ACT
实验条件：ACT 为 50 mg/L，黄铁矿为 2 g/L，PDS/H_2O_2 为 5 mmol/L

不断滴加 NaOH 维持 pH 为 10.0，黄铁矿活化 PDS 反应降解 ACT 表现出极高的效率，原因是碱本身可以活化 PDS，使其产生自由基氧化降解有机物，一般将 pH 调节到 11.0 左右就可以活化 PDS 产生自由基。pH 为 10.0 本身碱度就比较高，反应过程又持续加入碱，所以此时黄铁矿活化 PDS 反应能够快速降解有机污染物是碱活化的结果。需要验证单独碱的效果，接下来的实验将增加一组对照实验，只加碱、PDS 和 ACT，检测溶液中 ACT 去除率。

10.1.6　碱活化 PDS 氧化降解 ACT

如图 10.10 所示，将含有 PDS 的溶液 pH 调至 10.0 和 11.0，反应溶液中的 ACT 会出现浓度先降低后升高的过程。初始 pH 为 10.0，碱-PDS 反应能去除 20% ACT，初始 pH 为 11.0,碱-PDS 反应能去除 70% ACT。pH 为 10.0,反应后 pH 降低至 8.0 左右,pH 为 11.0,反应后 pH 降低至 8.2 左右,说明反应过程中存在碱度的消耗。

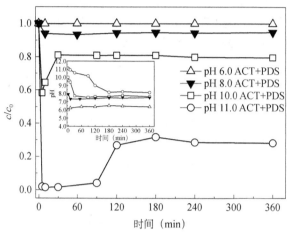

图 10.10　不同 pH 条件下,碱活化 PDS 降解 ACT
实验条件:ACT 为 50 mg/L,黄铁矿为 2 g/L,PDS 为 5 mmol/L

在 pH 为 6.0 的条件下,碱活化 PDS 不能去除 ACT,在 pH 为 8.0 的条件下,碱活化 PDS 能够去除不到 5% 的 ACT。在 pH 为 6.0、8.0 条件下由于碱度不够高,不足以活化 PDS 产生自由基降解 ACT,因而 ACT 降解低于 5%。由此来看,在 pH≤8.0 的条件下,碱活化 PDS 降解污染物的能力很弱。所以在 pH 为 8.0 的条件下,黄铁矿活化 PDS 氧化降解 ACT 主要依靠黄铁矿的活化活性。

10.1.7　反应过程中黄铁矿表面铁和硫形态分析

之前研究发现在偏碱性的条件下黄铁矿活化 H_2O_2 氧化降解有机物的过程中,黄铁矿表面会被羟基铁化合物和铁氧化物覆盖,通过 XPS 表征发现反应进行 24 h,表面 FeS_2 及多硫化物 S_n^{2-} 含量极低。黄铁矿表面被覆盖会使得表面的 FeS_2 不能充分接触到氧化剂,影响黄铁矿活化氧化反应的效率。此前的单因素实验证明了黄铁矿活化 PDS 反应在初始 pH 为 8.0 的条件下,经过 360 min,仍然可以降解水中 90% 的 ACT(50 mg/L)。黄铁矿活化 PDS 反应适应较高的 pH 条件,在反应过程中黄铁矿表面的 Fe 和 S 与溶液中的 PDS 反应密切相关。为此,对 pH 为 8.0 的条件下,反应过程中黄铁矿表面的 Fe 和 S 形态进行分析。

调节反应的初始 pH 为 8.0,取黄铁矿活化 PDS 反应进行 1 h、6 h、18 h 的黄铁矿固体,冷冻干燥后进行 XPS 能量分析,所得结果如图 10.11。对 XPS 分峰后,结合能与元素形态参照表 10.1。经过水洗的天然黄铁矿,表面仍然含有少量 Fe(Ⅲ)-OOH、Fe(Ⅲ)-O 化合物以及部分 Fe(Ⅱ)-SO_4^{2-}。反应进行 1 h、6 h、18 h,

黄铁矿表面一直都能够检测到较强的 FeS_2 及 FeS 峰信号，说明在 pH 为 8.0 的情况下，黄铁矿活化 PDS 反应中，黄铁矿的表面并没有被铁氧化物覆盖。从 S 元素的 XPS 结果来看，黄铁矿活化 PDS 反应过程中黄铁矿表面的 S_2^{2-} 和 S_n^{2-} 一直都作为含量最高的硫化物，这两种形态的硫也是还原性较高的两种态，这两种形态的硫对黄铁矿活化 PDS 反应有促进作用。

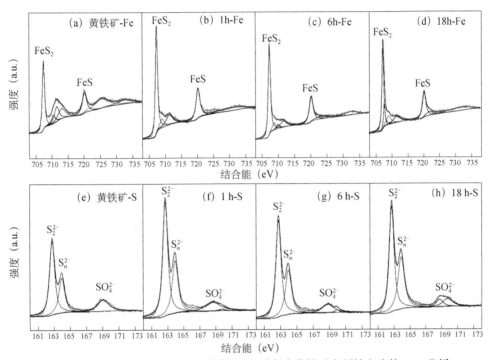

图 10.11　黄铁矿活化 PDS 反应降解 ACT 过程中黄铁矿表面铁和硫的 XPS 分析

表 10.1　结合能与元素形态对照表

天然黄铁矿			
元素形态(Fe)	结合能(eV)	元素形态(S)	结合能(eV)
$Fe(II)-S_2$	707.1	S_2^{2-}	162.5
$Fe(III)-O/(Fe_3O_4)/Fe(II)$	710.8	S_n^{2-} 或 S^0	163.8
$Fe(III)-OOH$	711.6		
$Fe(II)-SO_4^{2-}$	713.2		
$Fe(II)-S$	720.0	SO_4^{2-}	168.7/169.6
$Fe(III)-O$	724.6		
	732.3		

为进一步分析反应过程中黄铁矿表面 $Fe(II)-S_2$、S_2^{2-}、S_n^{2-} 的相对含量，了解反应过程中 Fe 和 S 形态的转变。根据 XPS 分峰得到的峰面积进行半定量分析，

统计得到各形态的铁和硫所占的相对含量见表 10.2。反应开始后，各反应时间点黄铁矿表面的 Fe(II)-S$_2$、Fe(II)-S、S$_2^{2-}$、S$_n^{2-}$ 的相对含量均高于天然黄铁矿，导致这个结果的主要原因是，黄铁矿即使经过水洗，保存在干燥器中，表面也有轻微的氧化，生成铁氧化物。黄铁矿在水溶液中反应 1 h 以后，表面的铁氧化物都溶于溶液中，所以表面的铁氧化物含量降低，Fe(II)-S$_2$、Fe(II)-S、S$_2^{2-}$、S$_n^{2-}$ 相对含量升高。反应 1~18 h，S$_2^{2-}$ 的相对含量由 55.7% 先上升至 56.7% 再下降至 51.9%，而 S$_n^{2-}$ 含量相对上升。说明反应过程中，首先更多的 S$_2^{2-}$ 在黄铁矿的表面暴露出来，然后由于黄铁矿表面的 FeS$_2$ 与溶液中 PDS 持续反应，表面的 S$_2^{2-}$ 含量将会降低，成为无定形的 S$_n^{2-}$ 或者成为 SO$_4^{2-}$ 进入溶液中。

表 10.2　黄铁矿活化 PDS 反应过程中黄铁矿表面铁和硫各形态相对含量

Fe 形态	水洗黄铁矿(%)	1 h(%)	6 h(%)	18 h(%)
Fe(II)-S$_2$	35.7	42.8	43.6	41.5
Fe(II)-S	21.2	22.8	21.5	22.3
Fe(III)	43.1	34.4	34.9	36.2
S 形态	水洗黄铁矿(%)	1 h(%)	6 h(%)	18 h(%)
S$_2^{2-}$	53.3	55.7	56.7	51.9
S$_n^{2-}$	28.3	30.1	31.1	34.3
SO$_4^{2-}$	18.4	14.2	12.2	13.8

在 pH 为 8.0 的条件下，黄铁矿活化 PDS 过程中黄铁矿表面未发生钝化的主要原因为以下两方面：①PDS 作为氧化剂与黄铁矿表面的 FeS$_2$ 反应后，主要生成溶解态的 SO$_4^{2-}$，SO$_4^{2-}$ 的溶解度较大，不会附着在黄铁矿的表面。②黄铁矿活化 PDS 反应中会产生大量的 H$^+$，消耗溶液中的 OH$^-$，使溶液碱性降低，减少羟基铁化合物对黄铁矿表面的覆盖。PDS 氧化降解有机物能够适应较广的 pH 范围，因此初始 pH 为 8.0 的条件下，黄铁矿活化 PDS 反应仍然能够降解水溶液中的 ACT。

10.1.8　黄铁矿活化 PDS 与 CuS-PDS 和 ZnS-PDS 反应的对比

黄铁矿活化 H$_2$O$_2$ 反应去除水中的 ACT，与 CuS、ZnS 活化 H$_2$O$_2$ 相比有很大的优势，说明了 FeS$_2$ 与 H$_2$O$_2$ 反应，相比其他金属硫化物具有较大的优势。在此，将黄铁矿活化 PDS 反应降解 ACT，与 CuS、ZnS 活化 PDS 反应进行对比。

如图 10.12 所示，CuS 和 ZnS 活化 PDS 降解 ACT 效果都较差，CuS 活化 PDS 反应比 ZnS 活化 PDS 反应效果好，但是其最终只能降解 30% 的 ACT，而黄铁矿活化 PDS 反应降解 ACT，反应 360 min 去除率能够达到 95% 以上。此对比实验说明了 FeS$_2$ 与 PDS 反应，相比其他金属硫化物具有较大的优势。

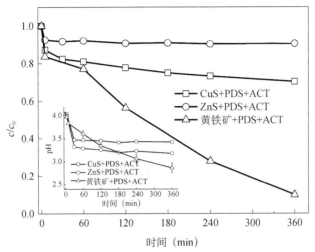

图 10.12　黄铁矿活化 PDS 反应降解 ACT，与 CuS 和 ZnS 活化 PDS 对比
实验条件：ACT 为 50 mg/L，黄铁矿为 2 g/L，PDS 为 5 mmol/L，初始 pH 为 4.0

10.1.9　活性氧化物种识别

乙醇含有 α-氢，与·OH 和 SO_4^- 均可以较快速率反应，而叔丁醇不含 α-氢，易与·OH 反应，但不宜与 SO_4^- 反应，其与·OH 反应速率是与 SO_4^- 反应速率的 418～1900 倍。根据以上原理，将乙醇和叔丁醇作为反应抑制剂，鉴别反应过程中起作用的活性氧物种。

向反应中添加 0.1 mmol/L 的抑制剂，从图 10.13 中的数据可以看出，乙醇对黄铁矿活化 PDS 有一定的抑制作用（≈20%），而叔丁醇只有轻微的抑制作用（≈5%）。说明黄铁矿活化 PDS 反应中，占据主导作用的是·OH 和 SO_4^- 两种自由基。在黄铁矿活化 H_2O_2 反应过程中·OH 起主要作用，所以黄铁矿活化 PDS 反应和黄铁矿活化 H_2O_2 反应过程中起主导作用的自由基物种并不一样。

通过 ESR 检测黄铁矿活化 PDS 反应的自由基物种（图 10.14）。在 pH 为 4.0、8.0 两个条件下，黄铁矿与 PDS 混合反应，通过磁力搅拌反应 30 min 后，取出 20 μL 样品。取出的样品与 20 μL DMPO（0.1 mol/L）混合，在 2 min 之内使用 ESR 对样品进行扫描检测。

黄铁矿活化 PDS 反应在 pH 为 4.0、8.0 两个条件均能检测到·OH 的产生，说明在两种 pH 条件下黄铁矿活化 PDS 反应均能够生成·OH，但是产生的自由基信号强度不同。在 pH 为 8.0 时，·OH 的信号明显强于 pH 为 4.0 时的信号。PDS 作为氧化剂能够适应较宽的 pH 范围，且在酸性和碱性条件下起主导作用的自由基不同。在酸性条件下，PDS 的活化以生成 SO_4^- 为主，在碱性条件下，PDS 活化则以·OH 为主。pH>8.5 时，SO_4^- 能与 OH^- 反应生成·OH，·OH 进一步降解有机物。

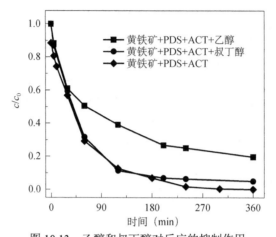

图 10.13 　乙醇和叔丁醇对反应的抑制作用

实验条件：黄铁矿为 2 g/L，PDS 为 5 mmol/L，ACT 为 50 mg/L，pH 为 4.0，乙醇/叔丁醇 0.1 mmol/L

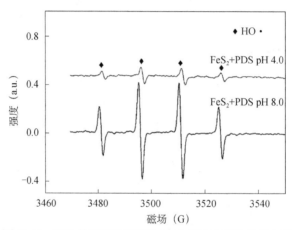

图 10.14 　ESR 检测黄铁矿活化 PDS 反应中产生的自由基

$$SO_4^{\cdot-}+H_2O \longrightarrow SO_4^{2-}+\cdot OH+H^+ \quad k(H_2O)<2\times10^{-3}\,s^{-1} \tag{10.1}$$

$$SO_4^{\cdot-}+OH^- \longrightarrow SO_4^{2-}+\cdot OH \quad k=(6.5\pm1.0)\times10^7\,L/(mol\cdot s) \tag{10.2}$$

黄铁矿活化 PDS 反应中，pH 为 8.0 时，虽然·OH 含量高，但污染物降解速率低于 pH 为 4.0 时，说明 pH 为 4.0 时有其他自由基（不能被 DMPO 捕获）主导了 ACT 的降解反应。结合抑制实验中叔丁醇只有轻微的抑制作用（≈5%），而乙醇抑制作用更高，说明 pH 为 4.0 时·OH 并不是起主导作用的自由基。

10.1.10 　ACT 降解路径分析

黄铁矿活化 PDS 反应去除水中的 ACT，反应过程中取出样品经富集浓缩等前处理步骤后，将得到的样品用 GC-MS 进行分析检测。将 GC-MS 数据得到的产物峰逐个进行相似度匹配并对 GC-MS 数据进行分析。黄铁矿活化 PDS 反应过程中能够检测到对苯二酚和乙酰氨乙酸两种中间产物 (图 10.15、图 10.16)，同时也存在部分目标物 ACT。对苯二酚也是黄铁矿活化 H_2O_2 反应降解 ACT 的主要中间产物之一。乙酰氨乙酸被认为是黄铁矿活化 PDS 反应过程中 SO_4^{-} 直接将苯环打开后得到的氧化产物，与此产物相对应的另一种中间产物是 2-羟基丁二酸 ($COOHCH_2CHOHCOOH$)。

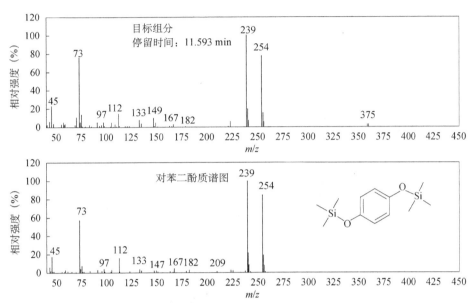

图 10.15　黄铁矿活化 PDS 反应降解 ACT，中间产物对苯二酚的质谱图

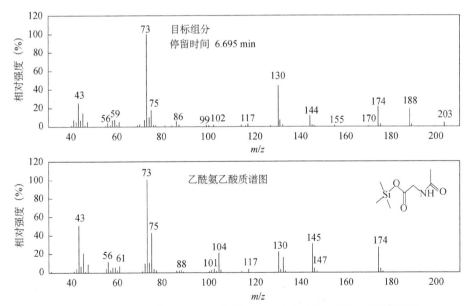

图 10.16　黄铁矿活化 PDS 反应降解 ACT，中间产物乙酰氨乙酸质谱图

　　黄铁矿活化 PDS 反应中间产物对苯二酚不存在先积累后被逐步降解的过程，这与黄铁矿活化 H₂O₂ 反应不同。仅在 10 min 时，能够检测到对苯二酚的信号强度，之后反应进行到 30～360 min，一直都未检出对苯二酚(图 10.17)。说明黄铁矿活化 PDS 反应过程能够迅速地将对苯二酚分子结构中的苯环打开，生成小分子物质。

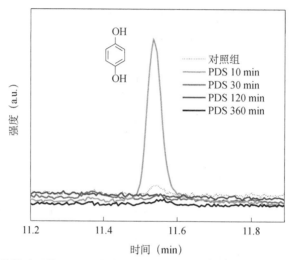

图 10.17　黄铁矿活化 PDS 反应降解 ACT，反应中间产物对苯二酚峰图的变化

　　用气相色谱检测黄铁矿活化 PDS 反应的最终产物。黄铁矿活化 PDS 反应结束后溶液中存在小分子有机酸。通过与标准物质的匹配，确定最终产物中存在乙酸、丙酸和丁酸三种小分子酸(图 10.18)。

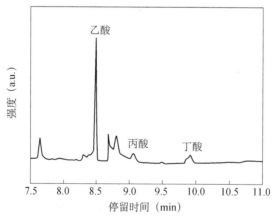

图 10.18　黄铁矿活化 PDS 反应降解 ACT，最终产物小分子有机酸气相色谱图

　　通过分析 ACT 的中间产物及最终产物，总结了黄铁矿活化 PDS 氧化降解 ACT 过程中，ACT 的降解途径如图 10.19 所示。

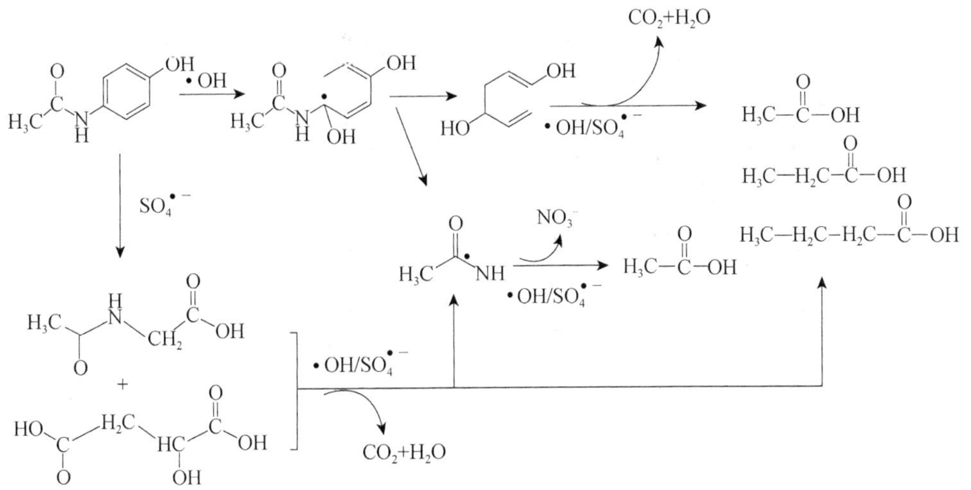

图 10.19 污染物降解路径示意图

10.1.11 硫化物对黄铁矿/PDS 降解 ACT 的影响

黄铁矿的主要成分是 FeS_2，黄铁矿活化 H_2O_2 反应过程中消耗掉的铁硫元素比为 Fe：S=1：10≠1：2(<1：2)，说明反应过程中消耗掉了更多的硫元素。由此可以推测，提高黄铁矿表面或反应溶液中硫的比例将有利于黄铁矿活化 H_2O_2 反应的进行。通过对 pH 为 8.0 的条件下，不同反应时间黄铁矿表面 XPS 分析来看，黄铁矿活化 PDS 反应中，黄铁矿的表面始终有足够多的铁和硫元素能够接触到 PDS，反应过程中存在 S_2^{2-} 转化为 S_n^{2-} 和 SO_4^{2-} 的过程，并且 pH 为 8.0 的条件下，黄铁矿活化 PDS 反应能够降解 ACT，因此硫元素对黄铁矿活化 PDS 反应可能存在强化作用。本节选取 NaHS 和 Na_2S 两种常见的硫化物作为 HS^- 和 S^{2-} 来源，向黄铁矿/PDS 体系中投加 HS^- 和 S^{2-}，探讨硫元素对黄铁矿活化 PDS 反应的影响。

1. HS^- 对黄铁矿/PDS 降解 ACT 的影响

研究 NaHS 投加量对黄铁矿活化 PDS 反应的影响，将 pH 调至 8.0，先让反应进行 1 h，ACT 去除率为 70%左右，pH 也会随反应进行而降低。反应 1 h 后，不同反应体系的 pH 并不相同，重新调节 pH 为 8.0 并加入 NaHS。NaHS 投加量为 0.1 mmol/L 和 0.2 mmol/L 时，反应可以持续进行，且 pH 持续降低至 3.0，而 NaHS 投加量为 0.5 mmol/L 和 0.8 mmol/L 时污染物浓度不再下降，同时 pH 也不再下降（图 10.20）。

不添加 NaHS，反应过程中 pH 下降不明显，而污染物 ACT 却能够被去除，其最终污染物去除率比添加 0.1 mmol/L 和 0.2 mmol/L NaHS 时稍低，但 ACT 去除率也能达到 90%。前 300 min，NaHS 的添加抑制了污染物的去除，到 300 min 后，

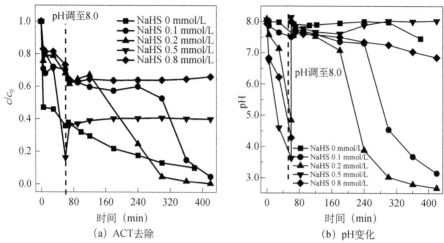

图 10.20　NaHS 投加量对 ACT 降解与溶液 pH 变化的影响

实验条件：黄铁矿为 2 g/L，PDS 为 5 mmol/L，ACT 为 50 mg/L，初始 pH 为 8.0

相比不添加 NaHS 的空白实验，添加 0.1 mmol/L 和 0.2 mmol/L NaHS 的反应能够去除更多的 ACT。而 300 min 时，添加 0.1 mmol/L 和 0.2 mmol/L NaHS 的反应 pH 分别为 4.5 和 3.0，此时的 pH 更有利于黄铁矿活化 PDS 反应的进行。添加 NaHS，一定程度上会抑制反应，但由其导致的 pH 降低却能够促进反应，因而其对反应的影响比较复杂，综合考虑认为 HS$^-$ 带来的是抑制作用。

2. S^{2-}对黄铁矿/PDS 降解 ACT 的影响

在 pH 为 8.0 的条件下，向黄铁矿活化 PDS 反应中加入不同剂量的 Na$_2$S。结果表明（图 10.21），加入 S^{2-}后对降解效果有轻微抑制作用，且抑制作用随着投加量增加而增大，但最终对污染物的去除率影响不大。其可能的原因是还原性的硫会消耗 PDS，在反应中与污染物竞争，导致反应过程中污染物的降解受抑制。加入 S^{2-}后，溶液 pH 迅速降低至 3.5 左右，但是污染物的去除率却没有随 pH 降低而加快。由于黄铁矿活化 PDS 本身适应较宽的 pH 范围，溶液 pH 降低给反应带来的促进效果较微弱。综上，加入 S^{2-}对黄铁矿/PDS 降解 ACT 的促进效果小于抑制效果，S^{2-}总体呈现抑制作用。

3. HS$^-$对反应效果的影响

为研究投加 NaHS 对黄铁矿活化 PDS 反应造成抑制作用的原因，向反应中加入 NaHS，测定 PDS 浓度随反应时间的变化。

如图 10.22 所示，黄铁矿活化 PDS 反应在 pH 为 4.0 和 8.0 下均能完全降解 ACT，pH 为 4.0 时 PDS 消耗较快，且 ACT 降解比较快，在 120 min 时 PDS 几乎

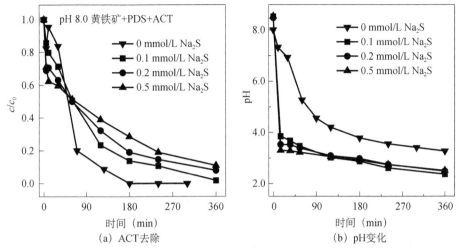

图 10.21　Na₂S 投加量对 ACT 降解与 pH 变化的影响

实验条件：黄铁矿为 2 g/L，PDS 为 5 mmol/L，ACT 为 50 mg/L，初始 pH 为 8.0

消耗完，此时 ACT 降解率接近 100%。在 pH 为 8.0 的条件下，180 min 时 PDS 基本消耗完，同时 ACT 也几乎完全降解。从 PDS 消耗量和 ACT 降解曲线，观察到在黄铁矿活化 PDS 反应中，加入的 NaHS 对反应有微弱的抑制作用。

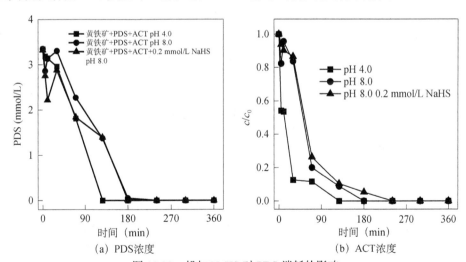

图 10.22　投加 NaHS 对 PDS 消耗的影响

实验条件：黄铁矿为 2 g/L，[H₂O₂]₀=5 mmol/L，[ACT]₀=50 mg/L，[NaHS]=0.2 mmol/L，pH₀ 为 8.0

向反应中加入 NaHS，在 120 min 之前，加快了 PDS 的消耗，而此时相对应的 ACT 的降解也受到抑制。根据之前的分析，添加 NaHS 表现为抑制作用，原因推测：①黄铁矿活化 PDS 反应中加入 NaHS 会阻碍黄铁矿与 PDS 的接触，因此 PDS 不能够及时被活化产生自由基物种，从而降低污染物降解速率。② HS⁻本身为还原性物质，会无效消耗掉 PDS。从过硫酸根消耗曲线上看，可以确定是第二个原因。所以认为黄铁矿活化 PDS 反应中加入 NaHS 会无效消耗掉 PDS。同理我们也可以认为 S^{2-} 对黄铁矿活化 PDS 反应的抑制作用也是因为无效消耗掉部分 PDS。

10.2 硫化亚铁活化 PDS 降解四环素

硫化亚铁是一种在土壤、沉积物、湖泊、地下水及海水等还原环境中普遍存在的亚稳态、无毒矿物，由于其独特的分子结构和表面化学特性，逐渐被认为是一种环境友好的、具有巨大潜力的环境修复材料。本节引入 PDS 构建硫化亚铁/PDS 高级氧化体系，旨在通过活化 PDS 产生活性氧物种来提高四环素在酸性条件下的去除效果。

实验使用配制的模拟废水进行研究，反应均在 250 mL 烧杯中进行。取一定体积的四环素储备液及 2 mL 缓冲储备液置于烧杯中，加超纯水稀释至 100 mL (pH 3.0～5.0 使用乙酸盐缓冲液，pH 7.0 使用 MOPS 缓冲液，pH 9.0 使用 CHES 缓冲液)，pH 均用 1 mol/L NaOH 及 HCl 调节。将含上述反应溶液的烧杯置于磁力搅拌器上搅拌，加入一定量的硫化亚铁粉末开始反应。当研究缺氧条件对硫化亚铁去除四环素的影响时，在 100 mL 顶空瓶中配置上述反应溶液，并用高纯氮气吹脱溶液中的溶解氧约 0.5 h，再加入硫化亚铁粉末开始反应，反应过程在氮气保护下进行。反应不同时间后取 0.5 mL 样品过 0.22 μm 水相针式过滤器，加 1% (1+3) 盐酸调节 pH 至 2.0 以下，再加等体积甲醇以停止反应，停止反应的机理是四环素在 pH 2.0 以下不与金属发生络合作用，且存在稳定、不易被降解，继续添加甲醇以猝灭可能存在的自由基。样品低温条件下保存在棕色色谱瓶中，两天内用高效液相色谱进行分析，均进行平行实验作为对照，以下不再赘述。

10.2.1 影响因素研究

1. PDS 投加量

四环素初始浓度为 0.1 mmol/L，硫化亚铁投加量为 200 mg/L。四环素的去除率随 PDS 投加量的变化如图 10.23 所示，硫化亚铁活化 PDS 降解四环素反应非常迅速，反应 30 min 四环素降解基本稳定，且随着 PDS 投加量的提高，四环素的去除率也相应提高。当 PDS 投加量为 0.5 mmol/L 时，四环素的去除率可达 94.2 %，而当 PDS 投加量升高至 1 mmol/L 时，四环素的去除率可达 100%。

为了进一步确认 PDS 的最佳投加量，测定了 PDS 投加量为 0.5 mmol/L 和 1 mmol/L 条件下 PDS 的消耗。由于污染物四环素的最大吸收波长在 360 nm 左右，其共存会干扰 PDS 的测定结果，因此在本次实验中未投加污染物。

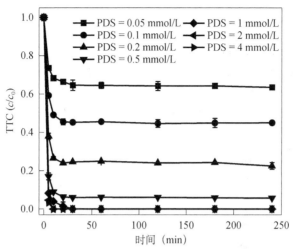

图 10.23　PDS 投加量对四环素去除率的影响

实验条件：$[FeS]_0$=200 mg/L，$[TTC]_0$=0.1 mmol/L，pH_0 为 3.0

如图 10.24 所示，当 PDS 投加量为 0.5 mmol/L 时，反应 30 min PDS 即被完全消耗，这与四环素的去除率在 30 min 时到达 94.2%而随后不再提升的结果是一致的，说明 0.5 mmol/L 的 PDS 投加量对于 0.1 mmol/L 四环素的降解是不够的，这也从侧面反映硫化亚铁 200 mg/L 的投加量用于活化 PDS 降解四环素是足量的。而当 PDS 投加量为 1 mmol/L 时，PDS 在整个反应过程中都保持了一定的余量，到反应 4 h 后才被消耗殆尽，且四环素在反应 30 min 时去除率已达到 100%，因此 1 mmol/L 是 PDS 的最适投加量。

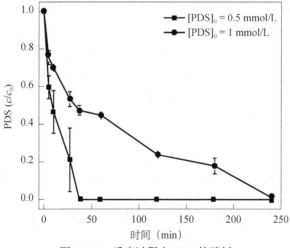

图 10.24　反应过程中 PDS 的消耗

$[FeS]_0$=200 mg/L，pH_0 为 3.0

2. TTC *初始浓度*

硫化亚铁投加量为 200 mg/L，PDS 投加量为 1 mmol/L，四环素的去除率随其初始浓度的变化如图 10.25 所示，当四环素初始浓度分别升至 0.2 mmol/L、0.3 mmol/L、0.4 mmol/L 时，去除率仍可达到 95.2%、87.4% 和 79.4%，且反应 1 h 左右均能达到平衡状态，说明硫化亚铁活化 PDS 降解四环素具有反应迅速、效果突出等优势。

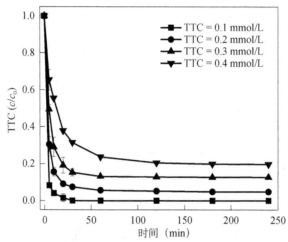

图 10.25　四环素初始浓度对其去除率的影响

实验条件：$[FeS]_0 = 200$ mg/L，$[PDS]_0 = 1$ mmol/L，pH_0 为 3.0

10.2.2　铁和硫的形态转化

假设分解的 PDS 最终转化为硫酸根离子，那么消耗 1 mol 的 PDS 就会产生 2 mol 的硫酸根离子。根据 PDS 的消耗计算了溶液中来源于 PDS 分解产生的硫酸根离子浓度，同时检测了溶液中实际的硫酸根浓度随反应时间的变化。在相同反应条件下测定了总铁的溶出。如图 10.26 所示，溶液中的硫酸根浓度远高于 PDS 分解产生的硫酸根浓度，说明溶液中的硫酸根离子主要来源于硫化亚铁中硫元素的氧化溶出。

在相同反应条件下测定了总铁的溶出，如图 10.27 所示，在投加污染物的前提下，总铁的溶出最终稳定在 13.7 mg/L，即 0.24 mmol/L。而溶液中硫酸根的浓度最终稳定在 5.56 mmol/L，二者的比例远低于硫化亚铁的元素比例，说明在反应过程中消耗了更多的硫元素，推测反应过程中硫化亚铁中的亚铁和硫元素经历了独立的氧化过程，硫元素在硫化亚铁活化 PDS 的过程中起到了重要作用。

在测定铁离子的过程中，我们发现了一个有趣的现象。在未投加四环素的条件下，体系中检测不到亚铁离子，而在外加四环素的体系中，溶出的亚铁离子浓

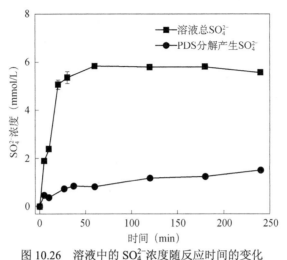

图 10.26　溶液中的 SO_4^{2-} 浓度随反应时间的变化

实验条件：$[FeS]_0=200$ mg/L，$[PDS]_0=1$ mmol/L，$[TTC]_0=0.1$ mmol/L，pH_0 为 3.0

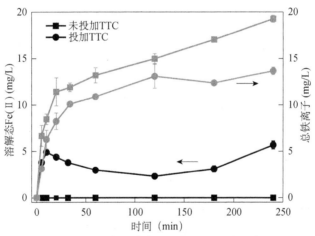

图 10.27　溶液中的铁离子浓度随反应时间的变化

实验条件：$[FeS]_0=200$ mg/L，$[PDS]_0=1$ mmol/L，pH_0 为 3.0

度在 10 min 反应时间处即可达 4.9 mg/L 。非均相 Fenton 系统可以分为非均相类 Fenton 反应和表面 Fenton 反应两大类。在非均相类 Fenton 体系中，反应溶液中溶出的二价铁含量较高，活性氧物种的产生及污染物的降解机制与均相 Fenton 反应类似。而表面 Fenton 反应中溶出的二价铁非常有限（< 1 mg/L），表面二价铁对过氧化氢的活化起到了关键作用。相似地，在本体系中，无四环素的条件下，PDS 的活化主要发生在硫化亚铁表面；而由于四环素对二价铁有很强的络合作用，能促进硫化亚铁溶出二价铁，因此在四环素存在的条件下，络合态二价铁对 PDS 的均相活化起到了重要作用。值得注意的是，四环素存在条件下测出的总铁反而低于

无四环素的条件，这可以解释为：当体系中无四环素时，硫化亚铁表面的亚铁被PDS 不断消耗产生三价铁，导致溶液中总铁的积累；而由于四环素含有多个羟基及氨基还原性官能团，其在与三价铁的络合过程中能够还原三价铁生成二价铁，因此体系中四环素的引入有利于促进二价铁/三价铁循环，即二价铁的无效消耗相应减少，最终表现为溶液中产生的总铁减少。

此外，在反应初期由于体系中存在大量四环素，溶液中的二价铁浓度呈上升趋势；随着反应的进行，四环素被完全降解，此时体系中仍有一定量的 PDS 消耗二价铁，因此二价铁的浓度呈下降趋势；而到了反应后期，PDS 基本被消耗完，溶液中二价铁主要源自硫化亚铁的溶出，在到达溶解平衡之前，溶液中的二价铁浓度再次呈上升趋势。

对反应前后的矿物进行 XPS 分析。如图 10.28 所示，710.7 eV 和 712.2 eV 分别是 Fe $2p_{3/2}$ 轨道 Fe(II) 和 Fe(III) 的特征结合能。反应后，表面二价铁的含量从 60.6% 下降至 43.9%，27.6% 的表面二价铁被氧化为三价铁；而矿物表面 S(−II) 的含量从 58.9% 下降至 30.4%，48.4% 的表面 S(−II) 被氧化为中间态硫如 S_n(−II)、S^0 及表面结合态的硫酸根。上述结果与溶液中的硫铁离子数据一致，再次说明 S(−II) 在硫化亚铁活化 PDS 的过程中起到了重要作用。此外，表面二价铁的氧化也初步说明表面二价铁在 PDS 的活化过程中扮演着重要的角色。

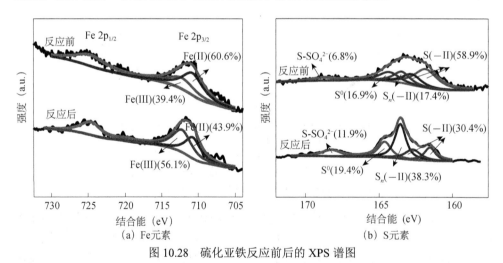

图 10.28　硫化亚铁反应前后的 XPS 谱图

10.2.3　四环素降解机制探究

硫化亚铁活化 PDS 产生的 SO_4^{-} 会进一步转化为 ·OH。ESR 技术可以直接测定体系中可能存在的 SO_4^{-} 和 ·OH。采用 DMPO 作为自由基的捕获剂，DMPO-SO₄ 和 DMPO-OH 加合物的特征信号峰能够证明这两种自由基的存在。图 10.29 展现了·OH 的特征峰（$a_N=a_H=14.9$ G，误差±0.2 G），说明 FeS/PS 体系中存在·OH。值得注意的是，仅检测到微弱的 $SO_4^{\cdot-}$ 信号峰，这可能是因为：①酸性条件有利于 FeS 对 PDS 的活化，活化过程瞬时产生大量的 $SO_4^{\cdot-}$ 容易发生自猝灭作用（式 10.3）；②生成的 DMPO-SO_4 加合物会通过亲核取代作用迅速转化为 DMPO-OH 加合物。因此，单独的 ESR 实验并不能确定 FeS/PS 体系中降解四环素的主要活性物种仅有·OH。

$$SO_4^{\cdot-} + SO_4^{\cdot-} \longrightarrow S_2O_8^{2-} \tag{10.3}$$

通过投加抑制剂的方法进一步确定在硫化亚铁/PDS 体系中对四环素降解起主要作用的活性氧物种。将甲醇（MA）和叔丁醇（TBA）作为反应抑制剂。如图 10.30 所示，甲醇的抑制作用大于叔丁醇的抑制作用，说明体系中·OH 和 $SO_4^{\cdot-}$ 均对四环素有降解作用。而过量的甲醇和叔丁醇对四环素降解的抑制作用并不显著，则说明自由基对污染物的降解并不只发生在溶液中。

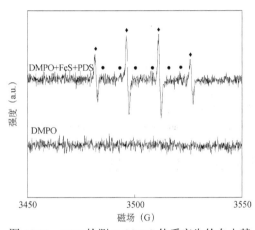

图 10.29　ESR 检测 FeS/PDS 体系产生的自由基
菱形代表 DMPO-OH 加合物，圆形代表
DMPO-SO_4 加合物

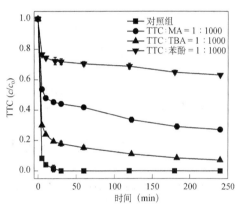

图 10.30　不同抑制剂对四环素降解的影响
实验条件：[FeS]=200 mg/L，[PDS]=1 mmol/L，[TTC]=0.1 mmol/L，[MA]=[TBA]=[苯酚]=100 mmol/L，pH_0 为 3.0

为了进一步确认表面自由基（$SO_4^{\cdot-}{}_{ads}$ 和·OH_{ads}）对四环素降解的贡献，探究苯酚对四环素降解的影响。相同投加剂量的前提下，苯酚的抑制作用十分显著，远远高于甲醇和叔丁醇的影响，说明表面自由基相比游离的自由基（$SO_4^{\cdot-}{}_{free}$ 和·OH_{free}）对四环素的降解起到了更为关键的作用。结合上述结果，pH 为 3.0 时，硫化亚铁表面的二价铁和通过四环素络合作用溶出的二价铁均能活化 PDS，两种途径分别产生表面结合态的自由基和溶液中游离的自由基，而前者对四环素降解的贡献更大。

10.2.4　硫化亚铁重复利用性能

通过实验考察硫化亚铁的重复利用性能。反应结束后，通过离心收集剩余的矿物，收集的矿物用超纯水洗涤 5 次后冷冻干燥，用于下一次实验使用。每次重复利用实验的条件都保持一致。如图 10.31 所示，硫化亚铁活化 PDS 对四环素的降解效果保持稳定，反应 4 h 后四环素的降解率均能达到 90%以上。

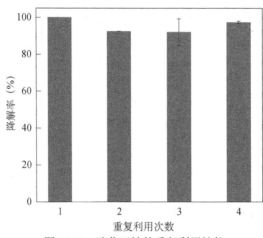

图 10.31　硫化亚铁的重复利用性能

实验条件：$[FeS]_0$=200 mg/L，$[PDS]_0$=1 mmol/L，$[TTC]_0$=0.1 mmol/L，pH_0 为 3.0，反应时间为 4 h

10.3　硫化亚铁活化 PDS 降解对氯苯胺

10.3.1　不同初始 pH 条件下反应性能

当对氯苯胺(PCA)初始浓度为 0.2 mmol/L，PDS 投加量为 4 mmol/L，硫化亚铁投加量为 0.35 g/L，对氯苯胺和 TOC 的去除率随反应溶液初始 pH 的变化如图 10.32 所示。在酸性条件下(pH 为 3.0 和 5.0)，反应 4 h 后硫化亚铁/PDS 体系对对氯苯胺的去除率接近 100%；而随着初始 pH 的上升，对氯苯胺的去除率略有下降，当初始 pH 上升至 7.0 和 9.0 时，对氯苯胺的去除率仍分别为 85.3%和 86.0%；初始 pH 为 11.0 时对氯苯胺的去除效果最差，去除率为 72.3%。初始 pH 对 TOC 去除率的影响与对氯苯胺的结果类似，pH 为 5.0 是最适初始 pH 条件，TOC 的去除率可达 58.6%。而随着初始 pH 的继续上升，TOC 的去除率开始下降，初始 pH 7.0、9.0、11.0，TOC 的去除效果分别为 45.6%、45.2%、10.5%。

对初始 pH 为 3.0～11.0 条件下的对氯苯胺降解曲线进行表观动力学模型拟合，如表 10.3 所示。结果表明，硫化亚铁/PDS 体系对对氯苯胺的降解符合表观准一级反应动力学模型。其表面归一化速率常数分别为：0.0068 g/(min·m²)、

0.0077 g/(min·m²)、0.0033 g/(min·m²)、0.0033 g/(min·m²) 及 0.0021 g/(min·m²)，进一步表明 pH 为 5.0 是体系降解对氯苯胺的最适初始 pH。综上所述，相比传统的零价铁类 Fenton 体系，硫化亚铁/PDS 体系在较广的初始 pH 范围内(pH 为 3.0～9.0)对对氯苯胺均有较好的降解效果，说明硫化亚铁作为活化剂在工业废水治理方面具有巨大的应用潜力。

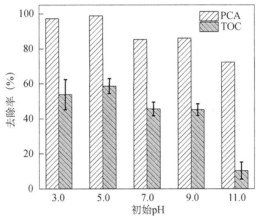

图 10.32　初始 pH 对对氯苯胺和 TOC 去除率的影响

实验条件：[PCA]$_0$=0.2 mmol/L，[PDS]$_0$=4 mmol/L，[FeS]$_0$=0.35 g/L，
pH$_0$ 为 3.0～11.0，反应时间为 240 min

表 10.3　不同初始 pH 条件下硫化亚铁/PDS 体系降解 PCA 表面归一化速率常数

初始 pH	PCA 浓度(%)	k_{obs} (min⁻¹)	BET 表面积(m²/g)	K_{sa} [g/(min·m²)]	R^2	最终 pH
3.0	97.3	0.0144	2.1102	0.0068	0.935	2.4
5.0	98.8	0.0162	2.1102	0.0077	0.920	2.6
7.0	85.3	0.0070	2.1102	0.0033	0.962	2.6
9.0	86.0	0.0071	2.1102	0.0033	0.952	2.7
11.0	72.3	0.0044	2.1102	0.0021	0.913	4.4

注：[PCA]$_0$ = 0.2 mmol/L，[PDS]$_0$ = 4 mmol/L，[FeS]$_0$ = 0.35 g/L。

10.3.2　PDS 体系降解对氯苯胺的效果

值得注意的是，除初始 pH 为 11.0 以外的反应条件下，反应 4 h 后溶液的 pH 均下降至 3.0 以下。这是因为 PDS 的分解会导致 H⁺的积累，尤其当体系无缓冲液时，溶液的 pH 会显著下降。溶液 pH 的下降可能会导致硫化亚铁的浸出，从而影响对 PDS 的活化。因此，为了探讨该体系起活化 PDS 作用的是硫化亚铁表面的二价铁还是溶出的二价铁，测定了不同 pH 条件下硫化亚铁溶出的总铁。如

图 10.33(a)所示，在 pH 为 3.0 时，硫化亚铁溶出的总铁浓度可达 29.0 mg/L，而其余 pH 条件下溶出的总铁很少。进一步测定了 pH 为 3.0 时硫化亚铁溶出的二价铁随时间的变化，如图 10.33(b)所示，溶出的二价铁浓度随着反应的进行不断上升并最后达到 29.0 mg/L，这个结果与溶出的总铁的数据是一致的。因此，为了确定硫化亚铁/PDS 体系中溶出二价铁对活化 PDS 的贡献，比较了在 pH 为 3.0 的单独 PDS 体系、Fe^{2+}/PDS 体系(Fe^{2+}投加量为 29 mg/L)及硫化亚铁/PDS 体系对对氯苯胺的去除效果。如图 10.34(a)所示，三个体系对对氯苯胺的去除率分别为 17.9%、42.6% 及 97.3%。对比 Fe^{2+}/PDS 体系和单独的 PDS 体系，即使按最大溶出量投加 Fe^{2+}，对对氯苯胺去除率仅有 24.7% 的增长；此外，TOC 去除率也仅提高了不到 10.0% [图 10.34(b)]。以上可以说明均相的二价铁不能有效地活化 PDS 降解对氯苯胺。但是硫化亚铁活化 PDS 对对氯苯胺的去除效果可以接近 100%，初步表明即使在 pH 为 3.0，硫化亚铁/PDS 体系对污染物的去除仍主要归功于非均相活化机制。

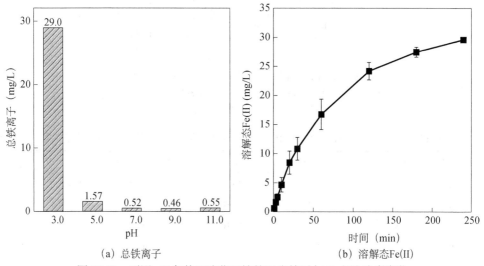

(a) 总铁离子　　　　　　　　　　　(b) 溶解态Fe(Ⅱ)

图 10.33　不同 pH 条件下硫化亚铁的浸出情况与 Fe(Ⅱ)浓度变化

实验条件：(a) $[FeS]_0$=0.35 g/L，pH_0=3.0～11.0，反应时间为 240 min；(b) pH 为 3.0，$[FeS]_0$=0.35 g/L

10.3.3　自由基物种的贡献

上述小节已直接证明硫化亚铁能够活化 PDS 产生 $SO_4^{·-}$和·OH。为了进一步说明两种自由基对对氯苯胺降解的贡献，研究了不同 pH 条件下甲醇、叔丁醇及其他自由基猝灭剂对体系降解对氯苯胺的影响。

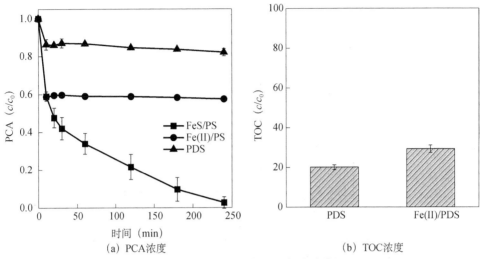

(a) PCA浓度　　　　　　　　　　　　(b) TOC浓度

图 10.34　各体系对对氯苯胺的去除效果

实验条件：(a) [PCA]$_0$=0.2 mmol/L，[PDS]$_0$=4 mmol/L，[FeS]$_0$=0.35 g/L，[Fe(II)]$_0$=29 mg/L，pH 为 3.0；
(b) [PCA]$_0$=0.2 mmol/L，[PDS]$_0$=4 mmol/L，[FeS]$_0$=0.35 g/L，[Fe(II)]$_0$=29 mg/L，pH 为 3.0

定义抑制率来表示自由基猝灭剂对对氯苯胺降解的抑制作用：

$$抑制率 (\%) = \frac{\eta - \eta'}{\eta} = \frac{c' - c}{c_0 - c} \times 100 \tag{10.4}$$

式中，η 表示未加猝灭剂时对氯苯胺的去除率；η'表示外加猝灭剂后对氯苯胺的去除率；c_0 表示对氯苯胺初始投加浓度，mmol/L；c 表示未加猝灭剂反应 4 h 后剩余的对氯苯胺浓度，mmol/L；c'表示外加猝灭剂反应 4 h 后剩余的对氯苯胺浓度，mmol/L。

如图 10.35 所示，外加甲醇和叔丁醇对对氯苯胺的降解有明显的抑制作用，再次说明硫化亚铁能够活化 PDS 产生 SO_4^{-} 和 ·OH 以降解对氯苯胺。此外，虽然在碱性条件下 PDS 可以活化产生 ·O_2^{-}，但是外加过量的 SOD 酶（一种 ·O_2^{-} 的抑制剂）未能抑制对氯苯胺的降解，说明 ·O_2^{-} 并未参与到本体系的反应中。值得注意的是，在 pH 为 3.0 时甲醇能够显著抑制对氯苯胺的降解，抑制率可达 83.3%；但当溶液初始 pH 升至 7.0 和 11.0 时，甲醇的抑制率分别降至 75.8% 和 66.0%。结果表明在中碱性条件下，甲醇对活化降解对氯苯胺的抑制作用减弱了，相似的结果在研究 PDS 体系的文章中已有报道。据报道，由于甲醇是亲水性分子，其难以与过一硫酸根竞争活化剂表面的活性位点；同样，甲醇也不易在活化剂表面累积以猝灭表面自由基（SO_{4ads}^{-} 和 ·OH_{ads}）。换言之，甲醇被认为更能捕捉溶液中游离的自由基（SO_{4free}^{-} 和 ·OH_{free}）。因此，我们采用苯酚作为表面自由基的抑制剂来探究 SO_{4ads}^{-} 和 ·OH_{ads} 对降解对氯苯胺的贡献。有趣的是，随着溶液初始 pH 的提高，苯酚对活化降解对氯苯胺的抑制作用加强了，在 pH 为 3.0、7.0 和 11.0，苯酚的抑制率分别为 56.3%、66.4% 和 79.2%（图 10.35）。结合图 10.36(a) 的结果，可以得出结论：

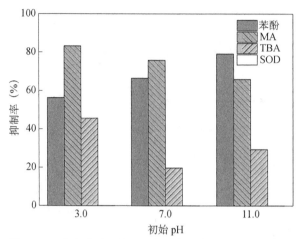

图 10.35　自由基猝灭剂对活化降解对氯苯胺的抑制作用

实验条件：$[PCA]_0=0.2$ mmol/L，$[PDS]_0=4$ mmol/L，$[FeS]_0=0.35$ g/L，$[MA]_0=5$ mol/L，

$[TBA]_0=0.5$ mol/L，$[SOD]_0=400$ U/mL，[苯酚]$_0=1$ mol/L，时间为 240 min

硫化亚铁/PDS 体系降解对氯苯胺主要归因于非均相活化机制，即表面二价铁起到了活化 PDS 的关键作用。此外，可以发现随着初始 pH 的提高，硫化亚铁溶出的二价铁对于活化 PDS 的贡献逐渐降低。但是，甲醇对降解对氯苯胺仍有非常显著的抑制作用，这似乎与上述讨论的结果矛盾。事实上，甲醇的结果可以解释为：溶液中 SO_{4free}^{-} 和 ·OH_{free} 有两个来源，一小部分由溶液中的二价铁活化 PDS 产生，由于在中碱性条件溶出的二价铁减少，这部分 SO_{4free}^{-} 和 ·OH_{free} 的产生也相应减少，因此随着初始 pH 的提高，甲醇的抑制效果削弱并且对氯苯胺的去除率也随之降低。而溶液中的 SO_{4free}^{-} 和 ·OH_{free} 主要来源于 SO_{4ads}^{-} 和 ·OH_{ads}，这些 SO_{4ads}^{-} 和 ·OH_{ads} 在硫化亚铁表面产生随后扩散至溶液中。因此，甲醇能够显著抑制对氯苯胺的降解。换言之，在硫化亚铁/PDS 体系，从硫化亚铁表面扩散至液相的 SO_{4free}^{-} 和 ·OH_{free} 对降解对氯苯胺起到了关键作用。Liu 等[82]研究了 $Fe@Fe_2O_3$ 纳米线有氧降解西玛津，提出了类似的自由基扩散理论，即吸附在铁氧化物表面的分子氧被活化，产生表面结合态过氧化氢，这些过氧化氢与表面二价铁或溶液中的二价铁反应产生 ·OH_{ads}，部分 ·OH_{ads} 能够扩散到溶液中生成 ·OH_{free}。

10.3.4　表面二价铁和溶液中二价铁

邻菲咯啉作为一种二价铁的络合剂可以络合硫化亚铁表面的二价铁及溶出的二价铁，因此向反应体系投加过量的邻菲咯啉可以反映体系中两种二价铁的含量。如图 10.36 所示，邻菲咯啉络合的二价铁，即总的二价铁浓度在 pH 为 3.0、7.0、11.0 时分别可达 19.3 mg/L、18.2 mg/L、15.2 mg/L。而检测到的溶液中二价铁的含量均在较低的浓度范围，侧面说明表面二价铁对活化 PDS 起到了重要作用。上述结果再次证明了硫化亚铁/PDS 体系的非均相活化机制。此外，在反应后期均观察到总的二价铁浓度和溶液中二价铁浓度的下降，这可以解释为随着反应的进行部分二价铁被氧化为三价铁。

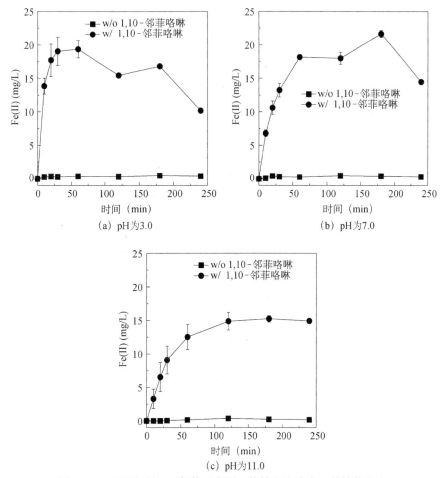

(a) pH为3.0

(b) pH为7.0

(c) pH为11.0

图 10.36　不同初始 pH 条件下表面二价铁和溶液中二价铁的测定

实验条件：$[PDS]_0 = 4$ mmol/L，$[FeS]_0 = 0.35$ g/L，$[1,10\text{-邻菲咯啉}]_0 = 5$ mmol/L

10.3.5　硫化亚铁与零价铁活化 PDS 去除 TOC 的对比

前期工作已证明硫化亚铁/PDS 体系降解对氯苯胺的反应过程归功于非均相活化机制，但是尚未明确该体系为何能适应较广的 pH 范围。对于传统的 Fenton 反应，由于三价铁离子在 pH 3.0 以上开始沉淀生成铁的氢氧化物，抑制了二价铁的再生从而限制了 Fenton 反应在高 pH 条件下的应用。此外，相比 Fenton 试剂，零价铁活化过硫酸盐在碱性条件下也并未展现太多优势，而酸性条件更适合零价铁/PDS

体系对对氯苯胺的降解。在高 pH 条件零价铁表层易生成较厚的氢氧化物，这种氧化层会抑制零价铁的腐蚀并最终导致其在碱性条件下活化效果较差。因此，硫化亚铁具有更好的活化效果可能归因于 S(−Ⅱ) 对 Fe(Ⅱ)/Fe(Ⅲ) 循环具有促进作用。为了证实这一推断，我们进行了一系列的实验来评价 S(−Ⅱ) 的作用。

　　酸性条件均有利于零价铁和硫化亚铁的活化作用，且该 pH 条件下零价铁表面不易发生钝化，因此我们在 pH 为 3.0 时比较了二者对 TOC 的去除效果。基于硫化亚铁的 EDS 数据，硫化亚铁的投加量为 0.7 g/L，零价铁的投加量为 0.332 g/L，两者以总铁计的投加量是一致的。如图 10.37(a) 所示，反应 10 h 硫化亚铁/PDS 体系对 TOC 的去除率可达 79.7%，而零价铁/PDS 体系对 TOC 的去除率仅为 60.2%，表明由于 S(−Ⅱ) 的存在，长时间反应条件下硫化亚铁活化效果优于零价铁。值得注意的是，在零价铁体系反应前 30 min TOC 被迅速降解，但是随后 TOC 的降解趋于稳定。同时，发现反应 10 h 后零价铁已被完全腐蚀并难以收集矿物产物。据报道零价铁的热稳定性较差，在酸性条件下易被氧气和质子腐蚀。因此，这些实验结果可以被解释为在反应初期由于零价铁的快速腐蚀产生了大量的二价铁离子，导致 PDS 被迅速消耗并产生大量的活性氧物种，所以在开始阶段零价铁体系对 TOC 的去除效果优于硫化亚铁体系。之后，过量的二价铁反而会消耗活性氧物种，从而抑制了 TOC 的去除。同时由于大量的二价铁离子被氧化为三价铁离子，剩余的零价铁已不足以将三价铁还原成二价铁，导致 TOC 浓度在反应中后期不再下降。

$$2Fe^0_{(s)} + O_2_{(aq)} + 2H_2O \longrightarrow 2Fe(Ⅱ)_{(aq)} + 4OH^-_{(aq)} \tag{10.5}$$

$$2Fe^0_{(s)} + 2H^+_{(aq)} \longrightarrow 2Fe(Ⅱ)_{(aq)} + H_2_{(g)} \tag{10.6}$$

$$2Fe(Ⅲ)_{(aq)} + Fe^0_{(s)} \longrightarrow 3Fe(Ⅱ)_{(aq)} \tag{10.7}$$

$$FeS_{(s)} + H^+_{(aq)} \longrightarrow HS^-_{(aq)} + Fe(Ⅱ)_{(aq)} \tag{10.8}$$

$$K_{eq} = [HS^-][Fe(Ⅱ)]/[H^+] = 10^{-2.96}$$

　　相比之下，硫化亚铁更加稳定，即使在酸性条件下也较难溶解，表面二价铁对硫化亚铁活化 PDS 起到了重要作用。而由于从溶液中扩散到硫化亚铁表面的 PDS 总量有限，硫化亚铁对 PDS 的分解较慢，但是因此相比零价铁体系更为持续有效。通过测定两个体系中 PDS 的消耗来证实上述推断，如图 10.37(b) 所示，在零价铁体系，反应 30 min 内 55.0% 的 PDS 被迅速消耗。但是随着反应时间至 60 min，PDS 的分解完全停止了。结合零价铁被迅速腐蚀的实验现象，进一步说明较差的 Fe(Ⅱ)/Fe(Ⅲ) 循环阻碍了零价铁体系对对氯苯胺的有效降解。然而，在硫化亚铁体系 10 h 的反应时间内，PDS 浓度在持续下降，说明体系中 Fe(Ⅱ)/Fe(Ⅲ) 循环更为有效，从而导致了更好的 TOC 降解效果。此外，测量了两个体系中溶出的总铁浓度，如图 10.37(c) 所示，反应 30 min 零价铁体系溶出的总铁可达 324.6 mg/L，这与零价铁的投加量非常接近，说明在反应初期零价铁已基本消耗殆尽。而在硫化亚铁体系中，溶出的总铁浓度持续上升，说明硫化亚铁在持续消耗以活化 PDS。总铁的实验结果与上述实验结果一致。

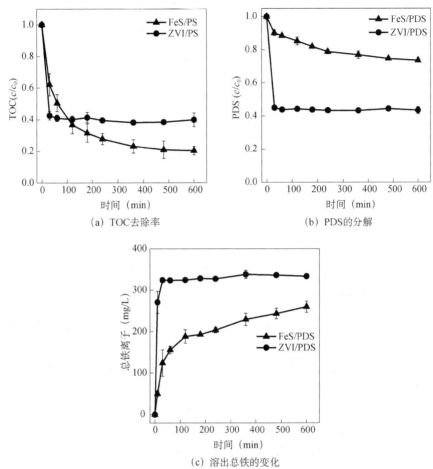

(a) TOC去除率　　　　　　　　　　　　　(b) PDS的分解

(c) 溶出总铁的变化

图 10.37　零价铁/PDS 体系和硫化亚铁/PDS 体系对比

实验条件：$[PCA]_0=0.2$ mmol/L，$[PDS]_0=20$ mmol/L，$[ZVI]_0=[FeS]_0=0.332$ g/L（以总铁计），
pH_0 为 3.0，反应时间为 10 h

10.3.6　反应过程铁硫形态转化

对反应前后矿物进行 XPS 表征，如图 10.38 所示，反应后二价铁的含量从
63.0% 下降至 37.6%，三价铁的含量从 37.0%升至 62.4%，说明 40.3%的二价铁被
氧化为三价铁。同时，图 10.38(b)显示反应后 S(−Ⅱ) 在 162.4 eV 处的特征峰完全
消失，而在 164.8 eV 处出现了属于 S^0 的特征峰。经计算反应后 S(−Ⅱ) 的含量从
46.4%下降至 10.2%，表面结合态的 SO_4^{2-} 从 35.0%上升至 52.5%，说明大约 78%的
S(−Ⅱ) 被氧化为中间态硫，并最终被氧化为硫酸根。

显然，相比 Fe(Ⅱ)，有更多的 S(−Ⅱ) 被氧化，说明 Fe(Ⅱ) 和 S(−Ⅱ) 经历了独立的氧化过程。部分 S(−Ⅱ) 与 Fe(Ⅲ) 反应生成 Fe(Ⅱ)。此外，中间态硫的存在说明 S(−Ⅱ) 并非被一步氧化为 SO_4^{2-} 而是存在电子逐级传递的过程。

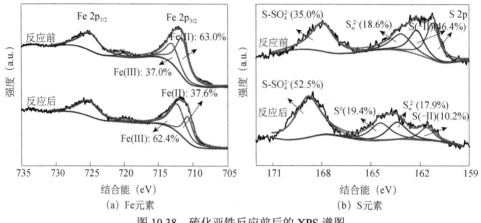

图 10.38　硫化亚铁反应前后的 XPS 谱图

10.3.7　硫化亚铁重复利用

硫化亚铁经重复利用后会存在失活现象。如图 10.39 所示，在第 2 次实验中对氯苯胺和 TOC 的去除率分别降至 53.4% 和 25.4%。而接下来的几次重复使用过程中，对氯苯胺和 TOC 的去除率保持稳定；并且重复使用的样品和新鲜样品的 XRD 特征谱图是相同的(图 10.40)，说明硫化亚铁的晶体结构在反应过程中是稳定的。因此，硫化亚铁首次使用后的失活现象推测可以归因于对氯苯胺的中间产物占据了硫化亚铁表面的活性位点，而简单的水洗程序并不能脱附矿物表面的中间产物，由此导致表面二价铁对 PDS 的活化作用受到抑制。

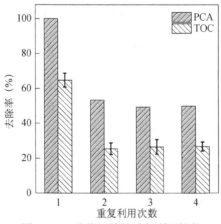

图 10.39　硫化亚铁的重复利用性能

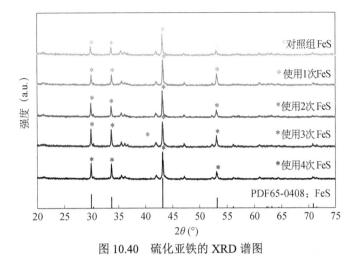

图 10.40　硫化亚铁的 XRD 谱图

10.4　本 章 小 结

本章主要研究了黄铁矿、硫化亚铁矿物活化 PDS 降解新型有机污染物的效能与机理，结果表明黄铁矿与硫化亚铁均可以有效地活化 PDS 实现对乙酰氨基酚、四环素等新型污染物的氧化降解。

(1) 水洗过的天然黄铁矿与 PDS 反应降解 ACT 的效果良好，能够适应更宽的 pH 范围，pH 在 4.0～8.0 之间，能够降解水中 90% 以上的 ACT。黄铁矿活化 PDS 反应过程中，PDS 分解较快，被分解的 PDS 并没有完全转化为 SO_4^{2-}，有部分氧化性的硫存在。反应过程溶液中的总铁浓度持续上升并最终稳定，对反应有促进作用。且水洗过的黄铁矿在重复利用 3 次后，依然能够保持较高的活性，不存在钝化现象。

(2) 经典抑制剂实验和 ESR 表征结果表明，黄铁矿活化 PDS 反应中起主导作用的自由基物种是羟基自由基·OH 和硫酸根自由基 SO_4^{-} 两种自由基物种。且在碱性条件下时，由于 SO_4^{-} 向 OH^{-} 的转化作用，·OH 的作用更为显著。通过 GC-MS、GC 分析黄铁矿活化 PDS 降解 ACT 的主要中间产物为对苯二酚和乙酰氨乙酸，最终产物中包含乙酸、丙酸、丁酸三种小分子有机酸。中间产物对苯二酚在反应 30～120 min 不存在累积过程，黄铁矿活化 PDS 反应过程中会以更快的速度破坏对苯二酚中的苯环结构，生成小分子物质。中间产物乙酰氨乙酸的检出，也说明黄铁矿活化 PDS 反应倾向于将苯环结构打开。

(3) 硫化亚铁对 PDS 具有优良的活化活性，能迅速、高效降解水中四环素。并且，硫化亚铁活化性能稳定，四次重复利用实验中四环素的去除率均能达到 90% 以上。通过测定反应过程中硫酸根浓度和铁离子的形态变化，发现溶液中的硫酸根离子主要来源于 S(−Ⅱ)的氧化溶出，且在反应过程中消耗的 S(−Ⅱ)总量远高于 Fe(Ⅱ)，XPS 分析表明反应后矿物表面 S(−Ⅱ)被氧化为 $S_n(−Ⅱ)$、S^0 及 SO_{4ads}^{2-}，说明反应过程中硫化亚铁中的亚铁和硫元素经历了独立的氧化过程，硫元素在硫化亚铁活化 PDS 的过程中起到了重要作用。

（4）当体系中不含四环素时，表面亚铁对 PDS 活化起主要作用；当体系中存在四环素时，由于四环素对亚铁有较强的络合作用，能够促进硫化亚铁溶出亚铁，溶出的亚铁对 PDS 的活化也起到了重要作用。通过 ESR 和自由基抑制剂的实验发现 $SO_4^{·-}$ 和 ·OH 是体系中优势活性物种。而苯酚、叔丁醇和甲醇抑制实验进一步表明硫化亚铁表面亚铁和通过四环素络合作用溶出的亚铁均能活化 PDS，两种途径分别产生表面自由基（$SO_{4ads}^{·-}$ 和 ·OH$_{ads}$）和游离自由基 $SO_{4free}^{·-}$ 和 ·OH$_{free}$），前者对四环素降解的贡献更大。

（5）在较宽的酸碱范围内，硫化亚铁/PDS 体系对水中对氯苯胺和 TOC 均有良好的去除效果。经典抑制剂实验表明 $SO_4^{·-}$ 和 ·OH 是 FeS/PDS 体系降解对氯苯胺的优势活性物种，且证明了硫化亚铁对 PDS 的活化作用主要为非均相活化机制，即表面亚铁活化 PDS 产生 $SO_{4ads}^{·-}$ 和 ·OH$_{ads}$；这些表面自由基从矿物表面扩散到溶液中形成 $SO_{4free}^{·-}$ 和 ·OH$_{free}$，对对氯苯胺起主要的降解作用。

（6）通过对比硫化亚铁和零价铁活化 PDS 对 TOC 的去除效果以及 PS 的分解情况，证明 S(−Ⅱ)对体系中 Fe(Ⅱ)/Fe(Ⅲ)循环起到了促进作用。XPS 表征分析表明 Fe(Ⅱ)和 S(−Ⅱ)经历了独立的氧化过程，结合外加 Fe^{3+}对照实验，进一步证明 S(−Ⅱ)能够还原 Fe(Ⅲ)再生 Fe(Ⅱ)。对于 FeS/PDS/PCA 体系，FeS 并没有展现出稳定的活化性能。推断这是因为对氯苯胺的降解产物占据了硫化亚铁表面的活性位点，从而抑制了硫化亚铁对 PDS 的活化作用；此外，反应过程中硫化亚铁反应活化物种的消耗与流失同样可能是反应活性降低的原因。

第11章　Cu/Fe双金属活化分子氧的绿色氧化技术

高级氧化技术是处理含有难降解有机污染物污水的常用技术。传统高级氧化技术如Fenton氧化、臭氧氧化、光催化氧化等，产生的羟基自由基(·OH)具有高氧化还原电位(2.80 V)，对难降解有机物具有高效去除能力。但传统氧化技术均需要投加药剂或消耗大量电能，加大了废水处理装置的复杂性，限制了该类技术的实际应用。因此开发经济高效的绿色氧化技术已经成为环境技术领域最前沿的研究方向之一。

绿色氧化技术旨在利用环境友好的高效催化剂去催化无毒的氧化剂。其中氧气作为一种理想的环境友好型绿色氧化剂，具有成本低、来源广、操作简单、无二次污染等优点，因而具有广阔的应用前景。与其他高级氧化技术中的氧化剂或氧化手段相比，利用氧气作为羟基自由基的来源，使用活化剂或活化手段将氧气转化为·OH等活性氧物种的技术即为分子氧活化技术。作为低成本的绿色氧化技术，分子氧活化反应是高级氧化领域的一个前沿方向。大多数分子氧催化剂，包括低价铁、低价铜和零价铝，虽然都能够在常温常压条件下活化分子氧生成自由基降解有机污染物，但是低价铁和零价铝的催化活性都十分有限，且适用的pH范围较窄。此外，三重态的氧气与单重态的有机物分子之间存在自旋禁阻，需要用催化剂活化分子反应生成活性氧化物种。因此构建一种高效环保的分子氧活化技术具有重要的科学意义和工程应用价值。

在先前的研究中，多羟基亚铁络合物(FHC)在无氧条件下将Cu(Ⅱ)-EDTA还原成Cu(0)和Cu(Ⅰ)，起到了还原脱络的作用。原位生成的Cu(0)和Cu(Ⅰ)被氧气氧化释放的过程，会伴随着体系TOC的降低。但该反应易受氧气干扰，在有氧条件下，还原态Cu迅速被氧化又变回Cu(Ⅱ)。在反应过程中不论产生·OH或·SO$_4^-$，催化剂的主体均为铁。而铜元素在反应过程中起到直接或间接促进自由基产生的作用。因此推测：原位生成的还原态Cu可以活化分子氧。基于上述考虑和研究背景，本章构建了Cu-FHC体系，研究了Fe(Ⅱ)-Cu(Ⅱ)活化O$_2$体系中有机物的降解情况以及活性氧化物种的生成规律，提出了Fe(Ⅱ)-Cu(Ⅱ)体系活化分子氧的反应途径及污染物的降解途径。着重探究了在不同pH、Cu(Ⅱ)/Fe(Ⅱ)投加比例的条件下Cu元素与Fe元素的价态转化，还原态Cu活化分子氧的关键作用，以及与Fe元素之间的协同作用。构建亚铁基活化分子氧体系，不仅解决效率低的难题，而且通过探讨分子氧活化机理，为协同去除共存重金属与有机污染物提供理论依据和技术支持。

11.1　Cu-FHC 体系活化分子氧降解 ACT

相对于臭氧和 H_2O_2，氧气作为自然储量丰富的可再生能源，是一种更清洁且更经济的氧化剂，而且唯一的还原产物 H_2O 也是无毒无害。如何将氧气从基态转化成激发态生成自由基，即为活化分子氧技术的关键。过渡态金属有多重自旋态和氧化价态，不受上述自旋禁阻的限制，可以和分子氧发生反应。其中铁是地壳中最丰富的过渡金属元素，且环境友好，低价铁在常温常压下就能活化分子氧，因此还原性强，能够直接使卤代有机物还原脱卤。而在低价铜活化分子氧体系中，H_2O_2 的低利用率限制了分子氧活化效率，Fe(Ⅱ)虽然具有高活化分子氧性，但电子利用率低。因此提高 H_2O_2 利用率和电子利用效率是提高 Cu-FHC 体系活化分子氧效率的关键问题。

本节以来源广泛的亚铁盐和铜盐作为主要原料构建了 Cu-FHC 体系。系统研究了 Cu-FHC 活化 O_2 体系中有机物的降解情况以及活性氧化物种的生成规律，提出了 Cu-FHC 体系活化分子氧的反应途径及污染物的降解途径。着重研究了在不同 pH、Cu-FHC 投加比例的条件下 Cu 元素与 Fe 元素的价态转化，还原态 Cu 活化分子氧的关键作用，以及与 Fe 元素之间的协同作用。

硫酸根型 Cu-FHC 制备：称取一定量的七水合硫酸亚铁，溶于脱氧水中，在 N_2 保护下搅拌溶解，加入一定体积的无氧氢氧化钠溶液至 pH 达到目标值，再加入一定体积的五水合硫酸铜溶液，并用无氧水定容，搅拌老化后备用。

碳酸根型 Cu-FHC 制备：参照碳酸根型绿锈的配制方法，称取一定量的七水合硫酸亚铁，溶于脱氧水中，在 N_2 保护下搅拌溶解，加入无氧氢氧化钠溶液后，再加入碳酸氢钠，然后加入硫酸铜溶液。搅拌老化后备用。

氯离子型 Cu-FHC 制备(现配现用)：称取一定量的四水合氯化亚铁，溶于脱氧水中，在 N_2 保护下搅拌溶解，加入无氧氢氧化钠溶液后再加入氯化铜溶液。搅拌老化后备用。

(1)无氧吸附实验

采用批次试验的方式进行反应。预先计算实验浓度(以铁计，g/L)，与相应的 Fe(Ⅱ)/Cu(Ⅱ)复合物加入量 x(以体积计，mL)。根据预设的条件，取一定体积的对乙酰氨基酚(ACT)储备液(5 g/L)于 100 mL 顶空瓶中，加入一定体积的超纯水，使 ACT 储备液稀释到($90-x$)mL，随后用高纯氮吹脱其中溶解氧 0.5 h 左右，待反应。取配制好的 Fe(Ⅱ)/Cu(Ⅱ)复合物 x mL 加入上述 ACT 溶液中，使用 1 mol/L NaOH 或者 1 mol/L H_2SO_4 调初始 pH，在氮气保护下搅拌反应，反应过程中一般不人为地调节 pH。搅拌速率约为 300 r/min，以确保整个混合体系都处于均一的状态。在设定的反应时间取样，每次取样量大约为 1~1.5 mL，样品用 0.45 μm 的滤头过滤到 2 mL 的离心管中。取 0.5 mL 过滤好的样品放入棕色液相色谱瓶中，再加入 0.5 mL 甲醇猝灭自由基，充分混合后待测。

(2) 有氧降解实验

采用配制模拟废水进行研究，反应均在 250 mL 的烧杯中进行。预先计算好对乙酰氨基酚的初始浓度，使投入 Fe(Ⅱ)/Cu(Ⅱ) 复合物一定体积后的污染物浓度为 50 mg/L。取 200 mL 一定浓度的对乙酰氨基酚溶液置于烧杯中，pH 用 1 mol/L NaOH 和 H$_2$SO$_4$ 调至所需范围。用纯氧曝气 30 min 进行预充氧，无氧条件下的实验则用氮气曝气 30 min 进行氧气吹脱。然后置于磁力搅拌器上以适当速率搅拌，按照设定的实验时间，每次取样量大约为 1~1.5 mL，样品用 0.45 μm 的滤头过滤到 2 mL 的离心管中。取 0.5 mL 过滤好的样品放入棕色液相色谱瓶中，再加入 0.5 mL 甲醇猝灭自由基，充分混合后待测。

(3) 共存离子影响污染物去除实验

当研究 Fe(Ⅱ)/Cu(Ⅱ) 体系去除污染物的实验过程中，加入不同体积的 Cr(Ⅵ)、Ag(Ⅰ)、Zn(Ⅱ) 和 Ni(Ⅱ) 等重金属离子和 Cl$^-$、CO$_3^{2-}$、HPO$_4^{2-}$ 和 NO$_3^-$ 等阴离子溶液，作为共存阴离子影响因素，其他条件与有氧降解实验步骤一致。

当 pH 为 6.0 时，有氧条件下 ACT 的去除率为 100%，无氧条件下去除率仅为 5%，而在 pH 为 9.0 的无氧条件下的去除率为 12%，略有提高(图 11.1)。在少量羟基自由基的抑制剂(TBA)存在时，无氧条件下的去除率基本无变化，有氧条件下去除率减少至 40%。结合考虑溶液中溶解氧的消耗和 TOC 的去除，Cu-FHC 体系在有氧条件下对 ACT 的去除机理可能是活化分子氧产自由基氧化降解污染物；考虑到污染物 ACT 结构中无还原基团存在，无氧条件下 ACT 的去除可能为吸附作用。

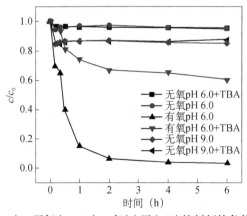

图 11.1　在有氧(oxic)、无氧(anoxic)、有(+)无(w/o)抑制剂的条件下 ACT 的去除率

11.1.1 反应条件优化

在研究纳米零价铁通过双电子活化分子氧的途径氧化去除污染物的过程中，同时发现均相 Fe(Ⅱ) 也可以通过单分子活化分子氧的方式产生自由基。如图 11.2(a) 所示，在初始 pH 为 2.8 的条件下，Fe(Ⅱ) 体系去除 ACT 的作用微乎其微；且当初始 pH 从 6.0 提高至 10.0，ACT 的去除率仅维持在 10% 左右，对 TOC 基本无去除，由于 Fe(Ⅱ) 的氧化反应和 Fe(Ⅲ) 的沉淀反应都会产生质子，反应结束后的 pH 降至 4.3～4.7。pH 是影响 Fe(Ⅱ) 氧化速率的关键因素：Fe(Ⅱ) 的半衰期在 pH 为 6.0、6.5 和 7.0 时分别为 45 h、4.5 h 和 27 min。因此，在零价铁活化分子氧的体系里，溶液中的均相 Fe(Ⅱ) 作用在 pH<6.5 的条件下可忽略不计。与 Cu-FHC 体系相比，即使在碱性条件下，单独 Fe(Ⅱ) 体系去除污染物的作用仍然十分有限。在酸性条件下 Cu(Ⅱ) 与 Fe(Ⅱ) 会发生反应，从而影响 Fe(Ⅱ) 的氧化速率，但是由图 11.2(b) 可见：Cu(Ⅱ) 与 Fe(Ⅱ) 在完全游离态条件下 (pH 为 3.9) 对 ACT 无去除；当 pH 调至 6.0～7.0 时，在 2 h 内 ACT 完全被去除；pH 进一步升高，ACT 的去除率下降；pH 升高至 10.0 时，ACT 的去除率降低至 30%。

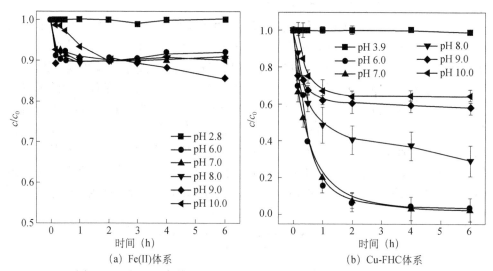

图 11.2　不同 pH 条件下 Fe(Ⅱ) 体系和 Cu-FHC 体系对 ACT 的去除

反应前溶液溶解氧 (DO) 经 0.5 h 的搅拌预充氧过程后，溶液中的 DO 经测量大于 20 mg/L，超出了仪器的测量范围，故测不到准确数值。而该室温下水中饱和 DO 经测量约为 9.53 mg/L (图 11.3)，可能是因为水中有大量微氧气泡才导致水中溶解氧达到过饱和值。在开始反应后的 30 min 内，DO 自过饱和状态迅速跌至 3.8～8 mg/L，且 pH 越小，DO 越低，而 ACT 去除率反而越高。在随后的反应中，快速搅拌使得溶液中的氧气得到补充，溶液缓慢复氧至饱和溶解氧的水平，与此同时 ACT 去除速率大幅降低。据此可推测：Fe(Ⅱ)/Cu(Ⅱ) 体系降解 ACT 的反应过程需要消耗 DO。

发现先前 Fe(Ⅱ)与 Cu(Ⅱ)协同效应的研究忽视了 Cu 组分的作用。考虑到 Cu(0)$[E^{\ominus}(Cu(Ⅰ)/Cu(0))=0.522\ V$，$E^{\ominus}(Cu(Ⅱ)/Cu(0))=0.341\ V]$、Cu(Ⅰ)$(E^{\ominus}[Cu(Ⅱ)/Cu(Ⅰ))=0.159\ V]$及 $H_2O_2[E^{\ominus}(O_2/H_2O_2)=0.695\ V]$的标准氧化还原电位，Cu(0)和 Cu(Ⅰ)具有还原分子氧的活性。因此，Cu 的多价态转化在 Fe(Ⅱ)与 Cu(Ⅱ)体系活化分子氧的作用被忽略，却值得深入研究。

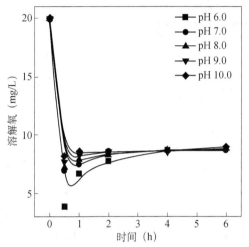

图 11.3　不同 pH 条件下 Fe(Ⅱ)/Cu(Ⅱ)体系中 DO 的变化

1. Cu-FHC 投加方式

Fe(Ⅱ)与 Cu(Ⅱ)的投加方式对体系去除污染物效率有重要影响(图 11.4)。方式(1)为 Fe(Ⅱ)与 Cu(Ⅱ)同时投入体系中再调节 pH；方式(2)为无氧条件下 Fe(Ⅱ)与 Cu(Ⅱ)混合后调节 pH 反应 10 min，再投入污染物溶液中；方式(3)为无氧条件下 Fe(Ⅱ)先投加 NaOH 调节 pH 后，与 Cu(Ⅱ)反应 10 min，再投入污染物溶液中。由 ACT 的去除率与剩余 TOC 来看，Fe(Ⅱ)与 Cu(Ⅱ)的投放次序对 Cu-FHC 体系去除 ACT 的效率基本无影响。Fe(Ⅱ)与 Cu(Ⅱ)只要在 pH≥6.0 的条件就可以有效地去除有机物。其次，研究了投加方式(3)中 Fe(Ⅱ)与 Cu(Ⅱ)混合反应时间的影响，结果表明混合反应 10 min 后体系对 ACT 和 TOC 的去除率和反应 30 min、1 h 基本一样。因此，以下实验 Fe(Ⅱ)与 Cu(Ⅱ)的投加方式为方式(3)，即 Fe(Ⅱ)与 NaOH 混合调节 pH 后，与 Cu(Ⅱ)反应 10 min，再投入污染物溶液中。

2. Cu-FHC 投加量

为了考察不同 pH 条件下 Cu(Ⅱ)和 Fe(Ⅱ)投加量对 ACT 去除过程的影响，保持 Cu(Ⅱ)/Fe(Ⅱ)的投加比例相同，选用两个 pH 条件、五个投加量进行研究，结果如图 11.5 所示。在 pH 为 6.0 的条件下，ACT 可以在 2 h 内被 1 g/L 的 Fe(Ⅱ)

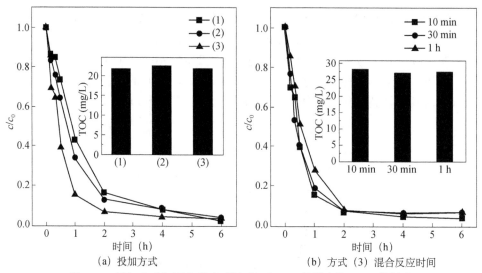

（a）投加方式　　　　　　　　　　　（b）方式（3）混合反应时间

图 11.4　投加方式和混合反应时间对 Cu-FHC 体系去除 ACT 的影响

和 0.3 g/L 的 Cu（Ⅱ）体系完全氧化去除，但当投加量为 0.4 g/L 的 Fe（Ⅱ）和 0.12 g/L 的 Cu（Ⅱ）时，6 h 内的 ACT 去除率只有约 70%。说明 Cu（Ⅱ）和 Fe（Ⅱ）的投加量对反应效果有比较大的影响。而在 pH 为 9.0 的条件下，0.4 g/L 的 Fe（Ⅱ）和 0.12 g/L 的 Cu（Ⅱ）几乎不能去除 ACT，只有当投加量提高至 2 g/L 时，ACT 才能在 6 h 内被完全去除。所以投加量和 pH 是影响 Cu-FHC 体系活化分子氧去除污染物的重要因素。

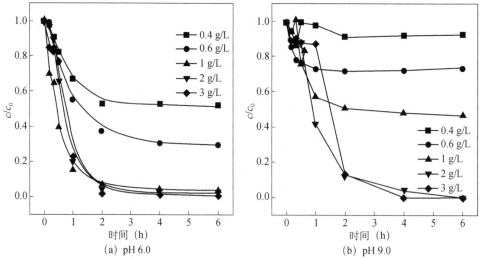

（a）pH 6.0　　　　　　　　　　　　　（b）pH 9.0

图 11.5　不同 pH 条件下 Cu（Ⅱ）/Fe（Ⅱ）投加量对 ACT 去除效果的影响

Cu（Ⅱ）/Fe（Ⅱ）=3/10

3. Cu(Ⅱ)/Fe(Ⅱ)比例

不同的 Cu(Ⅱ)/Fe(Ⅱ)比例(质量比)不仅会形成不同的铁氧化物矿物相和形态，而且会影响无氧条件下 Cu-FHC 体系对有机物的还原效果[83]。因此，Cu(Ⅱ)/Fe(Ⅱ)比例是影响 Cu-FHC 体系反应效率的关键因素。通过探究不同 Cu(Ⅱ)/Fe(Ⅱ)比在有氧条件下的影响机制，比较了不同 Cu(Ⅱ)/Fe(Ⅱ)质量比条件下污染物的去除效果。如图 11.6 所示，当 Cu(Ⅱ)与 Fe(Ⅱ)质量比由 10%增加到 40%，ACT 去除率由 50%提高到 100%，反应后 TOC 由 38 mg/L 降至 21 mg/L；进一步提高至 60%，反应效率几乎维持不变；但当由 60%进一步增加至 100%时，ACT 和 TOC 的去除率均有所下降。过量的 Cu(Ⅱ)会影响 Cu-FHC 体系的反应速率：1 mol Cu(Ⅱ)与 1 mol Fe(Ⅱ)反应会向溶液中释放 4 mol 质子，且过量的 Cu(Ⅱ)水解沉淀都会产酸，降低体系的pH，pH 降低后会导致溶液的氧化还原电位降低。

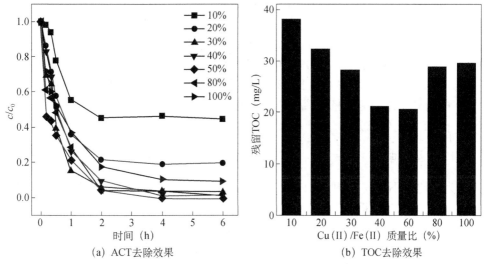

(a) ACT去除效果　　　　　　　(b) TOC去除效果

图 11.6　Cu(Ⅱ)/Fe(Ⅱ)比例对 ACT 和 TOC 去除效果的影响

11.1.2　活性氧化物种产生途径探究

Fe(Ⅱ)存在两种活化分子氧的途径[84]：①双电子活化途径，即 O_2 得到两个电子，并与两个质子结合生成 H_2O_2[式(11.1)]；②单电子活化途径，即 O_2 仅得到一个电子生成 $\cdot O_2^-$，再经过得电子反应生成 H_2O_2[式(11.2)、式(11.3)]。双电子活化途径为多分子反应，动力学上受限，但考虑到热力学，由于标准氧化还原电位值相近[$E^{\ominus}(O_2/\cdot O_2^-)=-0.33$ V，$E^{\ominus}(Fe(Ⅲ)/Fe(Ⅱ))=-0.38$ V]，单电子活化途径也较难发生。有研究通过配体(四聚磷酸盐、EDTA 等)与 Fe(Ⅲ)/Fe(Ⅱ)络合的反应降低 Fe(Ⅲ)/Fe(Ⅱ)的氧化还原电位，使得单电子活化途径在热力学上更加可行，可提高 Fe(II)活化分子氧产自由基、去除污染物的效率。

$$2Fe(II) + O_2 + 2H^+ \longrightarrow 2Fe(III) + H_2O_2 \tag{11.1}$$

$$2Fe(II) + O_2 \longrightarrow 2Fe(III) + \cdot O_2^- \tag{11.2}$$

$$2Fe(II) + \cdot O_2^- + 2H^+ \longrightarrow 2Fe(III) + H_2O_2 \tag{11.3}$$

首先通过电子顺磁共振谱(ESR)对活性物种进行了检测(图11.7)。体系中出现了 DMPO 加合物 DMPO-·OH 对应的信号强度比为1：2：2：1的四重峰，证明了体系中产生了·OH，与前面的猝灭实验结果一致。但是体系并没有出现 DMPO-·O$_2^-$ 的信号相等的四重峰，而且出现了信号强度相等的六重峰，对应的是 DMPO-·CH$_3$ 加合物，证明了碳中心自由基的存在。ESR 谱图中出现碳中心自由基信号的原因可能是由于体系中快速生成了大量的·OH，在甲醇体系下与 DMPO 及 DMPO 的加合物反应生成碳自由基造成的。因此，Cu-FHC 体系中可产生大量的·OH。而未检测出·O$_2^-$，可能是因为 Cu 物种与·O$_2^-$ 的反应速率 Cu(I)[2× 10^9L/(mol·s)]、Cu(II)[6.6×10^8L/(mol·s)] 远大于·O$_2^-$ 的产生速率[3.1× 10^4L/(mol·s)][85]。另外，通过添加 60 U/mL 的超氧化物歧化酶(SOD 酶)作为·O$_2^-$ 的猝灭剂，检测了体系中的·OH，结合之前的猝灭剂实验，可以证明体系中存在·O$_2^-$，而且·O$_2^-$ 是产生·OH 的中间活性基团。2,9-二甲基-1,10-菲咯啉(DMP)又称新亚铜灵试剂，可与 Cu(I)形成配合物，阻碍 Cu(I)的电子传递过程。最后添加了 DMP 同样未检测到体系中的·OH，说明在多价态 Cu 物种中，Cu(I)是产生·OH 的重要成分。

1. 羟基自由基

为了比较不同 pH 条件下 Fe(II)及 Cu-FHC 体系中·OH 的产生量，用苯甲酸(BA)作为·OH 的捕获剂。苯甲酸与·OH 的反应速率为 4.2×10^9L/(mol·s)，产物有邻羟基苯甲酸(o-HBA)、间羟基苯甲酸(m-HBA)及对羟基苯甲酸(p-HBA)[86]。有文献计算得，(5.87±0.18)mol·OH 会产生 1 mol 的 p-HBA[87]。Fe(II)体系和 Cu-FHC 体系均有·OH 的生成，随着反应的进行，两个体系中·OH 生成逐渐增多；且 pH 为 6.0 的条件下 Cu-FHC 体系中·OH 的生成量大约是 Fe(II)体系的 4 倍。说明 Cu(II)的存在能够促进体系中活化分子氧产生·OH。由图 11.8(a)可见，Fe(II)/O$_2$ 体系中·OH 的产生量受初始 pH 的影响很小，p-HBA 的最终产生量为 0.8 mg/L 左右，与 ACT 的去除率规律一致。Cu-FHC/O$_2$ 体系中·OH 的产生量受 pH 的影响较大：在酸性条件下，p-HBA 的最终产生量高达 4.2 mg/L，ACT 去除率也最高；随着 pH 升高，·OH 的产生量逐步减少。值得注意的是，在中性条件下，Cu-FHC/O$_2$ 体系·OH 的产生量大幅降低，p-HBA 的最终产生量仅为 1 mg/L，但 ACT 的去除率与酸性条件下相近。因为苯甲酸法主要捕捉的是溶液中的·OH，所以在中碱性条件下，可能存在表面·OH 的作用。

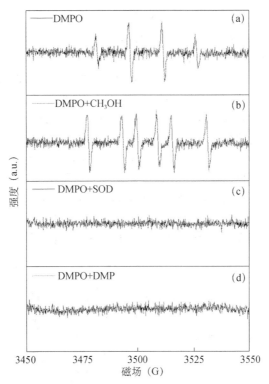

图 11.7 羟基自由基(a)、碳中性自由基(b)、SOD 酶(c)、
DMP(d)存在时羟基自由基的 ESR 图谱

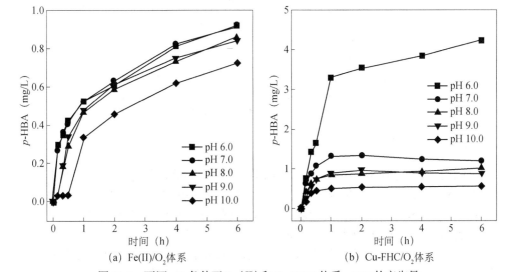

(a) Fe(II)/O₂体系   (b) Cu-FHC/O₂体系

图 11.8 不同 pH 条件下 Fe(Ⅱ)和 Cu-FHC 体系·OH 的产生量

　　为了进一步区分表面羟基自由基和溶液中羟基自由基的贡献率，叔丁醇(TBA)作为总羟基自由基的抑制剂，KI 作为表面羟基自由基的抑制剂。在 TBA 的投加浓度由 33 mmol/L 提高至 165 mmol/L 时，ACT 去除抑制率逐渐升高；在 TBA 的投加浓度由 66 mmol/L 升高至 165 mmol/L 时，抑制率基本不变，所以认为投加 165 mmol/L TBA 可以完全抑制羟基自由基。在 pH 为 6.0～9.0 的条件下，表面的羟基自由基(·OH_{ads})和溶液中的羟基自由基(·OH_{free})几乎完全被 TBA 猝灭，抑制率为 95%，这说明 ·OH 是降解污染物的主要活性自由基。KI 则抑制部分去除，这表示 ·OH_{ads}起到了重要的作用。将 KI 的抑制率及 TBA 的抑制率与 KI 抑制率的差值可换算成 ·OH_{ads} 和 ·OH_{free} 的贡献率。由图 11.9(b)所示，随着 pH 升高，·OH_{ads} 的贡献率从 45% 提高至 65%。因此铁氧化物表面具有还原分子氧能力的有效成分除了表面结合态的 Fe(Ⅱ)，还可能包括表面结合态 Cu(Ⅰ)以及 Cu(0)。这些结合态 Fe(Ⅱ)、Cu(Ⅰ)和固相 Cu(0)都可以通过活化表面结合的分子氧最终生成 ·OH_{ads}。

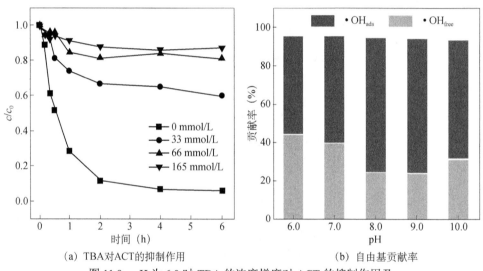

(a) TBA对ACT的抑制作用　　　　　(b) 自由基贡献率

图 11.9　pH 为 6.0 时 TBA 的浓度梯度对 ACT 的抑制作用及不同 pH 条件下表面羟基自由基和溶液中羟基自由基的贡献率

2. 超氧自由基

　　氯化硝基四氮性蓝(NBT，最大吸收波长为 259 nm)是常用的 ·O_2^-检测剂，其原理是 NBT 被 ·O_2^-还原生成蓝色不溶性物质——单甲䐶和二甲䐶(最大吸收波长在 600～800 nm 之间)；其次可用超氧化物歧化酶(SOD)来捕获 ·O_2^-。从图 11.10(a)可以看出，在无 NBT 存在时，Cu-FHC 体系由于大量的 Fe(Ⅱ)会被氧化成 Fe(Ⅲ)，所以会生成黄色的沉淀物，最大吸收波长在 259 nm 附近；而有 NBT 存在时，体系中迅速产生大量深蓝色沉淀物，且最大吸收波长会偏移到 650 nm 附近；再进一步用少量 SOD 酶作为 ·O_2^-的猝灭剂时[图 11.10(b)]，发现有 10% 的抑制作用。这些实验现象和结果都表明 Cu-FHC 体系中产生了·O$_2^-$。

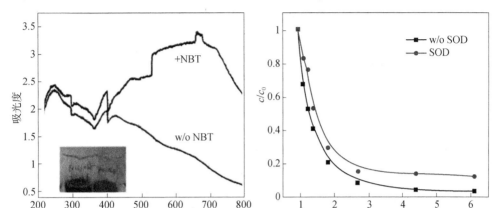

(a) 有 (+) /无 (w/o) NBT　　　　　　(b) 有/无 (w/o) SOD

图 11.10　NBT 法检测·O$_2^-$和 SOD 酶对 ACT 去除的影响

3. 过氧化氢

·O$_2^-$很容易被 Fe(Ⅱ)和 Cu(Ⅰ)进一步还原生成 H$_2$O$_2$，用过氧化物酶(POD)捕获 H$_2$O$_2$ 来检测 Cu-FHC 体系有氧条件下是否产生 H$_2$O$_2$ 活性物种。结果如图 11.11 所示，3600 U/L 的 POD 在 pH 为 6.0 的条件下抑制效果最强；在 3600 U/L 的 POD 存在时，pH 为 6.0~10.0 时均有 80%以上的抑制率。虽然加入捕获剂 ACT 的去除均受到了不同程度的抑制作用，这种抑制作用很可能是由捕获剂加入溶液中后占据了催化剂表面的吸附位点，与 ACT 形成竞争吸附作用造成的。而在我们的体系中，随着 Cu-FHC 体系氧化，结构发生变化，吸附量逐渐降低，所以排除这种可能性。为了进一步验证 H$_2$O$_2$ 的存在，用荧光法测定了体系中 H$_2$O$_2$ 的生成量，结果发现：在 Fe(Ⅱ)体系中，几乎未检测到 H$_2$O$_2$，可能是因为 Fe(Ⅱ)与氧气反应产 H$_2$O$_2$ 少，且高浓度的 Fe(Ⅱ)快速消耗 H$_2$O$_2$。而 Cu-FHC 体系中在前 1 h 内也未检测到 H$_2$O$_2$，同样是因为高浓度的 Fe(Ⅱ)快速消耗 H$_2$O$_2$。2~4 h 内 H$_2$O$_2$ 浓度逐渐升高至 0.6 μmol/L，是由于 Fe(Ⅱ)浓度减少至低浓度，因此对 H$_2$O$_2$ 的消耗减少。这说明生成 H$_2$O$_2$ 的主要成分是还原态 Cu。而 Fe(Ⅱ)是消耗 H$_2$O$_2$ 的主要成分，因为 Fe(Ⅱ)与 H$_2$O$_2$ 反应的速率[pH 为 6.5,1.72×10^3 L/(mol·s)]远大于 Cu(Ⅰ)与 H$_2$O$_2$ 反应的速率[<100L/(mol·s)][88]。

11.1.3　铁铜价态与形态转化

为了更好地研究体系中 Fe(Ⅱ)与 Cu(Ⅱ)之间的反应，将 Fe(Ⅱ)与 Cu(Ⅱ)在无氧、碱性条件(pH 为 6.0)下混合反应 1 min、10 min 后，产物经过冷冻干燥后用 XRD 进行表征，结果如图 11.12 所示。在反应 1 min 和 10 min 的样品中都检测出了 Cu$_2$O，但反应 10 min 的样品中 Cu$_2$O 信号强度大于反应 1 min 的样品，由此可见，在无氧条件下，Cu(Ⅱ)被Fe(Ⅱ)还原成Cu(Ⅰ)，生成了Cu₂O。而Fe(Ⅱ)先被氧化成FeOOH(feroxyhite)，随后FeOOH又进一步被氧化成针铁矿(α-FeOOH)和Fe(OH)₃。在无氧、中性的条件下，不同的Cu/Fe比例不仅影响Cu(Ⅱ)与Fe(Ⅱ)产物的形貌，还会影响铁氧化物的生成。在摩尔比[Cu(Ⅱ)/Fe(Ⅱ)]为1/6～1/4时，会生成Cu₂O、磁铁矿(Fe₃O₄)和针铁矿。

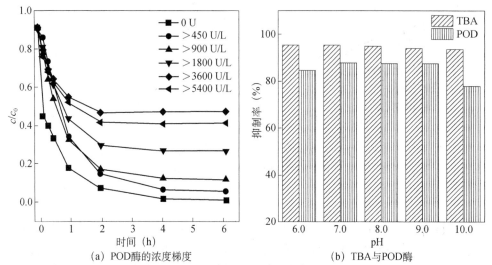

(a) POD酶的浓度梯度　　　　　(b) TBA与POD酶

图11.11　pH为6.0时，POD酶的浓度梯度对去除ACT的抑制作用；在不同pH条件，TBA与POD酶对ACT去除的抑制情况

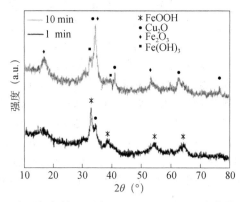

图11.12　在无氧条件下反应1min和10min后产物的XRD图

在无氧条件下，Cu(Ⅱ)与Fe(Ⅱ)在碱性条件下混合反应10min后，取冷冻干燥为0min后的样品；将混合反应10min后的催化剂在pH为6.0的条件下反应30min、1h、2h、4h和6h后，分别取样离心、冷冻干燥制样。对反应前后的催化剂表面进行X射线光电子能谱(XPS)和俄歇(Auger)电子谱分析。先根据XPS区分Cu(Ⅱ)和还原价态Cu[Cu(Ⅰ)/Cu(0)]，由图11.13可见：Cu(Ⅱ)2p到3d轨

道的卫星峰在 0 min 到 6 h 逐渐增大，说明在反应过程中 Cu(0) 和 Cu(Ⅰ)逐渐被氧化成 Cu(Ⅱ)。再根据分峰结果中的峰面积对不同价态的 Cu 进行半定量化。进一步使用修正俄歇参数 α 来区分并对还原价态的 Cu[Cu(0) 和 Cu(Ⅰ)]进行半定量化。修正俄歇参数 α 是 $Cu2p_{3/2}$ 的结合能和 Cu LMM 俄歇电子动能的加和，计算公式为：$\alpha Cu=h\nu+[K.E.(CuLMM)-K.E.(Cu2p_{2/3})]^{[89]}$。铁氧化物固体表面两种还原价态铜物种[Cu(0) 和 Cu(Ⅰ)]的含量可以通过对 Cu LMM 俄歇能谱进行分峰，分峰的结果如图 11.13(插图)所示。

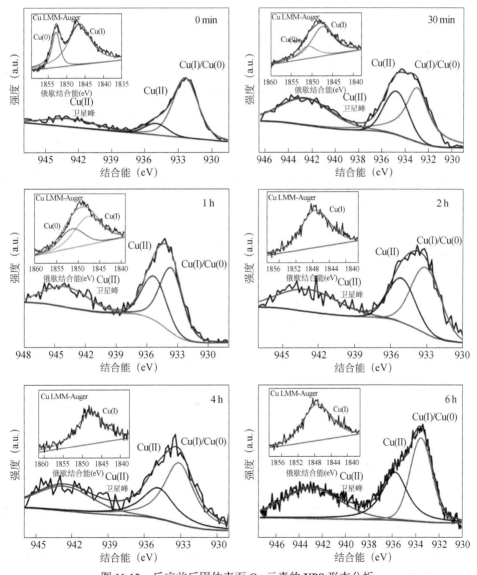

图 11.13　反应前后固体表面 Cu 元素的 XPS 形态分析

Cu(Ⅱ)会氧化 Fe(Ⅱ)形成铁氧化物,比表面积较大,能吸附大量 Fe(Ⅱ)形成结合态 Fe(Ⅱ)。铁氧化物表面不仅吸附了 Fe(Ⅱ),还吸附了不同价态的 Cu 元素,存在 Cu(Ⅱ)、Cu(Ⅰ)和 Cu(0)三个物种。首先,可以证明 Fe(Ⅱ)与 Cu(Ⅱ)之间反应在生成 Cu(Ⅰ)的同时也会生成 Cu(0)。生成的铁氧化物表面可以吸附 Cu(Ⅰ)以及 Cu(0),表面结合态 Fe(Ⅱ)、Cu(Ⅰ)和固相 Cu(0)可以活化表面结合的分子氧,最终生成表面羟基自由基。而且被吸附的不同价态的 Cu(Ⅱ)比例会随着反应的进行而发生变化:固体表面吸附的 Cu(Ⅱ)比例随着反应升高,而 Cu(0)的比例则逐渐减少为 0。

$$2Fe(Ⅱ) + Cu(Ⅱ) \longrightarrow 2Fe(Ⅲ) + Cu(0) \tag{11.4}$$

为了进一步确定 Cu 元素在 Cu-FHC 体系中的价态转化,除了探究固相中 Cu(Ⅱ)的价态比例变化,还需要研究游离态的 Cu 价态的分布和转化。分别在初始 pH 为 6.0、9.0 的条件下,用 ICP 测定了溶液中游离态 Cu 的总量,用分光光度法测定了溶液中的 Cu(Ⅰ),结果如图 11.14 所示。在 pH 为 6.0 时,总 Cu 量逐渐升高至 4.24 mmol/L,Cu(Ⅰ)会在 10 min 时迅速上升至最高值(1.75 mmol/L),然后逐渐降低;在 pH 为 9.0 时,Cu 先升高至 1 mmol/L 再逐渐沉淀降至 0.4 mmol/L,Cu(Ⅰ)在 30 min 内逐步上升至 1.08 mmol/L 再逐渐降低。碱性条件下总 Cu 和 Cu(Ⅰ)的溶出都低于酸性条件下。

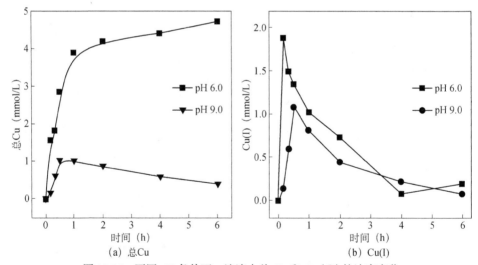

图 11.14　不同 pH 条件下,溶液中总 Cu 和 Cu(Ⅰ)的浓度变化

值得注意的是,即使在碱性条件下,无氧反应 10 min 后的 Cu-FHC 混合物加入反应溶液中,就会有大量的 Cu(Ⅰ)溶出在溶液中。通过 XRD 和 FTIR 证明 Cu-FHC 在无氧反应后 Cu(Ⅱ)被还原生成的物质是 Cu_2O,但 Cu_2O 只有在 pH<5.0 时下才开始分解。而在 pH 为 9.0 时,反应体系的 pH 都高于 6.0,如果 Cu(Ⅰ)以

Cu₂O 存在，不会溶解出大量的 Cu(Ⅰ)。说明：在无氧条件下，Cu(Ⅱ)会被 Fe(Ⅱ)还原成 Cu(Ⅰ)和 Cu(0)，Cu(Ⅰ)会被生成的铁氧化物吸附形成结合态 Cu(Ⅰ)，而表征的样品需要经过冷冻干燥，冷冻干燥过程中结合态 Cu(Ⅰ)才会生成 Cu₂O。

11.2　层间阴离子对反应体系的影响

层间阴离子的性质会影响 Cu-FHC 体系的晶体结构和 Cu-FHC 之间的反应，进而影响该体系的反应活性。本节系统地研究了 SO_4^{2-}、Cl^- 和 CO_3^{2-} 作为层间阴离子时 Cu-FHC 体系中有机污染物降解的性能，活性物种的生成情况，晶体结构和形貌，以及 Fe 和 Cu 元素的价态转化，提出了不同层间阴离子的影响机制。同时探究了其他共存重金属离子和无机阴离子对 Cu-FHC 体系活化分子氧降解有机物的影响。

11.2.1　层间阴离子对活化分子氧的影响

为了研究不同层间阴离子构型的 Cu-FHC 体系的反应动力学，首先探究了不同投加量在硫酸根型、氯离子型和碳酸根型三种活化体系中对活化分子氧去除污染物效果的影响。如图 11.15 所示，比较等量的催化剂去除 ACT 的效率，硫酸根型最优，氯离子型最差；且在前 2 h 反应较迅速的阶段，均能符合准一级反应动力学(表 11.1)：

$$d[ACT] / dt = -k_{obs}[ACT] \tag{11.5}$$

表 11.1　准一级反应动力学模型拟合参数表

阴离子	投加量(mg/L)	$k_{obs}(h^{-1})$	R^2
硫酸根型	0.40	0.610	0.9645
	0.60	0.992	0.9255
	1.00	1.345	0.9626
氯离子型	0.40	0.323	0.9189
	0.60	0.560	0.9169
	1.00	0.866	0.9217
碳酸根型	0.40	0.426	0.9547
	0.60	0.622	0.9811
	1.00	1.104	0.9869

在硫酸根型、氯离子型、碳酸根型三种体系中，不同投加量条件下表观速率常数(k_{obs})与投加量呈线性关系(图 11.16)。值得注意的是，这些线性表达都不过零点，表明反应中包含了复杂的反应机理。ACT 在 Cu-FHC 体系中氧化降解可以用二级反应动力学表达，包含污染物浓度和催化剂投加量两个影响因素。这里催化剂的投加量是在质量比([Cu(Ⅱ)]/[Fe(Ⅱ)]=0.3)不变的条件下，以亚铁离子的浓

度表达。

$$d[ACT] / dt = -k[ACT][Fe(II)] \tag{11.6}$$

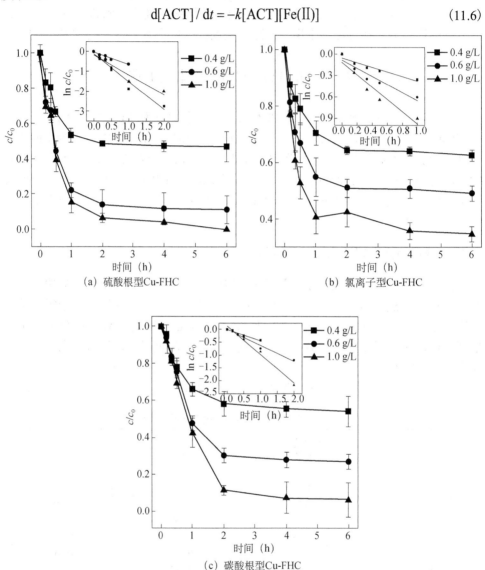

(a) 硫酸根型Cu-FHC

(b) 氯离子型Cu-FHC

(c) 碳酸根型Cu-FHC

图 11.15　不同层间阴离子 Cu-FHC 的投加量对 ACT 去除的影响

插图是反应 2 h 内的准一级反应动力学拟合

氯离子型是三个体系中反应速率最慢的，当催化剂投加量从 0.4 g/L 增至 1.0 g/L，k_{obs} 从 0.323 h^{-1} 增至 0.866 h^{-1}；其次是碳酸根型，其反应常数从 0.426 h^{-1} 增至 1.104 h^{-1}；反应最快的是硫酸根型（0.610 h^{-1}～1.345 h^{-1}）。用拟合出的线性常数，完整地表达硫酸根型、氯离子型、碳酸根型三种体系的二级反应动力学。从

　　三种体系的拟二级反应动力学常数(k)直观地看，硫酸根型($1.265\ \mathrm{g^{-1}h^{-1}}$)略优于碳酸根型($1.133\ \mathrm{g^{-1}h^{-1}}$)，氯离子型($0.885\ \mathrm{g^{-1}h^{-1}}$)远低于硫酸根型与碳酸根型。

硫酸根型：

$$\mathrm{d[ACT]}\,/\,\mathrm{d}t = -1.265\mathrm{g^{-1}h^{-1}[ACT][Fe(II)]} \qquad (R^2=0.94) \tag{11.7}$$

氯离子型：

$$\mathrm{d[ACT]}\,/\,\mathrm{d}t = -0.885\mathrm{g^{-1}h^{-1}[ACT][Fe(II)]} \qquad (R^2=0.97) \tag{11.8}$$

碳酸根型：

$$\mathrm{d[ACT]}\,/\,\mathrm{d}t = -1.133\mathrm{g^{-1}h^{-1}[ACT][Fe(II)]} \qquad (R^2=0.99) \tag{11.9}$$

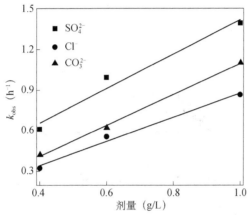

图 11.16　投加量对 Cu-FHC 氧化降解 ACT 速率常数的影响

　　ORP 值可以表征反应体系氧化还原能力的强弱。为了排除溶解氧对 ORP 测量的干扰，测量体系真实的氧化还原氛围，实验选择无氧条件下测量三种层间阴离子构型的 Cu-FHC 体系的 ORP 和 pH 变化(图 11.17)。随着反应的进行，三种体系的 ORP 值均逐渐降低，pH 逐渐升高。碳酸根型体系的 ORP 最低，在 32 min 内 ORP 逐渐降低至-400 mV；硫酸根型的 ORP 略高于碳酸根型，最终降为-330 mV；而氯离子型的 ORP 在 5 min 内也迅速降到最低(-50 mV)，随后维持不变。比较三个体系的 ORP 值可以发现，还原能力的强弱顺序为：碳酸根型>硫酸根型>氯离子型。这说明层间阴离子可以通过改变体系的还原能力，进一步影响 Fe(II)-Cu(II)反应和活性物质的生成，最终影响 Cu-FHC 体系活化分子氧降解污染物的能力。

　　不同种类的阴离子离子势的变化趋势与层状双氢氧化物吸附去除溴酸盐效果的变化趋势一致。离子势(Z/r)是以离子的电荷和半径为因素，综合考虑对物质性质的影响，包括溶解性、盐类的水解性、热稳定性、溶液的酸碱性，以及离子形成配合物的稳定性。离子势值的大小排序为：CO_3^{2-} (2/1.63)>SO_4^{2-} (2/2.40)> Cl^- (1/1.81)。离子势的变化趋势与体系还原能力的变化趋势一致，可能是因为离子势越大，水解性越强，对羟基的引力越大，生成的结构态 Fe(II)越多。结构态 Fe(II)是还原

Cu(Ⅱ)的主要成分，而还原态 Cu 是活化分子氧产 H_2O_2 的活性成分。因此，离子势大的碳酸根体系，对羟基的引力大，结合成的结构态 Fe(Ⅱ)多，还原性强，会生成更多的还原态 Cu。但是从拟二级反应动力学常数来看，硫酸根型 $(1.265\ g^{-1}h^{-1})$＞碳酸根型 $(1.133\ g^{-1}h^{-1})$＞氯离子型 $(0.885\ g^{-1}h^{-1})$，与离子势和 ORP 的大小变化顺序不一致。综上所述，除了离子势对体系还原性能的影响，层间阴离子对 Cu-FHC 体系活化分子氧的机制还包含了更加复杂的机理。

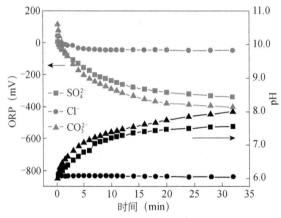

图 11.17　三种层间阴离子构型 Cu-FHC 在无氧条件下 ORP 和 pH 的变化

11.2.2　铁铜价态与形态转化

为了进一步验证晶体结构和催化活性的关系，实验又对不同层间阴离子构型的 Cu-FHC 体系进行 X 射线光电子能谱(XPS)和俄歇(Auger)电子谱分析。XPS 和 Auger 的分峰如图 11.18 所示，根据分峰的峰面积对 Cu 各价态组分进行半定量的结果如表 11.2 所示。在无氧条件下反应 10 min 后，硫酸根型生成了 85%的还原态 Cu，其中大部分是高活性的 Cu(Ⅰ)；碳酸根型有 90%的 Cu(Ⅱ)转化成还原态 Cu，且 Cu(0)和 Cu(Ⅰ)各占据还原态 Cu 组分的一半；而氯离子型生成的还原态 Cu 最少，还原态 Cu 的价态组分构成与碳酸根型一致。Cu 价态分布的结果与上述表征一致，即硫酸根型中 80%Cu(Ⅱ)转化成了 Cu_2O 纳米颗粒和无定形的 Cu(0)，碳酸根型中 90%的 Cu(Ⅱ)转化成了 Cu_2O 树突絮体和无定形的 Cu(0)，氯离子型中仅有 55%的 Cu(Ⅱ)被还原。

表 11.2　不同层间阴离子构型 Cu-FHC 反应前后固体表面 Cu 的价态分布(%)

材料	样品类型	Cu(0)	Cu(Ⅰ)	Cu(Ⅱ)
	硫酸根型	19	66	15
反应前	氯离子型	32	33	45
	碳酸根型	47	43	10

续表

材料	样品类型	Cu(0)	Cu(I)	Cu(II)
反应后	硫酸根型	—	10	90
	氯离子型	—	41	59
	碳酸根型	—	44	56

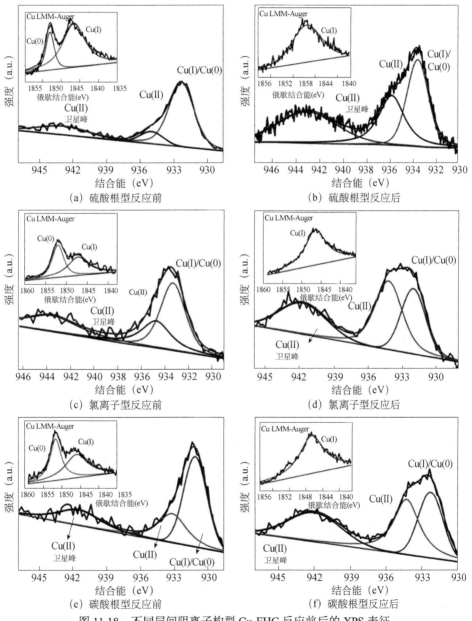

图 11.18　不同层间阴离子构型 Cu-FHC 反应前后的 XPS 表征

　　综上所述可以发现：不同层间阴离子构型中还原态 Cu 的含量与 ORP 值呈正相关。还原态 Cu 组分含量的排序为：碳酸根型>硫酸根型>氯离子型，与拟二级反应动力学常数的顺序不一致，因此存在复杂的机制。另外研究显示还原态 Cu 的价态转化是 Cu-FHC 体系中活化分子氧产生 H_2O_2 的主要途径。由图 11.19 可以看出：氯离子型体系的溶液中 Cu(Ⅰ)浓度最低，从 43 mg/L 逐渐降为 0 mg/L；硫酸根型体系的溶液中 Cu(Ⅰ)的初始浓度最高，从 120 mg/L 逐渐降低至 5 mg/L；而碳酸根型体系溶液中 Cu(Ⅰ)的浓度则呈现出完全不同的变化趋势，由 95 mg/L 先降低至 73 mg/L，再逐渐上升至 109 mg/L，在 30 min 后超过硫酸根型体系中 Cu(Ⅰ)的浓度。

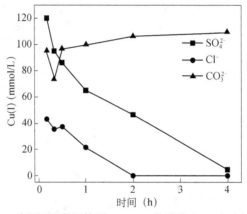

图 11.19　三种层间阴离子构型 Cu-FHC 的溶液中 Cu(Ⅰ)的浓度变化

　　碳酸根型体系中 H_2O_2 的生成速率可能较快，而 H_2O_2 被 Fe(Ⅱ)消耗的速率相对较慢，而在氯离子型的体系中则相反，H_2O_2 消耗反应的速率大于生成速率。Fe(Ⅱ)-Cu(Ⅱ)反应和 Cu(Ⅰ)的氧化反应是 H_2O_2 的主要生成反应，而 Fe(Ⅱ)和 H_2O_2 之间的 Fenton 反应是 H_2O_2 的主要消耗反应。体系中 Cu(Ⅰ)的生成反应是 Fe(Ⅱ)-Cu(Ⅱ)反应，Cu(Ⅰ)的消耗反应是活化分子氧产 H_2O_2 的反应。结合三个体系中 Cu(Ⅰ)的浓度和 H_2O_2 的生成来看，碳酸根型体系的 Cu(Ⅰ)浓度高，且 H_2O_2 的生成速率大，可能是由于碳酸根提高 Fe(Ⅱ)-Cu(Ⅱ)反应的速率，所以还原产生 Cu(Ⅰ)的速率大于 Cu(Ⅰ)被氧化消耗的速率；而氯离子型的 Cu(Ⅰ)浓度低，且 H_2O_2 的生成速率慢，可能是由于 Fe(Ⅱ)-Cu(Ⅱ)反应的效率低，使得 Cu(Ⅰ)的生成速率比 Cu(Ⅰ)的消耗速率更慢。硫酸根型体系 H_2O_2 的生成速率比氯离子型快，H_2O_2 的消耗速率比碳酸根型快，因此·OH 的生成速率快，ACT 的去除效率高。EDS 和 XPS 中表征数据也表明，碳酸根型体系中还原态 Cu 的含量大于硫酸根型，与碳酸根促进 Fe(Ⅱ)-Cu(Ⅱ)反应的推断相符。在制备碳酸根型的 Cu-FHC 体系时，参照 $GR(CO_3^{2-})$ 的合成方法，用 $FeSO_4$、$CuSO_4$、NaOH 和 Na_2CO_3

进行制备。$GR(SO_4^{2-})$ 的结构与 $GR(CO_3^{2-})$ 相比更为疏松，因 $GR(SO_4^{2-})$ 先于 $GR(CO_3^{2-})$ 生成，但 $GR(CO_3^{2-})$ 更稳定，夹层中的硫酸根容易被溶液中的碳酸根替代，$GR(SO_4^{2-})$ 会慢慢转化成 $GR(CO_3^{2-})$[90]。随着无氧反应时间的延长，足以让硫酸根型的 Cu-FHC 体系完全转化成碳酸根型的 Cu-FHC 体系。

11.2.3　共存阴离子对污染物降解性能的影响

1. 外加氯离子的影响

为了更好地验证先前关于层间阴离子影响的推断，实验又探究了外加的 Cl^- 浓度梯度对硫酸根型的 Cu-FHC 体系的影响。如图 11.20 所示，随着 Cl^- 浓度从 0 mol/L 增加至 0.7 mol/L，ACT 的去除率由 100% 逐渐降为 0%，Cl^- 浓度越大，对 Cu-FHC 体系活化分子氧去除 ACT 的抑制作用越强。由图 11.21 可见，·OH 和 H_2O_2 的产生量与 ACT 的去除率趋势一致，Cl^- 浓度越高，·OH 和 H_2O_2 的产生量越低。为了解释 Cl^- 对 ACT 的去除率和自由基生成的影响，实验测量了反应中的游离态和吸附态总 Fe(Ⅱ) 和 Cu(Ⅰ) 的浓度变化及 pH 的变化。由图 11.22 可以看出，空白体系中 Fe(Ⅱ) 浓度由 226 mg/L 增加至 409 mg/L，但仅 0.04 mol/L Cl^- 就能将反应中 Fe(Ⅱ) 的最高浓度升至 92 mg/L，且随着反应进行 Fe(Ⅱ) 逐渐降低至 27 mg/L。Cl^- 浓度越高，体系中 Fe(Ⅱ) 浓度越低。这一结果与硫酸根型与碳酸根型的 Cu-FHC 体系中 Fe(Ⅱ) 的浓度顺序相反。因为 Cl^- 为一价离子，与碳酸根和硫酸根相比更容易发生层间交换，但碳酸根和硫酸根与铁表面有巨大的亲和力，因此很难从层状双氢氧化物中置换出来，除了在极低的 pH 条件下。

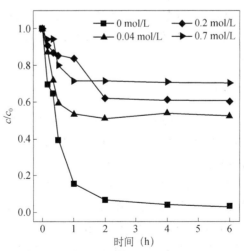

图 11.20　外加 Cl^- 浓度对硫酸根型 Cu-FHC 去除 ACT 的影响

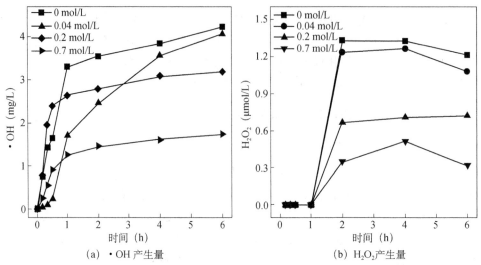

图 11.21　外加 Cl⁻浓度对硫酸根型 Cu-FHC 的 ·OH 和 H₂O₂ 产生量的影响

　　在均相反应中，虽然无氧条件下 Cl⁻浓度的增加可以提高 Fe(Ⅱ)与 Cu(Ⅱ)的氧化速率，但是在有氧条件下，Cl⁻的作用存在两个竞争作用：一是通过与 Cu(Ⅰ)络合改变 Cu(Ⅱ)/Cu(Ⅰ)的氧化还原电势，促进 Cu(Ⅱ)氧化 Fe(Ⅱ)的反应；二是 CuCl₂⁻和 CuCl₀ 具有氧化惰性，Cl⁻浓度的增加会抑制 Cu(Ⅰ)的氧化，Cl⁻浓度越高，Cu(Ⅰ)的浓度越高[图 11.22(c)]。即 Cl⁻可以通过促进 Fe(Ⅱ)-Cu(Ⅱ)提高 Cu(Ⅰ)的生成量，通过抑制 Cu(Ⅰ)的氧化反应降低 Cu(Ⅰ)的消耗量以及 H₂O₂ 的生成量，最终导致 Cu(Ⅰ)浓度的升高和 H₂O₂ 浓度的降低，以及 ·OH 的生成量降低。而且，Cl⁻浓度越高，反应的 pH 越低，因为质子主要是由 Fe(Ⅱ)的氧化及 Fe(Ⅲ)的沉淀产生，所以这也说明 Cl⁻确实促进了 Cu(Ⅱ)氧化 Fe(Ⅱ)的反应，更多的 Fe(Ⅲ)沉淀降低了体系的 pH。

2. 外加碳酸根的影响

　　由图 11.23 可知，低浓度的 CO_3^{2-} 并不影响污染物的去除，只有当 CO_3^{2-} 浓度升高至 5 mmol/L 时，ACT 的去除率由 55%降低至 15%。但从 ·OH 的产生量来看，即使在碳酸根为 5 mmol/L 时，p-HBA 的产生量也达到了 0.71 mg/L，与无碳酸根时产生量(0.88 mg/L)接近，与两个条件下 ACT 去除率趋势不一致。考虑到苯甲酸作为捕获剂，·OH 的反应速率达到 4.2×10⁹ L/(mol·s)，大于 CO_3^{2-} 和 HCO_3^{2-} 与 ·OH 的反应速率[4.2×10⁸ L/(mol·s)和 8.5×10⁶ L/(mol·s)]。可以得出结论：CO_3^{2-} 和 HCO_3^- 由于与 ·OH 的反应速率快，会存在与 ACT 竞争自由基抑制 ACT 的去除。随着 CO_3^{2-} 浓度的增加，体系中 H₂O₂ 的实时浓度增大[图 11.23(c)]，Fe(Ⅱ)的浓度减少，

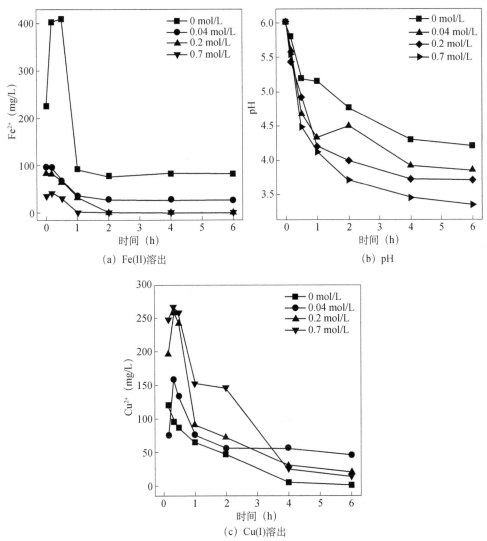

图 11.22　外加 Cl⁻浓度对 Fe(Ⅱ)溶出、pH 和 Cu(Ⅰ)溶出的影响

Cu(Ⅰ)的浓度减少(图 11.23),因此:CO_3^{2-}离子势大,易与 Fe(Ⅱ)和羟基结合形成结构态 Fe(Ⅱ),促进 Fe(Ⅱ)还原 Cu(Ⅱ)的反应,并且 Cu(Ⅰ)和 CO_3^{2-} 的络合物与氧气的反应速率快,H_2O_2 的生成速率快。但 Fe(Ⅱ)离子较少,因此消耗 H_2O_2 的 Fenton 反应速率较慢,加上 CO_3^{2-} 会与污染物竞争羟基自由基,因而会抑制 Cu-FHC 体系去除 ACT 的效率。

3. 磷酸氢根与硝酸根的影响

不管在地下水还是在工业废水中,通常有 NO_3^-、HCO_3^- 和 HPO_4^{2-} 等阴离子存在,

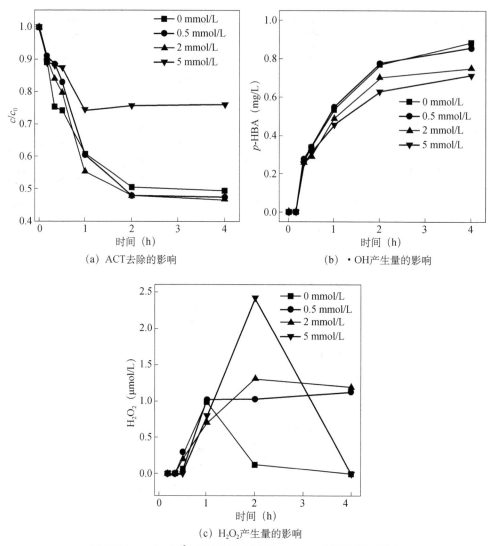

（a）ACT去除的影响　　　　　　　　　（b）·OH产生量的影响

（c）H₂O₂产生量的影响

图 11.23　外加 CO_3^{2-} 浓度对硫酸根型 Cu-FHC 去除效果的影响

深入研究含有机物水体中的共存阴离子对 Cu-FHC 体系去除 ACT 效果的影响，对应用 Cu-FHC 体系治理 PPCPs 污染有重要的实际意义。HPO_4^{2-} 对 Cu-FHC 体系氧化降解 ACT 的影响如图 11.24（a）所示。当 HPO_4^{2-} 的投加量由 5 mmol/L 增加至 20 mmol/L，2 h 后 ACT 的去除率由 80%逐渐降低至 30%。共存 HPO_4^{2-} 离子对 Cu-FHC 体系活化分子氧性能的影响主要有两个原因。一是 HPO_4^{2-} 影响了结合态亚铁的结构从而影响 Fe（Ⅱ）-Cu（Ⅱ）反应。结合态亚铁类化合物如 GR、FHC 等具有特定的类层状结构，层间有不同的阴离子，而存在共存阴离子时，这些阴离子的介入可能会取代层间原有的阴离子或者改变 Fe（Ⅱ）与 OH⁻ 的结合从而影响

Fe(Ⅱ)的还原性。GR 吸附 PO_4^{3-} 后颗粒增大,由于 Cu-FHC 与 GR 的性质相似,PO_4^{3-} 存在时也对 Cu-FHC 结构具有严重的破坏作用,不仅晶体结构变得更为有序,而且产物变得更为紧密,使其比表面积也变得更小,从而不利于 Cu(Ⅱ)的还原反应。二是 HPO_4^{2-} 不仅猝灭羟基自由基还会消耗 H_2O_2 反应。因此,随着磷酸根的浓度升高,自由基和 H_2O_2 的无效消耗越多,因此抑制作用越强。相比之下,NO_3^- 的影响不是非常明显[图 11.24(b)]。

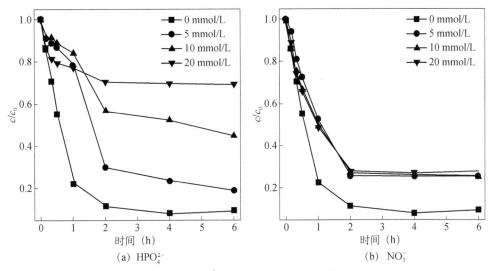

图 11.24　HPO_4^{2-} 和 NO_3^- 对 ACT 去除的影响

11.2.4　金属离子的影响

实际废水中往往存在多种阴阳离子与有机物的共存。不但含有较高浓度的有机物,同时还含有较高浓度的多种金属离子,Cr(Ⅵ)、Zn(Ⅱ)和 Ni(Ⅱ)等是工业中常见的金属离子,主要用于金属加工、电镀、制革和精炼等行业。在本课题组之前的研究工作中发现,结合态亚铁如 GR 和多羟基亚铁络合物(FHC)可以与水体中的重金属[包括 Cu(Ⅱ)、Cr(Ⅵ)和 Ni(Ⅱ)等]发生氧化还原反应,而亚铁本身会被氧化成铁氧化物。因此,共存的重金属离子可能会与 Fe(Ⅱ)反应从而影响 Fe(Ⅱ)-Cu(Ⅱ)反应。本节主要研究了 Cr(Ⅵ)、Ag(Ⅰ)、Zn(Ⅱ)和 Ni(Ⅱ)对 Cu-FHC 体系活化分子氧去除 ACT 效果的影响。由于硫酸型的 Cu-FHC 体系催化活性最高,因此选择硫酸型的 Cu-FHC 体系。

由图 11.25 可知,Cr(Ⅵ)对 Cu-FHC 体系有强抑制作用,即使只有 0.5 mmol/L Cr(Ⅵ)也会将 ACT 的去除率由 100%降为 6%;Ag(Ⅰ)对 Cu-FHC 体系有明显但弱于 Cr(Ⅵ)的抑制作用,0.5 mmol/L Ag(Ⅰ)仅能使 ACT 去除率降低 30%,只有当

Ag（Ⅰ）浓度提高至 5 mmol/L，ACT 的去除率才降为 10%；不同浓度的 Zn（Ⅱ）和 Ni（Ⅱ）对该体系活化分子氧的效果几乎无影响。虽然 Cr（Ⅵ）、Ag（Ⅰ）、Zn（Ⅱ）和 Ni（Ⅱ）都能与结合态亚铁发生氧化还原反应，但从标准氧化还原电势来看（表 11.3），氧化性比 Cu（Ⅱ）弱的 Ni（Ⅱ）和 Zn（Ⅱ）对污染物去除率无影响，而氧化性比 Cu（Ⅱ）强的 Cr（Ⅵ）和 Ag（Ⅰ）有明显的抑制作用，且氧化性越强的金属离子抑制作用越明显。因此氧化性比 Cu（Ⅱ）强的金属离子更容易与 Fe（Ⅱ）发生氧化还原反应从而影响 Cu（Ⅱ）与 Fe（Ⅱ）之间的反应。对不同金属离子存在条件下的反应产

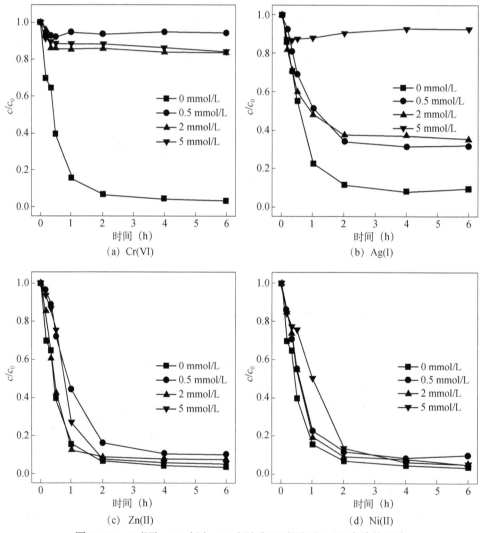

图 11.25　Cr（Ⅵ）、Ag（Ⅰ）、Zn（Ⅱ）和 Ni（Ⅱ）对 ACT 去除的影响

物进行 XRD 表征分析。由图 11.26 可见，对 Cu-FHC 体系活化分子氧效率不产生影响的 Ni(Ⅱ) 和 Zn(Ⅱ) 对反应产物的结构形态也无影响，Fe(Ⅱ) 依旧被氧化成 Fe(Ⅲ) 再矿化形成纤铁矿；在有抑制作用的 Cr(Ⅵ) 和 Ag(Ⅰ) 存在时，形成了完全不同的结构形态，Ag(Ⅰ) 被还原成了单质 Ag，而 Cr(Ⅵ) 会被还原成 CrO，反应产物中都未检测到 Fe(Ⅱ) 的氧化矿化产物。XRD 结果证实：Cr(Ⅵ) 和 Ag(Ⅰ) 可以优先于 Cu(Ⅱ) 与 Fe(Ⅱ) 发生氧化还原反应，进而对 Cu-FHC 体系活化分子氧效率产生影响。

表 11.3　标准氧化还原电势表

氧化还原电势	$E^{\ominus}$ (V)	氧化还原电势	$E^{\ominus}$ (V)
Cu^{2+}/Cu	0.342	Ag^+/Ag	0.798
Cu^{2+}/Cu^+	0.153	Ni^{2+}/Ni	-0.246
$Cr_2O_7^{2-}/Cr^{3+}$	1.232	Zn^{2+}/Zn	-0.762

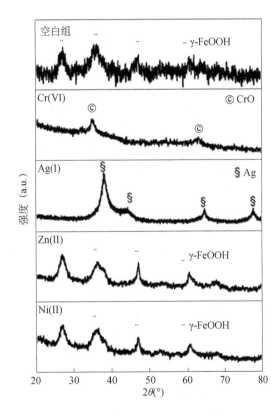

图 11.26　Ni(Ⅱ)、Cr(Ⅵ)、Ag(Ⅰ) 和 Zn(Ⅱ) 共存时反应产物的 XRD 表征

11.3 本 章 小 结

本章构建了 Cu-FHC 分子氧活化体系，主要研究了 Fe(Ⅱ)/Cu(Ⅱ)体系的有机物降解性能和高活性作用机理，结果表明亚铁基活化分子氧体系不仅活化分子氧效率高，而且适用于中性环境，在环境污染治理领域有着广阔的应用前景。主要研究结论如下。

(1)通过 ESR、抑制实验、定性鉴别法以及定量检测法，证明 Cu-FHC 体系有·OH(包括游离态和表面态·OH)、·O_2^- 和 H_2O_2 产生，且 Cu-FHC 体系中·OH 和 H_2O_2 的生成量远高于单独 Fe(Ⅱ)体系。Cu-FHC 体系的反应活性高于单独 Cu(Ⅰ)体系的原因，不仅是 Fe 与 Cu 的协同作用，而且 Cu(Ⅰ)/Cu(Ⅱ)价态存在循环，使得反应过程中生成 Cu(Ⅰ)的总量超过起始投加量，也有可能是原位生成的新生态 Cu(Ⅰ)和 Cu(0)具有高活性。Cu-FHC 体系对 ACT 的降解起主要作用的是·OH。·OH 通过羟基化或者直接夺取氨基的电子两个途径去破坏 ACT 的苯环，最终 ACT 被降解为小分子有机酸类物质，毒性降低。

(2)三种层间阴离子构型的 Fe(Ⅱ)/Cu(Ⅱ)体系活化分子氧降解有机物的过程均符合拟二级反应动力学的表达，且拟二级反应动力学常数的大小顺序为：硫酸根型(1.265 $g^{-1}h^{-1}$)>碳酸根型(1.133 $g^{-1}h^{-1}$)>氯离子型(0.885 $g^{-1}h^{-1}$)。碳酸根的离子势最大，对羟基的引力最大，与 Fe(Ⅱ)有强的亲和力，生成大量的结构态 Fe(Ⅱ)，最终导致 ACT 的去除效率和·OH 的产率低于硫酸根体系。氯离子的离子势最小，对羟基的引力最弱，生成的结构态 Fe(Ⅱ)最少，因此稳定 pH 条件对碳酸根体系有促进作用。硫酸根型的离子势介于碳酸根和氯离子之间，对羟基的引力较强，易与 Fe 表面结合，因而还原能力较强，最终硫酸根型体系的 ACT 去除率和·OH 的生成量最高。

利用氧气作为羟基自由基的来源，与其他高级氧化技术中的氧化剂或氧化手段相比，具有成本低、来源广、操作简单、无二次污染等优点。在无氧条件下，多羟基亚铁络合物(FHC)将 Cu(Ⅱ)-EDTA 还原成 Cu(0)和 Cu(Ⅰ)，起到了还原脱络的作用，使 Cu-FHC 材料能够有效地活化分子氧降解污染物，完成了高效产生·OH 的目的。另外，金属表面处理、电镀、蚀刻等工业行业排放的重金属废水中含有大量铅、镍、铜等重金属离子，利用工业废水中存在的铜，原位生成具有分子氧活化性能的 Cu-FHC 材料，能够实现重金属和有机物的同步去除，而且还能有效降低材料制备成本，提高材料利用效率。因此，探究 Cu-FHC 材料的分子氧活化性能和机理对提高 Cu/Fe 双金属活化分子氧效率，并进一步实现亚铁基材料活化分子氧的实际应用具有重要意义。

第 12 章　结合态亚铁驱动的废水处理技术与工程应用

工业废水处理是我国当前重要的环境污染治理难题，具有类型复杂、处理难度大、危害大等特征，已成为制约许多行业发展的重要瓶颈。这些废水主要来源于造纸、焦化、氮肥、有色金属、印染、农副食品加工、原料药制造、制革、农药、电镀等严重污染水环境的行业。工业生产过程中产生的废水、污水和废液通常含有工业生产用料、副产品以及生产过程中产生的污染物等，这些污染物大多具有生物毒性、结构复杂稳定等特点，常规的生物处理难以实现废水的达标处理。其中，造纸和纸制品行业废水排放量占工业废水总排放量的 16.4%，化学原料和化学制品制造业排放量占总排放量的 15.8%。改革开放四十多年来，对工业废水的防控一直是我国水污染防控领域中的重中之重，随着《水污染防治行动计划》的出台，以及政府对环境治理的高度重视。尽管我国在工业废水处理领域取得了不错的成就，在各类工业废水处理技术中都取得了一些进展，但因工业废水种类复杂，特别受酸碱度、温度、含盐量、有毒物质、难降解污染物等因素影响不能采用生化手段直接处理，企业主要采用物化处理工艺进行预处理或一步处理，导致出水中残留大量难降解、高毒性污染物。废水进入园区污水处理厂(以生化处理工艺为主)后，很难实现出水 COD 达标排放。因此，开发针对难降解、高毒性污染物的新型水处理技术，是在当前我国深入贯彻生态文明建设，打好污染防治攻坚战以及推进"碳达峰、碳中和"时代背景下的重要突破方向。基于前面各章的研究内容，本章围绕实际废水的处理，采用 FHC、铁硫矿物的相关技术进行了试验，重点关注废水毒性削减、污染物转化性能、废水综合处理效能。本章主要内容包括 FHC 还原预处理印染废水及其与生物耦合处理技术、FHC 对各类重金属废水的处理、黄铁矿催化氧化处理工业废水等，并结合实际工程应用案例进行介绍。应用结果表明，FHC 和黄铁矿驱动的废水处理技术可以解决含毒害性污染物工业废水的还原脱毒和深度处理，推动了毒害性工业废水处理新技术的发展。

12.1　FHC 还原预处理印染废水

纺织印染行业是我国最重要的化工行业之一，加入 WTO 后，我国纺织印染近几年均以两位数增长。纺织印染行业同样也是我国工业废水排放大户，统计数据显示纺织印染行业占当年工业废水排放量的 11%左右，排放量居各行业第三。印染废水有机物含量高、成分复杂、色度大，属于难处理的一类工业废水；印染污染物大多是难降解的染料、助剂和有毒有害的重金属、甲醛、卤化物等。全世界每年排入环境的染料约 6 万吨，而且随着染料工业的发展和印染加工技术的进步，染料结构的稳定性大为提高，给脱色处理增加了难度。

印染废水处理工艺一般是先经过物化预处理再进行生物处理，出水要求高时还需深度处理。常用的物化处理工艺主要是混凝沉淀法与混凝气浮法，此外，电解法、吸附法和化学氧化法等有时也用于印染废水处理中。混凝沉淀法是目前印染废水脱色预处理的最主要方法。硫酸亚铁是一种常见的水处理药剂，在废水处理中有广泛的应用，一般用于混凝沉淀工艺。亚铁在环境中以多种结构形态存在，其存在形态对其还原性有重要影响。在众多含亚铁物质中，多羟基亚铁具有较高的还原活性，适宜 pH 范围广，制备简单，投加方便，在还原水体污染物方面有极佳的应用前景。因此研究多羟基亚铁还原污染物的反应过程和作用机制及亚铁结构形态对其反应性能的影响规律，设计和优化其还原性能用于推动废水处理新技术的发展和应用意义重大。

12.1.1　FHC 预处理印染废水效果

印染废水 pH 较高，且具有较大的碱度，亚铁化合物加入废水中，迅速形成 FHC。因此重点研究两种投加亚铁方式条件下，废水 pH、FHC 投加量对废水处理效果的影响，主要考察了废水色度、COD_{Cr}、BOD_5 去除情况和 BOD_5/COD_{Cr}（以下简称 B/C）、pH 变化等，因为某些毒性污染物还原转化后其可生物降解性明显提高，因此以 B/C 的变化来评价 FHC 对废水污染物的还原作用。

实验方法：各取若干份 1 L 废水于 1 L 的烧杯中调节 pH，置于搅拌装置中进行搅拌反应，加入一定量的硫酸亚铁或者 FHC（$[Fe^{2+}]/[OH^-]=0.5$），快速搅拌 1 min，慢速搅拌 30 min，沉淀静止 30 min，取上清液测试分析。

1. 投加方式一处理印染废水效果

(1) 废水初始 pH 对处理效果的影响

废水水质：pH 为 9.7，$COD_{Cr}=1138$ mg/L，$BOD_5=370$ mg/L，B/C=0.32。废水初始 pH 分别调成 7.0、8.0、9.0、10.0、11.0、12.0，加入 120 mg/L（以铁计，下同）的硫酸亚铁。由表 12.1 中数据可以看出，投加亚铁处理污水最佳 pH 为 10.0，在该实验条件下，COD_{Cr} 去除率可以达到 50%，B/C 从 0.32 提高至 0.55，经过处理后的废水可生化性大幅提高，且反应后 pH 在中性范围，可直接进入生物处理段。

表 12.1　废水初始 pH 对处理效果的影响

初始 pH	反应后 pH	反应后 COD_{Cr}(mg/L)	COD_{Cr} 去除率	反应后 BOD_5(mg/L)	B/C
7.0	6.6	954	16.2	375	0.39
8.0	6.9	940	17.4	396	0.42
9.0	7.6	670	41.1	302	0.45
10.0	8.4	548	51.8	299	0.55
11.0	10.2	546	52.0	294	0.54
12.0	11.0	558	50.9	285	0.51

(2)亚铁投加量对处理效果的影响

废水水质：pH 为 8.9，COD_{Cr}=1064 mg/L，BOD_5=338 mg/L，B/C=0.32。各取 1 L 污水于搅拌烧杯中，调污水 pH 为 10.0，然后分别加入一定量的亚铁化合物，由表 12.2 中数据可以看出，在亚铁量为 0～90 mg/L 的范围内，处理效果随着亚铁的增加显著提高，然后再提高亚铁的用量，处理效果基本不变，在亚铁投加量为 120 mg/L 时废水的 COD_{Cr} 去除率可以达到 48.9%，废水的 B/C 可以由进水的 0.31 提高到 0.62，能显著改善废水可生化性。脱色效果如图 12.1 所示，从左到右依次为亚铁投加量为 0 mg/L、30 mg/L、60 mg/L、90 mg/L、120 mg/L、180 mg/L 时的脱色效果，当亚铁投加量高于 120 mg/L 时，脱色效果非常显著。

表 12.2　亚铁投加量对废水处理效果的影响

亚铁投加量(mg/L)	反应后 pH	反应后 COD_{Cr}(mg/L)	COD_{Cr} 去除率	反应后 BOD_5(mg/L)	B/C
0	10.0	950	10.7	292	0.31
30	8.9	858	19.4	290	0.34
60	8.9	722	32.1	342	0.47
90	8.6	570	46.4	313	0.55
120	8.3	544	48.9	338	0.62
180	8.2	572	46.2	329	0.58

图 12.1　不同亚铁投加量对实际废水的脱色效果(亚铁浓度为 0～180 mg/L)

2. 投加方式二处理印染废水效果

(1)废水初始 pH 对处理效果的影响

图 12.2 显示在酸性和碱性较大条件下 COD_{Cr} 去除率都较低，其最适 pH 为

8.0，此时 COD_{Cr} 去除率接近 50%，适宜 pH 范围为 8.0～9.0；在酸性条件下，由于溶液存在酸度会使 FHC 中的结构态亚铁转化为溶解态亚铁，因此溶液剩余的亚铁浓度较高。对比表 12.1 可以发现 FHC 处理印染废水适宜的 pH 更广，这是因为 FHC 自身具有一定的碱度。

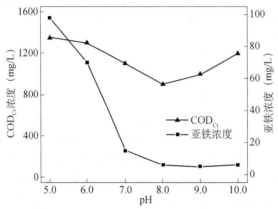

图 12.2　废水初始 pH 对 COD_{Cr} 去除和剩余亚铁量的影响
实验条件：废水初始 pH 为 9.3，COD_{Cr}=1623 mg/L，FHC 投加量为 135 mg/L

(2)FHC 投加量对处理效果的影响

图 12.3 显示随着 FHC 投加量增加，溶液剩余的溶解态亚铁浓度基本保持不变；当 FHC 投加量小于 120 mg/L 时，COD_{Cr} 去除率随着 FHC 投加量增加而增大；当 FHC 投加量大于 135 mg/L 时，增加 FHC 投加量，COD_{Cr} 去除率增加不明显，当 FHC 投加量为 135 mg/L 时，COD_{Cr} 去除率约为 50%，对比表 12.2，需要的亚铁当量比投加方式一多，可能的原因是 FHC 在制备过程和加入废水中部分被氧化；因此可以看出 FHC 也具有较好的 COD_{Cr} 去除效果。

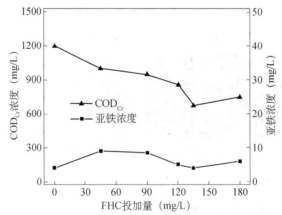

图 12.3　FHC 投加量对废水 COD_{Cr} 去除的影响
实验条件：废水 pH 为 8.0，COD_{Cr}=1217 mg/L

12.1.2　预处理印染废水的影响因素

为了体现 FHC 对印染废水中其他毒害性有机物的还原作用，使用实际印染废水投加 120 mg/L 的硝基苯溶液作为处理对象。投加一定量的亚铁或者 FHC（[Fe^{2+}]/[OH$^-$]=0.5），并使用 NaOH 调节 pH，定时取样过滤，分析苯胺和硝基苯浓度。

1. 反应时间的影响

图 12.4 显示硝基苯在印染废水中还原的速率很大，在反应 0.5 h 后产生 57.6 mg/L 的苯胺，反应 4 h 后废水变为黄色，说明此时亚铁已经基本被消耗完，最终的苯胺产生量为 68 mg/L。由于反应 1 h 后苯胺增加量不再明显，因此后面的实验中反应时间定为 1 h。

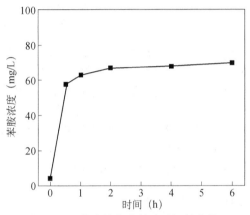

图 12.4　苯胺的产生量随时间的变化

实验条件：废水 COD$_{Cr}$=1241 mg/L，亚铁投加量为 480 mg/L，pH 调节至 9.0

2. 亚铁投加量的影响

亚铁投加量的多少直接影响形成 FHC 的量。图 12.5 显示随着亚铁投加量的增加，硝基苯去除率和苯胺生成率都不断增加。对比图 12.6 可以发现在反应 1 h 后，硝基苯配水产生苯胺的量大于印染废水中苯胺生成量，其原因可能是实际废水中硝基苯还原的速率更小。实际废水反应 5 h 后溶液变为黄色，此时可以认为 FHC 被消耗完，但是苯胺生成率仍然小于硝基苯配水，可能的原因是实际废水中存在部分离子与 FHC 发生反应，减少了 FHC 与硝基苯的反应。

3. 废水初始 pH 的影响

表 12.3 显示当初始 pH≤11.0 时，随着废水 pH 增加，苯胺的产生量不断增加，

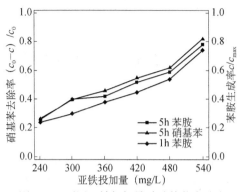

图 12.5　不同亚铁投加量时硝基苯去除率
和苯胺生成率

实验条件：废水 $COD_{Cr}=1272$ mg/L，苯胺
浓度为 3.9 mg/L，废水 pH 为 9.0

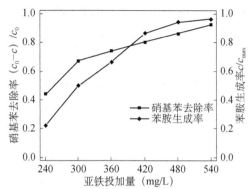

图 12.6　不同亚铁投加量时硝基苯去除率
和苯胺生成率(配水)

实验条件：加入硫酸亚铁后调节 pH 为 9.0，反应时间为
1 h；根据理论计算完全还原 120 mg/L 的
硝基苯可以产生 $c_0=88.87$ mg/L 的苯胺

这是因为在废水 pH≤8.0 时，随着 pH 增加形成的 FHC 不断增加，因此还原生成的苯胺更多。pH 为 6.0 时，投加的亚铁绝大多数是以离子态存在而不是形成结构态的 FHC。当 pH≥8.0 时，苯胺的生成量也随着溶液 pH 增加而增加，其原因可能是在高 pH 条件下，亚铁与阴离子竞争时更具优势，更易形成 FHC；也可能是因为在高 pH 条件下 FHC 的结构不同，导致反应速率增加。如果继续增大废水的 pH(pH>11.0)，苯胺的生成量反而降低，可能是由于硝基苯得电子还原时需要加氢，高 pH 条件下氢离子浓度不足，图 12.7 显示投加方式二也存在类似规律。

表 12.3　不同初始 pH 条件下亚铁还原硝基苯产生苯胺的变化(投加方式一)

初始 pH	反应后 pH	亚铁浓度 (mg/L)	苯胺生成量 (mg/L)	初始 pH	反应后 pH	亚铁浓度 (mg/L)	苯胺生成量 (mg/L)
6.0	6.1	416	5.6	10.0	9.8	0	60.7
7.0	6.7	276	9.2	11.0	10.8	0	61.5
8.0	7.6	2.4	47.7	12.0	11.8	0	60.9
9.0	8.8	0	53.1				

注：实验条件：废水 $COD_{Cr}=1272$ mg/L，苯胺浓度为 3.9 mg/L，亚铁投加量为 480 mg/L，反应时间为 1 h。

如图 12.7 所示，废水初始 pH 对 FHC 还原硝基苯生成苯胺的影响明显，其最佳的 pH 范围为 10.0～11.0；在 pH 为 6.0～11.0 时，苯胺生成率随着 pH 增加而增加，当 pH 大于 11.0 后苯胺生成率有所下降，当 pH 为 11.0 时苯胺生成率接近 100%。

4. 废水中悬浮物的影响

FHC 还原污染物属于非均相的界面反应，污染物首先被吸附到 FHC 表面，接着污染物在 FHC 表面发生电子转移完成氧化还原反应。印染废水中存在大量的悬

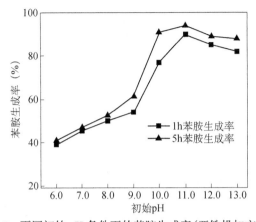

图 12.7　不同初始 pH 条件下的苯胺生成率(亚铁投加方式二)

实验条件：废水 COD_{Cr}=1469 mg/L，苯胺浓度为 3.6 mg/L，FHC 投加量为 420 mg/L，反应时间为 1 h

浮物(SS)，可能会与 FHC 竞争吸附污染物，导致 FHC 吸附污染物速率变慢，阻碍污染物的还原；废水中存在的 SS 也可能影响污染物与 FHC 之间的电子转移。因此考察了废水中悬浮物对 FHC 还原的影响。图 12.8 中废水是指未去除 SS 的印染废水，废水滤液是指印染废水经过抽滤后的滤液。结果显示，废水中 SS 对 FHC 还原硝基苯的反应速率影响不显著。

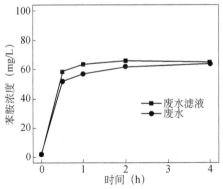

图 12.8　印染废水中 SS 对亚铁还原能力的影响

实验条件：废水 COD_{Cr}=1245 mg/L，废水 pH 为 9.0，FHC 投加量为 480 mg/L

12.1.3　亚铁混凝与还原作用机制

亚铁预处理印染废水具有较好的 COD_{Cr} 去除效果，但由于废水含有大量的 SS(约为 300 mg/L 左右)，而这部分 SS 可生化性较差，预处理后 B/C 提高可能是去除该部分 SS 的作用，因此不能说明是亚铁的还原作用提高了废水的可生化性。为了区别亚铁的混凝作用和还原作用，设计了投加三种药剂(26%硫酸亚铁、0.5 mol/L 硫酸铁、20%硫酸铝)预处理无 SS 的印染废水，考察其 COD_{Cr} 去除率的差异，反应前后 B/C 的变化。最直接证明亚铁混凝预处理存在还原作用的方法是找到废水中可还原的特征污染物反应前后的变化，但是由于废水的复杂性和具体某种污染物的浓度较低，为此考虑外投加一定浓度的污染物(废水中存在的)，通过对比三种混凝剂处理前后污染物的转化来探讨亚铁作用机制。

1. 印染废水的混凝处理效果

试验方法：用中速定量滤纸抽滤印染废水，以去除印染废水中的 SS，滤液用于混凝实验。混凝剂选择常用无机药剂：26%的硫酸亚铁、0.5 mol/L 的硫酸铁、20%的硫酸铝，其中只有硫酸亚铁可能存在还原活性；实验调节滤液初始 pH 为9.0。由于实验需要印染废水滤液，而抽滤速率较慢，因此三种混凝剂用水不同。

图 12.9 显示三种混凝剂处理印染废水滤液的 COD_{Cr} 去除情况和反应后的 pH，

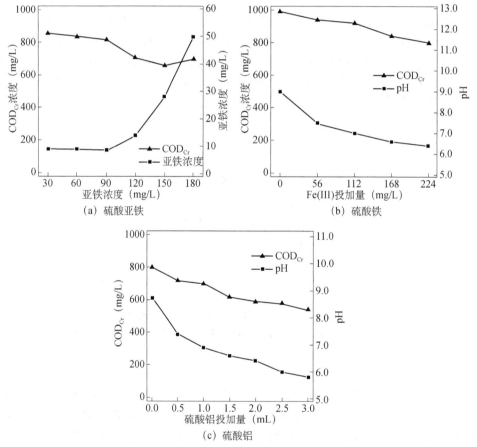

图 12.9 混凝剂投加量对印染废水可溶性 COD_{Cr} 去除的影响

实验条件：(a)COD_{Cr}=968 mg/L；(b)COD_{Cr}=977 mg/L；(c)20%硫酸铝，COD_{Cr}=798 mg/L

由于硫酸铁和硫酸铝水解能力更强，其混凝后溶液的 pH 更低；对比三种混凝剂对 COD_{Cr} 去除的情况，可以发现硫酸亚铁和硫酸铝投加量越大，滤液 COD_{Cr} 去除率逐渐增大，滤液 COD_{Cr} 最大去除率约为 30%，而硫酸铁混凝去除滤液 COD_{Cr} 约为 25%。当亚铁投加量仅为三价铁的一半时，COD_{Cr} 去除率略高，说明亚铁是一种较高效的处理药剂。

根据污染物发生还原前后 COD_{Cr} 应该略有提高，而图 12.9 显示三种混凝剂处理后印染废水滤液 COD_{Cr} 都有明显下降，无法证明亚铁处理过程中一定存在还原作用。为此，考虑对比三种混凝处理前后的 B/C 变化。为保证废水 COD_{Cr} 去除率相近，确定亚铁投加量为 90 mg/L、三价铁加入量为 180 mg/L、硫酸铝投加量为 150 mg/L。表 12.4 显示三种混凝剂处理后 B/C 都有大幅提高，但提高幅度相差不大，亚铁处理后提高幅度略大。可能混凝去除了部分难降解污染物，也能提高废水的 B/C 比，所以 B/C 也不能完全证明亚铁的还原作用。

表 12.4　三种混凝处理印染废水滤液的情况

	pH	可溶性 COD（mg/L）	可溶性 COD 去除率（%）	色度	B/C
对照	9.0	977	0	210	0.42
硫酸铁	6.5	731.7	25.1	80	0.53
硫酸铝	6.7	697.6	28.6	75	0.56
硫酸亚铁	8.1	702.4	28.1	65	0.6

注：印染废水初始 pH 为 9.0，COD_{Cr} = 977 mg/L；对照是指原废水未加入混凝剂。

2. 三种混凝剂处理含高浓度硝基苯印染废水

采用 BOD_5/COD_{Cr} 表示废水可生化性存在诸多问题，首先 BOD_5 是在多倍稀释情况下测得的，废水中的毒性物质在稀释数倍后对微生物的抑制作用会减弱，很难反应真实的情况；其次，BOD_5 是通过测定前后的 DO 变化得到，测定存在较大误差；再次，由于印染废水含有一定量的 SS，通过混凝去除大部分的 SS、胶体和大分子有机物等可生化性较差的物质同样可以提高废水的 BOD_5/COD_{Cr}，因此用 BOD_5/COD_{Cr} 变化来间接说明亚铁处理实际废水存在还原作用是不可靠的。为了证实 FHC 处理实际印染废水时存在还原作用，最好的方法是能够找到某些特征有机物被还原，但是实际废水存在水质复杂且具体某种物质含量较低，因此很难测定废水中具体某种物质被还原。为了解决这个问题，考虑向印染废水中投加高浓度可还原的有机物——硝基苯（因为实际印染废水中也含有少量的硝基苯类化合物），通过亚铁还原印染废水中硝基苯来反映亚铁混凝处理印染废水时存在 FHC 的还原作用。通过对比三种混凝剂处理含硝基苯的实际废水，揭示亚铁预处理时存在还原作用，而硫酸铁和硫酸铝混凝时只存在混凝作用。苯胺（B/C 为 0.4～0.5）对微生物的毒性小于硝基苯(B/C<0.1)，相对硫酸铝和硫酸铁，亚铁混凝处理可以更大程度地提高废水可生化性。

　　实验方法：四份 250 mL 含有 120 mg/L 硝基苯的印染废水，其中三份调节 pH 为 11.0，分别加入 1 mL 硫酸铝(Al_2O_3 含量为 6%)、1 mL 浓度为 1 mol/L 的硫酸铁、2 mL 浓度为 26% 的硫酸亚铁(含铁量为 480 mg/L)；另外一份调节 pH 为 9.0 后加入 480 mg/L 的 FHC；四份溶液同步磁力搅拌，先快速搅拌 1 min，后慢速搅拌 1 h，沉淀 30 min 取上清液分析 COD_{Cr}，过滤液分析硝基苯和苯胺浓度。废水水质：COD_{Cr}=1631 mg/L，pH 为 8.5，苯胺浓度为 3.9 mg/L。

　　如图 12.10 所示，铝盐和三价铁盐处理硝基苯废水后溶液苯胺浓度与进水的苯胺浓度几乎无差别，而投加亚铁或者 FHC 时苯胺浓度明显大幅增加，FHC 产生的苯胺浓度大于直接投加亚铁，原因可能是 FHC 溶液的 pH 高于直接投加亚铁的溶液，也可能是废水中存在的阴离子阻碍亚铁的还原性能。加入硝基苯后废水的 COD_{Cr} 为 1838 mg/L，四种药剂处理后 COD_{Cr} 为 950 mg/L 左右，根据未加入硝基苯前的混凝剂处理印染废水后的 COD_{Cr} 大约为 800 mg/L，显示加入的硝基苯只有少量被混凝去除，图 12.11 也证实了这一点。

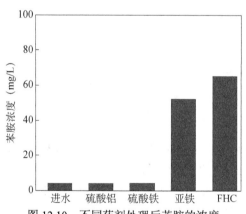

图 12.10　不同药剂处理后苯胺的浓度

　　如图 12.11 所示，四种药剂对 COD_{Cr} 的去除率差别不大，而对硝基苯的去除率差别明显，铝盐和三价铁盐对硝基苯的去除效果很差，只有不到 10%；亚铁和 FHC 的硝基苯去除率大于 60%。亚铁和 FHC 处理硝基苯发生还原反应生成苯胺，而铝盐和三价铁盐只存在混凝效果并且对硝基苯的混凝效果很差。图 12.12 显示废水经过混凝处理后 B/C 都有一定提高，投加亚铁和 FHC 提高幅度大一些，但是 B/C 较为粗略，不能准确表示废水可生化性能的变化。

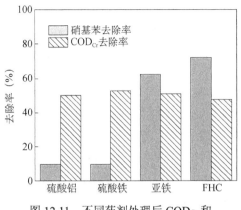

图 12.11　不同药剂处理后 COD_{Cr} 和
硝基苯去除率

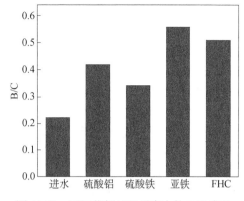

图 12.12　不同药剂处理后废水的 B/C 变化

12.2　FHC 还原与生物耦合处理印染废水

前面的研究发现 FHC 具有较高的还原活性，FHC 能够还原偶氮染料、硝基苯、溴代苯胺，表明使用亚铁预处理印染废水时存在还原作用。还原转化有机污染物只能改变其可生物降解性能，将难生物氧化的有机物转化为可生物氧化的有机物，而不能彻底矿化有机物使其无害化，因此 FHC 只能作为一种预处理技术。好氧生物处理技术是废水处理领域最为常用的技术之一，能够以低廉的成本矿化有机物，但是对于可生化性较低的有机物处理效果较差。可生化性差的废水经过 FHC 还原处理后更容易被好氧生物处理，能够优化废水出水水质，亚铁还原和生物氧化实现耦合提高废水处理效果。

12.2.1　研究方案

为了研究 FHC 与生物氧化耦合处理印染废水的效果，实验采用传统两级处理工艺：物化预处理+好氧生物处理，该工艺简单、操作方便、易于控制。设计了三套平行试验装置，对比了硫酸铁混凝预处理、结合态亚铁预处理、强化亚铁预处理三种预处理工艺分别与好氧生物耦合工艺处理实际印染废水的连续流试验效果。采用硫酸铁混凝处理+生物氧化作为对照组，由于硫酸铁只有混凝作用，同时含有铁元素，通过与亚铁对比可以排除混凝作用和铁促进微生物的作用对耦合工艺的影响。FHC 处理后的上清液易于被氧化，加入少量黄铁矿和 H_2O_2 能够强化处理效果，为此开发了改进型亚铁与生物氧化耦合工艺：FHC 还原+催化氧化+生物氧化工艺，研究改进工艺的处理效果，以期得到最佳工况。

为了研究亚铁与生物耦合效果，实验选择传统两级处理工艺，包括物化预处理和生化处理，物化预处理为间歇性处理，每天处理一次，上清液储存在水桶中，生化处理为连续进水连续出水。实验用水取自浙江某污水处理厂。小试装置图如图 12.13 所示。

小试工艺流程如下：

物化预处理：取三份各 25 L 的印染废水分别加入到三个预处理反应器，其中一个反应器加入一定量浓度为 1 mol/L 的硫酸铁、另外两个反应器都加入等量的 26% 的 $FeSO_4 \cdot 7H_2O$，三个反应器同时快速搅拌 1 min，慢速搅拌 30 min，沉淀 30 min，取上清液 20 L；硫酸铁混凝处理的上清液加入 I 号生化反应器，其中一份亚铁预处理的上清液加入 II 号生化反应器。取另外一份亚铁处理的上清液加入一定量的黄铁矿和一定的 H_2O_2，快速搅拌 60 min，沉淀 30 min，上清液加入 III 号生化反应器。

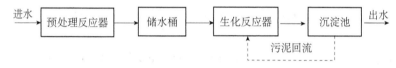

图 12.13　小试装置

药剂的投加量由实验测定，硫酸亚铁和硫酸铁的投加量以印染废水处理后上清液 COD_{Cr} 相近为原则，目的是使废水经过预处理后上清液的 COD_{Cr} 相近，保证后续生物处理的 COD_{Cr} 负荷相近。

生化处理：曝气池为完全混合式，连续进水连续出水，$Q = 0.5$ L/h，曝气池曝气时间为 24 h（HRT 也为 24 h），活性污泥取自该厂二期选菌池，曝气池污泥浓度 MLSS 大约为 2700 mg/L，SVI 为 80～100。二沉池为底部中心进水四周出水竖流式沉淀池，HRT 为 3 h，污泥回流比约为 100%。

12.2.2　印染废水处理性能

实验条件：通过实验确定硫酸铁的投加量为 180 mg/L（以铁含量计）与硫酸亚铁投加量为 90 mg/L（以铁含量计）时上清液 COD_{Cr} 十分接近；30% H_2O_2 投加量为

0.2 mL/L，黄铁矿投加量为 4 g/L；运行时间约 3 个月。

1. 进水水质

印染废水水质 COD_{Cr} 为 895～1832 mg/L，其平均值为 1249 mg/L，pH 范围为 6.8～9.0，SS 含量为 350 mg/L 左右，色度在 300 倍左右。从图 12.14 中可见，废水进水水质波动较大，进水出现中性偏酸性的概率约为 10%，进水 COD_{Cr} 波动幅度更大，进水水质的大幅波动对后续生物稳定运行产生不利影响。

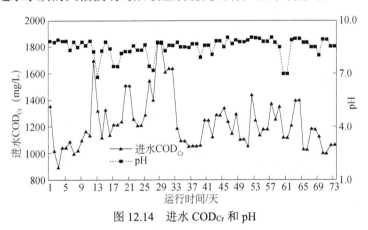

图 12.14　进水 COD_{Cr} 和 pH

2. 物化预处理

物化预处理效果如图 12.15 所示，硫酸铁混凝处理后上清液 COD_{Cr} 为 440～800 mg/L，其均值为 606 mg/L，COD_{Cr} 去除率范围为 38.8%～64.7%，其均值为 50.1%，处理后的上清液 pH 为 6.3～7.4，色度为 120 倍左右；硫酸亚铁预处理后上清液 COD_{Cr} 为 459～837 mg/L，其均值为 597 mg/L，COD_{Cr} 去除率范围为 37.4%～65.3%，其均值为 50.9%，处理后的上清液 pH 为 7.2～8.5，色度约为 100 倍；改进型亚铁预处理后上清液 COD_{Cr} 为 430～772 mg/L，其均值为 570 mg/L，COD_{Cr} 去除率范围为 41.2%～66.4%，其均值为 53.1%，处理后的上清液 pH 为 6.4～7.8，色度约为 80 倍。

3. 生化出水

生化出水如图 12.16 所示，硫酸铁预处理+生化处理出水 COD_{Cr} 均值为 154.8 mg/L，pH 为 7.2～7.9，色度约为 70 倍；硫酸亚铁预处理+生化处理出水 COD_{Cr} 均值为 133 mg/L，pH 为 7.8～8.2，色度约为 60 倍，出水达到纺织染整行业二级标准；改进亚铁型预处理+生化处理出水 COD_{Cr} 均值为 128 mg/L，pH 为 6.9～8.0，色度约为 50 倍。三组工艺的生化出水有一定差异，改进型亚铁预处理工艺出水略微优于亚铁预处理工艺，亚铁耦合生物氧化工艺优于硫酸铁+生物氧化工艺。

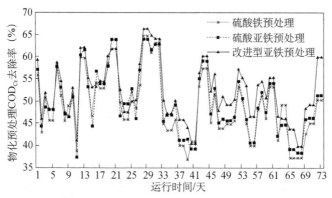

图 12.15　物化预处理 COD_{Cr} 去除率对比

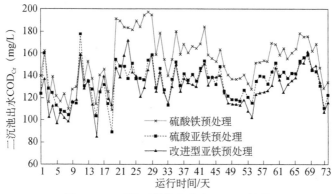

图 12.16　三组工艺生化出水 COD_{Cr} 比较

改进型亚铁预处理工艺的生化出水略微优于硫酸亚铁预处理组，两者未出现较大差异的原因是实验投加的黄铁矿和过氧化氢量较少，未能充分发挥其催化强化废水处理效果，由于运行时间较短，未能够改变改进型亚铁预处理+生物氧化工艺的工况点。

从图 2.17 中可见，生化段 COD_{Cr} 去除率，硫酸亚铁预处理和改进型亚铁预处理工艺的生化段 COD_{Cr} 去除率十分相近，均值分别为 77.6% 和 77.3%；硫酸铁预处理工艺的生化段 COD_{Cr} 去除率效果稍差，其均值为 74%。

亚铁的投加量(以铁计)仅为硫酸铁(以铁计)的一半，但是物化预处理的效果相近，这说明硫酸亚铁混凝效果较硫酸铁佳；硫酸铁和硫酸亚铁混凝后的上清液 COD_{Cr} 相差较小，而亚铁预处理工艺的生化出水 COD_{Cr} 比硫酸铁预处理工艺低 20 mg/L 左右，结合前面的研究推测硫酸亚铁混凝处理印染废水时存在还原作用，提高了印染废水的可生物降解性。

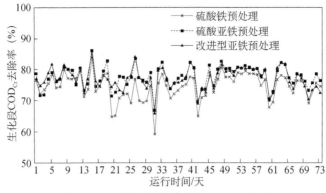

图 12.17　三组工艺生化段 COD_{Cr} 去除率

12.2.3　印染废水中加入硝基苯的连续流试验

　　根据前面的实验结果，硫酸亚铁耦合生化氧化工艺的出水比投加硫酸铁+生物氧化工艺低 20 mg/L 左右，但是还不能直接说明硫酸亚铁混凝处理印染废水的优势。为此考虑向印染废水中投加 120 mg/L 的硝基苯，由于硫酸铁对硝基苯的混凝去除率较低，硝基苯对微生物有较大的毒性，残余的硝基苯可能会对后续的好氧污泥产生不利影响，甚至可能使污泥失活，导致生化出水的 COD_{Cr} 和硝基苯浓度异常；而硫酸亚铁预处理和改进型亚铁预处理对硝基苯有较好的预处理效果，还原产生的苯胺生物毒性较小，残余的少量硝基苯对微生物影响较小，生化出水正常。

　　实验条件：废水 pH 为 10.5，硫酸铁和硫酸亚铁投加量为 420 mg/L（以铁含量计），$30\%H_2O_2$ 投加量为 0.2 mL/L，黄铁矿投加量为 4 g/L。运行时间为 30 天。

　　如图 12.18 所示，三种不同的物化预处理方法的硝基苯去除率存在较大差异。其中硫酸铁预处理硝基苯去除率最低，大约为 10%左右，这是因为硫酸铁处理废水时只存在混凝吸附作用，而硫酸铁对溶解于水的硝基苯去除率不高；而硫酸亚铁预处理的硝基苯去除率远大于硫酸铁预处理，这是因为溶解态亚铁与废水中的 OH^- 结合形成具有较强还原能力的结合态亚铁，结合态亚铁不仅具有混凝作用还具有较好的还原作用，将硝基苯还原为苯胺，苯胺可生化性比硝基苯高；改进型亚铁预处理可以进一步降解硝基苯和硫酸亚铁预处理产生的苯胺，由于加入微量的过氧化氢，硝基苯去除率只提高了 10%左右。硫酸铁预处理和硫酸亚铁预处理后上清液的 COD_{Cr} 相差不大。

　　图 12.19 显示了三种不同预处理的上清液经过微生物好氧处理后的硝基苯剩余浓度，可以看出硫酸亚铁预处理工艺和改进型亚铁预处理工艺的污泥经过五天左右驯化期就可以将硝基苯浓度降低到排放标准 2 mg/L 以下，第七天开始出水基本上未检测到硝基苯。硫酸铁预处理工艺的污泥则需要经过 20 天驯化才能将生化

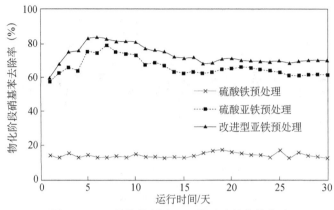

图 12.18 三种物化预处理工艺对硝基苯的去除

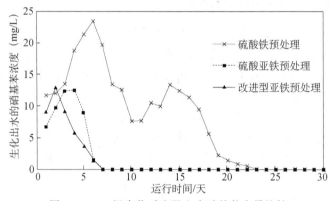

图 12.19 三组生化反应器出水硝基苯含量比较

出水的硝基苯浓度降到排放标准以下。实验结果显示硫酸铁预处理+生物处理的出水 COD_{Cr} 平均值为 183 mg/L,硫酸亚铁预处理耦合生物处理工艺的出水 COD_{Cr} 平均值为 156 mg/L,改进型亚铁预处理耦合生物处理工艺的出水 COD_{Cr} 平均值为 131 mg/L;生化出水的差异与前面的分析结果一致,硫酸亚铁的还原作用可以提高废水可生化性,降低出水 COD_{Cr},改进型亚铁预处理能够更进一步提高废水可生化性,生化出水更低。图 12.19 中硫酸铁预处理出现波谷是因为在第 11 天时将废水硝基苯浓度从 100 mg/L 增加到 120 mg/L。

12.2.4 印染废水中加入酸性大红 GR 的连续流试验

前面小节考察了三种工艺处理含硝基苯的印染废水的效果,结果显示 100 mg/L 的硝基苯能够被好氧活性污泥降解,导致生化出水的硝基苯无法被检测到。为了更准确说明硫酸亚铁预处理耦合好氧生物的优势,选择好氧污泥几乎不能降解但 FHC 能够还原的偶氮染料添加到印染废水中,考察三种处理工艺处理效果的差异。物化预处理阶段未被降解的偶氮染料,将可能无损耗地经过生化反应器随出水排出，生化出水的差异能够直接反应预处理阶段的处理效果。为增大物化预处理阶段的差异，实验控制亚铁投加量只将一部分偶氮染料还原，剩余的偶氮染料由催化氧化进一步降解。为了增强改进型亚铁预处理的效果，实验加大黄铁矿和过氧化氢的加入量。选择的试验条件为：投加的酸性大红 GR 染料浓度为 330 mg/L，硫酸亚铁投加量为 90 mg/L，硫酸铁为 180 mg/L，黄铁矿为 8 g/L，过氧化氢为 0.4 mL/L，运行时间为 25 天。

1. 物化单元对染料去除效果

物化阶段 COD_{Cr} 去除情况：硫酸铁预处理 COD_{Cr} 平均去除率为 40.1%，硫酸亚铁预处理 COD_{Cr} 平均去除率为 42%，改进型亚铁预处理 COD_{Cr} 平均去除率为 57%；硫酸铁和硫酸亚铁预处理的 COD_{Cr} 去除率几乎相同，而改进型亚铁工艺的物化预处理 COD_{Cr} 去除率比硫酸亚铁提高 15%。

由于印染废水中含有大量 SS（350 mg/L 左右），部分染料被吸附，SS 贡献 15% 左右的染料去除率，剩余的染料浓度约为 290 mg/L 左右。图 12.20 显示硫酸铁预处理对酸性大红 GR 的去除率仅为 10% 左右，而投加 90 mg/L 的硫酸亚铁还原处理后染料平均去除率为 70%，改进型亚铁预处理的染料平均去除率为 90.5%。前面的研究显示硫酸亚铁对酸性大红 GR 主要是还原脱色，硫酸铁去除酸性大红 GR 主要是混凝吸附作用。

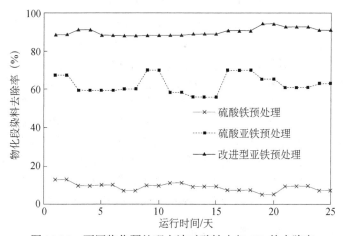

图 12.20　不同物化预处理方法对酸性大红 GR 的去除率

2. 生化单元对染料去除效果

图 12.21 显示加入染料的最初 6 天内硫酸铁预处理组的生化出水 COD_{Cr} 异常高，可能是污泥处于驯化期，不适应进水中高浓度的染料，而硫酸亚铁预处理

工艺和改进型亚铁预处理工艺出水几乎对后续生物处理不存在影响。硫酸铁预处理工艺的生化出水 COD_{Cr} 约为 275 mg/L（不包含驯化期）；硫酸亚铁预处理工艺的生化出水平均值为 222 mg/L，由于物化阶段设计去除率为 50%左右，因此生化段还有部分染料残余，对出水 COD_{Cr} 有部分贡献；改进型亚铁预处理工艺的生化出水 COD_{Cr} 平均值约为 171 mg/L。每 100 mg/L 染料的 COD_{Cr} 约为 40 mg/L，其值小于理论计算是因为所用染料为工业级，纯度不高。结合三个反应器生化出水的染料浓度，可以发现三个反应器生化出水 COD_{Cr} 的差异部分是由未降解的染料贡献的。

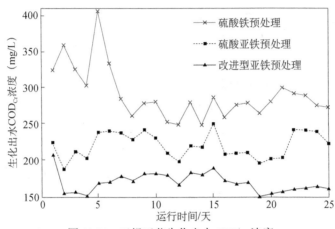

图 12.21　三组工艺生化出水 COD_{Cr} 浓度

　　如图 12.22 所示，三个反应器生化出水的染料浓度存在很大差异。在刚开始前三天由于存在污泥的吸附，染料被稀释等作用导致出水染料浓度有一个上升的过程。对比物化预处理后染料的浓度可以发现，硫酸铁预处理工艺和硫酸亚铁预处理工艺的生化出水染料较物化出水染料浓度低 40%，该部分减少的染料可能是被生物降解，可能被污泥吸附，也可能部分在储水桶内分解，因为储水桶放置一天可能厌氧。文献报道，无论是否外加碳源，好氧生物都很难降解偶氮染料，当存在外加碳源时，偶氮染料较容易被厌氧微生物降解；印染废水含有的大量有机物是较好的碳源，因此当生化反应器的曝气效果不佳，反应器可能出现兼氧，偶氮染料容易被污泥降解。实验初期可能存在兼氧，但是从第五天开始调节曝气量，保证三个反应器的 DO 大于 3 mg/L，因此后期反应器兼氧的可能性不大。

　　3. 污泥对酸性大红 GR 的吸附试验

　　实验方法：取原始污泥混合液（MLSS 大约为 3 g/L，取自污水处理厂选菌池）、硫酸铁预处理组的污泥混合液、改进型亚铁预处理组的污泥混合液各 1 L，静止沉淀到污泥体积大概 100 mL 时去上清液，加入 1 L 浓度为 300 mg/L 的酸性大红 GR 配水，曝气 1 h，沉淀取上清液分析染料浓度，去上清液再次加入染料配水，重复一次。

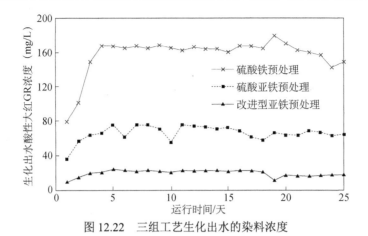

图 12.22 三组工艺生化出水的染料浓度

从表 12.5 可知，初始污泥对酸性大红 GR 第 1 次有一定的吸附效果，能够去除 12.7%的酸性大红 GR，这其中包含部分酸性大红稀释的作用，如果考虑去除稀释的作用，初始污泥对酸性大红的吸附作用很小，第 2 次吸附试验证明了这点；硫酸铁预处理组反应器污泥对酸性大红几乎无吸附作用；改进型亚铁预处理组对酸性大红具有一定吸附作用。可能因为污泥吸附作用不是硫酸铁混凝工艺去除酸性大红的主要原因，此外污泥的吸附能力是有限的，随着时间推移吸附效果会越来越差。

表 12.5 不同反应器的污泥吸附效果

	初始污泥		硫酸铁预处理工艺污泥		改进型亚铁预处理工艺污泥	
吸附次数	1	2	1	2	1	2
去除率(%)	12.7	2.0	1.2	1.2	30.0	9.6

12.3 FHC 处理多种重金属废水

重金属废水包括矿冶、机械制造、化工、电镀、制革等行业排出的废水，这些废水中通常含有大量的重金属离子如 Cr、Cu、Ni、As、Cd 等，这些金属离子的存在使得这些废水具有毒性大、迁移转化能力强、生物积累性强的特点，使得其成为对生态系统和人类健康毒害性最大的废水之一。废水中的重金属离子一般不能被分解而且具有较强的生物和微生物毒性，因而不能通过生物处理系统将其去除，只能通过氧化还原、沉淀等物理化学方法将重金属离子从水体中转移到沉淀中加以稳定，从而降低毒性。

在实际废水中，往往存在其他的污染物，当废水中存在 Cu、Cr、Ni 等重金属时，单一的处理技术由于具有专一性难以达到废水排放标准，需要多种处理技术的联合。开发出一种对多种重金属和类金属同时去除的除砷技术在实际应用中具有重要的经济意义。通过前面的研究发现，FHC 对水体中的 Cr、Cu、Ni 重金属离子均具有良好的去除效果，而且这些重金属的存在将会有利于砷的去除。因此本节研究 FHC 处理实际废水来检验 FHC 对多种重金属及砷的同步去除性能。

12.3.1　印刷线路板废水

1. 废水水质特点

印刷线路板生产工艺复杂，用水量很大，而且不同的工艺阶段所用的化工原料也不同，造成了废水中污染物种类较为复杂，处理难度极大。线路板(PCB)废水根据其中污染物种类一般可以分为 3 类，即重金属废水、有机废水和无机废水，重金属废水又可以分为络合重金属废水如化学铜清洗废水、碱性蚀铜清洗废水等和非络合废水如一般清洗废水、酸性蚀铜清洗废水、含镍锡废水等。络合重金属废水与其他络合金属废水一样，较难去除，需要经过破络才能去除，例如硫化物沉淀法等；非络合废水一般呈现强酸性，通过化学沉淀法可以去除。

但是由于多数 PCB 废水同时含有上述两种污染物，使得其中的重金属一部分以络合态存在，一部分以游离态存在，而且由于水质条件较差，因此传统的化学沉淀法或硫化物沉淀法不仅运行成本高，而且可能造成二次污染。由于 FHC 本身含有 OH^-，可以缓冲水中的 H^+，从而混凝去除水中的大部分游离态金属。此外，FHC 的还原性也可以对高价金属离子进行还原，并且对络合重金属具有良好的去除作用。此外，FHC 还可以通过自身吸附和晶格替换等作用去除水中的多种重金属离子。

2. 废水处理效果

(1) 案例一：线路板废水中 Cu、Ni 的去除

废水取自江苏某线路板制造厂，经测定，其中含铜为 5.91 mg/L，镍为 114.62 mg/L，pH 为 1.4。经过调 pH 为 9.0 后，出水中 Cu 含量为 0.62 mg/L、Ni 含量仍高达 61.72 mg/L。用 FHC(1∶1) 和 FHC(1∶2) 处理，投加量均为 10 mmol/L，处理结果如图 12.23 所示。由图中可以发现，废水中的铜均可以完全被去除，而 Ni 则较难去除，由于 Ni^{2+} 的氧化还原电位更低，因而难以通过还原法去除，投加 FHC(1∶1) 不能将其完全去除。但是投加 FHC(1∶2) 则可以完全去除，主要是通过 FHC 的高效还原和混凝吸附作用实现的。

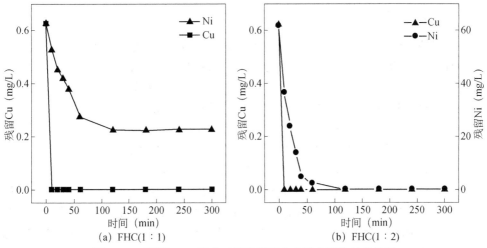

(a) FHC(1∶1)　　　　　　(b) FHC(1∶2)

图 12.23　不同 FHC 组成对线路板废水中重金属的处理效果

(2)案例二：实际线路板废水的处理

该废水取自江苏某线路板制造厂，经测定，其中含铜 5.91 mg/L，镍 114.62 mg/L，pH 为 1.4。经过调 pH 为 9.0 后，出水中 Cu 含量为 0.62 mg/L、Ni 含量仍高达 61.72 mg/L，用 FHC(1∶1)和 FHC(1∶2)处理，投加量均为 10 mmol/L，处理结果如图 12.24 所示。由图中可以发现，废水中的铜均可以完全去除，而 Ni 则较难去除，由于 Ni²⁺的氧化还原电位更低，因而难以通过还原法去除，投加 FHC(1∶1)不能将其完全去除。但是投加 FHC(1∶2)则可以完全去除，主要是通过 FHC 的高效还原和混凝吸附作用实现的。

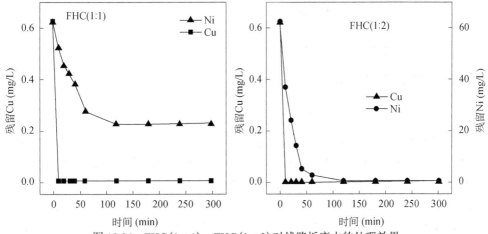

图 12.24　FHC(1∶1)、FHC(1∶2)对线路板废水的处理效果

12.3.2　电镀废水

选择两种电镀废水 A 和 B 进行研究，废水初始 pH 均为 1.6，废水中重金属以 Ni、Zn 为主，按照《铜、镍、钴工业污染物排放标准》（GB25467—2010），Ni、Zn 的出水浓度要求分别为 0.5 mg/L、1.5 mg/L。电镀废水处理步骤为：向废水中投加 NaOH 溶液调节 pH 为 7.5，投加 FHC，反应 30 min 后，静置沉降，取上清液测定溶液中重金属离子的浓度。

从表 12.6 得知，调节 pH 能够有效降低溶液中 Ni 和 Zn 的浓度。电镀废水 A 含有高浓度 Ni，调节 pH 后，Ni 去除率仅为 24.6%，说明废水中可能存在络合态 Ni，难以通过普通的中和沉淀法去除。投加 0.3 g/L 的 FHC 后出水中 Ni 和 Zn 的去除率分别达到 42.6% 和 80.3%。电镀废水 B 含有高浓度 Zn，后续投加 0.3 g/L 的 FHC 后，Ni 和 Zn 的去除率分别达到 74.3% 和 80.3%。因此，当水体中存在络合态重金属时，需要注意提高 FHC 投加量或采取预处理措施进行破络，从而保证重金属的去除效果。

表 12.6　FHC 处理电镀废水 A

废水	水样	实验条件	Ni (mg/L)	Zn (mg/L)
废水 A	原水		338	41.7
	1	调节 pH	255	7.27
	2	FHC 投加量为 0.1 g/L，调节 pH	229	12.1
	6	FHC 投加量为 0.3 g/L，调节 pH	194	8.2
废水 B	原水		32.7	336
	1	调节 pH	19.9	91.4
	2	FHC 投加量为 0.1 g/L，调节 pH	10.3	81.9
	6	FHC 投加量为 0.3 g/L，调节 pH	8.4	66.3

12.3.3　稀贵车间金属废水

1. 水质状况

随着生产工艺的复杂化，企业废水产生量逐渐增大，其中污染物的含量逐渐升高，这对工业水处理系统的负荷产生很大的影响。该稀贵金属废水是某冶炼厂车间所产生的冶炼废水，每天的废水产生量为 600 m³/d，主要含重金属如 Ni、As、Cu、Zn 等。由于生产废水量较大，废水的主要来源可以由以下四个部分组成，#1 废水为提纯酸性废水，废水主要含 Au、Ag、Pd、Pt、Ni、Cu、Zn、Fe 等金属，废水呈现强酸性；#2 废水为回转窑、硒精炼、合金吹炼等过程中产生的废水，废水中主要含 Se 等金属元素，废水呈强酸性；#3 废水为提纯碱性废水，废水中主要含 Au、Ag、Pd、Pt、Ni、Cu、Zn、Fe 等金属，废水呈碱性；#4 废水为添加制备的 Cu 粉原液处理，废水呈强酸性，其中 Cu、Zn 的含量相对较高。

结合某冶炼厂的实际情况，本次现场小试和扩试实验研究过程所用废水主要分为以下三种：#1、#2、#3、#4 池混合废水，其中各废水的体积比为 1∶1∶1∶1，于不同时间取了两批混合水样分别命名为 A_1 原水、A_2 原水；另外，将#1、#2、#3 池的废水进行按体积比为 1∶1∶1 混合，于不同时间取了两批混合水样分别命名为 B_1 原水、B_2 原水；车间进行初步处理后的废水水样命名为 C 水样。首先分别对初始水样中的重金属和砷含量进行水质分析，其水质中的各金属含量及排放标准如表 12.7 所示。

表 12.7　废水进出水水质(mg/L)

项目	A_1 原水	A_2 原水	B_1 原水	B_2 原水	C 水样	出水指标
Au	0	0	0	0	0	≤0.5
Pd	0.8	0.8	0	0	0	≤0.5
As	28	16	0.81	0.81	19	≤0.5
Pt	0.2	0.5	0.2	0.2	0.2	≤0.5
Ag	0	0.2	0	0	0	≤1
Ni	320	250	42	42	0.5	≤0.5
Cu	3830	3050	4.5	4.5	5.9	≤0.5
Zn	6720	13170	160	160	11	≤1.5
pH	0.8	0.8	6.0	6.0	9.6	7.0∼10.5

该车间废水水质呈强酸性或碱性，对于重金属的处理较为不利；原水中重金属含量较高，若采用一般的沉淀法所产生的费用较高，产生的渣量较大，对实际生产造成一定的影响。FHC 的制备简单，处理工艺较简便，成本较低，并且不同铁羟基比的实验室研究过程中，FHC(1∶2)对金属的处理效果较好，因此在实际应用过程中用 FHC(1∶2)对该实际废水进行小试和扩试研究，来探讨该废水处理的最佳条件。

2. 工艺流程

废水水样 A 原水与 B 原水处理工艺流程如图 12.25 所示，本实验主要分两个阶段：预处理阶段和反应处理阶段。其中预处理阶段为加碱性药剂初步调节缓冲反应体系的过程，主要是通过向废水中投加碱性药剂使重金属在强酸性废水中的存在形态发生转化，缓冲废水体系，改变重金属结构分布，初步去除大部分的重金属离子，为反应处理阶段提供较为理想的反应条件。在反应处理阶段，向预处理过后的废水中投加一定量的 FHC(1∶2)，让其与废水中的金属离子发生还原、吸附、共沉淀和离子置换等作用，实现多种重金属离子的同步去除，从而达到去除废水中金属污染物，使废水达标排放的目标。而 C 水样的初始 pH 为 9.6，水样中的金属离子含量较低，所以不需要经过预处理阶段，可以直接用 FHC(1∶2)药剂进行反应处理，因此实验处理流程直接从反应处理阶段开始即可。

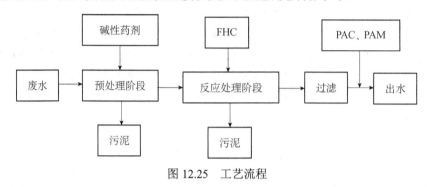

图 12.25　工艺流程

3. 小试研究分析

预处理阶段分别取两份 A_1、B_1 原水各 9L，先测定其初始 pH 并观察溶液颜色，再将其置于强力搅拌器下，边搅拌边加一定量的碱性药剂调节溶液的 pH，再沉淀过滤取上清液进行反应阶段的实验研究。由于 A 原水的初始 pH 为 0.8，不利于后续 FHC 的反应。FHC 在强酸性条件下结构不稳定，层状结构较易被破坏。因此原水经预处理阶段反应后的 pH 分别为 6.0 和 8.0，实验过程中所消耗的碱性药剂体积以及溶液颜色变化结果如表 12.8 所示。相对来说 B 原水的预处理阶段消耗的碱量较小，而 A 原水消耗的碱量较大，可能是因为 A 原水中的#4 废水引起的，从初始 pH 来看，加入#4 废水后溶液呈强酸性，而未加#4 废水的 B 原水的 pH 却为 6.0 左右，因此#4 废水是含大量的 Cu、Zn 的强酸性溶液，金属离子在强酸性条件下不易沉淀去除，使 A 原水的重金属含量很高，而 B 原水预处理所消耗的碱性药剂体积相对较小。

表 12.8　预处理实验统计表

	初始 pH	反应后 pH	碱性药剂	颜色变化
A_1 原水	0.8	6.0	126 mL	蓝黑色→蓝色
	0.8	8.0	293 mL	蓝黑色→淡蓝色
B_1 原水	6.0	6.0	0 mL	灰黑色
	6.0	8.0	15 mL	灰黑色→淡黄色

从表 12.9 可看出，废水经过预处理后上清液中的重金属浓度仍较高，A 原水预处理后的上清液中总重金属浓度超过 800 mg/L，而 B 原水预处理后的上清液中总重金属离子含量不足 500 mg/L，在前面的实验研究中发现 FHC(1∶2)对 Ni(Ⅱ)的最佳去除量超过 500 mgNi/gFe，因此本次小试研究中 A 原水的反应阶段选择

FHC(1∶2)的投加量为 2 g/L、2.5 g/L、3 g/L，而 B 原水的反应阶段选择 FHC(1∶2)的投加量分别为 1 g/L、1.5 g/L、2 g/L 进行分析，反应处理阶段主要通过不同的 Fe(Ⅱ)投加量来研究探讨 FHC(1∶2)对重金属离子的同步去除效果。

往上述预处理的 A 原水上清液中分别投加 FHC(1∶2)的量为 2 g/L、2.5 g/L、3 g/L[以 Fe(Ⅱ)的含量计算]，B 原水上清液中分别投加 FHC(1∶2)的量为 1 g/L、1.5 g/L、2 g/L，在磁力搅拌器上反应 30 min 后沉淀，固液分离，取上清液过滤消解，进行 ICP 测定，分析滤液中离子的含量，同时测定滤液 pH，预处理 pH 调为 6.0 与 8.0 的研究测定结果分别如表 12.9 所示。

表 12.9　FHC 投加量对废水的去除效果研究(mg/L)

标准测定元素		≤0.5	≤0.5	≤0.5	≤0.5		≤0.5	≤1.5	≤0.5	
		Pd	Pt	Ni	Cu	Fe	Pb	Zn	As	pH
预处理阶段 pH 为 6.0	A₁ 预处理出水	0.4	0.2	54	572	65	5.7	489	22	6.0
	2 g/L	0.2	0	0.2	0	0.3	0.2	23	0.2	8.6
	2.5 g/L	0.2	0.2	0.2	0.3	0.4	0.2	2.8	0.2	8.8
	3 g/L	0.2	0.2	0.2	0.3	0.2	0.2	0.7	0.2	9.0
	B₁ 原水	0.2	0	42	4.5	0		160	0.8	6.0
	1 g/L	0	0	0	0	0.4	0.2	0.3	0.4	8.7
	1.5 g/L	0	0	0	0	0.3	0.2	0.2	0.2	8.8
	2 g/L	0	0	0	0.5	0.3	0.2	0.2	0.5	8.9
预处理阶段 pH 为 8.0	A₁ 预处理出水	0.8	0.2	32	459	32	5.7	336	19	8.0
	2 g/L	0	0	0	0	0	0	0.9	0.2	9.2
	2.5 g/L	0.2	0	0	0.2	0	0.2	0.2	0.2	9.3
	3 g/L	0	0	0	0	0	0	0.2	0.2	9.5
	B₁ 预处理出水	0.2	0	12	1.2	0	0.2	89	0.8	8.0
	1 g/L	0.2	0	0	0.2	0	0.2	0.2	0.2	9.3
	1.5 g/L	0.2	0	0	0.2	0	0.2	0.4	0.2	9.5
	2 g/L	0	0	0	0.2	0	0.2	0.2	0.3	9.6

由表 12.10 可以看出，FHC(1∶2)的处理效果比处理原水的研究效果差，FHC(1∶2)投加量为 0.3 g/L 时，溶液中的 Ni、Cu、Pb、Zn 等均能达到排放标准，而 As 未能达到排放标准。分析其原因主要有以下两点：该冶炼厂所采用的废水预处理方法是通过添加硫化物或石灰进行处理，大量的硫化物能影响 FHC 的结构组成，S 离子能与 Fe 离子形成 FeS 沉淀，减少 FHC 中有效铁，对 FHC(1∶2)与废水的后续反应有很大影响，而且硫化物形成的颗粒不易沉淀，以及产生的渣量大，引起对 As 的去除效果不明显。另外，C 水样的初始 pH 为 9.6，pH 太高不利于除砷反应的进行。由于 FHC 与 GR 有着相似的层状结构，反应时调节合适的 pH 也

是除砷的关键。

为了研究初始 pH 对去除 As 效果有较大的影响，我们将 C 水样的初始 pH 调至 8.0 左右，再加入 0.3 g/L 的 FHC(1：2)，反应 30 min 后测定溶液中的金属离子浓度，结果如表 12.10 所示，发现所有金属离子均能达到排放标准，说明较高 pH 不利于 As 的去除，较低 pH 不利于 FHC 的反应，因此废水处理过程中 pH 也是一个重要的因素，而预处理阶段也是处理废水的重要环节。总而言之，适当调节 FHC 的投加量以及预处理阶段调节 pH 药剂的投加种类以及数量对该车间的废水处理有着重要的影响。

表 12.10　车间预处理后废水与 FHC 的反应效果

标准	≤0.5	≤0.5	≤0.5	≤0.5		≤0.5	≤1.5	≤0.5	
测定元素	Pd	Pt	Ni	Cu	Fe	Pb	Zn	As	pH
C 水样	0.2	0.2	0.48	5.9	0	0.2	11	19	9.6
0.3 g/L	0	0	0	0.2	0.3	0.2	0.2	0.9	9.7
0.6 g/L	0	0	0	0	0.2	0.2	0.4	0.4	9.9
1 g/L	0	0	0	0	0	0.2	0.4	0.3	10.0
pH 调至 8.0 0.3 g/L	0	0	0	0.2	0.2	0.2	0.3	0.3	9.2

4. 中试研究分析

该冶炼厂的稀贵金属废水经过现场小试研究后发现 FHC(1：2) 对该废水的处理效果较好，通过适当的调节反应条件，出水能高效地达到工业废水的排放标准。但小试研究仅限于小烧杯实验，而现场应用可能需要大规模的反应以及处理，因此扩试的实验是 FHC(1：2) 的现场应用必不可少的环节，因此我们根据小试的优化条件来探讨研究该废水的扩试实验，我们选取 A 原水扩试的预处理 pH 为 8.0，B 原水扩试的预处理 pH 为 6.0。

分别取 20 L A_1、A_2 原水测量其初始 pH 为 0.8，溶液均呈强酸性，将其置于强力搅拌器下，边搅拌边加一定量的碱性药剂，并实时监测废水的 pH 变化及废水的颜色变化，原水反应后的 pH 为 8.0，记录消耗的碱性药剂体积和反应过程的颜色变化。将反应后 pH 为 8.0 的废水进行固液分离，分别收集滤液和滤渣，产生的滤液进行反应阶段的深度处理。其中 A_1 原水预处理产生的滤液、滤渣分别称为预 A_1 水、预 A_1 渣，A_2 原水预处理产生的滤液、滤渣分别称为预 A_2 水、预 A_2 渣。B_2 原水初始 pH 为 6.0，反应过程不需调节 pH，直接进行反应阶段的处理。

由表 12.11 可看出，预处理阶段 A 原水消耗的碱性药剂较多。这与 A 的水质呈强酸性有关，同时也可以说明#4 废水中 Cu、Zn 含量太高，预处理阶段调节 pH 过程中消耗碱性药剂量较大，使得预处理阶段产生的沉淀较多，因此得到的滤液相对较少。A 原水预处理过程中滤液与滤渣的含量分析如表 12.12 所示，由表中数据可以看出水样经预处理后并不能使各项指标均达到排放标准，其中 Ni、Cu、Zn、As 的含量仍旧高于排放标准，需要对预处理水样投加 FHC(1∶2)反应处理。A 原水的预处理渣中重金属含量较高，尤其是 Cu、Ni、Zn 等重金属可进行资源回收。

表 12.11　A 原水预处理条件分析（mg/L）

	初始 pH	反应后 pH	添加碱性药剂体积	颜色变化	滤液体积
A₁ 原水	0.8	8.0	1 079 mL	蓝黑色→蓝色	13 300 mL
A₂ 原水	0.8	8.0	1 125 mL	蓝黑色→略带蓝色	13 500 mL

表 12.12　水样预处理后滤液（mg/L）**和滤渣**（kg/t）**分析**

测定元素	Pd	Pt	Ni	Cu	Fe	Pb	Zn	As	pH
A₁ 原水	0.8	0.2	320	3 830	65	5.7	6 720	28	0.8
预 A₁ 水	0.2	0	142	356	0	0.2	460	20.8	8.0
预 A₁ 渣	0.019	0.019	6.9	125.6	1.9	5.7	223.8	0.4	
A₂ 原水	0.8	0.5	250	3 050	46	8.2	13 170	16	0.8
预 A₂ 水	0.2	0	82	239	0	0.2	560	11.7	8.0
预 A₂ 渣	0.23	0.2	8.9	130.7	3.5	4.3	194	1	

往上述预处理的 A 原水上清液中分别投加 FHC(1∶2)的量为 2 g/L、2.5 g/L、3 g/L［以 Fe(Ⅱ)的含量计算］，B 原水上清液中分别投加 FHC(1∶2)的量为 1 g/L、1.5 g/L、2 g/L，在磁力搅拌器上搅拌反应 30 min 后沉淀，固液分离，取上清液过滤消解后进行 ICP 测定，分析滤液中金属离子的含量，并同时测定滤液的 pH。收集反应过程中的滤渣，对渣量进行成分分析以及金属含量测定。反应后溶液中金属离子浓度的测定结果如表 12.13 所示。

由表 12.13 可以看出，A、B 原水经过 FHC(1∶2)反应处理后水样中的各项金属离子浓度均能达到排放标准，达标率为 100%。说明在该工艺条件下 FHC(1∶2)能够有效处理该废水。相对来说该冶炼厂的稀贵金属废水的#4 号废水比较难处理，含金属浓度较高，可以考虑资源回收利用。通过该小试和扩试实验研究表明 FHC(1∶2)在预处理 pH 为 8.0 的条件下对 Ni、Cu、Zn、As、Pb 等污染物有很好的处理效果，处理后出水中各污染物含量均达到《铜、镍、钴工业污染物排放标准》（GB25467—2010）。相对于预处理阶段来说，反应阶段的渣量较少，渣中含有的重金属较少，主要是元素 Fe 的含量较高。

表 12.13 FHC(1：2)处理废水扩试研究分析(mg/L、kg/t)

	排放标准		≤0.5	≤0.5	≤0.5	≤0.5		≤0.5	≤1.5	≤0.5	
	测定元素		Pd	Pt	Ni	Cu	Fe	Pb	Zn	As	pH
A₁	预 A₁ 水		0.2	0	142	356	0	0.2	460	20.8	8.0
	2 g/L	水	0	0	0	0	0	0	0	0.34	9.2
		渣	0.016	0.015	0.1	0.26	461.2	0.92	0.28	0.06	
	2.5 g/L		0.2	0.5	0	0	0	0	0	0.2	9.5
	3 g/L		0.2	0.3	0	0	0	0	0	0.2	9.6
A₂	预 A₂ 水		0.2	0	82	239	0	0.2	560	11.7	8.0
	2 g/L	水	0.2	0	0	0	0	0.2	0.2	0	9.3
		渣	0.015	0.016	0.33	0.27	503.8	6.1	0.52	0.08	
	2.5 g/L		0.4	0.5	0	0	0	0	0	0.2	9.5
	3 g/L		0.2	0.2	0	0	0	0	0	0.2	9.7
B₂	原水		0.2	0	42	4.5	0	0.2	160	0.8	6.0
	1 g/L	水	0	0.2	0	0.2	0	0.2	1.2	0.34	8.0
		渣	0	0.01	0.22	0.6	497	0.57	0.58	0.04	
	1.5 g/L		0	0.2	0	0	0.6	0.37	0.2	0.2	8.4
	2 g/L		0.2	0.06	0	0	0	0.71	0.43	0.2	8.6
达标率			100%	100%	100%	100%	100%	100%	100%	100%	

12.3.4 有色金属冶炼废水

1. 水质概况

该冶炼厂的废水主要来自某冶炼厂铜转炉产出的烟灰通过酸浸、萃取、浸铋、沉砷等工艺产生的废水。其中不但含有 Cu、Pb、Zn、Ni、Cd、Bi 等重金属，还含有砷等有毒有害元素。《中华人民共和国水污染防治法》明确要求，含砷重金属废水排放必须满足 GB25467—2010 的规定、水污染物最高允许排放浓度及部分行业最高允许排水量。因此，含砷重金属废水达标排放和最终实现"零排放"，是企业组织和实现清洁文明生产的前提和基础。目前，在生产过程中每天产生废水 150～200 t，废水中砷、铜、锌、镍和镉等含量较高。冶炼废水的原水(pH 为 9.0 左右)、CaO 出水(原水经过 CaO 预处理后的出水，pH 为 10.0 左右)的水质组成以及出水标准如表 12.14 所示。我们可以发现原水中的 Ni、As、Cu 含量极高，水样在处理过程中需要经过预处理再进行反应研究。

表 12.14　废水水质

重金属	原水 (mg/L)	CaO 出水 (mg/L)	出水指标 (mg/L)
As(砷)	200~1000	100~500	≤0.5
Ni(镍)	300~500	1.0~17	≤0.5
Cu(铜)	150~5000	0.5~50	≤0.5
Zn(锌)	100~500	0.5~20	≤1.5
Pb(铅)	20~100	0.2~15	≤0.5
Cd(镉)	10~50	0.5~10	≤0.1

目前该冶炼厂的废水处理工艺流程如图 12.26 所示，废水先经过预处理池，即添加生石灰去除大部分的重金属离子以及小部分的 As，再用压滤机将废水过滤，采用曝气法将难降解的物质氧化为易降解的污染物，用铁盐絮凝沉淀处理剩余的污染物，再经过压滤机出水。该工艺对于重金属的去除有较好的效果，大部分的重金属离子均能达到排放标准，但是对于高浓度 As 的处理效果较差，使得出水中 As 浓度较高，未能达到《铜、镍、钴工业污染物排放标准》（GB25467—2010)的直接排放标准。

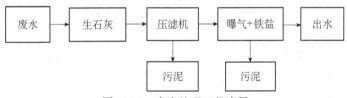

图 12.26　废水处理工艺流程

2. 小试研究分析

由于废水中含金属离子浓度较高，我们将废水的处理工艺流程调整为二级或三级处理，如图 12.27、图 12.28 所示，本实验根据处理对象的不同，废水处理流程有所差别。原水分三级处理：预处理阶段、一级反应处理阶段及二级反应处理阶段。预处理阶段为重金属脱除和混凝沉淀阶段，加入混凝剂 PAC、PAM 使溶液中的少部分金属离子能沉淀去除，也能减少悬浮物对后续实验的影响。两级反应处理阶段主要针对高浓度的原水进行深度处理，保证出水水质达标。实验过程中 CaO 出水中重金属浓度较低，含 As 大大减少，可以分两个阶段进行处理：预处理阶段和反应处理阶段，即可实现废水达标排放。

由于原水中 As 含量较高，因此对原水的一级反应出水进行二级处理，保证出水水质的稳定达标。因此，往原水的一级反应出水中分别加入 1.2 g/L、0.9 g/L、0.6 g/L、0.3 g/L 的 FHC（1∶2），充分搅拌反应 1 h 后沉淀，将溶液过滤，取上清液测定滤液中的 Ni、As、Cu、Cd、Pb、Zn 等重金属离子浓度。

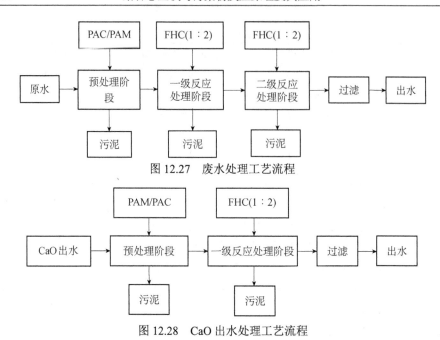

图 12.27　废水处理工艺流程

图 12.28　CaO 出水处理工艺流程

从表 12.15 可看出，水样经过预处理后，溶液中的金属离子浓度仍旧较大，远高于排放标准，其中总金属离子浓度超过 1 g/L，因此我们通过分步投加 FHC(1∶2) 来研究去除效果。原水经过一级反应后溶液中的重金属离子浓度有很大程度的降低，但还是未能达到排放标准，通过两级反应后，总 FHC(1∶2) 投加量为 1.9 g/L 即可达到排放标准，而一级反应添加 2 g/L 的 FHC(1∶2) 未能达到出水标准，说明分步反应有利废水中金属的去除，能减少药剂的投加量。相对原水中金属离子浓度而言，CaO 出水中重金属离子以及 As 含量较低，加入 1 g/L 的 FHC(1∶2) 基本能将溶液中的金属离子去除达标，但是 As 还未达到 0.5 mg/L 的排放标准，因此加入 1.5 g/L 的 FHC(1∶2) 能完全去除 CaO 出水中的金属污染物，使得废水达标排放。

表 12.15　原水及 CaO 出水中金属去除过程中重金属浓度变化(mg/L)

	FHC 投加量	As	Ni	Cu	Zn	Cd	Pb
原水	—	287	310	750	335	34.0	79
预处理	—	229	273	592	273	29.3	58.4
	0.5 g/L	148	187	308	147	10.1	21.7
一级反应	1.0 g/L	51.8	109	124	98.2	4.93	13.4
	1.5 g/L	18.4	34.8	27.5	47.3	1.86	7.82
	2.0 g/L	2.87	1.23	2.17	1.98	0.92	2.87

续表

	FHC 投加量	As	Ni	Cu	Zn	Cd	Pb
	(0.5+1.2) g/L	1.98	12.3	3.17	7.87	1.26	4.27
二级反应	(1.0+0.9) g/L	0.48	0.47	0.27	0.84	0.09	0.39
	(1.5+0.6) g/L	0.49	0.39	0.50	0.89	0.08	0.41
	(2.0+0.3) g/L	0.32	0.38	0.49	0.97	0.05	0.39
CaO 出水	—	120	14.6	4.22	2.95	3.83	13.8
预处理	—	91.3	10.4	2.74	1.98	3.21	10.9
	0.5 g/L	29.3	0.34	0.29	0.45	0.14	0.63
一级反应	1.0 g/L	1.23	0.15	0.12	0.21	0.02	0.23
	1.5 g/L	0.48	0.10	0.09	0.16	0.02	0.11
	2.0 g/L	0.27	0.02	0.02	0.02	0.02	0.02

注：表中 (A+B) g/L 表示一级反应投加 FHC(1：2) 为 A g/L，二级反应处理投加的 FHC(1：2) 量为 B g/L。

原水中金属离子浓度相对较高，成分较为复杂，通过一级处理后的出水很难达标，这与溶液中污染物的高浓度有关，我们通过分步去除来实现最佳投加量以及最佳效果。而表 12.15 中对原水的去除效果中，在一级与二级反应阶段分别投加了 1 g/L、0.9 g/L 的 FHC 进行反应，能达到较好处理效果，使废水处理后的出水达到《铜、镍、钴工业污染物排放标准》(GB25467—2010) 的直接排放标准。原水处理过程中加大 FHC(1：2) 的投加量也能使废水达标排放，但消耗的成本会较高，不利于生产运行，选择合适的投加量对工艺运行有很重要的作用。对于该车间的 CaO 出水经过预处理后仅需投加 1.5 g/L 的 FHC(1：2)，出水即可达到排放标准。

根据上述实验分析发现 FHC 在中性或弱碱性条件下对重金属废水的处理效果较好，能较好地运用于实际废水处理中。另外，实际水质变动可以根据实际情况进行调节 FHC 的投加量，通过该小试研究确定最佳研究条件，为后续的中试实验以及车间废水处理的试运行提供参考依据。

3. 中试研究工艺

本次中试实验废水处理工艺采用加碱预处理+两级反应处理，具体工艺流程如图 12.29 所示。本工艺主要处理单元为：预处理池、调节池、一级反应池、二级反应池与沉淀池。整个中试装置的体积为 2 m³，沉淀池占总面积的一半，其他四个小池可以自由分配作为调节池、反应池、混凝池等。其中预处理阶段主要在装置外的两个圆桶中进行，每个桶的容积为 250L，将大约 200L 原水用泵抽至预处理池中，由于该废水中含重金属较高，添加片碱对废水中重金属离子的去除效果较好，能去除水体中大部分的金属离子以及部分的 As，As 的去除主要通过片碱沉淀重金属过程中的絮凝沉淀作用，将 As 吸附于表面沉淀去除。这样能降低后续 FHC

的投加量，减少运行成本。因此向预处理池中投加片碱，边投加边搅拌，当 pH 调至 10.0 后，停止投加，此时溶液中重金属离子的浓度大大降低，As 的浓度仍旧较高。静置 1 h 后，沉渣沉至池底，上清液通过泵抽送至后续中试装置。两个预处理池交替运行，保证水量的连续稳定运行。

调节池即为装置中进水口的第一个小池子，由于预处理池出水 pH 为 10.0，不利于后续除砷。预处理出水进入调节池后，向池中投加稀硫酸对其进行 pH 调节，搅拌充分，将调节池出水 pH 控制为 8.0 左右。然后通过池内水的自然流动进入一级反应池，通过泵连续向反应池中分步投加 FHC(1∶2)，根据预处理水质中的金属离子浓度来设定 FHC 的投加量，经过一、二级反应后，废水中的砷等污染元素与 FHC 得到充分反应，二级反应池出水自流至导流区，废水通过导流区流入沉淀池，在沉淀池中设有斜管，可对废水进行有效的固液分离，定时取出水测定金属离子的浓度变化，并同时测定出水的 pH。固液分离后上清液溢流至出水管，污泥通过排泥管定时排放。

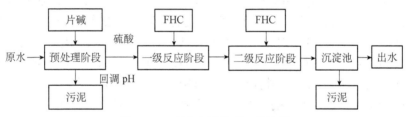

图 12.29　废水中试处理工艺流程

4. 中试效果分析

中试装置进水泵的最大流量为 320 L/h，实验中将流量调至 250 L/h 进行实验，每天连续反应 8 h，共计 2 m³/d 的处理量。调节 pH 用的稀硫酸与 FHC(1∶2)均通过蠕动泵抽送进行连续投加。预处理阶段的取样频率为 2 个/天，即原水和调 pH 至 10.0 后的水样每天各取 2 个。反应后的出水取样频率为 1 个/h，采用 ICP 测定每天连续 8 个出水样中的重金属离子如 Ni、Cu、Cd、Pb、Zn、As 等。表 12.16 表示预处理后溶液中金属离子的剩余浓度。由表 12.16 可以看出，原水经调 pH 至 10.0 后，水中重金属离子除了 Ni、Cu 离子外均达到水质排放标准，Ni、Cu 离子能降至 1.0 mg/L 以内，而 As 的剩余浓度为 100~150 mg/L，远高于相关排放标准(0.5 mg/L)，需进行反应阶段的处理。

表 12.16　原水预处理后实验数据结果表 (mg/L)

排放标准		≤0.5	≤0.5	≤0.5	≤1.5	≤0.5	≤0.5
测定元素	Bi	Ni	Cu	Pb	Zn	As	Cd
原水 1	0.69	97	278	25	105	267	56

续表

排放标准		≤0.5	≤0.5	≤0.5	≤1.5	≤0.5	≤0.5
测定元素	Bi	Ni	Cu	Pb	Zn	As	Cd
预处理	未检出	0.96	0.55	0.29	0.2	105	未检出
原水 2	1.06	78	382	21	102	296	49
预处理	0.02	0.94	0.93	未检出	0.17	123	未检出
原水 3	0.91	92	328	27	116	270	47
预处理	未检出	0.71	0.68	未检出	0.87	118	0.27
原水 4	0.78	89	305	29	108	326	38
预处理	未检出	0.51	0.61	未检出	0.17	138	未检出

该废水的小试研究发现高浓度的 As 需要两级反应、分步投加 FHC(1∶2)才能取得较好的效果，且 FHC(1∶2)对 As 的去除量为 150 mg/g 以内。因此针对预处理后溶液中 As 的剩余浓度而言，我们选择 FHC(1∶2)的总投加量为 1 g/L，采用分步投加的方法进行操作。一级反应 FHC(1∶2)的投加量为 0.6 g/L，二级反应投加量为 0.4 g/L，在机械搅拌作用下，废水中的砷等污染元素与 FHC 充分接触，两个反应阶段的反应时间均为 1 h，结果如表 12.17 所示。表中列出连续四天的中试实验结果，其中每天上午 10∶00、中午 12∶00 与下午 14∶00 取样测定的三组数据列于该表中，分别编号为 a、b、c。根据表中数据分析得知原水经过调节 pH 以及二级反应处理后 As 能降到 0.5 mg/L 以内，其他重金属离子也能达到 GB25467—2010 中直接排放标准。说明分步投加 FHC(1∶2)对反应去除效果较为有利，出水水质能稳定达标 4 天以上，因此 FHC(1∶2)对该废水的中试运行处理效果较好。

表 12.17　原水经中试装置二级反应后出水数据统计表(mg/L)

排放标准			≤0.5	≤0.5	≤0.5	≤1.5	≤0.5	≤0.5
测定元素		Bi	Ni	Cu	Pb	Zn	As	Cd
原水 1		0.69	97	278	25	105	267	56
二级反应出水	a	未检出	0.21	0.17	未检出	0.2	0.2	未检出
	b	未检出	0.16	0.14	未检出	未检出	0.32	未检出
	c	未检出	未检出	0.23	未检出	未检出	0.3	未检出
原水 2		1.06	78	382	21	102	296	49
二级反应出水	a	未检出	0.12	0.24	未检出	未检出	0.2	未检出
	b	未检出	未检出	0.35	未检出	未检出	0.4	未检出
	c	未检出	0.18	0.32	未检出	未检出	0.15	未检出

排放标准		≤0.5	≤0.5	≤0.5	≤1.5	≤0.5	≤0.5
测定元素		Bi	Ni	Cu	Pb	Zn	As	Cd
原水3		0.91	92	328	27	116	270	47
二级反应出水	a	未检出	0.13	0.27	未检出	0.15	0.35	未检出
	b	未检出	0.16	0.24	未检出	未检出	0.26	未检出
	c	未检出	0.23	0.26	未检出	未检出	0.27	未检出
原水4		0.78	89	305	29	108	326	38
二级反应出水	a	未检出	0.32	0.21	未检出	0.12	0.42	未检出
	b	未检出	0.27	0.23	未检出	0.14	0.38	未检出
	c	未检出	0.25	0.18	未检出	未检出	0.33	未检出

12.4 FHC 处理含砷废水

冶金、电镀、化学品制造等行业每年排放大量含砷工业废水，随着国家水质标准日益提高，对于含砷工业废水处理的要求更加严格，对高性能除砷材料的开发和除砷技术需求也更加迫切。本节介绍了 FHC 在处理实际含砷废水的应用情况，材料表现出较高除砷容量，可以实现实际废水中的 As 和多种重金属离子的同步去除，出水满足排放标准。

12.4.1 铜冶炼含砷废水处理

1. 水质概况

铜冶炼废水中主要含有 Cu、Ni、Pb、As 等污染物，由于这些重金属均具有较弱的氧化性能，需要通过吸附还原以及混凝沉淀将其去除。铜冶炼工业的最终目的在于提炼矿石中的金属，并消除所需金属中的其他杂质成分。由于当前冶炼技术有限，矿石中的金属不能完全被提炼，才造成了冶炼工业的重金属污染。该铜冶炼厂的废水水质波动较大，金属污染物浓度较高，经过污水反应处理工艺流程后出水水质较难达到工业废水的排放标准，影响周围的环境。因此针对铜冶炼厂的实际运行情况，使用 FHC 对废水进行处理研究，综合利用工艺设备等使废水达到排放标准。

目前该铜冶炼废水处理工艺流程如图 12.30 所示。冶炼厂所产生的废水处理采用添加生石灰或硫化钠进行反应处理，再通过压滤机将废水过滤，排放出水。目前，废水经过该工艺流程处理后重金属如 Ni、Cu 等基本能达到工业废水的排放标准，但是 As 未能达到《铜、镍、钴工业污染物排放标准》（GB25467—

2010)的直接排放标准。铜冶炼厂的废水进出水水质如表 12.18 所示，其中尾水中的 Ni、Cu、Pb 离子浓度(未列出数据)均能达到排放标准，因此在后面的尾水实验中不做检测分析。原水的小试实验中对 As、Ni、Cu、Pb、Co、Zn、Cd、Cr 的浓度变化进行检测，其中 Co、Zn、Cd、Cr 的浓度始终为未检出，因而实验中对 Ni、Cu、Pb、As 进行重点研究分析。

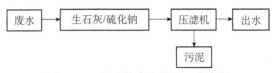

图 12.30　铜冶炼废水处理工艺流程

表 12.18　铜冶炼废水进出水水质(mg/L)

项目	原水	尾水	出水指标
As(砷)	100～300	70～220	≤0.5
Ni(镍)	200～400	—	≤0.5
Cu(铜)	300～600	—	≤0.5
Pb(铅)	2～10	—	≤0.5

通过前面研究分析，FHC(1∶2)不仅对 Ni、Cu、Zn、Pb 等重金属有较好去除效果，对 As 也有很好的同步去除效果。因此根据该铜冶炼厂的水质特点，我们对冶炼厂的废水以及反应处理后出水进行小试研究分析，探讨 FHC 应用于该废水处理的最优条件，为后面的中试运行处理以及现场试验提供有利的参考依据。针对 As 的处理分析研究，我们对出水进行了中试研究分析，在不改变铜冶炼厂的原有工艺条件下，进行后续处理(图 12.31)。

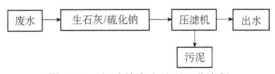

图 12.31　铜冶炼废水处理工艺流程

2. FHC 对原水的小试研究

废水处理工艺流程如图 12.32 所示。主要分两级反应处理：预处理阶段、一级反应处理阶段及二级反应处理阶段。预处理阶段为混凝沉淀阶段，混凝沉淀主要以投加适量的 PAC、PAM 为主，反应后过滤取上清液进行一级反应处理，加入适量的 FHC(1∶2)后沉淀，取上清液进行二级反应处理，再进行过滤后取一定的出水量进行测定。水中重金属以及 As 含量采用 ICP 法测定。

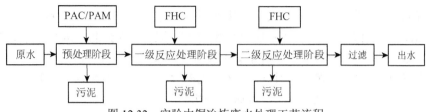

图 12.32　实验中铜冶炼废水处理工艺流程

(1) FHC 的最佳投加量

本次小试实验取 10 L 原水，测量其初始 pH 为 6.0～6.2，将其置于强力搅拌器下，边搅拌边加一定量的 PAC 和 PAM 溶液，并实时监测废水的颜色等变化，反应 10 min，沉淀 30 min 后取上清液，分别编号为预处理 A、预处理 B。分别往一定量的预处理上清液中投加 1 g/L、1.5 g/L 的 FHC(1∶2)，置于磁力搅拌器上充分搅拌反应 1 h，过滤取上清液进行 As 含量的测定。再将一级处理的上清液进行二级反应处理，各一级反应处理液中分别投加 1 g/L、0.5 g/L 的 FHC(1∶2)，磁力搅拌反应 1 h，过滤取上清液，并测量过滤液中的 As、Ni、Cu、Pb。

实验中为了确定反应效果的稳定性，我们进行同步实验对比分析，用两批次的原水同步进行处理对照，经过该处理过程的水样中 As 的测定结果如表 12.19 所示，根据表中数据分析得知原水经过预处理及一级反应处理后 As 降到 10～20 mg/L，未达到 0.5 mg/L 的排放标准，这与原水中砷浓度较高、成分复杂和高盐分有关。通过向一级反应上清液中投加 FHC(1∶2)进行二级反应后，As 浓度均降到 0.5 mg/L 以下。由反应过程的 FHC(1∶2)投加量来看，原水添加 1 g/L+0.5 g/L FHC(1∶2)处理后的出水能达到排放标准，相对其他的反应来说投加量相对较少，对 As 污染物有较好去除效果，为了节约资源达到排放标准，分析得出的最佳投加量为 1.5 g/L 左右。

表 12.19　原水两级反应处理中 As 浓度变化(mg/L)

批次	原水	预处理	一级反应		二级反应	
			FHC (g/L)	As	FHC (g/L)	As
1	125	96.1	1.0	14.9	1.0	0.208
					0.5	0.498
			1.5	10.6	1.0	0.158
					0.5	0.238
2	132	97.5	1.0	18.2	1.0	0.238
					0.5	0.450
			1.5	13.7	1.0	0.118
					0.5	0.278

为了进一步证明 FHC(1:2)对原水中其他金属也有一定的处理效果，我们对两批 FHC(1:2)投加量分别为 1.5 g/L 与 2 g/L 的出水进行 Ni、Cu、Pb 等重金属浓度分析。由表 12.20 中数据可以看出，原水中 Cu、Ni 含量相对较高，经过 FHC(1:2)的吸附还原、混凝沉淀反应后，水样中的 Ni、Cu、Pb 均达到排放标准(<0.5 mg/L)，说明反应过程投加 1.5 g/L 的 FHC(1:2)能有效去除该废水中的金属离子，达到 100%的达标率。实际运行过程中由于水质波动较大，反应过程可根据原水中各重金属及 As 的含量来适当的调节药剂的添加量，使出水达标排放。

表 12.20　处理后出水的重金属浓度表(mg/L)

批次	排放标准	≤0.5	≤0.5	≤0.5
	测定元素	Ni	Cu	Pb
1	原水	300	370	2.4
	FHC(1.5 g/L)	0.24	0.35	0.31
	FHC(2.0 g/L)	0.35	0.30	0.40
2	原水	230	520	6
	FHC(1.5 g/L)	0.27	0.21	0.48
	FHC(2.0 g/L)	0.47	0.20	0.50

(2)溶解氧对废水处理的影响

往上述的原水预处理上清液中分别投加 FHC(1:2)1 g/L、0.2 g/L 进行两级反应，分为曝气与不曝气反应，曝气反应过程为使用小曝气泵往溶液中充入适量空气，考虑到金属离子如 Ni 在曝气条件下较容易被释放，因此我们控制反应时间为 30 min。反应结束后取上清液对 As、Ni、Cu、Pb 的浓度进行分析。

原水经过该处理过程的水样中金属离子的浓度测定结果如表 12.21 所示，由表中可以看出曝气对反应的处理有显著的效果，相比于不曝气的结果而言，适量的曝气对废水中 As 的去除有明显的促进作用，由于反应时间控制在 30 min，对重金属的去除也较为有利，但是对比分析 Ni 在曝气条件下的去除效果相对较差，这与前面研究的 FHC(1:2)去除 Ni(Ⅱ)的研究结果一致，Ni 在无氧条件下能达到较好去除效果。而不曝气的条件下溶液中投加 FHC(1:2)1.2 g/L 未能达到排放标准，As 的浓度还剩下 0.792 mg/L，其他的金属离子浓度均低于 0.5 mg/L，说明曝气对 As 的去除较为有利。因此可以得出适当的少量曝气对该冶炼厂的铜盐废水处理有很好的促进效果，而较短的反应时间也能为反应构筑物节省一定的占地面积，为后续实验以及运行提供了有利的条件，也为实际运行过程中减少 FHC 的投加量以及反应时间提供了理论依据。

表 12.21　原水两级反应处理中金属离子浓度的变化(mg/L)

	预处理		一级反应		二级反应			
	As	FHC(g/L)	As	FHC(g/L)	As	Ni	Cu	Pb
曝气	96.1	1.0	10.9	0.2	0.108	0.45	0.25	0.22
不曝气			14.6		0.792	0.22	0.42	0.32

综合以上的数据可以得出，该废水的反应通过优化条件如投加量、溶解氧等，效果有明显的提高，能够降低 FHC 的投加量，降低实验以及后续运行的成本。反应处理过程需经过初步预处理、一级反应处理和二级深度处理阶段，FHC(1∶2)的分步投加有利于去除废水中的 Ni、As、Cu 等金属离子污染物。通过条件分析得出，该废水需要加入的 FHC 总量为 1.2～1.5 g/L，可以根据原水中金属离子浓度的实际情况进行添加，反应处理过程进行适当曝气有利于废水中 As 的去除。该冶炼废水中镍、砷等重金属含量较高、水质成分复杂、有机物含量高达 1000 mg/L，但经该工艺流程处理后，有机物含量大大降低，出水中金属离子浓度也能达到《铜、镍、钴工业污染物排放标准》(GB25467—2010)中直接排放标准。

3. FHC 处理废水的中试研究

(1)中试工艺概况

根据该冶炼厂小试中 FHC(1∶2)对废水处理有较好的效果，因此对该废水的处理进行中试运行研究，使 FHC(1∶2)进一步贴近实际废水的处理应用，中试过程中通过调整废水流量、FHC 投加流量以及 pH 等条件使得装置连续运行，来研究 FHC 对该废水的处理效果，计算中试产生的渣量，降低无害化处理，实现高效率、低成本的处理该冶炼厂废水。中试运行废水来自该冶炼厂的尾水，是由废水经过硫化钠或生石灰初步处理后排放的出水，出水中其他重金属含量较少，但是 As 含量高于排放标准，需要进一步处理才能排放。

本次中试实验尾水处理工艺采用曝气搅拌反应阶段+混凝沉淀处理，从技术角度而言可确保达到《铜、镍、钴工业污染物排放标准》(GB25467—2010)中直接排放标准。具体工艺流程如图 12.33 所示。通过小试研究发现适量曝气对该废水中 As 的去除较为有效，因此中试运行中采用曝气搅拌对废水进行处理，为了能够确保废水处理达标，在反应阶段后添加混凝搅拌阶段。

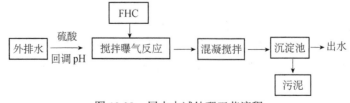

图 12.33　尾水中试处理工艺流程

(2) FHC 对尾水的中试效果分析

中试实验用水为尾水，即原水经过添加生石灰或硫化钠处理之后的出水。尾水含盐量较高，重金属基本达到排放标准，但砷含量还较高，未达到排放标准。每天的实验用水为 4～5 桶，每桶水体积为 200 L 左右，共连续运行 27 天，用水量共计 24 m³ 左右，每天连续运行 6～8 h，中试实验平均流量 120 L/h。根据每天中试装置的进水量以及 FHC 的投加量来计算排出的渣量体积。本次中试实验中渣的排放周期为 7 天，通过渣的体积来计算中试运行中污泥的含量。

本次中试包括预处理调节阶段、曝气搅拌反应阶段以及混凝沉淀阶段。用硫酸将调节池中的废水 pH 回调至 8.0 左右，由于尾水中的 As 浓度一直维持在 100 mg/L 左右，因此向曝气搅拌反应池中持续投加 1.0～2 g/L 的 FHC(1∶2)，反应 2 h 后，废水进入混凝搅拌池进行混凝沉淀。沉淀池出水清澈，斜板沉淀池具有较好的沉淀效果。

每天取原水进行砷的测定，来了解尾水中砷浓度的变化情况。中试试验中出水取样频率为 4～6 个/天，根据实际稳定运行情况调整取样次数，平均每天取出水水样 5 个，对其中的砷含量进行测定。对比混凝池与沉淀池的出水，发现添加混凝剂以及斜板对污泥沉淀起到了很大的作用，能形成明显的絮状沉淀，沉淀池出水清澈透明。

经过硫化钠或生石灰处理后的尾水中 As 去除效果分别如表 12.22 与表 12.23 所示。由表 12.23 中的数据分析得知，硫化钠处理后的尾水经过一段时间的调试后能够处理达标，调试阶段由于 FHC 的投加量不够、曝气量不当等原因使得处理结果不稳定，但是调试几天后，选取适当的曝气量以及投加 FHC(1∶2)1.2 g/L 能将溶液中 100 mg/L 左右的 As 稳定去除，其去除率高达 99% 以上，通过混凝沉淀阶段，硫化物沉淀得到较好的处理，出水比较清澈，出水水质稳定达标，符合《铜、镍、钴工业污染物排放标准》(GB25467—2010)中直接排放标准。

表 12.22　FHC 对尾水(硫化钠处理)中 As 的处理效果分析(mg/L)

时间＼日期	3-27	3-29	4-1	4-2	4-3	4-4
9: 00	3.23	2.15	0.81	0.49	未检出	0.22
11: 00	2.95	1.48	0.78	0.30	0.03	0.25
13: 00	2.23	1.82	0.63	0.18	0.04	0.19
15: 00	1.96	0.73	0.54	0.22	0.02	0.28
17: 00	1.89	0.67	0.46	0.10	未检出	0.30

通过对添加硫化钠处理后尾水的调试运行阶段的实验，适当控制曝气量以及 FHC 投加量(1 g/L)来处理添加石灰后的尾水，其除砷中试试验处理结果如表 12.23 所示，表中未检出表示低于仪器检测限(<0.002 mg/L)。尾水经过 pH 预处理及

FHC(1∶2)处理反应后的 As 能降到 0.5 mg/L 以内，沉淀效果较好，去除效果明显比经过硫化钠处理后的尾水好，出水水质能达到《铜、镍、钴工业污染物排放标准》(GB25467—2010)中直接排放标准。

表 12.23　FHC 对尾水(石灰处理)中 As 的处理效果分析(mg/L)

时间 \ 日期	4-5	4-6	4-7	4-8
9:00	0.148	0.031	未检出	0.139
11:00	0.242	0.004	未检出	0.170
13:00	0.154	未检出	0.002	0.078
15:00	0.170	0.016	0.040	0.222
17:00	0.078	0.010	未检出	0.072

经统计，本次中试除了调试阶段外，正常运行出水达标为 20 天，共产生废水渣 180 kg，含水率为 67%，这是按实验过程中排放的渣体积进行计算的，可能会存在一点误差，含水率以及水中的高盐分等影响渣量的计算。

12.4.2　多种含砷废水处理

1. 水质状况

随着生产工艺的日益复杂，企业废水中污染物的含量逐渐升高，污染物的种类也逐渐增多，对工业水处理系统的负荷产生很大的影响。本节研究的三种废水水质情况如表 12.24 所示，其中 R1 来自某铜冶炼厂的尾水，主要含有砷；R2 是某冶炼厂的废水经 CaO 预处理后的出水，水中 Cu、As、Ni 的含量仍很高。R3 是来自某金属污水厂，主要是 Cu 和 Ni 的浓度较高。含砷重金属废水排放需满足《铜、镍、钴工业污染物排放标准》(GB25467—2010)的直接排放标准。

表 12.24　废水水质状况以及出水水质

水质	R1	R2	R3	出水指标
Cu(mg/L)	—	50.11	3.3	≤0.5
As(mg/L)	100	0.6	16.85	≤0.5
Ni(mg/L)	0.75	4.45	3.58	≤0.5
pH	6.9	7.7	9.2	7.0~10.5

2. 小试研究分析

(1)实验方法

FHC 处理实际废水的工艺流程如图 12.34 所示。原水分三级处理：预处理阶段、一级反应阶段、二级反应阶段。预处理是在加入药剂反应前，先加入少量的 PAC 或 PAM 进行固液分离，减少悬浮物对后续实验的影响，上清液用于小试研究。后续进行的两级反应处理主要是针对浓度较高的原水 R1，其中在反应过程中根据需要选择曝气条件，保证出水水质达标。R2 和 R3 中金属浓度较低，经过一级反应即可达标。

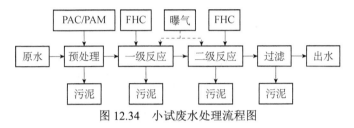

图 12.34　小试废水处理流程图

（2）结果分析

R1 废水总砷浓度较高，达到 100 mg/L。经过一级反应后砷浓度有了很大程度的降低，但是仍不能满足排放标准，因此需要进行二级反应处理，图 12.35 是原水 R1 的二级处理结果，从图中可以看出，和无氧环境相比，有氧环境中 FHC 除砷效率和速率比较高。有氧条件下，在总 FHC 投加量为 0.6 g/L 时砷不仅达到排放标准还可将它完全去除，实现零排放。相比之下，无氧条件下总 FHC 投加量为 0.6 g/L 仅实现了达标排放，FHC 投加量为 0.8 g/L 时也难以实现零排放。这一结果与前面的研究结论一致，表明 FHC 能较好地应用于实际废水中。

溶液中游离态的铜较易去除，通过加碱沉淀即可以完全去除。图 12.36 表示 FHC 投加量和反应环境对 Cu 去除以及 pH 变化的影响，结果发现，5 min 内铜即

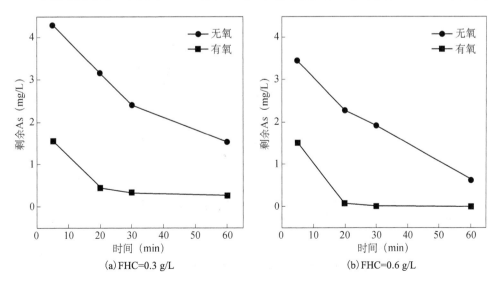

(a) FHC=0.3 g/L　　　　　　(b) FHC=0.6 g/L

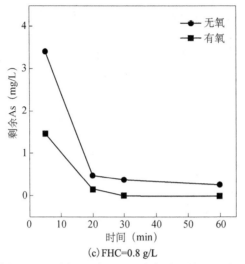

(c) FHC=0.8 g/L

图 12.35　原水 R1 在不同反应条件下的处理结果

实验条件：pH 为 7.0；一级处理投加量为 0.5 g/L，处理后剩余 As 浓度约为 10 mg/L

被完全去除，然而在曝气环境中，20 min 后部分铜开始释放，这可能是由 pH 的大幅下降使 Cu(OH)$_2$ 溶解导致的，但是反应 60 min 后仅有约 5 mg/L 的 Cu 释放出来，这是因为大部分的铜与 FHC 发生氧化还原反应生成了 Cu$_2$O 或 Cu 单质，反应为式(12.1)～式(12.3)。

$$2Fe(II)_{(s)}+Cu(II)_{(aq)} \longrightarrow 2Fe(III)_{(s)}+Cu(0)_{(s)} \tag{12.1}$$

$$Fe(II)_{(s)}+Cu(II)_{(aq)} \longrightarrow Fe(III)_{(s)}+Cu(I)_{(s)} \tag{12.2}$$

$$Cu(II)_{(aq)}+2OH^-_{(aq)} \longrightarrow Cu(OH)_{2(s)} \tag{12.3}$$

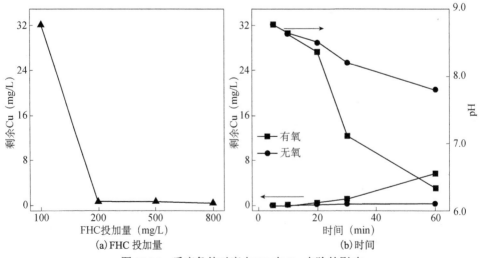

(a) FHC 投加量　　　　　　　(b) 时间

图 12.36　反应条件对废水 R2 中 Cu 去除的影响

由于氧化剂存在时有利于 FHC 去除 As，且氧气的存在可能会造成 Cu 的释放，所以针对实际废水 R3 选用无氧作为反应条件，结果如表 12.25 所示。

表 12.25　废水 R3 在不同反应条件下剩余 As 和 Cu 的浓度（mg/L）

反应	FHC 投加量（g/L）	As	Cu
一级反应	0.1	5.81	0
	0.3	1.17	0
	0.5	0	0
二级反应	0.1+0.1	2.92	—
	0.3+0.1	0.21	—

由前面的研究可知，pH 是影响 FHC 处理效果的一个重要因素。实际废水经过预处理后调节其 pH 进行反应，结果如图 12.37 所示。对于砷，pH 为 7.0 时除砷效果最好，可以实现零排放。结合前面的结论，该废水中的砷主要以 As(V) 为主。对于铜，pH 为 6.0 时很难生成 Cu(OH)$_2$ 沉淀，所以此时铜的去除主要是由 FHC 的吸附或者氧化还原转化去除的。

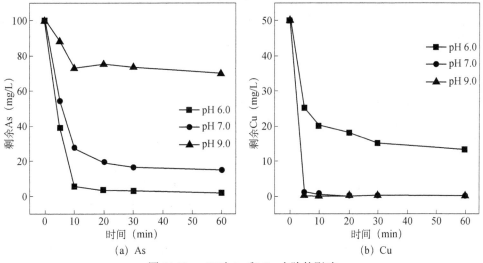

(a) As　　　　　　　　　　(b) Cu

图 12.37　pH 对 As 和 Cu 去除的影响
分别使用 R1 和 R2 废水研究其中砷（曝气）和铜（不曝气）的去除随 pH 的变化

12.4.3　黄金冶炼废水处理

某黄金冶炼废水 pH 为 1.9，该废水中重金属以 As、Cu、Zn 为主，按照《铜、镍、钴工业污染物排放标准》（GB25467—2010），As、Cu、Zn 的出水浓度要求分别为 0.5 mg/L、0.5 mg/L、1.5 mg/L。对该废水采取不同工艺流程进行重金属的去除。

1. 工艺流程一

向废水中投加 NaOH 溶液调节 pH 为 10.0，静置沉降取上清液。上清液中投加 FHC，投加量为 5 g/L，反应 1 h 后，静置沉降取上清液，测定溶液中重金属离子的浓度(表 12.26)。

表 12.26　FHC 处理黄金冶炼废水

处理步骤	As(mg/L)	Cu(mg/L)	Zn(mg/L)
原水	2105	264	999
调节 pH	309	161	130
投加 FHC	13.4	0	0

结果表明，经过 pH 调节后溶液中 As、Cu、Zn 浓度大幅度降低，去除率分别为 85.3%、39.0%、87.0%。进一步投加 5g/L FHC 后，As 去除率达到 99.4%，而 Cu 和 Zn 去除率都达到 100%，证明 FHC 对砷具有良好的去除效果，同时对 Cu、Zn 等重金属阳离子也具有很好的吸附能力。从处理结果发现，仅依靠调节 pH 也能获得较高的除砷效率可能是由于溶液中含有不同的金属阳离子，在 pH 较高时能够原位生成新生态氢氧化物沉淀，在去除重金属的同时，这些新生态氢氧化物能够与 As 发生吸附与共沉淀作用，促进 As 与重金属的协同去除。

2. 工艺流程二

将废水加入填充有铁刨花的广口瓶反应 6 h，之后投加 NaOH 溶液调节 pH 至 6.0，静置沉降取上清液。上清液中投加 FHC(1 g/L)，反应 1 h 后，静置沉降取上清液，测定溶液中重金属离子的浓度。使用铁刨花进行催化还原一方面可以提升废水的 pH，减少碱需求量。另一方面铁刨花在酸性废水中能够溶解出铁离子，同时消耗质子，随着 pH 升高，亚铁离子在有氧条件下能够发生氧化、水解反应从而产生新生态的活性铁氢氧化物。其强大的吸附与共沉淀能力对多种重金属离子都具有良好的去除效果。

由表 12.27 可知，催化铁对 As、Cu、Zn 均具有一定处理效果。经过催化铁的初级处理，溶液中 As、Cu、Zn 去除率分别达到 65.1%、91.1%、27.2%。催化铁对 Cu 的去除率较高，是由于 Fe 屑能够与溶液中的 Cu 离子反应，置换出 Cu 并将 Cu 固定下来。溶出的 Fe^{3+} 离子可以与砷酸根进行反应，生成砷酸铁沉淀。然而由于 Zn 属于阳离子，且不能与 Fe 屑反应，因而去除率较低。将 pH 调节至 6.0 后，Cu 和 Zn 的浓度进一步降低，然而该处理步骤对 As 浓度影响较小，As 浓度几乎不变。但投加 FHC 后，As 去除率能够达到 91.1%。这说明较低的 pH 对 As 的处理作用有限，与调节 pH 相比，加入 FHC 作为吸附剂能够有效降低溶液中的 As

浓度。

表 12.27 FHC 处理黄金冶炼废水

处理步骤	As (mg/L)	Cu (mg/L)	Zn (mg/L)
原水	2105	264	999
催化铁处理	734	23.6	727
调节 pH	739	0.400	457
投加 FHC	187	0.920	342

3. 工艺流程三

将废水加入填充有铁刨花的广口瓶反应 6 h，之后投加 NaOH 溶液调节 pH 至 8.0，静置沉降取上清液。上清液中投加 FHC (1 g/L)，反应 1 h 后，静置沉降取上清液，测定溶液中重金属离子的浓度。

由于在工艺流程二中设置的 pH 较低，出水无法达标。为了实现达标排放，提高废水的 pH 至 8.0，As 浓度大幅度降低，仅为 3.87 mg/L，而 Cu 与 Zn 基本得到去除 (表 12.28)。进一步投加 FHC 后，出水中 As、Cu、Zn 浓度均满足《铜、镍、钴工业污染物排放标准》的直接排放标准。

表 12.28 FHC 处理黄金冶炼废水

处理步骤	As (mg/L)	Cu (mg/L)	Zn (mg/L)
原水	2105	264	999
催化铁处理	535	20.7	746
调节 pH	3.87	0.16	2.18
投加 FHC	0	0.31	0.58

12.5 黄铁矿催化氧化处理工业废水

12.5.1 催化氧化预处理工业园区废水

1. 处理性能研究

废水水质：COD=1402 mg/L，pH 为 9.4，SS=450 mg/L。催化剂投加量为 10 g/L，H_2O_2 投加量为 1 ml/L。实验分为四组：

方式 a：进水 (考察单独的搅拌及静止对于废水的作用)。

方式 b：进水+H_2O_2 (考察单独的 H_2O_2 对于废水的作用)。

方式 c：进水+黄铁矿 (考察单独催化剂对于废水的作用)。

　　方式 d：进水+黄铁矿+H_2O_2（考察催化体系对于废水的作用）。

　　由图 12.38 及图 12.39 中可以看出，对于二期进水，单独投加 H_2O_2 基本无降解效果，且本身被无效消耗。单独投加黄铁矿对于进水具有一定降解效果。这是由于，黄铁矿本身能够产生酸化氧化[式(12.4)]，在催化剂表面可产生活性基团，对于污染物具有一定的降解作用。而对于投加黄铁矿及 H_2O_2 体系，由于 H_2O_2 能够促进黄铁矿发生酸性氧化[式(12.5)]，使得废水中产生更多的溶解性 Fe，促进了体系中 Fenton 催化氧化的进行，对于二期进水具有更好的催化氧化效果，COD能够降解 60 % 以上，且具有较好的脱色效果。

$$2FeS_2+7O_2+2H_2O \longrightarrow 2FeSO_4+2H_2SO_4 \tag{12.4}$$

$$2FeS_2+16H_2O_2 \longrightarrow 2FeSO_4+2H_2SO_4+O_2+14H_2O \tag{12.5}$$

　　黄铁矿在含有溶解氧的水溶液中发生氧化时能产生 H_2O_2 和 $\cdot$OH 等强氧化性中间产物。对于非均相反应，溶解态反应物首先要与固体表面形成表面络合物才能有利于电子转移，研究证明分子氧与黄铁矿的反应是首先在黄铁矿表面与裸露的铁原子形成表面络合物，然后完成电子转移，电子转移过程中有中间产物 H_2O_2 的形成：$FeS_2+8H_2O+7O_2 \longrightarrow Fe^{2+}+2SO_4^{2-}+7H_2O_2+2H^+$，而 H_2O_2 又非常容易与 Fe(Ⅱ) 发生 Fenton 反应：$H_2O_2+Fe(Ⅱ) \longrightarrow Fe(Ⅲ)+\cdot$OH+$OH^-$。形成的 Fe(Ⅲ) 又可以与黄铁矿进行反应：$FeS_2+8H_2O+14Fe^{3+} \longrightarrow 15Fe^{2+}+2SO_4^{2-}+16H^+$，从而又转化成 Fe(Ⅱ)，这就形成了一个重要的催化循环反应，通过反应体系中 Fe(Ⅱ) 与 Fe(Ⅲ) 的不断循环，实现氧化物种的形成。而且解决了传统 Fenton 反应无法克服的一个重要难题，传统 Fenton 反应是通过 Fe(Ⅱ) 催化 H_2O_2 产生 $\cdot$OH，发生如下反应：$H_2O_2+Fe(Ⅱ) \longrightarrow Fe(Ⅲ)+\cdot$OH+$OH^-$，$Fe^{3+}+H_2O_2 \longrightarrow Fe^{2+}+HO_2\cdot+H^+$，其中一个最关键的问题是 Fe(Ⅲ) 返回到 Fe(Ⅱ) 的反应速率非常缓慢，成为整个反应的速率限制步骤，导致催化剂无法循环使用，从而限制了 Fenton 技术的发展。

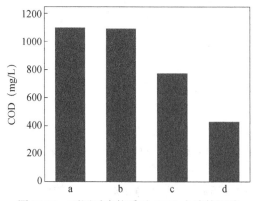

图 12.38　不同反应体系对 COD 去除的影响

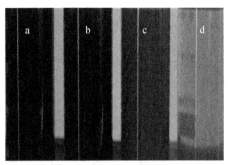

图 12.39　不同反应体系对色度的处理效果

2. H_2O_2 投加量的影响

考察不同的 H_2O_2 投加量对于化工园区废水的处理效果。实验条件：黄铁矿投加量为 10 g/L。废水水质：COD=1350 mg/L，pH 为 8.3，溶解性 Fe 为 4.38 mg/L。

由图 12.40 可见，单独投加 H_2O_2 时，COD 的去除率随着 H_2O_2 投加量的增加略微增加，但基本不变，且 COD 的去除主要因为搅拌静置沉淀作用。由于废水中的溶解性 Fe 离子浓度太低，且废水为碱性，在该反应体系中基本不会发生 Fenton 催化氧化反应。对于投加黄铁矿及 H_2O_2 的体系，COD 的去除率相对于只投加 H_2O_2 体系有明显增加，这其中有黄铁矿自身发生酸性氧化降解废水中 COD 的作用，即 H_2O_2 投加量为 0 时加入黄铁矿也能显著提高 COD 的去除效果；另外是由于在反应溶液中发生了 Fenton 催化氧化反应，随着 H_2O_2 投加量的增加，COD 的去除率增加，在 H_2O_2 投加量为 1.5 mL/L 时达到极值点，然后再增加 H_2O_2 投加量，COD 的去除率反而下降，这是因为过多的 H_2O_2 会与污染物竞争消耗·OH，从而抑制污染物的降解，使得反应体系的 COD 去除率下降。

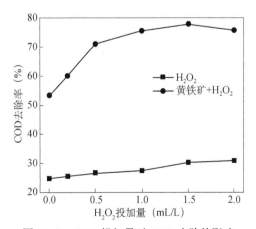

图 12.40　H_2O_2 投加量对 COD 去除的影响

由图 12.41 可知，单独投加 H_2O_2 体系，上清液中溶解性总 Fe 的浓度基本不变，对于投加黄铁矿及 H_2O_2 体系，上清液中的溶解性总 Fe 浓度随着 H_2O_2 投加量增加而显著降低。这可能主要是因为 H_2O_2 的加入促使体系中发生 Fenton 氧化反应，Fe(II) 迅速转化成为 Fe(III)，且由于反应在搅拌装置中进行，导致废水中溶解氧较高，使得溶液中溶解性的 Fe 转化为固态型的铁(氢)氧化物而发生沉淀，所以溶液中的总 Fe 浓度降低。同时，H_2O_2 能够促进黄铁矿发生酸性氧化，当 H_2O_2 投加量达到一定浓度后，溶液中的总 Fe 浓度将不再降低，甚至有所升高。

如图 12.42 所示，单独的投加 H_2O_2 体系对于出水溶液的 pH 基本无影响，对于投加黄铁矿和 H_2O_2 的体系，随着 H_2O_2 投加量的增加，出水溶液中的 pH 不断降低，这主要是因为 H_2O_2 能够促进黄铁矿发生酸性氧化。

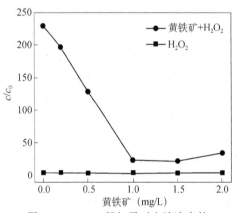

图 12.41　H_2O_2 投加量对上清液中的溶解性总 Fe 浓度的影响

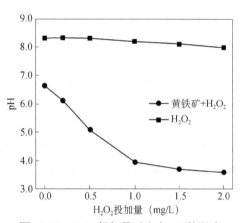

图 12.42　H_2O_2 投加量对出水 pH 的影响

3. 黄铁矿投加量的影响

考察催化剂投加量对于化工园区废水的处理效果。实验条件：H_2O_2 投加量为 1 mL/L，废水水质 COD=1396 mg/L，BOD=345 mg/L，B/C=0.25，pH 为 9.3，溶解性 Fe 为 7.12 mg/L。

由图 12.43 可见，单独使用黄铁矿时，不同的黄铁矿投加量对于 COD 的去除基本无影响，随着黄铁矿投加量的增加，溶液中溶出的铁随之增加(图 12.44)，其中亚铁会干扰 COD 的测定，亚铁的存在能增加废水的 COD 值，从而导致随着催化剂投加量的增加，COD 的去除率稍稍下降。在废水中单独投加黄铁矿，由于其能够发生酸性氧化，产生 Fe^{2+} 及 H^+，改变了废水中的电荷平衡，对于废水具有较好的混凝沉淀作用，搅拌静置后废水的 SS 大幅度降低，从 400 mg/L 下降至 150 mg/L 左右，从而使废水中的 COD 得到一定的去除；另外，黄铁矿酸性氧化本身也能够对废水中的 COD 去除有一定的贡献。

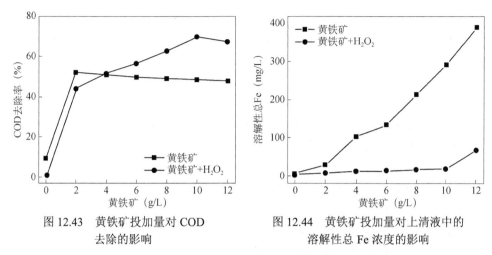

图 12.43　黄铁矿投加量对 COD 去除的影响　　图 12.44　黄铁矿投加量对上清液中的溶解性总 Fe 浓度的影响

对于投加黄铁矿及 H_2O_2 的体系，随着黄铁矿投加量的增加，COD 的去除效率明显增加，在黄铁矿的投加量为 10 g/L 时达到最大值，随后再增加黄铁矿投加量，去除率反而出现下降趋势。结合图 12.44，随着黄铁矿投加量的增加，反应溶液中的溶解性铁离子浓度不断增加，反应体系的酸性氧化现象不断增强。黄铁矿酸性氧化使得废水溶液中发生传统的均相 Fenton 反应，其反应效果在一定的溶解性铁离子浓度范围内，随着铁离子浓度的增加而增强。但是，过量的溶解性 Fe 离子浓度会抑制污染物的氧化，使得反应体系的去除效果下降。

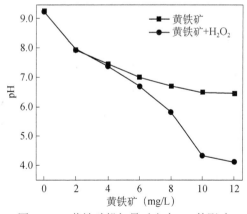

图 12.45　黄铁矿投加量对出水 pH 的影响

由图 12.45 可以看出，随着黄铁矿投加量的增加，无论是单独使用黄铁矿还是投加黄铁矿及 H_2O_2 体系，反应溶液的 pH 都随之下降，这是因为黄铁矿投加量增加使得反应溶液中黄铁矿的酸性氧化行为加剧，从而产生更多的 H^+。在相同的黄铁矿投加量条件下，投加黄铁矿及 H_2O_2 体系的 pH 更低，这主要是因为 H_2O_2 能够促进黄铁矿发生酸性氧化；而且两体系之间 pH 的差值随着黄铁矿的增加而逐步增加，这可能是因为在一定的 H_2O_2 浓度条件下，随着黄铁矿量的增加，H_2O_2 对于黄铁矿的酸性氧化促进作用也随之增强。

4. 悬浮物的影响

在处理实际工业废水过程中，由于废水中往往具有较高的悬浮物(SS)，其可能会吸附在催化剂表面从而影响催化剂的催化活性，最终导致催化剂对实际废水的处理效果不佳。实验考察了该实际工业废水中 SS 对于 H_2O_2 的无效消耗及催化氧化反应的影响。实验分为 4 组进行：

方式一：废水+H_2O_2。

方式二：过滤后废水+H_2O_2。

方式三：废水+H_2O_2+黄铁矿。

方式四：过滤后废水+H_2O_2+黄铁矿。

各取 100 mL 相应废水于烧杯中，相应 H_2O_2 用量为 1 mL/L，催化剂用量为 10 g/L。实验废水 COD=1230 mg/L，SS=430 mg/L，pH 为 8.8，滤液 COD=908 mg/L。

如图 12.46 所示，在不加黄铁矿的情况下，不过滤的废水消耗更多的 H_2O_2，且都是无效消耗，说明废水中的 SS 会促进 H_2O_2 的无效消耗，影响催化反应的 H_2O_2 利用效率。但在催化氧化反应体系中，废水体系的 H_2O_2 消耗速率反而比滤液体系慢，这可能是因为废水中的 SS 吸附在黄铁矿表面阻碍了 H_2O_2 与催化剂表面的接触。

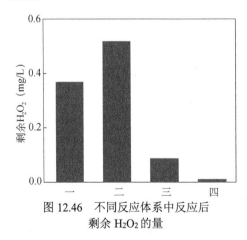

图 12.46　不同反应体系中反应后剩余 H_2O_2 的量

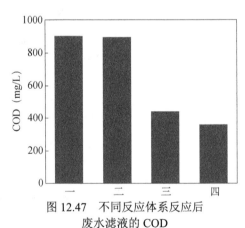

图 12.47　不同反应体系反应后废水滤液的 COD

由图 12.47 可知，该催化氧化体系对于过滤后的废水具有更好的处理效果，其经过氧化降解后滤液的 COD 低于进水氧化降解后滤液的 COD。实验结果表明，SS 的存在加快了 H_2O_2 的无效消耗，可能是 SS 中存在能够无效消耗 H_2O_2 的污染物质；此外，SS 在反应体系中能够附着在催化剂的表面，影响催化剂表面的活性催化位点与 H_2O_2 及溶解性的污染物质接触反应，导致体系中产生的·OH 减少，从而使得整个反应体系的催化氧化效率降低。

因此，在以进水为处理目标的前物化处理中，在实际应用过程中，由于催化剂是以沉淀形式回收，污水中的 SS 也沉淀下来，既而可能会吸附在催化剂表面，随着重复利用次数的增加，体系中吸附着在催化剂表面的 SS 也随着增加，可能会使反应体系中的 H_2O_2 无效消耗程度加重，反应体系的催化效率下降。

12.5.2　催化氧化深度处理工业园区废水

考虑将非均相催化氧化技术作为一种后续物化强化处理运用到污水处理上，废水经过前物化及生化处理后，SS 大幅度降低，废水的 COD 主要是溶解性的难降解性 COD。非均相催化氧化技术能够产生氧化能力极强的·OH 自由基等活性基团，从而氧化降解污水中残留的前物化及生化不能够去除的难降解污染物质，而且由于该非均相催化氧化技术中的催化剂易于沉淀，出水能够直接排放。另外初步实验结果表明，生化出水对于 H_2O_2 的无效消耗较少，H_2O_2 的使用量可以控制在较为经济的成本范围内。

废水水质：COD=154 mg/L，pH 为 7.8。催化剂投加量为 4 g/L，H_2O_2 投加量为 0.2 mL/L。实验分为四组：

方式 a：生化出水(考察单独的搅拌及静沉对于废水的作用)。

方式 b：生化出水+H_2O_2(考察单独的 H_2O_2 对于废水的作用)。

方式 c：生化出水+黄铁矿(考察单独催化剂对于废水的作用)。

方式 d：生化出水+黄铁矿+H_2O_2(考察催化体系对于废水的作用)。

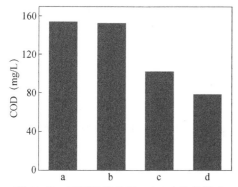
图 12.48　不同反应体系 COD 去除的影响

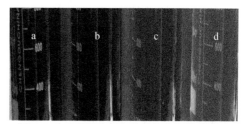
图 12.49　不同反应体系对色度去除的影响

由图 12.48、图 12.49 可以看出，对于生化出水，单独投加 H_2O_2 的体系基本无去除效果。单独投加黄铁矿的体系对于出水具有一定降解效果，这是由于黄铁矿本身能够发生酸性氧化，在催化剂表面可能产生对于污染物具有一定降解作用的活性基团。但是，单独投加黄铁矿的体系反应后出水色度较大，主要是由于溶液中溶解态 Fe 相对较高，被水中的溶解氧氧化会产生色度。投加黄铁矿及 H_2O_2 的体系对出水具有较好的催化氧化效果及脱色效果，且出水随着时间能够保持稳定的清澈。

1. H_2O_2 初始浓度

考察不同的 H_2O_2 投加量对于该污水厂生化出水的处理效果。实验基本条件：黄铁矿投加量为 4 g/L。废水水质：生化出水 COD=162 mg/L，初始 pH 为 7.7。

由图 12.50 及图 12.51 中可以看出，随着 H_2O_2 量的增加，在 H_2O_2 量很低的情况下，COD 的去除率上升较快，但是，当 H_2O_2 投加量>0.15 mL/L，COD 的去除率基本保持不变，且略微有所下降，这是因为过量的 H_2O_2 会与污染物竞争消耗·OH，实验过程中，也发现了这几组实验在反应过程中，会产生大量的气泡，其应为 H_2O_2 无效消耗而产生的 O_2。随着 H_2O_2 投加量的增加，H_2O_2 的利用效率基本呈现下降趋势。综合考虑 COD 的去除率、H_2O_2 的利用效率、H_2O_2 的剩余量及经济效益，认为在 H_2O_2 投加量为 0.1 mL/L 时，具有较好的处理效率。在黄铁矿投加量为 4 g/L，H_2O_2 投加量为 0.1 mL/L 时，该厂生化出水经催化氧化后 COD 基本能够降至 100 mg/L 以下，达到二级排放标准。

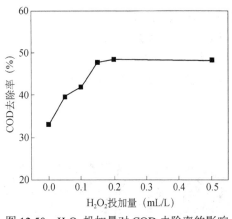

图 12.50　H_2O_2 投加量对 COD 去除率的影响

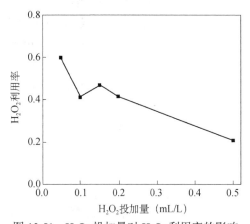

图 12.51　H_2O_2 投加量对 H_2O_2 利用率的影响

2. 黄铁矿投加量

考察不同的黄铁矿投加量对于该污水厂生化出水的处理效果。实验基本条件：H_2O_2 投加量为 0.1 ml/L。废水水质：生化出水 COD=162 mg/L，初始 pH 为 7.7。

由图 12.52 及图 12.53、表 12.29 中可以看出，随着催化剂投加量的增加，COD

的去除率及 H_2O_2 的利用效率均随之上升，但是，在该体系中，由于黄铁矿在水中会发生酸化氧化，溶液的 pH 随着催化剂投加量的增加不断降低。综合考虑出水 pH 及处理效果，认为对于该生化出水，在催化剂为 4 g/L 的条件下，具有较好处理效率及现实应用前景。

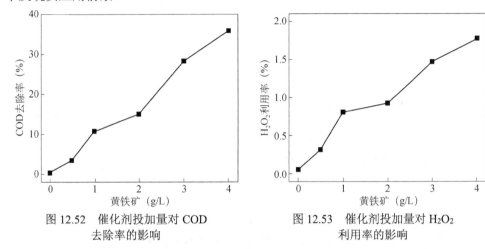

图 12.52　催化剂投加量对 COD 去除率的影响　　　　图 12.53　催化剂投加量对 H_2O_2 利用率的影响

表 12.29　不同的黄铁矿量处理二期出水后溶液中的相关性质

黄铁矿 (g/L)	0	0.5	1	2	3	4
pH	7.6	7.5	7.4	7.2	6.9	6.6

12.5.3　印染废水深度处理

印染废水是典型的难生物降解工业废水中的一种，经过二级生化处理后，出水的 COD 仍然高于 100 mg/L，而此时水中的 BOD 很低，不能继续用生物法去除水中的有机物。这些有机物排入水体中对水生生态环境和人体健康都存在较大的威胁。近年来国家污染排放标准大幅提高，《水污染防治行动计划》颁布后，对工业废水的排放标准更为严苛。对工业废水进行深度处理具有较大的现实意义。

实验选取黄铁矿催化 H_2O_2 反应，对某印染废水的二级生化处理出水进行深度氧化降解。通过单因素实验确定了黄铁矿催化 H_2O_2 反应处理印染废水的最优实验条件，为黄铁矿催化 H_2O_2 反应在实际工程中的应用提供参考。

印染废水的初始 pH 为 7.0，实验中所用的黄铁矿是未经水洗的天然黄铁矿。应用黄铁矿催化 H_2O_2 反应处理印染废水时遵循的步骤为：取 200 mL 印染废水于 250 mL 锥形瓶中，加入一定量黄铁矿，并加入 5 mmol/L H_2O_2。将锥形瓶置于磁力搅拌器上，以适宜转速在室温下反应 1 h。调节反应后溶液 pH 为 8.0～9.0，加入 PAM(0.3 ppm)，混凝沉淀。取上清液测定 COD(过滤膜)、SS(不过滤膜)、色度（过滤膜）。COD 的测定使用国标法，SS 测定使用重量法，色度测定使用稀释倍数法（表 12.30）。

表 12.30　黄铁矿催化 H_2O_2 反应处理印染废水初步实验结果

水样名称	实验条件	COD（mg/L）	SS（mg/L）	色度（倍）
原水		128.4	81	128
1	黄铁矿 1 g/L，H_2O_2 5 mmol/L，反应 1 h	130.4	—	—
2	黄铁矿 2 g/L，H_2O_2 5 mmol/L，反应 1 h	84.8	—	—
3	黄铁矿 3 g/L，H_2O_2 5 mmol/L，反应 1 h	40.8	62	8
4	黄铁矿 4 g/L，H_2O_2 5 mmol/L，反应 1 h	24.8	—	—

根据实验结果及考虑实际经济成本，建议选取的实验条件为：黄铁矿投加量为 3 g/L，H_2O_2 为 5 mmol/L，反应时间为 1 h。

1. 反应时间的影响

如图 12.54 所示，反应 50 min 后溶液的 COD 降至 50 mg/L，取出的水样澄清透明。继续延长反应时间至 120 min，处理效果没有明显提高。说明黄铁矿催化 H_2O_2 反应处理印染废水在 50 min 时已经完成了对水中有机污染物的降解。

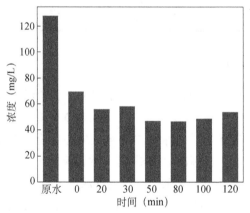

图 12.54　反应时间的影响

实验条件：黄铁矿为 2 g/L，H_2O_2 为 5 mmol/L，初始 pH 为 5.0

2. 黄铁矿投加量的影响

从图 12.55 可以看出，处理出水 COD 和 TOC 的值来看黄铁矿投加量为 2 g/L 时，效果最好。投加量小于 2 g/L 时出水 COD 高于 50 mg/L，TOC 也较黄铁矿投加 2 g/L 时高。黄铁矿投加量小于 2 g/L，反应结束后水样的色度比较高。从 COD 和 TOC 的去除效果和反应后的 pH 来看，加入的黄铁矿量越多，反应的 pH 下降也越多，黄铁矿投加为 2 g/L，水样的 pH 可以从初始的 5.0 降低至 3.5 左右，反应结束后水样的 pH 降低至 3.0。黄铁矿催化 H_2O_2 在较低 pH 条件下效果会更好，所以，适当增加黄铁矿的投加量可以使反应更接近最适宜的 pH，提高反应对有机污染物的降解效果。黄铁矿投加量少时，本身对 H_2O_2 催化作用较低，其次由黄铁矿产生的铁盐带来的混凝作用也变小，对印染废水处理效果不佳。黄铁矿投加量过高也会无效消耗部分 H_2O_2，导致 H_2O_2 不能有效地被利用于降解有机污染物，处理印染废水效果变差。

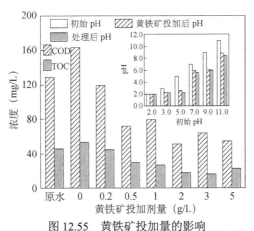

图 12.55　黄铁矿投加量的影响

实验条件：H_2O_2 为 5 mmol/L，初始 pH 为 5.0，反应时间为 1 h

3. H_2O_2 投加量的影响

在反应时间为 0 min，反应容器中只加黄铁矿(未加 H_2O_2)，COD 和 TOC 均有一定程度的降低，说明单独黄铁矿对染料废水也有一定的处理效果，主要通过混凝沉降作用去除水中有机物。但是从色度上看，单独投加黄铁矿脱色效果不理想，原因是无 H_2O_2 存在，染料中的化学显色基团偶氮键不能被打开，而投加 H_2O_2 后能够迅速脱色。随着 H_2O_2 投加量增加，处理出水的 COD、TOC 和色度都减小(图 12.56)。继续增加 H_2O_2 投加量，COD 和 TOC 不再降低，因此 H_2O_2 投加量为 2 mmol/L 即能满足实验要求。

4. 初始 pH 的影响

如图 12.57 所示，黄铁矿催化 H_2O_2 反应处理印染废水在 pH≤5.0 时能取得良好的 COD、TOC 去除率以及脱色效果，出水的 COD<60 mg/L、TOC<20 mg/L，当 pH>5.0 时处理效果下降较明显。原因如下：碱性条件黄铁矿表面的 Fe^{2+}/Fe^{3+} 会与羟基结合生成疏松的羟基铁化合物，羟基铁化合物的催化活性较低，不能与 H_2O_2

发生反应产生羟基自由基·OH，羟基铁化合物有混凝沉淀的效果，所以出水的 COD 值有一定程度下降。从 pH 变化可以看出，加入黄铁矿后 pH 会相应下降，反应结束后 pH 与投加黄铁矿后 pH 相比下降不大。出水 COD 值与投加黄铁矿后 pH 呈现较大相关性，初始 pH 为 3.0 和 5.0 时，加入黄铁矿后 pH 均在 2.5 左右，两者出水 COD 也较接近。初始 pH 为 7.0 和 9.0 时，投加 2 g/L 的黄铁矿后 pH 均为 6.0 左右，出水 COD 较高，为 100 左右，处理效果不理想。黄铁矿催化 H_2O_2 反应处理印染废水时，要求 pH≤5.0 时反应效果最佳。

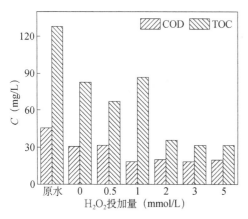

图 12.56　H_2O_2 投加量的影响
实验条件：黄铁矿为 2 g/L，初始 pH 为 5.0，
反应时间为 1 h

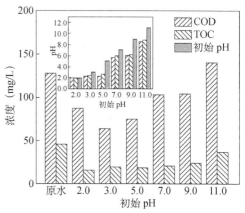

图 12.57　初始 pH 的影响
实验条件：黄铁矿为 2 g/L，H_2O_2 为 5 mmol/L，
反应时间为 1 h

12.5.4　焦化废水深度处理

焦化废水是钢铁和化工生产过程中产生的废水，焦化废水含许多高毒性、难降解有机物，特别是酚类化合物可使蛋白质凝固，对人类、水产及农作物都有极大危害。单纯的生物处理勉强能达到行业排放标准。但是随着我国对废水排放标准要求的提高以及淡水资源日益紧张，工业用水回用的要求逐渐严格，因此，需要对焦化废水进行深度处理。实验所使用的焦化废水水质为：悬浮固体浓度(SS)为 70 mg/L，色度为 128 倍，化学需氧量(COD)为 250～270 mg/L。

1. 实验方法比较

取 250 mL 焦化废水于 500 mL 烧杯中，投加一定量的催化剂后[包括七水合硫酸亚铁固体、黄铁矿和 Fe(Ⅱ)/Cu(Ⅱ)体系]，调节 pH 至目标值(表 12.31)，然后加入一定浓度的 H_2O_2，开始搅拌计时，反应 1 h 后，停止搅拌。用质量分数为 30% 的 NaOH 溶液调节 pH 至 8.0～8.5，加入 0.5 mg/L 的 PAM，快速搅拌 30 s，慢速搅拌 3 min，静置 30 min，取上清液检测 COD。同时比较了 PAC+高铁酸盐氧化预处理后采用非均相 Fenton 氧化法。

表 12.31 不同工艺所需 pH

工艺	pH
均相 Fenton	3.0
非均相 Fenton	4.3(原水 pH，未调节)
Fe(Ⅱ)/Cu(Ⅱ)	6.0
预处理+非均相 Fenton	—

2. 均相 Fenton 法

H_2O_2 用量为 102 mg/L 时 COD 仍然不能达标(表 12.32)，且均相 Fenton 的 pH 要求高，在处理中性及碱性废水时，需要额外投加酸，因此增加了成本。

表 12.32 均相 Fenton 法处理焦化废水实验结果

H_2O_2(mg/L)	硫酸亚铁(以 Fe 计)(g/L)	反应后 COD(mg/L)	COD 去除率(%)
34	1	109.8	53
68	1	88.6	62
102	1	77.0	67

3. 黄铁矿催化的非均相 Fenton 法

在投加低浓度 H_2O_2 的条件下，黄铁矿量由 1 g/L 提高至 2 g/L，可以促进 H_2O_2 催化，提高 COD 的去除率；但当大于 2 g/L 时，增加黄铁矿的投加量会过量消耗 H_2O_2，反而使去除率下降(图 12.58)。

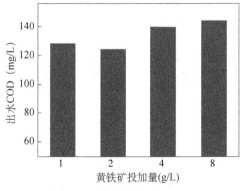

图 12.58 黄铁矿投加量的影响
实验条件：[H_2O_2]=34 mg/L，反应时间为 1 h

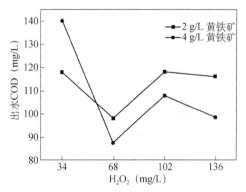

图 12.59 H_2O_2 投加量的影响
实验条件：黄铁矿投加量为 2 g/L 或 4 g/L，
反应时间为 1 h

如图 12.59 所示,在投加等量的 H_2O_2 时,黄铁矿投加量高的条件下一般 COD 去除率高。在黄铁矿的用量为 4 g/L 的条件下,随着 H_2O_2 的投加量逐渐增加,COD 的去除率有先升高再降低,H_2O 为 68 mg/L 时就有最高的去除率,能够使得 COD 出水在 1 h 后降到 87.6 mg/L 以下,仍不达标。因此,取最优条件下反应后的澄清液,进行二级处理。

如图 12.60 所示,经过 4 g/L 的黄铁矿和 102 mg/L 的 H_2O_2 处理后的二级出水 COD 为 50.9 mg/L,接近城镇污染物排放标准的一级 A 标准。

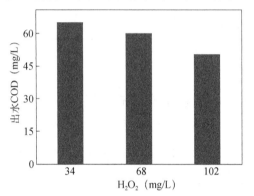

图 12.60　二次处理,H_2O_2 投加量的影响
实验条件:黄铁矿投加量为 4 g/L,反应时间为 1 h

4. Fe(Ⅱ)/Cu(Ⅱ) 体系催化的非均相 Fenton 法

如图 12.61 所示,在 $[H_2O_2]$=34 mg/L 的条件下,Fe(Ⅱ)/Cu(Ⅱ) 体系投加量的增加可以促进 H_2O_2 催化,提高 COD 的去除率;但当大于 1g/L 时,投加量增加对提高 COD 的去除率作用变小。

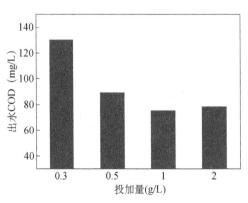

图 12.61　Fe(Ⅱ)/Cu(Ⅱ) 体系投加量的影响
实验条件:投加量以 Fe 计,质量比 Cu(Ⅱ)/Fe(Ⅱ)=0.3,
pH 为 6.0,$[H_2O_2]$=34 mg/L,反应时间为 1 h

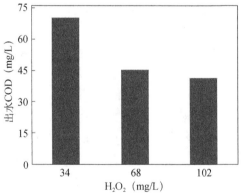

图 12.62　H_2O_2 投加量的影响
实验条件:投加量为 2 g/L(以 Fe 计),质量比
(Cu(Ⅱ)/Fe(Ⅱ))=0.3,pH 为 6.0,
反应时间为 1 h

在催化剂投加量的条件下，随着 H_2O_2 的投加量增加，COD 的去除效果也在大幅增加(图 12.62)。最优条件为：催化剂投加量为 2 g/L，H_2O_2 投加量为 68 mg/L，出水 COD 为 45.2 mg/L，已达标。

5. 预处理+非均相 Fenton 氧化法

由于焦化废水中存在一定的悬浮颗粒，先向其中投加聚合氯化铝(PAC)混凝，出水 COD 可降至 160 mg/L，再向其中加入一定的高铁酸盐氧化处理，处理后出水 COD 能降至 85 mg/L 左右，处理后出水用黄铁矿催化 H_2O_2 氧化处理，再用黄铁矿法进行深度处理，H_2O_2 投加量为 1 mmol/L，黄铁矿投加量为 2 g/L 时，处理后焦化废水出水 COD 可降至 50 mg/L 以下，黄铁矿投加量继续增大，出水 COD 反而呈上升趋势，如图 12.63 所示。黄铁矿投加量少时，黄铁矿中有效成分催化 H_2O_2，降解焦化废水中有机物成分，并部分转化为无机物。随着黄铁矿投加量的加大，过剩的黄铁矿与 H_2O_2 起反应，消耗了一部分 H_2O_2 但未起到氧化污染物的作用，使催化降解有机物效果下降。黄铁矿投加量增加，会有更多的铁离子溶出，降低催化反应后续的混凝处理，使处理后水体的 COD 含量升高。

黄铁矿投加量为 2 g/L，焦化废水深度处理后出水 COD 与 H_2O_2 投加量的关系如图 12.64 所示，H_2O_2 投加量为 1 mmol/L，反应 2 h，经过催化处理后进行絮凝处理，焦化废水出水 COD 值可降至 40 mg/L 左右。随着 H_2O_2 投加量的增加，废水 COD 值出现明显下降，H_2O_2 投加量大于 1 mmol/L 时，H_2O_2 投加量继续增加，出水 COD 值下降缓慢。在 Fenton 催化反应中，H_2O_2 投加量和 Fe^{2+} 投加量对·OH 的产生具有重要的影响，H_2O_2 投加量过高会与反应中生成的·OH 发生湮灭，从而降低氧化反应效果。

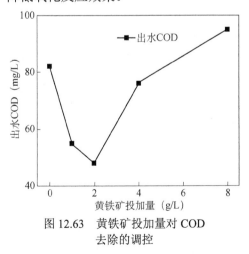

图 12.63　黄铁矿投加量对 COD 去除的调控

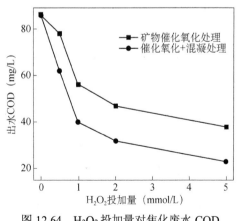

图 12.64　H_2O_2 投加量对焦化废水 COD 去除的调控

由于高铁酸盐处理污水成本较高，且本身性质不稳定，在对焦化废水生化出水预处理阶段省却投加高铁酸盐工序后，出水 COD 为 160 mg/L 左右。向进行混凝预处理后的生化出水中加入 2 g/L 黄铁矿和 1 mmol/L H_2O_2，反应 2 h 后，出水 COD 并不能降至 60 mg/L 以下，不能实现污水达标排放。为实现焦化废水深度处理达标排放，将焦化废水进行二级处理，即经黄铁矿催化氧化降解的出水再经过氧化处理。如表 12.33 所示，经过两级氧化处理后的焦化废水能满足达标排放的要求。

表 12.33　黄铁矿催化 H_2O_2 降解有机物工序优化

序号	矿投加量 (g/L)	H_2O_2 投加量 (mmol/L)	反应时间 (h)	PAM 投加量 (mg/L)	矿投加量 (g/L)	H_2O_2 投加量 (mmol/L)	反应时间 (h)	PAM 投加量 (mg/L)	COD (mg/L)
1	2	2	0.5	0.5	2	1	0.5	0.5	53.25
2	2	2	1	0.5	2	1	1	0.5	47.27
3	2	1	1	0.5	2	1	1	0.5	40.03
4	2	1	1	0	2	1	1	0.5	50.44
5	2	2	1.5	0	2	1	1	0.5	45.94

黄铁矿催化 H_2O_2 氧化去除有机物是对焦化废水进行深度处理的一种十分有效的方法。焦化废水生化出水经聚铝预处理后出水经两次黄铁矿催化处理即可达到城市污水一级 A 排放标准。最佳工艺组合为：原水经混凝处理后，分两次投加黄铁矿和 H_2O_2，第一次黄铁矿和 H_2O_2 投加量分别为 2 g/L 和 2 mmol/L，第二次黄铁矿和 H_2O_2 投加量分别为 2 g/L 和 1 mmol/L。经过黄铁矿催化氧化后，焦化废水色度、COD 等指标均明显降低，处理后水质明显改善。

6. 工艺效果对比

从表观现象来看，四种处理工艺均对印染废水有一定的脱色效果，可能是通过自由基破坏显色基团从而氧化脱色，还可能是通过混凝沉降作用去除水中有机物。但是从色度上看，均相 Fenton 脱色效果不理想，而 Fe(Ⅱ)/Cu(Ⅱ) 催化体系与预处理+非均相 Fenton 体系脱色效果最好，脱色效果与 COD 的去除率一致，出水 COD 都可以达到 50 mg/L 以下。由此，我们可以得出结论：脱色效果主要是因为焦化废水中的显色基团被氧化破坏。

12.5.5　不同氧化工艺处理造纸废水

造纸工业不仅是用水大户，还是产生工业水污染物的主要产业之一。造纸废水具有成分复杂、色度高，可生化性差，有生物毒性等水质特点。目前，生物处理法作为一种应用比较成熟的废水处理工艺，在造纸废水处理中得到广泛的应用。

随着水资源日益紧缺、水污染物排放总量控制加严以及《制浆造纸工业水污染物排放标准》(GB3544—2008)的发布、实施，许多造纸企业现有的废水处理出水水质与新排放标准相比存在相当大的差距。造纸废水经过二级生化处理后，化学需氧量(COD)一般还有 100 mg/L 左右，但是其出水的五日生化需氧量(BOD$_5$)已经非常低，其中所含的污染物基本为难生物降解污染物，生化处理方法不能发挥作用，需要借助于高级氧化等深度处理技术，如催化臭氧、Fenton 氧化反应等，通过产生高氧化活性的自由基将难降解污染物转化或者彻底矿化。但是传统的 Fenton 反应对 pH 要求苛刻，关键是 H$_2$O$_2$ 消耗较大，运行成本较高，制约了其工程应用。

1. 传统 Fenton 处理造纸废水

Fenton 氧化过程中，亚铁离子催化 H$_2$O$_2$ 氧化反应生成强氧化性物质羟基自由基，该物质氧化活性强，且对物质进行非选择性氧化，能将有机污染物彻底氧化成二氧化碳和水。实验采用传统 Fenton 技术深度处理造纸废水，如图 12.65 所示，硫酸亚铁投加量为 150 mg/L，废水反应初始 pH 为 3.0，反应时间为 1.5 h，H$_2$O$_2$ 投加量为 24.93 mmol/L，反应后出水用氢氧化钠调 pH 至 8.0 后投加 0.3 mg/L PAM 混凝，静置沉淀 0.5 h 后取样测定，处理后出水 TOC 可降至 17.5 mg/L，H$_2$O$_2$ 投加量大于 9.97 mmol/L 时，随着 H$_2$O$_2$ 投加量增多，UV$_{254}$ 值反而升高，这可能与氧化反应过程中，难生物降解有机物被氧化，有机物结构发生改变有关。

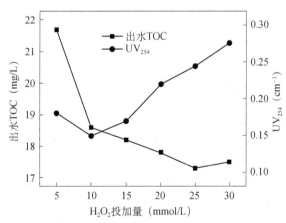

图 12.65　传统 Fenton 深度处理造纸废水

2. 高铁酸盐氧化处理造纸废水

高铁酸盐是一种新兴的净水剂，其有效成分是高铁酸根[(FeO$_4$)$^{2-}$]。+6 价铁离子具有很强的氧化性，能通过氧化作用进行消毒，同时，反应后的还原产物是氢氧化铁[Fe(OH)₃]，在溶液中呈胶体，能够将水中的悬浮物聚集形成沉淀。如图 12.66 所示，高铁酸盐加入能明显改善处理后出水水质，高铁酸盐投加量为 100 mg/L，反应 1.5 h 后，处理后出水中投加 PAM 混凝沉淀，静置 0.5 h 后取样分析，出水 COD 可降至 62.8 mg/L，高铁酸盐在水处理过程中发挥了氧化和混凝的双重效果，加入 H_2O_2 后处理效果较弱，高铁酸盐投加量为 400 mg/L，H_2O_2 投加量为 1.99 mmol/L，反应 1.5 h 后，出水 COD 可降至 71.5 mg/L，高铁酸盐在反应过程中有铁离子生成，生成的铁离子能催化 H_2O_2 发生 Fenton 反应，继续氧化降解有机污染物，虽然高铁酸盐自身氧化效力下降，加入 H_2O_2 后，整个反应体系氧化能力反而增强，高铁酸盐加入量增大，H_2O_2 与高铁酸盐协同处理效果良好。高铁酸盐作为造纸废水深度处理的一种技术思路，能达到良好的造纸废水深度处理效果。

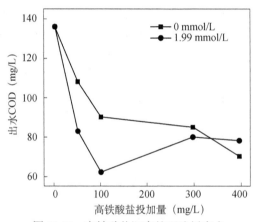

图 12.66　高铁酸盐深度处理造纸废水

3. 次氯酸钠法深度处理造纸废水

次氯酸钠作为一种高效的氧化剂，被广泛用于给水的消毒处理及污废水的深度处理。如图 12.67 所示，不调节反应初始 pH 时，处理效果比初始 pH 为 4.0 时好，这是因为次氯酸钠在碱性条件下氧化效果良好，不调节初始反应 pH 时，反应体系的 pH 维持在较高水平，次氯酸钠的氧化活性高，氧化处理废水中难降解有机物效率高。次氯酸钠投加量为 2.0 mL/L，反应 1.5 h 后，出水 COD 可降至 87.8 mg/L，加入天然矿物后，出水水质比单独次氯酸钠处理效果好，说明天然矿物对次氯酸钠深度处理造纸废水有增强效果。当次氯酸钠投加量为 2.0 mL/L 时，矿物增强次氯酸钠深度处理造纸废水，可使废水 COD 降至 57.5 mg/L，深度处理效果良好。

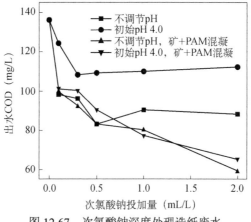

图 12.67　次氯酸钠深度处理造纸废水

4. 黄铁矿催化 H_2O_2 处理造纸废水

黄铁矿催化 H_2O_2 作为一种新型的水处理技术，克服了传统 Fenton 技术 H_2O_2 利用效率低、Fe^{2+} 难以重复利用等缺点。如图 12.68 所示，H_2O_2 投加量为 1.5 mmol/L 时，出水 COD 可降至 57.0 mg/L，H_2O_2 投加量继续增大，出水 COD 无明显变化，这可能与作为催化剂的黄铁矿含量有限、反应时间固定等因素有关，进而导致产生羟基自由基数量受限。黄铁矿催化 H_2O_2 深度处理造纸废水具有反应条件温和，废水处理去除效果良好，废水处理价格合理等优势。传统 Fenton 处理造纸废水效果良好，但实验结果表明传统 Fenton 反应需要严格控制反应体系的 pH，且达到最高去除率时 H_2O_2 投加量为 24.9 mmol/L，传统 Fenton 处理造纸废水的 H_2O_2 利用效率不高。高铁酸盐深度处理造纸废水，出水 COD 能降至 62.8 mg/L，但高铁酸盐制备与保存不便，黄铁矿原料来源丰富，价廉易得。单纯的次氯酸钠深度处理造纸废水效果不理想，出水 COD 仍有 87.8 mg/L，加入黄铁矿催化后效果良好。黄铁矿催化类 Fenton 深度处理造纸废水，原料用量比较少，是一种有效的造纸废水深度处理方法。黄铁矿催化 H_2O_2 处理造纸废水与其他高级氧化技术相比具有更高效的处理效果，为优化黄铁矿催化 H_2O_2 处理造纸废水的工艺条件，探索黄铁矿催化氧化过程中的氧化机制，对黄铁矿催化 H_2O_2 处理造纸废水进行进一步探索。

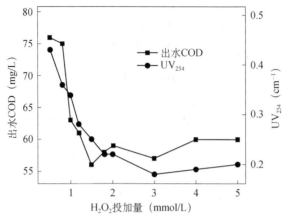

图 12.68　黄铁矿催化 H₂O₂ 深度处理造纸废水

12.6　黄铁矿类 Fenton 处理工业废水设计案例

某大型工业废水处理厂主要负责接纳并处理园区企业的生产污水和生活污水，印染污水约占总进水量的 85%以上，是以处理工业污水为主的大型污水处理工程。全流程为常规二级处理工艺，工程建有稳流池及格栅间、进水提升泵房、调节池、前物化高效沉淀池、水解酸化池、中和池、选菌池、鼓风曝气氧化沟、沉淀池、配水井及污泥回流泵房等水处理单元，并配有鼓风机房、总降压变配电所、低压变配电所、加药间及药库、加酸间等辅助生产单元。工程投入运行后，由于排放标准不断升高，需要实施升级改造，主要对现有工艺中的预处理、后处理流程和部分设备进行优化改造，在完成预处理工程和后处理气浮的建设后，出水 COD 可达到 120 mg/L。

为改善当地的水环境状况，强化节能减排的处理能力，落实国家和地方新的排放标准，原有工艺已不能满足处理要求，需要再次对污水处理工程进行升级改造。本次升级技术方案是在现有污水处理工程的基础上，进行深度处理，目标是使出水 COD 降至 60 mg/L 以下。

12.6.1　工程进出水水质

目前已运行的污水处理工程进出水水质如表 12.34 所示。

表 12.34　原设计进出水水质主要指标一览表

项目名称		COD$_{Cr}$ (mg/L)	BOD$_5$ (mg/L)	SS (mg/L)	NH$_4$-N (mg/L)	pH	色度 (倍)
一期	进水	1000	480	300	30	6.0～9.0	
	出水	180	40	100	25	6.0～9.0	

项目名称		COD$_{Cr}$ (mg/L)	BOD$_5$ (mg/L)		SS (mg/L)	NH$_4$-N (mg/L)	pH	色度 (倍)
二期	进水	1000～1500	400～800		200～300	20～40	10.0～11.0	100～500
	出水	160	30		30	25	6.0～9.0	80
三期	进水	1500	400～600		200～300	20～40	10.0～11.0	100～500
	出水	150	40		100	15	6.0～9.0	80

污水处理厂存在的主要问题：

①污水处理系统分期较多，各系统之间差异较大。一期、二期、三期的生物处理池曝气时间以及工艺流程的处理单元等均相差较大。

②提高出水水质标准后，现有工艺 COD 达标困难。

③进水水质变化较大，系统抗冲击负荷能力较弱。尤其是化工废水的冲击影响。

④水量稳定性差，调节能力尤其是水质调节存在运行及能力不足的问题。

⑤水处理构筑物的功能没有实现，控制参数需要进一步优化。

⑥各期工艺参数相差较大，对运行管理造成困难，也影响出水水质。污水处理分三期建设，并经过多次改造，各期的工艺参数均存在较大差异，对整个污水处理系统的协调运行和达标排放造成一定困难，需要对系统进行完善和优化，尤其是工艺流程上的协调以及参数的控制，尽量减少各系统之间的差异。

⑦污水处理系统经常处于满负荷运行状态，缺乏足够的安全"余量"。

12.6.2　设计出水水质

根据要求，本次深度处理改造的出水水质要求如表 12.35。

表 12.35　出水水质要求及监测方法

序号	污染物项目	排放限值	水质监测方法
1	pH	6.0～9.0	GB/T 6920—1986《水质 pH 值的测定　玻璃电极法》
2	化学需氧量(COD$_{Cr}$)	60 mg/L	重铬酸钾法《水和废水监测分析方法》(第四版)

12.6.3　工程特点与要求

该处理厂处理的废水由工业废水和城市生活污水构成，其中印染废水占 80% 左右。经过前后近十年的建设和运行，为改善和保护当地水环境做出了巨大贡献。污水处理厂经过多次改造以及技术攻关，整体上运行效果良好，对 COD 的去除率超过 90%，已经达到设计的出水水质指标。但是，由于节能减排的要求，污水厂的出水水质提标，尤其是 COD 要求≤60 mg/L，目前尚存在一些客观的困难，存

在的主要问题如下:

(1)污水处理系统分期较多,各系统之间差异较大

污水厂在 10 年左右的时间分三期进行建设,各期的污水处理工艺流程相差较大,使得各期之间在协调上尚存在一定的问题。

一期设计工艺流程为:调节池、前物化、厌氧水解、曝气池、后物化。目前的实际运行工艺流程,絮凝池、凝聚沉淀池未作为后物化工艺单元,而是作为三期工程的二沉池运行,因此设计与实际不符,工艺流程实际上不完整。

三期设计工艺流程:与一期工艺流程基本相同,只是二沉池有 12 万 m^3/d,利用的是一期工程的凝聚沉淀池。

二期设计工艺流程:调节池、好氧生物处理。三期工艺流程最简单,但是不能满足出水水质的要求,后经改造,将调节池的部分池容调整为前物化(折板絮凝斜管沉淀池),以保证出水水质的要求。但是,经过实际运行,目前斜管积泥严重,已经拆除。

因此,各期工程在不同时期建设,工艺流程完全不同,如二期工程设计未设置厌氧水解酸化和前物化工艺单元等,不能满足提标改造的要求。

(2)提高出水水质标准后,现有工艺 COD 达标困难

目前改造后一、二、三期工程出水 COD 控制在 120 mg/L,而出水提标要求 COD 控制在 60 mg/L 以下,差距较大。现有的工艺流程要控制出水稳定达到 COD 还比较困难。因此,工艺流程上存在一些欠缺。必须在现有污水处理工艺流程中考虑增加后处理工艺单元,以保证出厂水水质的达标排放。

根据出水水质可以看出,经过现有污水处理流程处理后的污水 B/C 比基本上小于 0.2,可生化性已很差,若继续采用生物处理法已经很难再将 COD 降至 60 mg/L 以下。而且经过改造后的气浮单元的处理,出水的 SS 基本上小于 20 mg/L,也不利于继续采用生化法进行深度处理。因此,建议采用物化处理的方法作为深度处理的主体方案。

12.6.4 深度处理技术选择

传统 Fenton 试剂利用 Fe^{2+} 作为 H_2O_2 的催化剂, 生成具有强氧化性和反应活性的·OH,形成的·OH 通过电子转移等途径使水中有机物被氧化分解成为小分子,同时 Fe^{2+} 被氧化成 Fe^{3+},产生混凝沉淀,将大量有机物凝结而去除。由于其极强的氧化能力,特别适合处理成分复杂(同时含有亲水性和疏水性染料)的染料废水。传统 Fenton 氧化技术存在的主要问题是由于出水中常含有大量的铁离子,因而铁离子的固定化技术是传统 Fenton 氧化技术的重要发展方向。另外传统 Fenton 氧化法最佳控制条件为 pH 4.0 以下,需要投加大量酸调整

pH，处理后还需要反调 pH 耗碱，不仅增加处理成本，而且污水中增加了大量的盐分。

在众多高级氧化技术中，Fenton 氧化技术由于其独特的优势：设备简单、试剂便宜、成本低、环境友好、反应条件温和、快速高效、可产生絮凝等优点，因而受到国内外水处理界的广泛重视，是最具有应用前景的处理技术。而非均相类 Fenton 催化剂以固态存在，具有活性高、稳定性好等优点，并可与废水分离，处理流程大大简化，解决了传统 Fenton 反应在运行过程中的问题。

作为非均相类 Fenton 催化剂的含铁矿物有很好的晶体结构，且其 Fe 基本以结构态的 Fe(Ⅱ)存在，在理论上对于 H_2O_2 具有很好的催化活性，能够形成高效的非均相类 Fenton 催化氧化反应，利用其作为非均相类 Fenton 催化剂降解毒害性难降解有机污染物具有更加理想的效果。同时，铁矿具有非常好的晶体结构，且有一定的导电性能，这些因素都有利于非均相类 Fenton 催化反应的进行。

含铁矿物非均相催化氧化深度处理技术的主要优势：

①适用 pH 范围广，反应对初始 pH 没有特殊要求，初始 pH 为 1.0～10.0，都有较好的反应效果，可以极大地简化工艺和节约成本。

②铁矿为颗粒状，由于密度比水大，并且性质稳定，易于固液分离，实现催化剂的回收。

③该非均相氧化反应为一种表面催化反应，催化剂在反应过程中不消耗，经反应后催化活性依然很高，可以重复利用。产生的铁泥少，大大减少了污泥的产量。

④含铁矿物为半导体，具有良好的电子传导能力，而且通过控制亚铁与三价铁的循环，提高了 H_2O_2 利用效率，减少了无效消耗，极大地节省了 H_2O_2 等氧化药剂的使用量。由于矿物中含有的不同过渡金属间的协同作用，提高了催化反应速率和催化氧化能力。

⑤反应过程操作简单，处理效果好，运行稳定，易于工程化实施。

⑥该技术投资成本和运行成本较低，相比于其他的催化氧化技术，大大降低了处理成本，具有无可比拟的技术经济优势。

另外，根据前期对生化处理出水进行的实验研究结果，采用"非均相催化氧化技术+混凝+沉淀"的处理流程，出水的水质完全可以保证 COD 在 60 mg/L 以下。

因此，在对各种因素进行综合考虑的基础上，我们推荐采用非均相催化氧化技术为深度处理的主体工艺。催化剂为 100 目左右的天然铁矿粉(图 12.69)。

图 12.69　深度处理工艺流程

12.6.5　主要构筑物及设计参数

现有污水处理系统分为一期、二期、三期工程，本次深度处理方案总处理规模为 40 万 m^3/d。

1. 非均相催化氧化反应池

非均相催化氧化反应池利用机械搅拌澄清池的原理，在投加催化剂铁矿粉和氧化剂 H_2O_2 后，利用机械搅拌的提升作用完成回流和接触反应，再经过沉淀分离泥水。出水进入混凝沉淀池；污泥部分回流保证反应池中的催化剂浓度，部分外排至催化剂循环利用场地，对铁矿粉催化剂进行循环利用。

- 设计流量：40 万 m^3/d，每座 10 万 m^3/d；
- 结构形式：地上式钢筋混凝土结构；
- 数量：共 4 座，每座分 2 格；
- 单格构筑物尺寸：$L \times B = 16\ m \times 16\ m$；
- 有效水深：$H = 8\ m$；
- 催化剂：天然铁矿粉投加量为 1g/L；
- 氧化剂：30% H_2O_2 投加量为 0.1 mL/L；
- 反应时间：1 h；

主要设备（单格）：

①加药搅拌机 2 台，功率分别为：$N = 1.5\ kW$、$N = 1.1\ kW$。

②水流循环搅拌机 1 台：直径为 5 m，$N = 30\ kW$。

③回流污泥泵：2 台，流量为 90 m^3/h，扬程为 15 m，功率为 7.5 kW。

2. 混凝沉淀池

混凝沉淀池依靠电机驱动桨板，在投加 PAM 药剂后，使水中的胶体相互碰撞，发生絮凝，絮凝效果稳定均匀，几无水头损失，絮凝时间短，对进水水量和水质适应能力强。

沉淀池采用高密度沉淀池，可取较高的表面负荷，以节省沉淀池的占地面积。

混凝沉淀池共 4 座，每座按照 10 万 m^3/d 规模设计，每座分两格。

单格混凝沉淀池平面尺寸为 20 m×20 m，水深为 7.0 m。表面水力负荷为 5.0 m³/m²·h。反应段采用三级机械絮凝搅拌，PAM 投加量为 0.3 mg/L，反应时间为 20 min。反应池尺寸为 20 m×5.0 m，水深为 7.0 m。单格总尺寸为 25 m×20 m。

主要设备（单格）：

①反应搅拌机 2 套，功率分别为：N=1.1 kW、N=0.75 kW。

②中心传动浓缩刮泥机 1 套，Φ＝20 m，功率为 0.75 kW。

③剩余污泥泵：3 台，2 用 1 备，单台流量为 25 m³/h，扬程为 10 m，功率为 5.5 kW。

3. 药剂间及污泥脱水机房

配置 PAM 药剂；对沉淀池排出的化学污泥进行脱水。

(1) 主要构筑物

类型：设备间为地上式钢筋混凝土结构。

数量：1 座。

平面尺寸：厂房平面尺寸：70 m×25 m。

(2) 主要设备

①板框脱水机

设备数量：3 套。

设计参数：过滤面积为 250 m²，电机功率为 5.5 kW，污泥处理量为 2.7 kg/m²·h，滤饼含水率≤80%。

成套包括：污泥投料泵、无轴螺旋输送机等。

②PAM 制备及投加装置

设备数量：3 套。

设计参数：制备能力为 4 kg/h，投加能力为 1000～2000 L/h。

成套包括：溶药桶、溶液桶、在线稀释、投加泵等以及辅助配件。

③H_2O_2 储存及投加装置

设备数量：3 套。

设计参数：储罐体积为 60 m³，投加泵能力为 1500～2500 L/h。

④电动单梁起重机

设备数量：1 台。

设计参数：起重量：10 t；最大起吊高度：9 m。

4. 催化剂循环利用厂房

由于催化剂铁矿粉处于干粉状态下投加处理效果最佳，因此设置催化剂循环利用厂房储存成品铁矿粉；另外，对从催化氧化反应池排出系统的催化剂进行自然干化处理，使催化剂能够循环利用，达到降低成本的目的。

催化剂的循环利用配置物料翻滚机，在厂房内对铁矿粉进行翻滚、切割、运输等。

(1) 主要构筑物

类型：设备间为地上式钢筋混凝土结构。

数量：1 座。

平面尺寸：催化剂存储区：65 m×30 m；

催化剂循环利用区：35 m×30 m。

(2) 主要设备

物料翻滚机

数量：1 套。

设计参数：宽度为 25 m，功率为 7.5 kW。

成套包括：砂水分离等其他辅助设备。

5. 直接运行费用估算

①电费：深度处理耗电 685 kW·h，电价按 0.62 元/度计，则电费为 425 元/小时。

②药剂费：

催化剂铁矿粉损耗量 1.67 t/h，单价按 2000 元/t 计，则催化剂费用为 3340 元/小时；

氧化剂 30%H_2O_2 消耗量为 1.67 m^3/h，单价按 1200 元/m^3 计，则催化剂费用为 2000 元/小时；

PAM 消耗量为 5.0 kg/h，单价按 40 元/kg 计，则 PAM 药剂费用为 200 元/小时；

则深度处理的药剂费为 5540 元/小时。

以上两部分运行成本可以算出平均处理每吨污水费用为：

(425+5540)÷16700 吨/小时 ≈ 0.36 元/吨·污水。

12.7　本　章　小　结

基于上述各节的研究，本章围绕实际废水的处理，对 FHC、黄铁矿等结合态亚铁在废水污染物去除、毒性削减、废水综合处理等方面进行了研究。

其中，FHC 由于具有较高的还原活性，对印染废水中多种难降解有机物具有良好的还原脱毒作用，废水脱色效果非常显著；研究也证明了 FHC 不仅具有还原作用，同时具有一定的混凝作用。经过处理后的印染废水 B/C 比具有显著的提升，解决了后续生物处理阶段进水水质问题，突破了传统生物处理出水 COD 难以达到 100 mg/L 以下的技术难题。在此基础上，以 FHC 作为废水的预处理技术，通过耦合好氧生物处理，可以构建印染废水的处理工艺。通过为期 3 个月的物化+生物耦合工艺，证明了工艺在长期运行过程中的稳定性，废水实现了达标排放。

重金属废水处理是水污染控制中的另一个难点，实际废水中常含有多种重金属，毒性强、处理难度大。因此，研究了 FHC 对实际废水中多种重金属(含络合态重金属)及砷的同步去除能力，包括来自印刷线路板废水、电镀废水、稀贵车间金属废水、有色金属冶炼废水、冶炼含砷废水等。由于 FHC 本身含有 OH^-，可以缓冲水中的 H^+，从而混凝去除水中的大部分游离态金属。此外，FHC 的还原性也可以对高价金属离子进行还原，并且对络合态重金属具有良好的去除作用。FHC 还可以通过自身吸附和晶格替换等作用去除水中的多种重金属离子。在各种实际废水处理中，都实现了废水的达标排放，证明了 FHC 在重金属废水处理中的潜力。

此外，本章还研究了黄铁矿催化氧化技术在预处理和深度处理中的可行性，通过与传统工艺进行对比分析，证明了黄铁矿催化氧化在处理工业园区废水、焦化废水、印染废水、造纸废水等复杂废水中的应用潜力。基于小试研究，进一步验证了黄铁矿催化氧化技术在中试规模下的可行性，结果表明此项技术效果良好，对印染废水中难生物降解有机物有良好的去除效果，是一个非常具有工程应用前景的工业废水深度处理技术。最后，基于上述研究，本章以针对某大型工业废水处理厂的工艺改造项目为案例，证明了亚铁矿物类 Fenton 技术实际应用的效果，经过处理后出水 COD 降至 60 mg/L 以下，吨水处理成本仅为 0.36 元。

参 考 文 献

[1] Huang J, Jones A, WaiteT D, et al. Fe(Ⅱ) redox chemistry in the environment[J]. Chem. Rev. 2021, 121: 8161-8233.

[2] 谢高阳, 俞练民, 刘本耀, 等. 无机化学丛书：第九卷 锰分族铁系铂系[M]. 北京：科学出版社，1996: 139-213.

[3] Sharma V K, Burnett C R, Millero F J. Dissociation constants of the monoprotic ferrate(Ⅵ) ion in NaCl media[J]. Chem. Rev. 2001,3(11): 2059-2062.

[4] Kamachi T, Kouno T,Yoshizawa K. Participation of multioxidants in the pH dependence of the reactivity of ferrate(Ⅵ)[J]. J. Org. Chem., 2005, 70(11): 4380-4388.

[5] 黄壮松. 高铁酸盐反应过程中过氧化氢生成规律研究[D]. 哈尔滨：哈尔滨工业大学，2016: 2-3.

[6] Chen Y, Dong H, Zhang H. Experimental and computational evidence for the reduction mechanisms of aromatic N-Oxides by aqueous Fe^{Ⅱ}-Tiron complex[J]. Environ. Sci. Technol., 2016, 50: 249-258.

[7] Stumm W, Morgan J J. Aquatic Chemistry, Chemical Equilibria and Rates in Natural Waters[M]. 3rd Edition. New York: John Wiley & Sons, 1996 .

[8] Chen Y, Zhang H. Complexation facilitated reduction of aromatic N-Oxides by aqueous Fe^{Ⅱ}-Tiron complex: Reaction kinetics and mechanisms[J]. Environ. Sci. Technol. 2013, 47: 11023-11031.

[9] 沈庆峰, 杨显万, 刘春侠, 等. 硫酸亚铁还原银锰共生矿提取银的工艺研究[J]. 昆明理工大学学报：理工版，2006，31(6)：5，12-16.

[10] 董文艺, 董紫君, 余小海, 等. 硫酸亚铁还原法去除饮用水中溴酸盐的研究[C]. 中国城镇水务发展国际研讨会，2008.

[11] 张晓敏. 化学还原法去除饮用水中溴酸盐比较研究[D]. 深圳：哈尔滨工业大学深圳研究生院，2010: 19-25.

[12] 刘明华. 混凝剂和混凝技术[M]. 北京：化学工业出版社，2011：33-51.

[13] 林进南. 利用硫酸亚铁去除污水中的磷酸盐[D]. 深圳：哈尔滨工业大学深圳研究生院，2013: 5-6.

[14] 张志斌, 周峰, 杜明臣, 等. 化学同步除磷药剂的优选研究[J]. 中国给水排水,2010,3(11)：104-106.

[15] 刘召平, 陆少鸣, 李杉. 铁盐同步除磷研究[J]. 环境污染治理技术与设备，2003，4(6)：

16-18.

[16] 贾会艳，杨云龙. 城市污水化学辅助除磷[J]. 山西建筑，2009，35(14)：163-164.

[17] Gloyna E F, Eckenfelder W W. Water quality improvement by physical and chemical processes [C]. Water Resources Symposium, 1970.

[18] Li C, Ma J, Shen J, et al. Removal of phosphate from secondary effluent with Fe^{2+} enhanced by H_2O_2 at nature pH/neutral pH[J]. J. Hazard. Mater., 2009, 166(2-3)：891-896.

[19] 李宏. Fenton 高级氧化技术氧化降解多环芳烃类染料废水的研究[D]. 重庆：重庆大学，2007：13-14.

[20] 雒晨. 电解——生物铁法对苯胺废水处理的应用研究[D]. 兰州：兰州交通大学，2016：1-3.

[21] Wander M C F, Rosso K M, Schoonen M A A. Structure and charge hopping dynamics in green rust[J]. J. Phys. Chem. C., 2007, 111: 11414-11423.

[22] Hansen H C B, Guldberg S, Erbs M, et al. Kinetics of nitrate reduction by green rusts: Effects of interlayer anion and Fe(Ⅱ)：Fe(Ⅲ) ratio[J]. Appl. Clay Sci., 2001, 18: 81-91.

[23] Culpepper J D, Scherer M M, Robinson T C, et al. Reduction of PCE and TCE by magnetite revisited[J]. Environ. Sci. Proc. Imp., 2018, 20: 1340-1349.

[24] Rimstidt J D, Vaughan D J. Pyrite oxidation: A state-of-the-art assessment of the reaction mechanism[J]. Geochim. Cosmochim. Acta, 2003, 67(5)：873-880.

[25] Schoonen M A A, Harrington A D, Laffers R, et al. Role of hydrogen peroxide and hydroxyl radical in pyrite oxidation by molecular oxygen[J]. Geochim. Cosmochim. Acta ,2010, 74 (17)：4971-4987.

[26] Zhang P, Yuan S, Liao P. Mechanisms of hydroxyl radical production from abiotic oxidation of pyrite under acidic conditions[J]. Geochim. Cosmochim. Acta, 2016, 172: 444-457.

[27] Handler R M, Beard B L, Johnson C M, et al. Atom exchange between aqueous Fe(Ⅱ) and goethite: An Fe isotope tracer study[J]. Environ. Sci. Technol., 2009, 43: 1102-1107.

[28] 冯勇，吴德礼，马鲁铭. 亚铁羟基络合物还原转化水溶性偶氮染料[J]. 环境工程学报，2012，6(3)：793-798.

[29] Wu D, Wang Q, Feng Y, et al. Effect of inorganic anions on reduction of nitrobenzene in water by structural ferrous iron[J]. Adv. Mater. Res-Switz, 2012, 518-523: 1737-1743.

[30] Wu D, Shao B, Feng Y, et al. Effects of Cu^{2+}, Ag^+, and Pd^{2+} on the reductive debromination of 2,5-dibromoaniline by the ferrous hydroxy complex[J]. Environ. Technol., 2015, 36(5-8)：901-908.

[31] Zhang P, Huang W, Ji Z, et al. Mechanisms of hydroxyl radicals production from pyrite oxidation by hydrogen peroxide: surface versus aqueous reactions[J]. Geochim. Cosmochim. Acta, 2018, 238: 394-410.

[32] Bond D L, Fendorf S. Kinetics and structural constraints of chromate reduction by green rusts

[J]. Environ. Sci. Technol., 2003, 37(12): 2750-2757.

[33] Antony H, Legrand L, Chausse A. Carbonate and sulphate green rusts mechanisms of oxidation and reduction[J]. Electrochim. Acta, 2008, 53(24): 7146-7156.

[34] Refait P, Simon L, Genin J M R. Reduction of SeO4- anions and anoxic formation of iron(II)-iron(III) hydroxy selenate green rust[J]. Environ. Sci. Technol., 2000, 34(5): 819-825.

[35] Erbs M, Hansen H C B, Olsen C E. Reductive dechlorination of carbon tetrachloride using iron(II)-iron(III) hydroxide sulfate (green rust)[J]. Environ. Sci. Technol., 1999, 33(2): 307-311.

[36] 叶张荣, 马鲁铭. 铁屑内电解法对活性艳红 X-3B 脱色过程的机理研究[J]. 水处理技术, 2005, 31(8): 65-67.

[37] 刘剑平. 偶氮染料的催化铁内电解法处理及机理研究[D]. 上海: 同济大学, 2005.

[38] O'Loughlin E J, Kemner K M, Burris D R. Effects of Ag[I]Au[III], and Cu[II] on the reductive dechlorination of carbon tetrachloride by green rust [J]. Environ. Sci. Technol., 2003, 37(13): 2905-2912.

[39] Hansen H C B, Guldberg S, Erbs M, et al. Kinetics of nitrate reduction by green rusts—effects of interlayer anion and Fe(II): Fe(III) ratio[J]. Appl. Clay Sci., 2001(18): 81-91.

[40] 郝志伟. ZVI 还原脱除地下水中 NO_3^- 和 NO_2^- 的研究[D]. 杭州: 浙江大学, 2005.

[41] Hansen H C B, Koch C B. Reduction of nitrate to ammonium by sulphate green rust: Activation energy and reaction mechanism[J]. Clay Miner., 1998(33): 87-101.

[42] Maithreepala R A, Doong R A. Enhanced dechlorination of chlorinated methanes and ethenes by chloride green rust in the presence of copper(II)[J]. Environ. Sci. Technol., 2005(39): 4082-4090.

[43] Eary L E, Ral D. Chromate removal from aqueous wastes by reduction with ferrous ion [J]. Environ. Sci. Technol., 1988, 22: 972-977.

[44] Liu Y, Majetich S A, Tilton R D, et al. Tce dechlorination rates, pathways, and efficiency of nanoscale iron particles with different properties[J]. Environ. Sci. Technol., 2005, 39: 1338-1345.

[45] Mullet M, Guillemin Y, Ruby C. Oxidation and deprotonation of synthetic Fe-II-Fe-III (oxy) hydroxycarbonate Green Rust: An X-ray photoelectron study[J]. J. Solid State Chem., 2008, 181(1): 81-89.

[46] Fan C, Guo C, Zeng Y, et al. The behavior of chromium and arsenic associated with redox transformation of schwertmannite in AMD environment[J]. Chemosphere, 2019, 222: 945-953.

[47] Jönsson J, Sherman D M. Sorption of As(III) and As(V) to siderite, green rust (fougerite) and magnetite: Implications for arsenic release in anoxic groundwaters[J]. Chem. Geol., 2008, 255(1): 173-181.

[48] Xu T, Kamat P V, O'Shea K E. Mechanistic evaluation of arsenite oxidation in TiO2 assisted

photocatalysis[J]. J. Phys. Chem. A, 2005, 109(40): 9070-9075.

[49] Farhataziz, Ross A B. Selected Specific Rates of Reactions of Transients from Water in Aqueous Solution. III. Hydroxyl Radical and Perhydroxyl Radical and Their Radical Ions[J]. Washington D.C: National Bureau of Standards, 1977: 59.

[50] Pettine M, Campanella L, Millero F J. Arsenite oxidation by H_2O_2 in aqueous solutions[J]. Geochim. Cosmochim. Acta, 1999, 63(18): 2727-2735.

[51] Yamazaki I, Nakajima R. Physico-chemical comparison between horseradish peroxidases A and C [J]. Molecular & Physiological Aspects of Plant Peroxidases, 1986.

[52] Klaening U K, Bielski B H J, Sehested K. Arsenic(IV). A pulse-radiolysis study[J]. Inorg. Chem., 1989, 28(14): 2717-2724.

[53] Buxton G V, Greenstock C L, Helman W P, et al. Critical review of rate constants for reactions of hydrated electrons, hydrogen atoms and hydroxyl radicals (·OH/·O-) in aqueous solution[J]. J. Phys. Chem. Ref. Data, 1988, 17(2): 513-886.

[54] Hug S J, Leupin O. Iron-catalyzed oxidation of arsenic(III) by oxygen and by hydrogen peroxide: pH-dependent formation of oxidants in the Fenton reaction[J]. Environ. Sci. Technol., 2003, 37(12): 2734-2742.

[55] Pestovsky O, Bakac A. Aqueous ferryl(IV) ion: Kinetics of oxygen atom transfer to substrates and oxo exchange with solvent water [J]. Inorg. Chem., 2006, 45(2): 814-820.

[56] Amstaetter K, Borch T, Larese-Casanova P, et al. Redox transformation of arsenic by Fe(II)-activated goethite (alpha-FeOOH) [J]. Environ. Sci. Technol., 2010, 44(1): 102-108.

[57] 鲁安怀, 王长秋, 李艳. 矿物学环境属性概论[M]. 北京: 科学出版社, 2015.

[58] Daughton C G, Ternes T A. Pharmaceuticals and personal care products in the environment: Agents of subtle change[J]. Environ. Health Perspect., 1999, 107: 907-938.

[59] Latch D E, Packer J L, Stender B L, et al. Aqueous photochemistry of triclosan: Formation of 2,4-dichlorophenol, 2,8-dichlorodibenzo-p-dioxin, and oligomerization products[J]. Environ. Toxicol. Chem., 2005, 24(3): 517-525.

[60] Liyanapatirana C, Gwaltney S R, Xia K. Transformation of triclosan by Fe(III)-saturated montmorillonite[J]. Environ. Sci. Technol. 2010, 44(2): 668-674.

[61] Ronning H T, Einarsen K, Asp T N. Determination of chloramphenicol residues in meat, seafood, egg, honey, milk, plasma and urine with liquid chromatography-tandem mass spectrometry, and the validation of the method based on 2002/657/EC[J]. J. Chromatogr. A, 2006, 1118(2): 226-233.

[62] 张华锋, 彭桂清, 聂红兵. 含对乙酰氨基酚抗感冒药的严重不良反应回顾[J]. 中国执业药师, 2011, 8(5): 3-6.

[63] Sim W-J, Lee J-W, Oh J-E. Occurrence and fate of pharmaceuticals in wastewater treatment plants and rivers in Korea[J]. Environ. Pollut., 2010, 158(5): 1938-1947.

[64] 赵小波，陈晓昀，王京平，等. 工业废水中氯苯酚类化合物的处理技术研究[J]. 广东化工，2010, 37(3)：145-146.

[65] Holmes P R, Crundwell F K. The kinetics of the oxidation of pyrite by ferric ions and dissolved oxygen: An electrochemical study[J]. Geochim. Cosmochim. Acta, 2000, 64(2)：263-274.

[66] Zhang P, Huang W, Ji Z, et al. Mechanisms of hydroxyl radicals production from pyrite oxidation by hydrogen peroxide: Surface versus aqueous reactions[J]. Geochim. Cosmochim. Acta, 2018, 238: 394-410.

[67] Singer P C, Stumm W. Acid mine drainage: The rate determining step[J]. Science, 1970, 167: 1121-1123.

[68] Evangelou V P, Zhang Y L. Pyrite oxidation mechanisms and mine drainage prevention[J]. Crit. Rev. Environ. Sci. Technol., 1995, 25(2)：141-199.

[69] Moses C O, Herman J S. Pyrite oxidation at circumneutral pH[J]. Geochim. Cosmochim. Acta, 1991, 55(2): 471-482.

[70] Luther G W. Pyrite oxidation and reduction: Molecular orbital theory considerations[J]. Geochim. Cosmochim. Acta, 1987, 51(12): 3193-3199.

[71] Luther G W, Giblin A, Howarth R W, et al. Pyrite and oxidized iron mineral phases formed from pyrite oxidation in salt marsh and estuarine sediments[J]. Geochim. Cosmochim. Acta, 1982, 46(12): 2665-2669.

[72] Zhang P, Yuan S. Production of hydroxyl radicals from abiotic oxidation of pyrite by oxygen under circumneutral conditions in the presence of low-molecular-weight organic acids[J]. Geochim. Cosmochim. Acta, 2017, 218: 153-166.

[73] Neil C W, Jun Y S. Fe^{3+} addition promotes arsenopyrite dissolution and iron(III) (hydr)oxide formation and phase transformation[J]. Environ. Sci. Technol. Lett. 2016, 3(1): 30-35.

[74] Moses C O, Herman J S. Pyrite oxidation at circumneutral pH[J]. Geochem. Cosmochim. Acta, 1991, 55: 471-482.

[75] Liang C, Wang Z S, Mohanty N. Influences of carbonate and chloride ions on persulfate oxidation of trichloroethylene at 20 ℃[J]. Sci. Total Environ., 2006, 370(2-3): 271-277.

[76] Wells C F, Salam M A. The effect of pH on the kinetics of the reaction of iron(II) with hydrogen peroxide in perchlorate media[J]. J. Am. Chem. Soc., 1968, 0: 24-29.

[77] Laat J D, Gallard H. Catalytic decomposition of hydrogen peroxide by Fe(III) in homogeneous aqueous solution: Mechanism and kinetic modeling[J]. Environ. Sci. Technol., 1999, 33(16): 2726-2732.

[78] Druschel G K, Hamers R J, Luther G W, et al. Kinetics and mechanism of trithionate and tetrathionate oxidation at low pH by hydroxyl radicals[J]. Aquat. Geochem., 2003, 9(2): 145-164.

[79] Cantrell K J, Yabusaki S B, Engelhard M H, et al. Oxidation of H_2S by iron oxides in unsaturated conditions[J]. Environ. Sci. Technol., 2003, 37(10): 2192-2199.

[80] He Y T, Wilson J T, Wilkin R T. Impact of iron sulfide transformation on trichloroethylene degradation[J]. Geochim. Cosmochim. Acta, 2010, 74(7): 2025-2039.

[81] Huang Y F, Huang Y H. Identification of produced powerful radicals involved in the mineralization of bisphenol A using a novel UV-$Na_2S_2O_8$/H_2O_2-Fe (II, III) two-stage oxidation process[J]. J. Hazard. Mater., 2009, 162(2): 1211-1216.

[82] Liu W, Ai Z, Cao M, et al. Ferrous ions promoted aerobic simazine degradation with Fe@Fe_2O_3 core–shell nanowires [J]. Appl. Catal. B Environ., 2014, s 150-151(1641): 1-11.

[83] Tao L, Li F B. Electrochemical evidence of Fe(II)/Cu(II) interaction on titanium oxide for 2-nitrophenol reductive transformation[J]. Appl. Clay Sci., 2012, 64: 84-89.

[84] Minotti G, Aust S D. Redox cycling of iron and lipid-peroxidation[J]. LIPIDS, 1992, 27: 219-226.

[85] Yuan X, Pham A N, Xing G W, et al. Effects of pH, chloride, and bicarbonate on Cu(I) oxidation kinetics at circumneutral pH[J]. Environ. Sci. Technol., 2012, 46: 1527-1535.

[86] Buxton G V, Greenstock C L, Helman W P, et al. Critical-review of rate constants for reactions of hydrated electrons, hydrogen-atoms and hydroxyl radicals($\cdot$OH/$\cdot$O$^-$) in aqueous-solution[J]. J. Phys. Chem. Ref. Data, 1988, 17: 513-886.

[87] Zhou X L, Mopper K. Determination of photochemically produced hydroxyl radicals in seawater and fresh-water[J]. Mar. Chem., 1990, 30: 71-88.

[88] Pham A N, Rose A L, Waite T D. Kinetics of Cu(II) reduction by natural organic matter[J]. The J. Phys. Chem. A, 2012, 116: 6590-6599.

[89] Agrell J, Birgersson H, Boutonnet M, et al. Production of hydrogen from methanol over Cu/ZnO catalysts promoted by ZrO_2 and Al_2O_3[J]. J. Catal., 2003, 219: 389-403.

[90] Aissa R, Francois M, Ruby C, et al. Formation and crystallographical structure of hydroxysulphate and hydroxycarbonate green rusts synthesized by coprecipitation[J]. J. Phys. Chem. Solids, 2006, 67: 1016-1019.